国防特色学术专著·材料科学与工程

焊接强度分析

张彦华　编著

西北工业大学出版社

北京航空航天大学出版社　北京理工大学出版社
哈尔滨工业大学出版社　哈尔滨工程大学出版社

内容简介

本书重点以焊接接头和结构的缺口效应、强度失配效应、断裂与疲劳分析的理论和方法为主要内容。全书共分 5 章：第 1 章介绍了焊接接头的应力集中问题；第 2 章介绍了强度失配焊接接头的变形行为及分析方法；第 3 章讨论了异种材料界面连接的力学问题；第 4 章探讨了焊接结构的断裂力学行为以及强度失配接头的断裂规律；第 5 章介绍了焊接结构疲劳强度及分析方法。

本书可作为有关专业科学研究和工程技术人员的参考书，也可作为高等院校相关学科研究生及高年级本科生的教材。

图书在版编目(CIP)数据

焊接强度分析/张彦华编著．—西安：西北工业大学出版社，2011.6

ISBN 978-7-5612-3095-4

Ⅰ.①焊…　Ⅱ.①张…　Ⅲ.①焊接结构—强度—分析　Ⅳ.①TG40

中国版本图书馆 CIP 数据核字(2011)第 100165 号

焊接强度分析

张彦华　编著

责任编辑　张蕊

*

西北工业大学出版社出版发行

西安市友谊西路 127 号(710072)　发行部电话：029-88493844　传真：029-88491147

http://www.nwpup.com　E-mail:fxb@nwpup.com

陕西向阳印务有限公司印装　各地书店经销

*

开本：787×1 092　1/16　印张：15.75　字数：382 千字

2011 年 6 月第 1 版　2011 年 6 月第 1 次印刷　印数：2 000 册

ISBN 978-7-5612-3095-4　定价：42.00 元

前　言

焊接强度是焊接接头承受外载的能力。焊接强度分析是现代焊接结构设计与完整性评定的基础。焊接接头是由焊缝、熔合区、热影响区(HAZ)和母材组成的不均匀体,焊接强度与接头几何形状及焊缝与母材的强度组配有关。焊接接头的应力集中及力学失配对焊接结构的强度、断裂与疲劳性能有重要影响,是焊接结构设计必须考虑的主要因素之一。

焊接接头不可避免地存在应力集中问题,应力集中对结构的直接作用就是所谓的缺口效应。应当强调的是,焊接接头的应力集中有显式和隐式之别,焊接接头几何形状或缺陷所引起的应力集中以显式存在;材料性能差异(特别是异种材料界面连接情况)所导致的应力集中以隐式存在。由于隐式应力集中所产生的缺口效应在接头外观上是不体现的,也往往不被重视,因此,当考虑焊接接头的应力集中问题时,要充分认识这两种形式的缺口效应。

焊缝和母材很难做到同质等强度,一般都存在所谓的强度失配问题。焊缝强度失配直接影响接头或结构的承载性能,也将直接影响接头局部非均匀区的断裂阻力行为。由此所决定的焊接结构断裂临界条件明显区别于均质材料结构行为。不充分考虑焊缝和母材强度失配问题,而沿用均匀材料结构安全评定方法所得到的结果对于焊接结构或者是不安全的,或者过于保守以致实际工程很难满足要求。研究表明,上述现象也使得焊接接头局部非均匀区的断裂行为具有可控性,通过调整焊接接头局部非均匀区的强度失配度,可以优化焊接结构的抗断裂力,这一设计思想是均匀材料系统所无法实现的。

焊接强度分析的显著特点是充分考虑焊接接头的缺口效应和强度失配效应。本书的出发点也试图在焊接接头基本强度、断裂与疲劳分析的理论和方法中体现这些特点。全书共分5章:第1章介绍了焊接接头的应力集中问题;第2章介绍了强度失配焊接接头的变形行为及分析方法;第3章讨论了异种材料界面连接的力学问题,分析界面边缘的应力奇异性参数与材料组合及接头几何形状之间的关系;第4章对焊接结构的断裂力学行为和强度失配度与裂纹驱动力参数的关系,以及强度失配接头的断裂规律,进行了探讨分析;第5章介绍了焊接结构疲劳强度及分析方法,分析强度失配对疲劳裂纹扩展及寿命的影响。

本书是笔者在20多年的焊接结构强度理论教学与学术研究的基础上完成的。在编写过程中参考了大量有关的经典著作和最新研究成果,部分参考文献已列于书末，尚有一些资料未能一一列出，敬请谅解。

笔者力求使本书能够全面反映焊接强度分析的基本理论，但由于知识水平所限，书中难免有疏漏或不妥之处，望读者指正。

编　者

2010 年 5 月于北京

目　录

绪　论

焊接强度是焊接接头承受外载荷的能力，包括焊接接头的基本强度、抗断裂和抗疲劳性能等。焊接强度分析的重点是研究焊接因素对焊接接头强度的影响，目的是为现代焊接结构设计与完整性评定提供基础。

1. 焊接强度的影响因素

焊接的主要目的是为了使构件之间形成足够强度的连接。焊接强度既是使用焊接性分析的基本问题，又是焊接结构完整性分析的基础。影响焊接强度的因素主要有力学和材质两方面（见图 0.1）。力学方面的影响包括焊接缺陷、接头形状的不完整性、残余应力和焊接变形等。材质方面的影响包括焊接热循环引起的组织变化、热塑性应变循环产生的材质变化、焊后热处理和矫正变形引起的材质变化等。

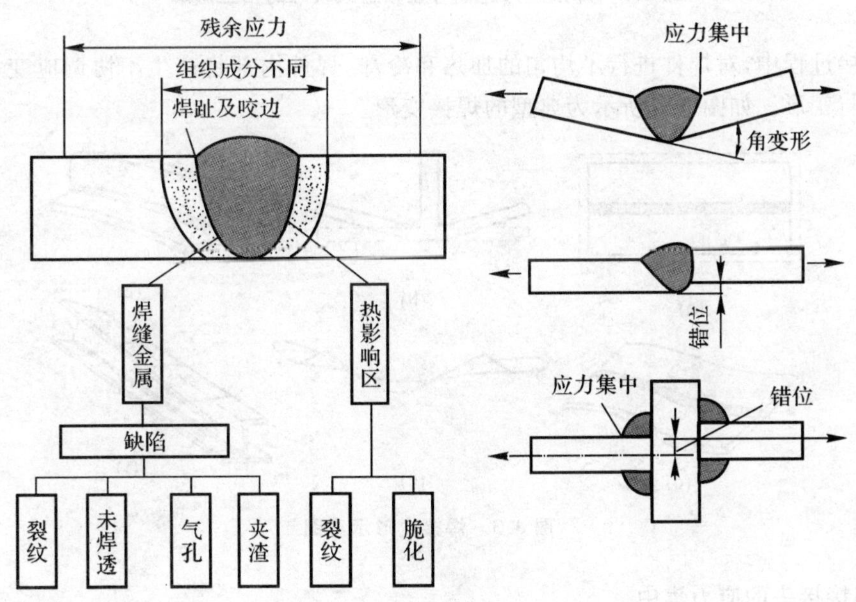

图 0.1　影响焊接强度的主要因素

(1)焊接热力过程

焊接通常是在材料连接区（焊接区）处于局部塑性或熔化的状态下进行的，为使材料达到形成焊接的条件，需要高度集中的热输入。因此，在材料的焊接过程中要利用焊接热源对焊接区进行加热，使其熔化（熔化焊）或进入塑性状态（固相焊接），随后在冷却过程中形成焊缝和焊接接头。

焊接热过程具有集中、瞬时的特点，这对材料的显微组织状态有很大影响，也使构件产生焊接应力变形，这种热作用称为焊接热效应。如图 0.2 所示为焊接温度场、焊接应力和变形场与显微组织状态场之间的关系。图中实线箭头表示强相关性，虚线箭头表示弱相关性（工程上可忽略)。

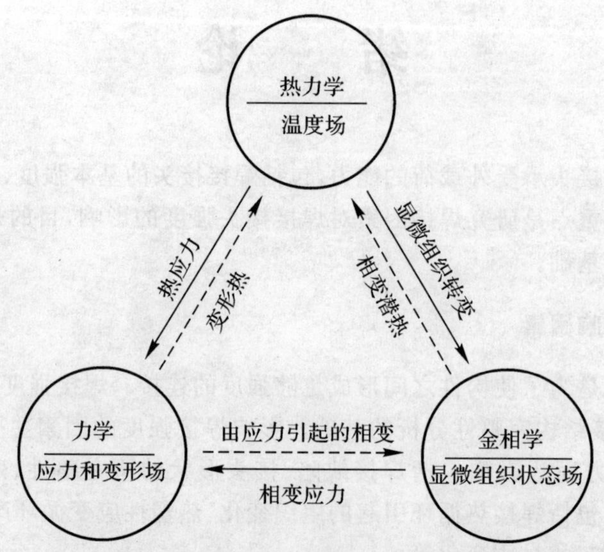

图 0.2 焊接热力过程与显微组织状态的相互影响

在焊接过程中,对焊件进行不均匀的加热和冷却,焊件内部将产生不协调应变,从而引起焊接应力与变形。如图 0.3 所示为典型的焊接变形。

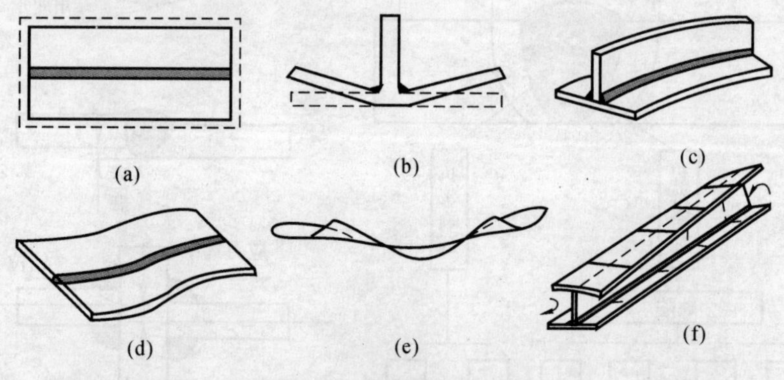

图 0.3 焊接变形示意图

(2)焊接接头的应力集中

在焊接接头的局部区域都会产生应力集中,应力集中对结构的直接作用就是所谓的缺口效应。缺口效应对焊接结构强度有不同程度的影响,严重的缺口效应将显著降低焊接结构的承载能力。焊接接头的缺口效应可以是明显可见的(见图 0.4),也可能是不能直接从外观上体现的,前者可以称为显式缺口效应,后者则可以称为隐式缺口效应。焊接接头几何形状或缺陷所引起的缺口效应以显式存在,而材料性能差异(特别是异种材料界面连接情况)所引起的缺口

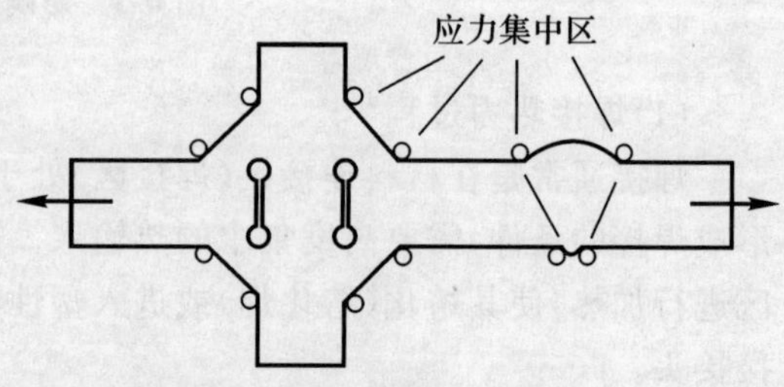

图 0.4 焊接接头的应力集中

效应则以隐式存在。

显式缺口效应是一般意义上的应力集中问题，仅从结构几何构造出发分析其局部应力，而不考虑材料性能的差异。本书第 1 章有关焊接接头的应力问题主要涉及显式缺口效应分析。

隐式缺口效应特指异种材料界面连接引起的界面端部应力应变集中问题，这种接头一般存在明显的界面(见图 0.5)，界面两侧的材料性能(物理性能、化学性能、力学性能、热性能以及断裂性能等)差异较大。即使界面端部过渡几何形状无变化，但是由于材料性能差异也会产生缺口效应，这种隐式缺口效应需要采用界面力学的方法进行分析。如果异种材料连接界面端部过渡几何形状发生变化，则会同时出现显式缺口效应和隐式缺口效应。本书第 3 章有关异种材料连接界面力学分析主要涉及此类问题。

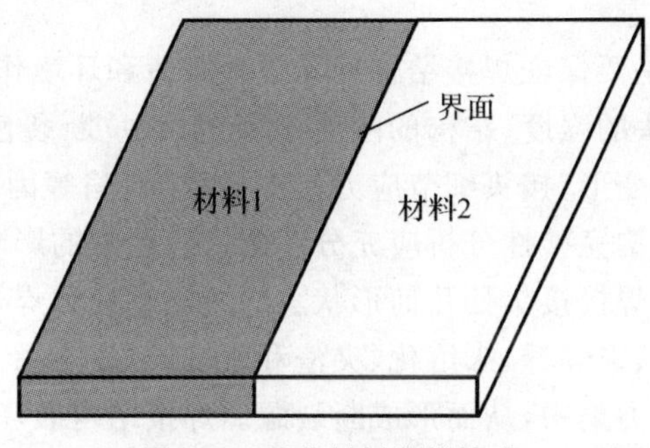

图 0.5　异种材料连接接头

(3)焊接接头的不均匀性

焊接接头是由焊缝、熔合区、热影响区(HAZ)和母材组成的不均匀体(见图 0.6)，焊接接头强度与接头几何形状及焊缝与母材的强度组配有关。在异种材料连接接头中，如果材料性能匹配不当，也会产生失配效应。

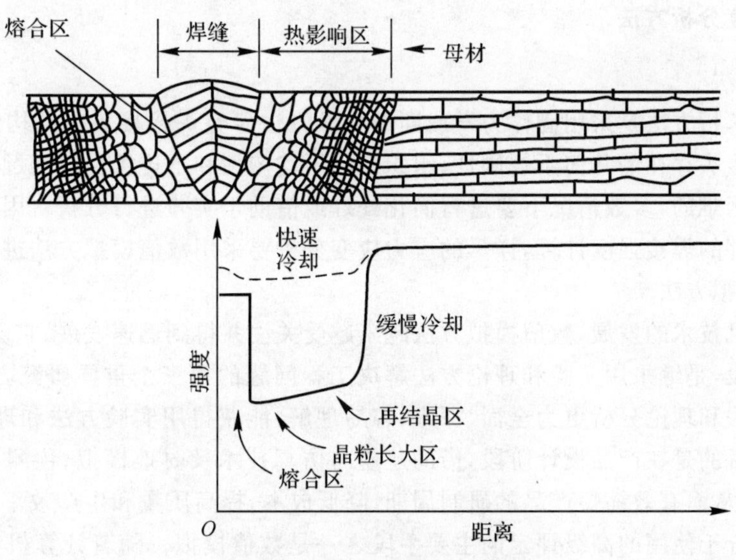

图 0.6　焊接接头的不均匀性

焊缝和母材很难做到同质等强度，一般都存在所谓的强度失配问题。焊缝强度失配直接影响接头或结构的承载性能,也将直接影响接头局部非均匀区的断裂阻力行为。其基本特征是由焊接接头局部区断裂驱动力、断裂阻力与极限载荷相互制约的,由此导致该区域裂纹扩展阻力的变异,进而影响裂纹在焊接接头性能非均匀区的扩展方向。裂纹扩展驱动力的变异表现为焊接接头所构成的强度失配系统,可以转换远场应力应变对裂纹尖端区的作用,从而引起断裂控制参数发生变异,由此所决定的焊接结构断裂临界条件明显区别于均质材料结构行为。不充分考虑力学性能变异性问题,沿用均匀材料结构安全评定方法所得的结果对于焊接结构或者是不安全的,或者过于保守以致实际工程很难满足要求。上述现象也使得焊接接头局部非均匀区的断裂行为具有可控性,通过调整焊接接头局部区强度失配度可以优化焊接结构的抗断裂力,这一设计思想是均匀材料系统所无法实现的。

(4)焊接结构完整性问题

焊接结构的完整性就是要保证焊接结构在承受外载荷和环境作用下的整体性要求。焊接结构的整体性要求包括接头的强度、结构的刚度与稳定性、抗断裂性、耐久性等。焊接接头性能的不均匀性、焊接应力与变形、接头细节应力集中、焊接缺陷等因素对焊接结构的完整性都有不同程度的影响,焊接结构完整性分析应充分考虑这些因素的影响。

在焊接结构件中,由于焊接接头处几何形状上的不完整性和焊接过程的复杂性,容易在焊接接头处产生缺陷(如裂纹、未焊透、未熔化、夹渣和气孔等)。当焊接结构件承受外载荷作用时,接头缺陷处将会产生应力集中,从而形成断裂源。焊接结构破坏大部分都是由于焊接缺陷存在引起的。

焊接结构的完整性是整个结构的全寿命周期管理的重要内容。从结构的设计到制造,以及使用和维护等各个阶段都需要考虑焊接结构完整性问题。研究焊接力学行为、焊接结构断裂力学判据、损伤容限准则及耐久性,建立焊接结构合于使用评定方法,是焊接结构完整性分析的关键。

2. 焊接强度分析方法

(1)解析方法

焊接强度解析方法是采用固体力学或断裂力学方法研究焊接接头或结构的强度问题的。针对实际焊接接头存在的几何不规则性、组织性能不均匀性和不连续性等问题,直接采用解析方法往往是很困难的,多数情况下要进行简化处理或借助于实验进行分析。因此,解析方法一般限于简单构件的焊接强度计算,详尽的应力应变分析要采用数值模拟方法进行求解。

(2)数值模拟方法

随着计算机技术的发展,数值模拟方法越来越受关注并得到迅速发展,它已成为焊接强度研究的重要手段,是继采用实验和理论方法解决工程问题的第三个重要研究方法。数值模拟方法比实验方法和理论分析更为全面、深入、容易理解,能获得用实验方法和理论分析难以获得的结果。其目的是在产品设计阶段,借助建模与仿真技术及时地模拟、预测、评价结构性能和可制造性能,从而有效缩短产品的研制周期,降低成本,提高质量和生产效率。

焊接结构合于使用的高级评定的主要手段之一是数值模拟。随着计算机科学、计算数学和力学等学科的不断发展,用于解决焊接强度问题的数值计算方法不断涌现。目前,焊接强度分析中应用最为广泛的数值模拟方法是有限元法。有限元法将连续介质离散成有限个单元来进行数值计算,通过对连续体的离散化,在每个单元上建立插值函数,从而建立整个求解区域上的函数，然后利用节点位移求出应力分量。有限元法实现了统一的计算模型、离散方法、数值求解和程序设计方法，从而能广泛地适应求解复杂结构的力学问题。该方法自问世至今已得到了迅猛发展，从最初的用于结构和固体力学的计算分析不断向其他领域扩展，也成为分析断裂力学问题的首选数值模拟方法。由于计算机软、硬件的发展，计算机的运算速度和存储容量大大提高，目前，已经有了许多性能较好、适用性广泛的有限元分析软件。

应用有限元分析软件可对焊接接头的应力应变、断裂、疲劳等行为进行系统的分析，是研究焊接接头几何形状不规则性、组织性能不均匀性及不连续性问题的重要工具。

如图 0.7、图 0.8 所示为焊接接头的有限元分析和焊接节点的有限元分析。

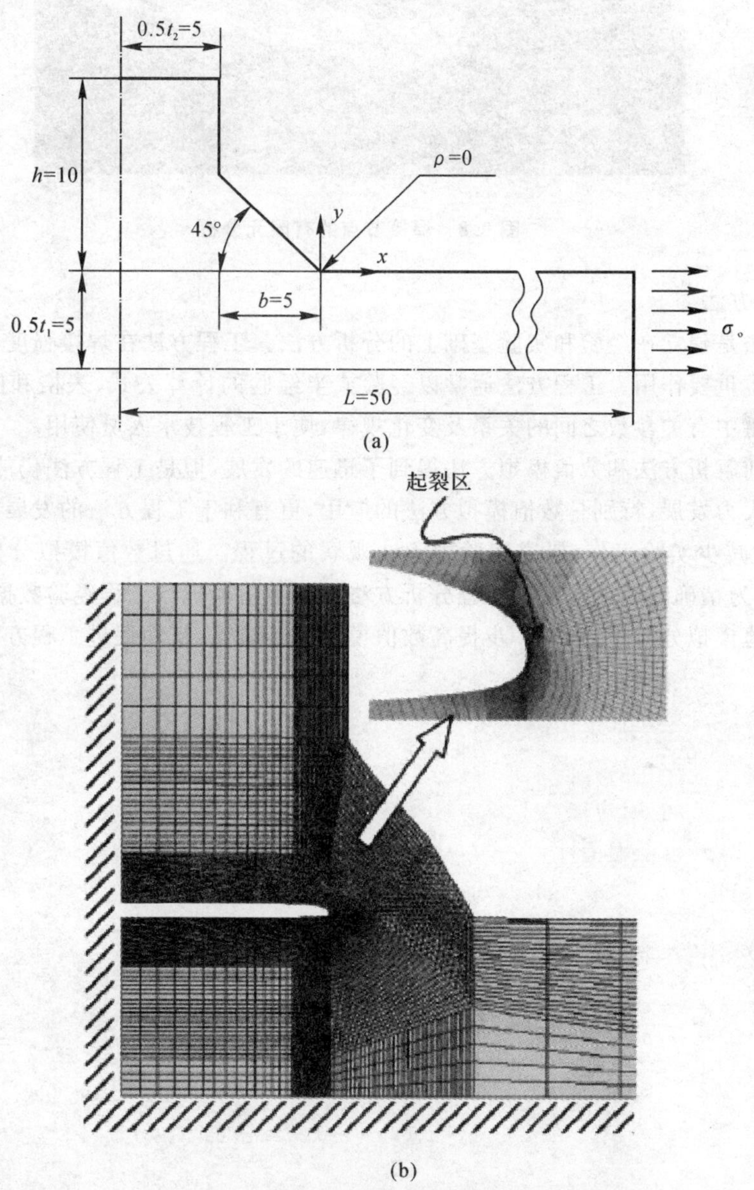

图 0.7　焊接接头的有限元分析

(a)几何模型；(b)有限元计算结果

图 0.8 焊接节点的有限元分析

(3)工程方法

工程方法是建立在经验和实验基础上的分析方法。工程方法在焊接强度分析和结构设计等方面发挥了重要作用。工程方法通常以经验或半经验的计算公式、表格和曲线等形式表达焊接强度分析中有关参数之间的关系及变化规律,便于工程技术人员使用。

尽管目前解析方法和数值模拟方法得到了迅速的发展,但是工程方法仍然是非常重要的,而且还必须大力发展,特别是数值模拟方法的应用,更有利于工程方法的发展。应用数值模拟技术,可大大减少实验工作,研究实验中无法观察的过程。通过数值模拟分析和少量实验验证,可建立更为精确的焊接强度和工程分析方法。将数值模拟与工程经验数据结合,可以更有效地验证数值模拟分析结果,进一步提高数值模拟分析精度,从而促进工程方法的发展。

第1章　焊接接头的应力集中

焊接结构截面的突变及焊缝外形、焊接缺陷等因素都会引起应力集中。应力集中使得焊接结构在载荷作用下产生较大的局部峰值应力，影响焊接强度，在焊接结构的设计和制造中应充分考虑应力集中的作用。

1.1　应力集中与缺口效应

1.1.1　应力集中现象

1. 带孔平板受拉时的应力集中

构件截面形状或尺寸突变处（如台阶、开孔、沟槽等）的局部应力迅速增大的现象称为应力集中。如图1.1所示，带有圆孔的受拉伸载荷的薄板，在距离圆孔较远截面的应力均匀分布。而在圆孔的周围应力分布发生了很大的变化。在圆孔的边缘，拉应力最大，距离孔边越远，应力越小，最后趋近于净截面平均应力。

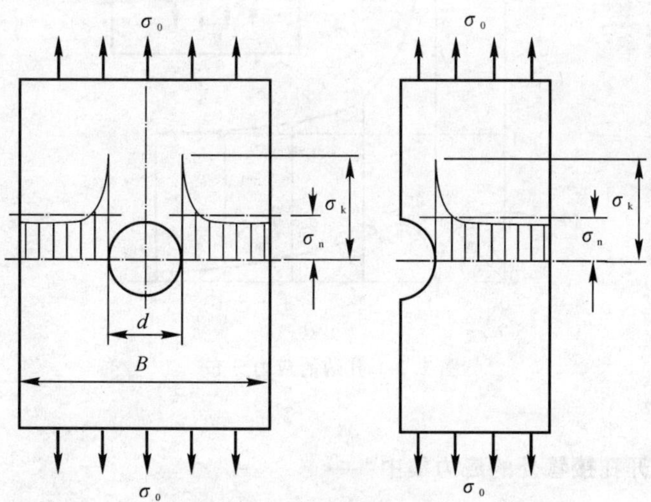

图1.1　孔边的应力集中

在弹性范围内，应力集中处的最大应力（又称峰值应力）与名义应力的比值称为应力集中因数。如图1.1所示的孔边应力集中因数为

$$K_t=\frac{\sigma_k}{\sigma_n} \tag{1.1}$$

式中 σ_k—— 截面中最大应力值；

σ_n—— 截面中名义应力值。

当最大应力不超过材料的弹性极限时，K_t 只与切口零构件的几何形状有关，故又称为几何应力集中因数或弹性应力集中因数。

弹性力学分析表明，当具有圆孔的平板受拉时（见图 1.1），最大应力发生在孔边端点处，应力集中因数 $K_t=3$。

应力集中以及由此引起的应力分布不均匀具有较大的局部性，这种局部应力服从圣维南原理，距离应力集中区越远，其影响越小，应力峰值迅速衰减，应力分布趋向均匀分布。例如，对于带中心孔的无限宽板（见图 1.2），弹性力学给出各应力分量的解为[1]

$$\frac{\sigma_y}{\sigma_0}=1+0.5\left(\frac{r}{x}\right)^2+1.5\left(\frac{r}{x}\right)^4 \tag{1.2}$$

$$\frac{\sigma_x}{\sigma_0}=1.5\left(\frac{r}{x}\right)^2+1.5\left(\frac{r}{x}\right)^4 \tag{1.3}$$

式中，σ_x，σ_y 分别为 x，y 方向上的应力分量。

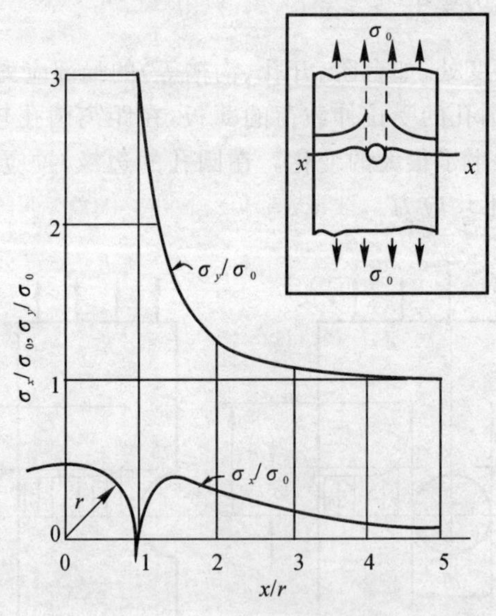

图 1.2　孔边的应力分布

2. 受内压壳体开孔接管处的应力集中

由于一定几何形状及尺寸的受内压壳体与接管连接处的附近范围内会产生较高的不连续应力（也称局部应力），将容器开孔接管处应力集中因数 K_t 定义为开孔处的最大应力值与不开孔时最大薄膜应力值之比。

在实际结构中，容器壳体开孔后均须焊接上接管或凸缘（见图 1.3），而接管处的应力集中与壳体开小圆孔时的应力集中并不相同[2]。在操作压力作用下，由于壳体与开孔接管在连接处各自的位移不相等，而最终的位移却必须协调一致，因此，在连接点处将产生相互约束力和弯矩，故开孔接管处不仅存在孔边集中应力和薄膜应力，而且还存在有边缘应力和焊接应力。另外，由于压力容器的结构形状、承载状态及工作环境等对接管处的应力集中的影响均较开孔复杂，因此，容器接管处的应力集中较小孔严重得多，应力集中因数可达3～6。但其应力衰减迅速，具有明显的局部性，不会使壳体引起任何显著变形，故可允许应力峰值超过材料的平均屈服应力。对此现象可通过开孔补强使孔边的应力峰值降低至允许值。

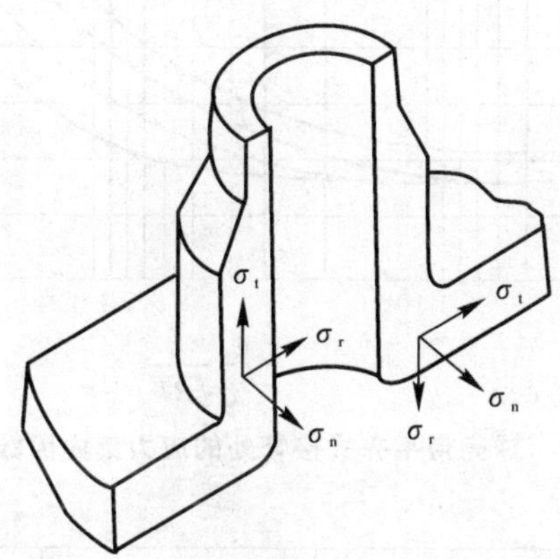

图1.3　接管连接处的各向应力分量

如图1.4所示为球壳开孔接管处所产生的局部应力。图1.5给出了球壳带平齐式接管局部应力集中因数与接管处几何参数的关系，图1.6给出了圆柱壳开孔接管局部应力集中因数与接管处几何参数的关系。

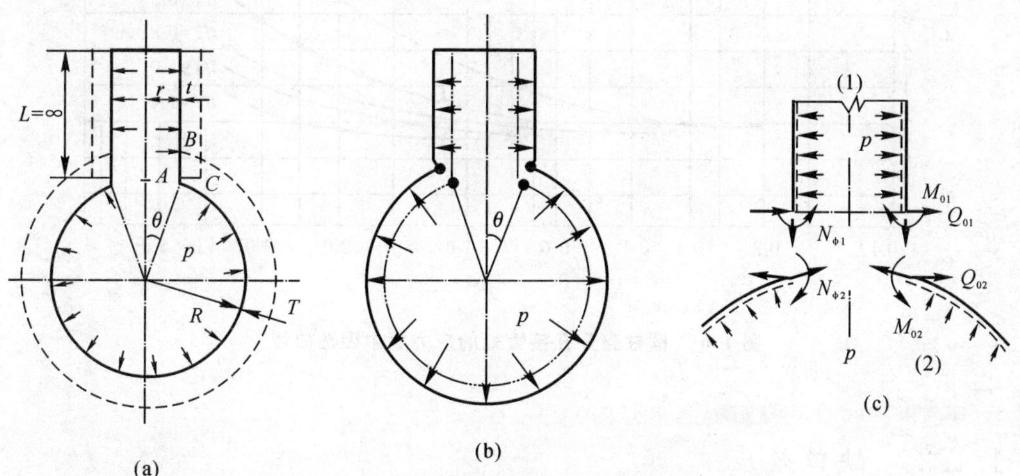

图1.4　球壳开孔接管处的变形协调与内力

韧性好的材料，当局部应力达到屈服极限时，该处材料的变形继续增加，而应力却不再加大，载荷继续增加，增加的力就由其他未屈服的材料来承担。过大的局部应力使结构处于不安定状态，在交变载荷下易产生裂纹，导致疲劳失效。

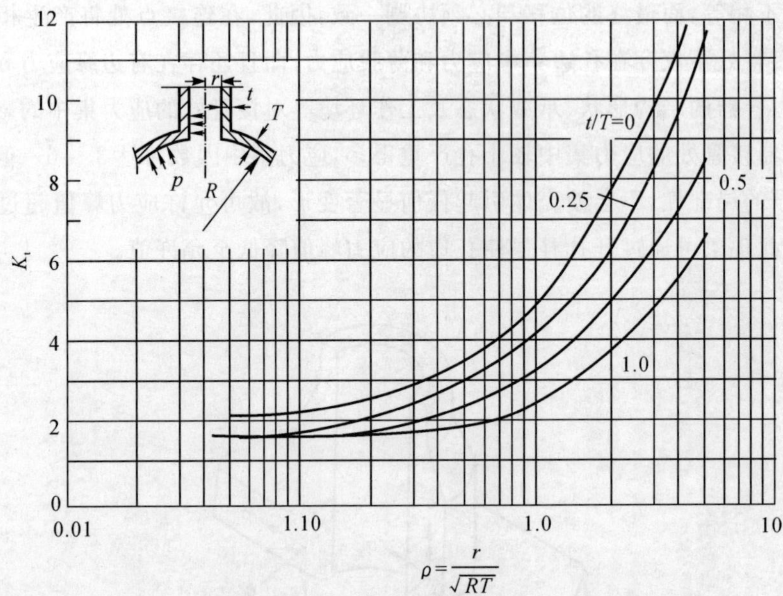

图 1.5　球壳带平齐式接管处的应力集中因数曲线

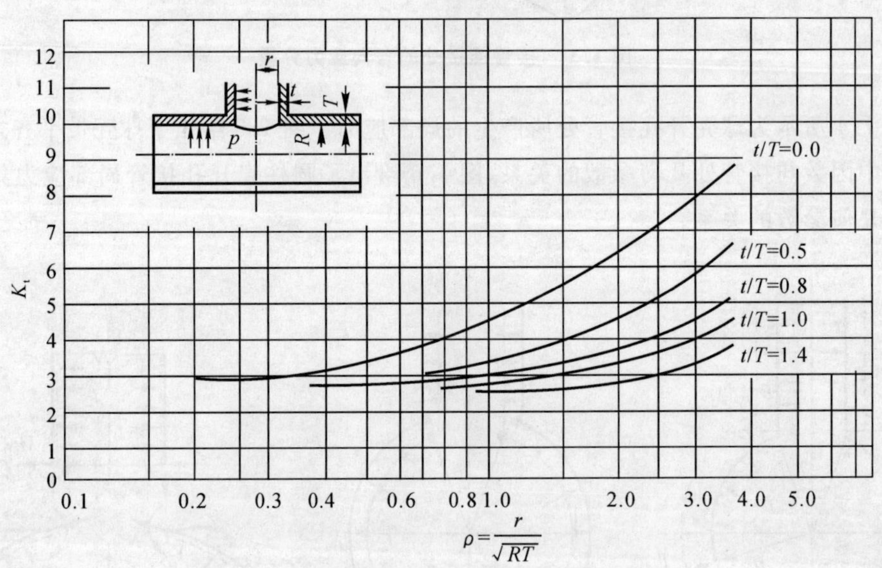

图 1.6　圆柱壳开孔接管处的应力集中因数曲线

1.1.2　缺口效应

1. 缺口的应力集中

构件中的缺口是典型的应力集中问题，其他应力集中现象可以等效为广义缺口，由此引起的应力集中和对构件强度的影响称之为缺口效应[3-6]。

缺口效应与缺口的几何形状密切相关。具有椭圆孔的无限大板(见图 1.7),在其均布应力垂直于椭圆长轴的情况下,最大应力发生在椭圆孔边的长轴端点处,应力集中因数为

$$K_t = 1 + \frac{2a}{b} \tag{1.4}$$

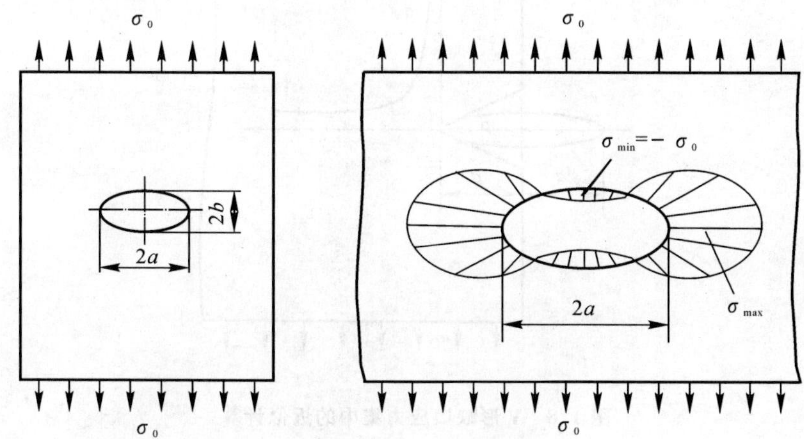

图 1.7　椭圆孔的应力集中

椭圆长轴端点处的曲率半径为

$$\rho = \frac{b^2}{a} \tag{1.5}$$

于是,式(1.4) 又可以表示为

$$K_t = 1 + 2\sqrt{\frac{a}{\rho}} \tag{1.6}$$

由式(1.4) 可以看出,当 $a=b$ 时,椭圆孔就成为圆孔,$K_t=3$。随着 a/b 的增大,应力集中增大。例如,对于 $a/b=10$ 的椭圆孔,$K_t=21$;而对于 $a/b=100$ 的长椭圆孔,$K_t=201$。可见,应力集中程度是十分可观的。对于极扁平的椭圆孔,式(1.6) 可表示为

$$K_t \approx 2\sqrt{\frac{a}{\rho}} \qquad (\rho \ll a) \tag{1.7}$$

当 $b \to 0$,即 $\rho \to 0$ 时,最大应力趋于无限,此类问题类似于裂纹的奇异性问题。关于裂纹尖端区域的应力分布将在第 4 章介绍。

对于带 V 形缺口的无限大平板,可采用近似方法计算应力集中因数。如图 1.8 所示,按 V 形缺口尖端圆弧半径与椭圆孔长轴端圆弧半径相等的原理,用式(1.6) 计算 V 形缺口尖端的应力集中。

当 V 形缺口尖端 $\rho \to 0$ 时,形成一尖锐缺口,在拉伸应力作用下,缺口尖端的应力趋于无限大,将出现所谓的奇异性。缺口尖端局部区应力可表示为

$$\sigma_{ij} \propto r^{-1+\lambda} \tag{1.8}$$

式中,λ 为奇异指数,λ 与 V 形缺口角 β 有关,如图 1.9 所示。从图中可以看出,当 $\beta=180°$ 时,$\lambda=1$,是无缺口情况;$\beta<180°$ 时,λ 总小于 1,根据式(1.8) 可知,当 $r \to 0$ 时,缺口尖端应力具有奇异性;当 $\beta=0°$ 时,缺口转化为裂纹,$\lambda=0.5$,即裂纹尖端的应力奇异指数为 0.5。

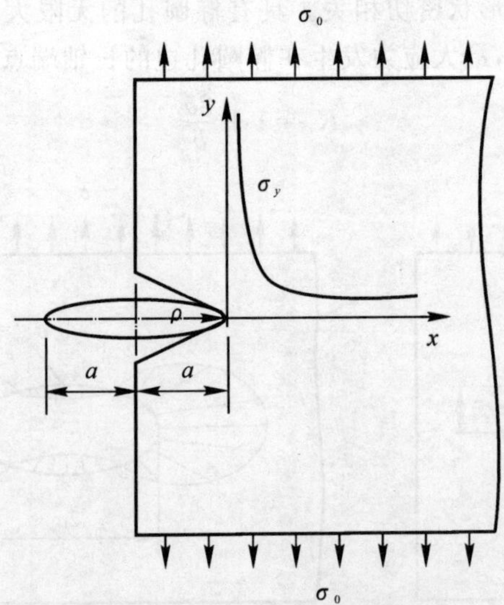

图 1.8 V形缺口应力集中的近似计算

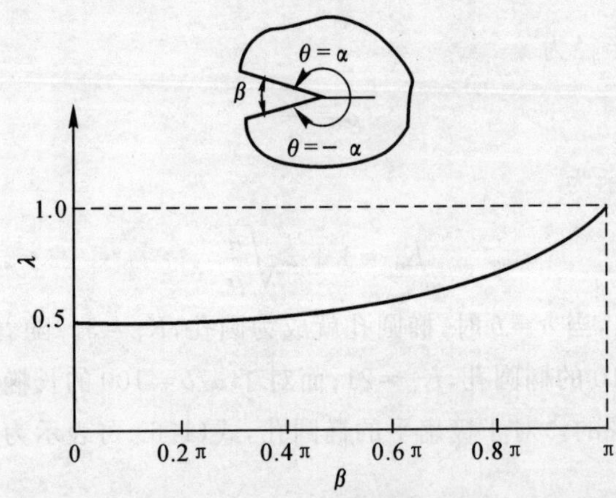

图 1.9 V形缺口尖端应力奇异指数与缺口角的关系

由上述分析可见，缺口愈尖锐，应力集中因数愈大，应力梯度也愈大。对于有限尺寸构件，应力集中因数还与构件的几何尺寸有关。图 1.10(a)(b) 分别表示带有沟槽和台阶的平板的应力集中因数与缺口和构件几何尺寸之间的关系。

缺口还会造成局部双向或三向应力状态。例如，当带圆孔的平板承受单向载荷时，孔边局部区会产生双向应力(见图 1.2)。带缺口的构件虽然整个结构处于单向、双向拉应力状态，但其局部往往会形成三向应力状态的缺口效应[7]，如图 1.11 所示。在三向拉应力的作用下，材料的屈服极限较单向应力时提高，结果在缺口根部形成很高的局部应力而材料尚不发生屈服，使材料的塑性下降，脆性增加，成为脆断的发源地。因此，焊接结构的脆断事故一般都起源于具有严重应力集中效应的缺口处。

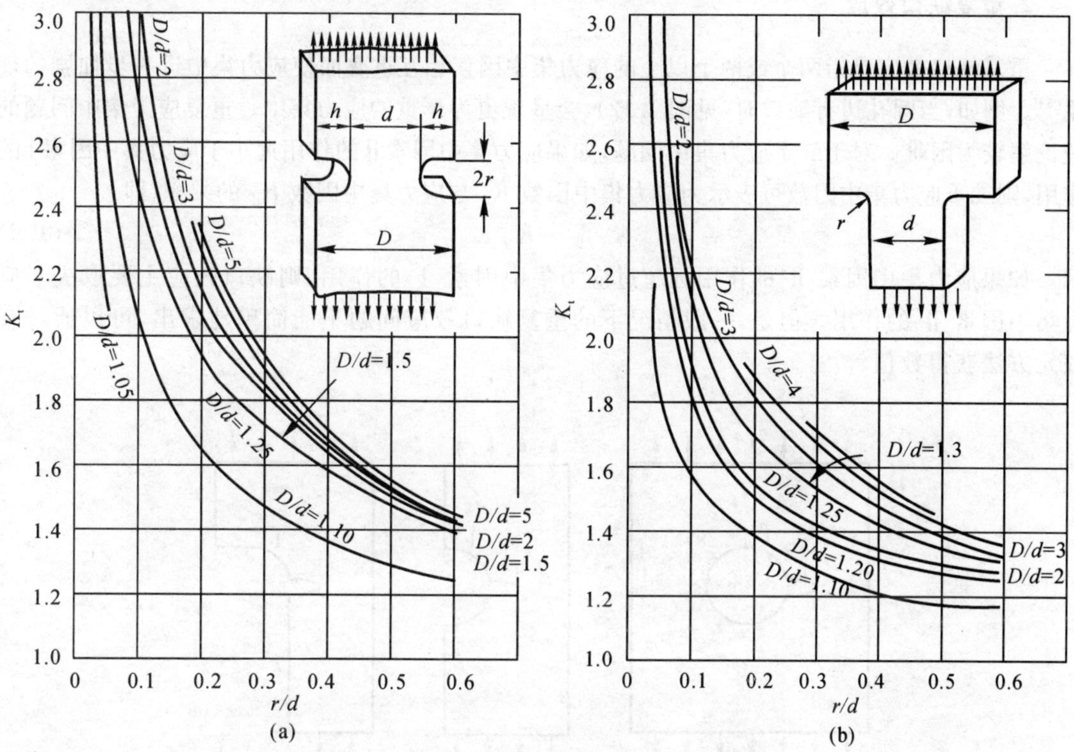

图 1.10　应力集中因数与构件几何形状的关系

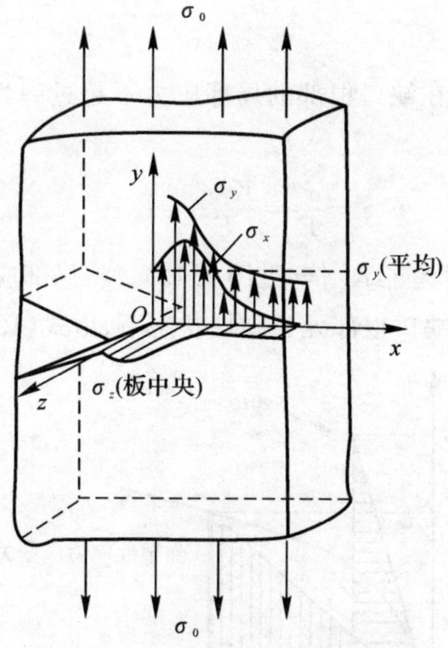

图 1.11　缺口根部的应力分布

2. 重复缺口效应

重复缺口效应是指两个或两个以上的应力集中因素相互重叠而使应力集中进一步加剧的现象[6]。例如，当圆孔边有缺口时(见图 1.12)，会呈现更为严重的应力集中。重复应力集中问题的理论解较为困难。对于二重应力集中问题，如果应力集中因素Ⅱ的作用远小于应力集中因素Ⅰ的作用，则二重应力集中因数可表示为应力集中因数 K_{I} 与应力集中因数 K_{II} 的乘积，即

$$K_{\mathrm{I},\mathrm{II}} = K_{\mathrm{I}} K_{\mathrm{II}} \tag{1.9}$$

如果应力集中因素 Ⅱ 的作用远超过应力集中因素 Ⅰ 的作用，则缺口效应主要取决于应力集中因素 Ⅱ 的作用。但是，一般情况下的重复缺口效应问题不能简单地求出，可以通过有限元方法获得数值解。

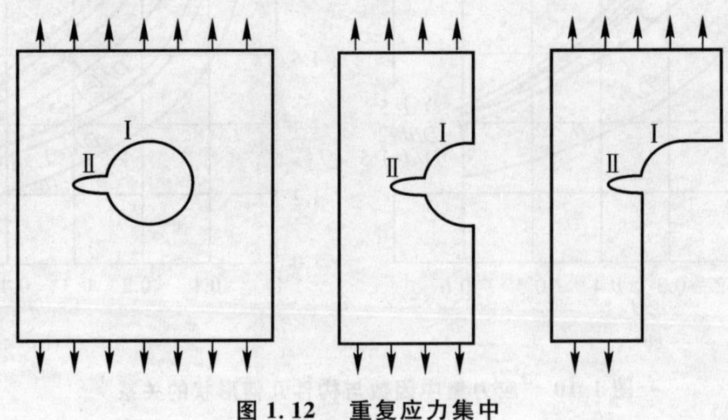

图 1.12 重复应力集中

3. 局部应变

缺口效应引起应变集中。在缺口根部的局部应力不超过弹性极限的情况下，缺口根部的局部应变 ε 为

$$\varepsilon = \frac{\sigma_t}{E} = \frac{K_t \sigma_n}{E} = K_t \varepsilon_n \tag{1.10}$$

即局部应变比较名义应变 ε_n 增大了 K_t 倍(见图 1.13)。将局部应变与名义应变之比定义为应变集中因数，即 $K_\varepsilon = \varepsilon / \varepsilon_n$。在缺口根部处于弹性状态下，由式(1.10) 可得 $K_\varepsilon = K_t$。

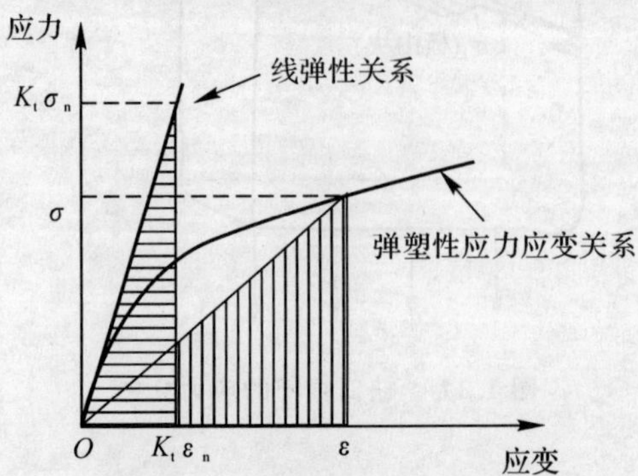

图 1.13 弹性应力集中与实际应力应变关系

在绝大多数零、构件的设计中，其名义应力总是低于屈服强度，但由于应力集中，缺口根部的局部应力高于屈服强度。因此，零、构件在整体上是弹性的，而在缺口根部则发生塑性应变，形成塑性区，缺口根部表面的局部应变最大。当缺口根部发生塑性应变而处于弹塑性状态时，局部应力与名义应力之比为$K_\sigma=\sigma/\sigma_n$，K_σ称为弹塑性应力集中因数。K_t，K_σ的变化如图1.14所示。

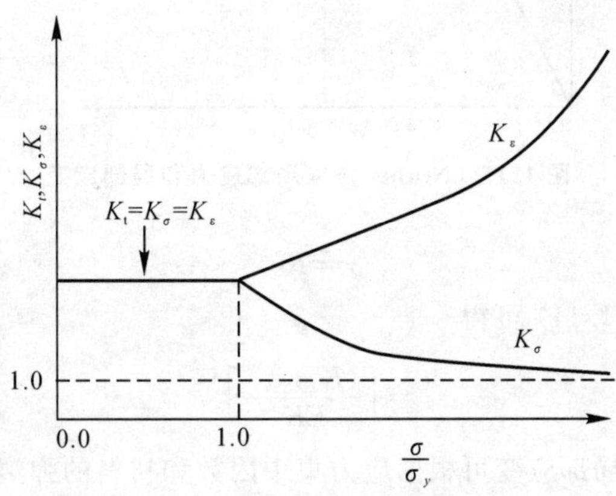

图1.14 应力集中因数与应变集中因数

弹性应力集中因数与弹塑性应力集中因数、弹塑性应变集中因数之间的关系可用Neuber公式[8]表示

$$K_t^2=K_\sigma K_\varepsilon=\frac{\sigma}{\sigma_n}\frac{\varepsilon}{\varepsilon_n} \tag{1.11a}$$

或

$$\varepsilon\sigma=K_t^2\varepsilon_n\sigma_n \tag{1.11b}$$

当缺口根部处于弹性状态时，$K_t=K_\sigma=K_\varepsilon$，则有

$$\varepsilon\sigma_t=\frac{(K_t\sigma_n)^2}{E} \tag{1.12}$$

在弹塑性状态下，材料的应力、应变关系可表示为

$$\varepsilon=\varepsilon_e+\varepsilon_p=\frac{\sigma}{E}+\left(\frac{\sigma}{K}\right)^{1/n} \tag{1.13}$$

式中 ε_e—— 弹性应变；

ε_p—— 塑性应变；

K—— 材料系数；

E—— 弹性模量；

n—— 硬化指数。

式(1.11)与式(1.13)联立可求得缺口根部的局部弹塑性应力

$$\frac{\sigma^2}{E}+\sigma\left(\frac{\sigma}{K}\right)^{1/n}=\frac{(K_t\sigma_n)^2}{E} \tag{1.14}$$

如果名义应力σ_n给定，则式(1.11b)的右端为一常数。故应力σ对应变ε的变化是一条双曲线，在这种情况下，式(1.11)与式(1.13)联立求解过程如图1.15所示。

一般情况下，ε_e很小，故$\varepsilon=\varepsilon_e+\varepsilon_p\approx\varepsilon_p$，因此式(1.13)可化简为

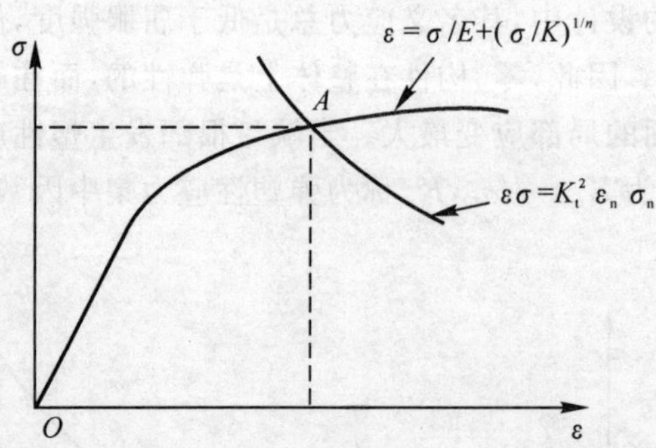

图 1.15 Neuber 法求局部应力和局部应变

$$\sigma=K\varepsilon^{n}$$

将式(1.14) 代入式(1.11) 可得

$$\varepsilon=\left[\frac{(K_{t}\sigma_{n})^{2}}{EK}\right]^{\frac{1}{1+n}} \tag{1.15}$$

由此可见,缺口根部局部应变可根据应力集中因数和材料的弹塑性应变特性来计算。

缺口根部的应力应变分布可采用电测法、光弹性法、散斑干涉法、云纹法等实验手段进行分析,随着计算技术的发展,有限元数值模拟已成为局部应力应变分析的重要方法。

在焊接接头中,焊缝与母材连接过渡外形变化以及焊接缺陷都会引起应力集中而产生缺口效应[9-12]。

1.2 焊接接头的应力集中

1.2.1 熔焊接头的应力集中

在熔焊接头中,焊缝与母材的过渡处(焊趾) 产生应力集中,如图 1.16 所示。焊趾是焊接接头中的典型缺口[12],焊趾的缺口应力可分解为平均应力 σ_m、弯曲应力 σ_b 和非线性应力 σ_p。

1. 对接接头

对接接头应力集中因数的大小,主要取决于焊缝余高和焊缝向母材的过渡圆弧半径及夹角(见图 1.16)。增加余高和减小过渡圆弧半径,都会使应力集中因数增加。如图 1.17 所示对接接头的焊趾应力集中因数[3,14] 为

$$K_{t}=1+0.27\,(\tan\theta)^{1/4}\left(\frac{t}{\rho}\right)^{1/2} \tag{1.16}$$

焊趾区的应力分布可采用有限元或边界元等数值分析方法进行计算。如图 1.18 所示为采用边界元方法计算得到的对接接头焊趾截面应力分布;如图 1.19 所示为对接接头焊趾应力

集中因数与几何参数的关系。

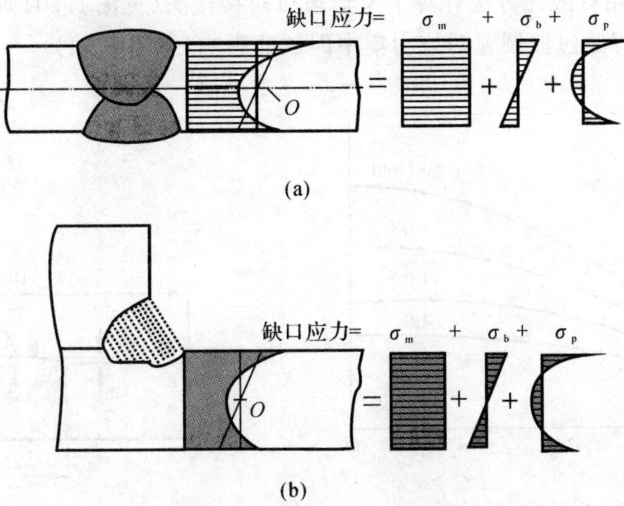

图 1.16　熔焊接头的应力分布

(a) 对接接头的应力分布；(b) 角焊缝连接接头的应力分布

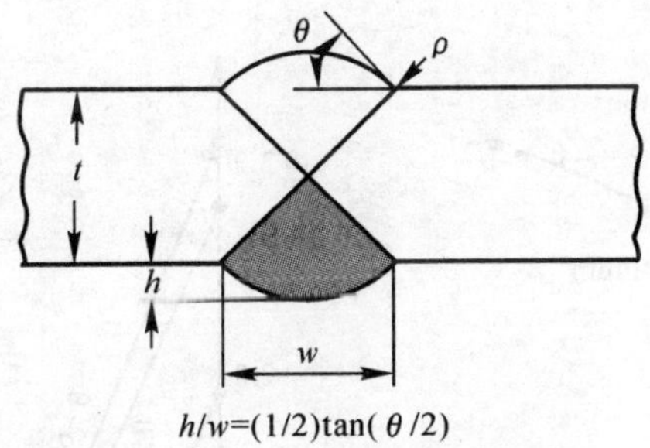

图 1.17　对接接头的几何模型

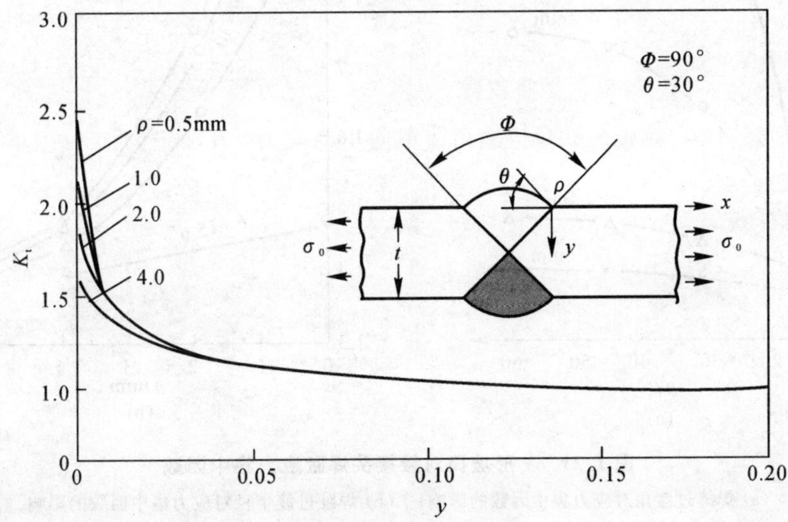

图 1.18　对接接头焊趾截面应力分布

参考文献[15]用有限元方法计算了V形坡口对接接头(见图1.20)焊趾应力集中因数,分析了焊趾过渡角和焊趾过渡圆弧对应力集中因数的影响(见图 1.21)。

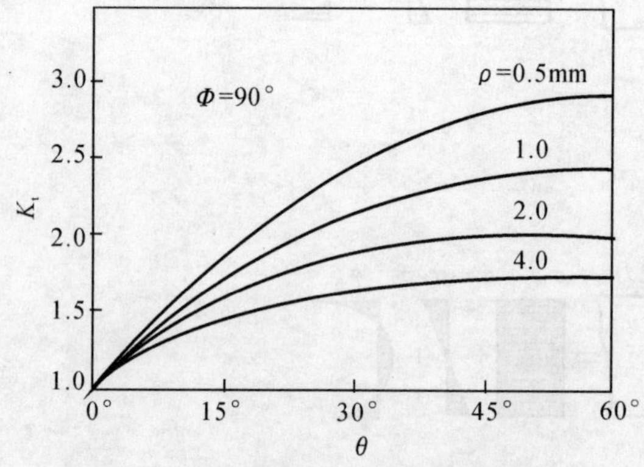

图 1.19 对接接头焊趾应力集中因数与几何参数的关系

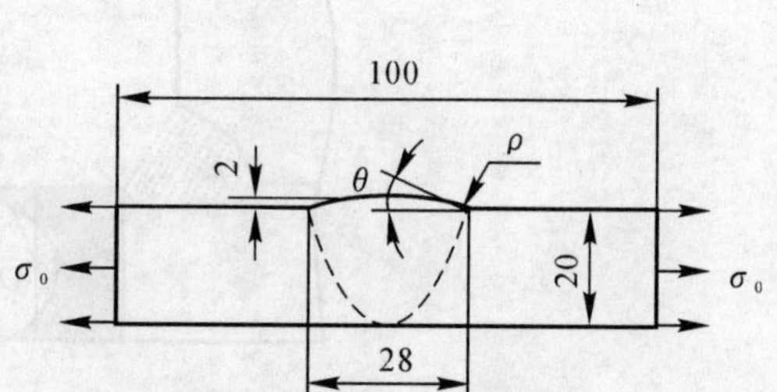

图 1.20 V形坡口对接接头

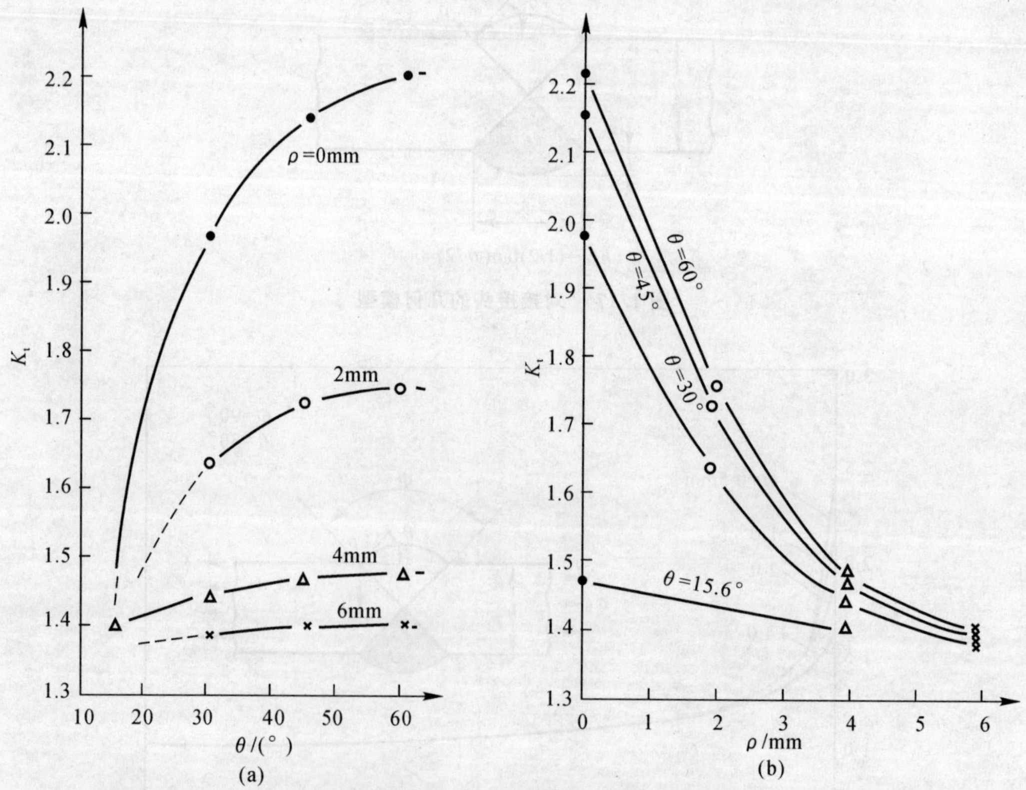

图 1.21 V形坡口对接接头焊趾应力集中因数

(a) 焊缝过渡角对应力集中因数的影响; (b) 焊趾过渡半径对应力集中因数的影响

2. T 形接头(十字接头)

T 形接头(十字接头)焊缝向母材过渡较急剧,其工作应力分布极不均匀,在角焊缝的根部和焊趾处都存在严重的应力集中。如图 1.22 和图 1.23 所示分别为 T 形接头和十字接头的几何参数。

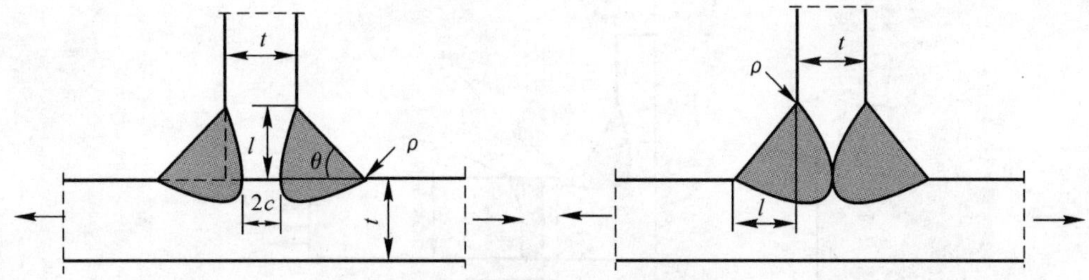

图 1.22　T 形接头几何参数

T 形接头(十字接头)焊趾的应力集中因数可以表示为[3,14]

$$K_t = 1 + 0.35\,(\tan\theta)^{1/4}\,[1 + 1.1\,(c/l)^{3/5}]^{1/2}\left(\frac{t}{\rho}\right)^{1/2} \tag{1.17}$$

焊根的应力集中因数可以表示为

$$K_t = 1 + 1.15\,(\tan\theta)^{-1/5}\,(c/l)^{1/2}\left(\frac{t}{\rho}\right)^{1/2} \tag{1.18}$$

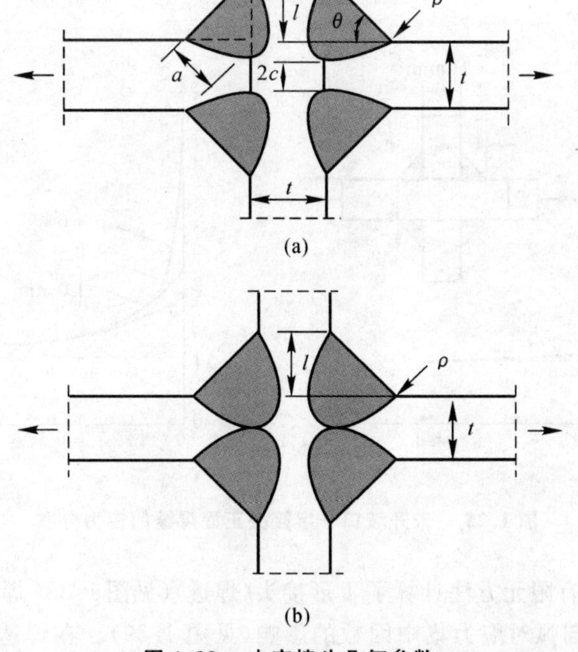

图 1.23　十字接头几何参数

图 1.24 所示为 T 形接头(未焊透) 焊趾区的应力分布[16]。

如图 1.25 所示是未开坡口十字接头正面焊缝的应力分布情况[17]。由于没有焊透，因此，焊缝根部应力集中最为严重，在焊趾截面上的工作应力分布也很不均匀，焊趾应力集中因数随角焊缝的形状而变，如图 1.26 所示。应力集中因数随 θ 减少而减少，也随焊脚尺寸增大而减小。但联系焊缝(非直接承力焊缝) 在焊趾的应力集中因数随焊脚尺寸增大而增大[18](见图 1.27)。

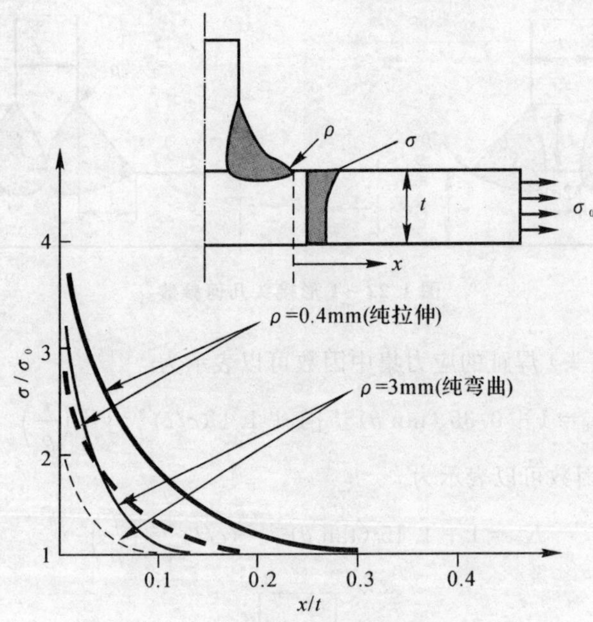

图 1.24 T 形接头焊趾区的应力分布

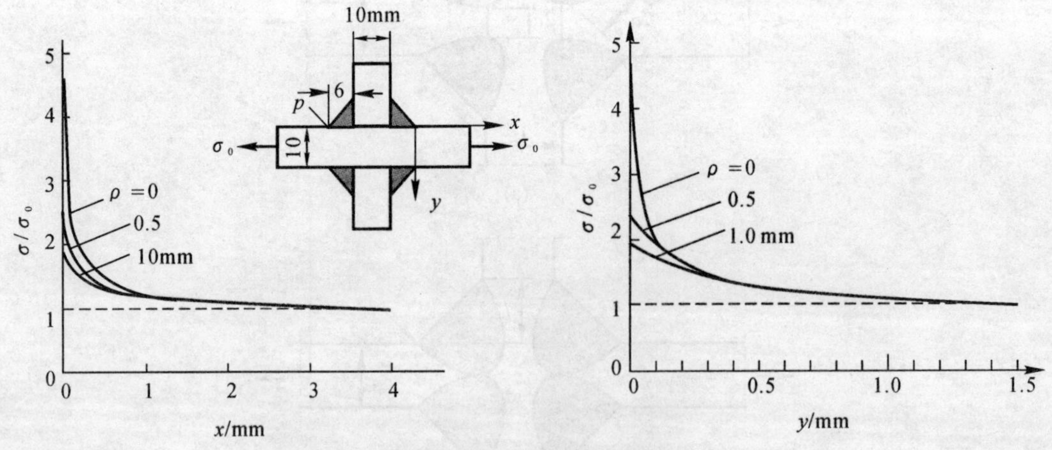

图 1.25 未开坡口十字接头正面焊缝的应力分布

参考文献[19]用有限元方法计算了 T 形接头(焊透)(见图 1.28)焊趾应力集中因数，分析了焊缝角和焊趾过渡圆弧对应力集中因数的影响(见图 1.29)。在焊透情况下的焊趾应力集中要比未焊透的要低。

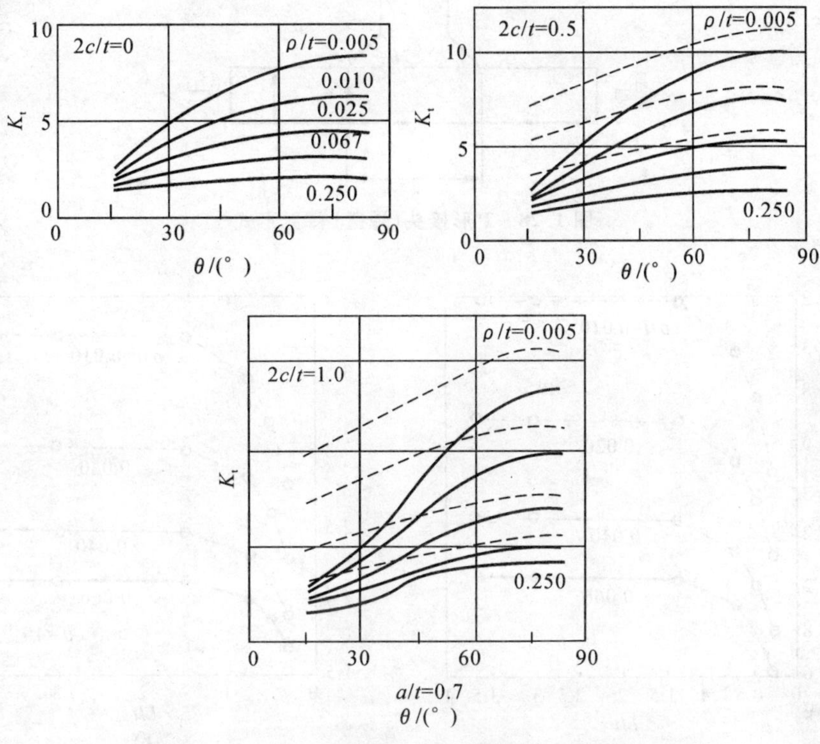

图 1.26　十字接头焊趾应力集中因数与几何参数的关系

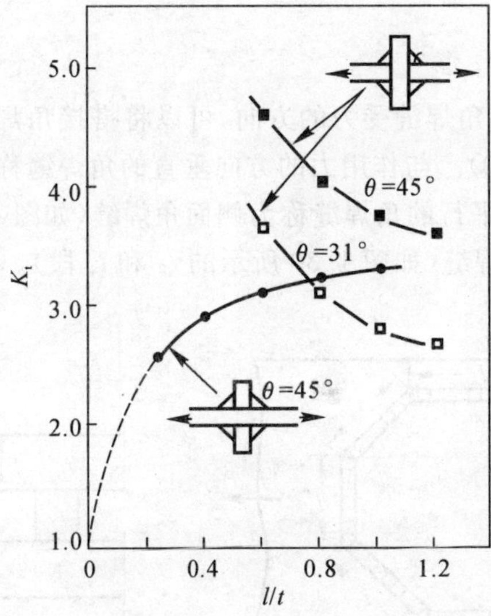

图 1.27　角焊缝的形状、尺寸与应力集中因数的关系

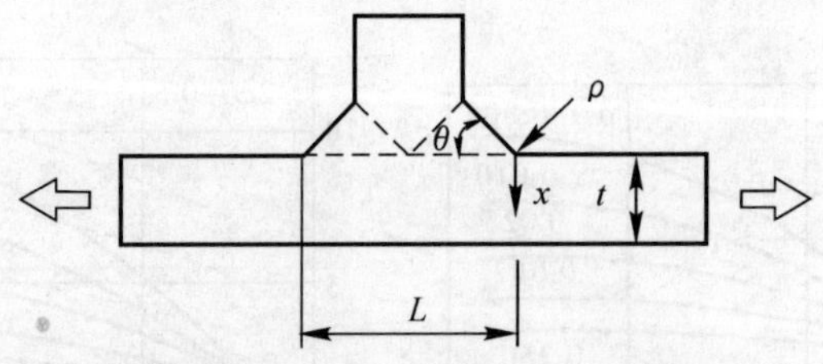

图 1.28 T 形接头(焊透)焊趾形式

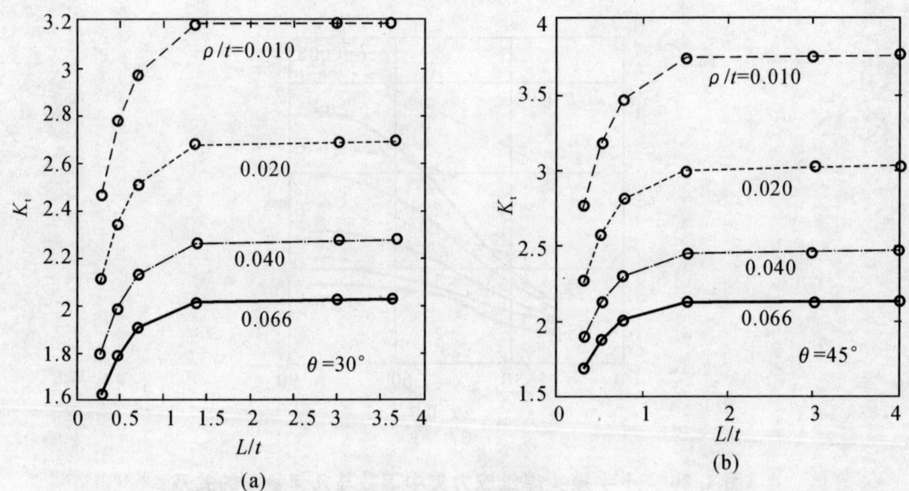

图 1.29 T 形接头(焊透)焊缝角和焊趾过渡圆弧对应力集中因数的影响

3. 搭接接头

在搭接接头中,根据搭接角焊缝受力的方向,可以将搭接角焊缝分为正面角焊缝、侧面角焊缝和斜向角焊缝(见图 1.30)。与作用力的方向垂直的角焊缝称为正面角焊缝(如图 1.30 所示的 l_3 段),与作用力的方向平行的角焊缝称为侧面角焊缝(如图 1.30 所示 l_1 和 l_5 段),介于两者之间的角焊缝称为斜向角焊缝(如图 1.30 所示的 l_2 和 l_4 段)。搭接接头传力和应力集中比对接接头的情况复杂得多。

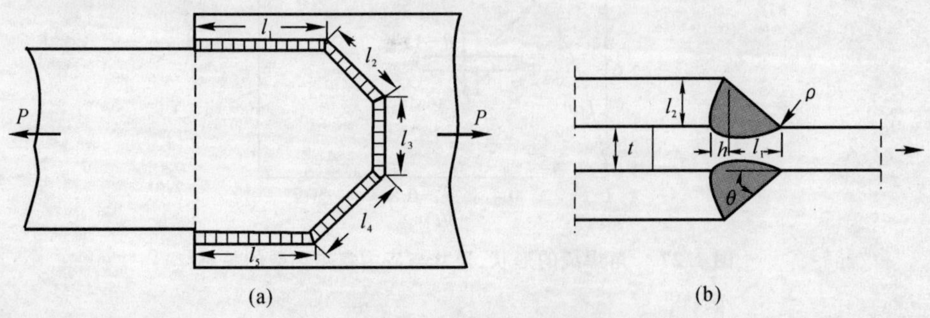

图 1.30 搭接接头角焊缝

(1) 正面搭接角焊缝

在只有正面角焊缝的搭接接头中，工作应力分布极不均匀(见图 1.31)。在角焊缝根部和焊趾处都有较严重的应力集中。焊趾处的应力集中因数随角焊缝斜边与水平边夹角 θ 不同而改变，减少夹角 θ 和增大焊接熔深，都会使应力集中因数降低。

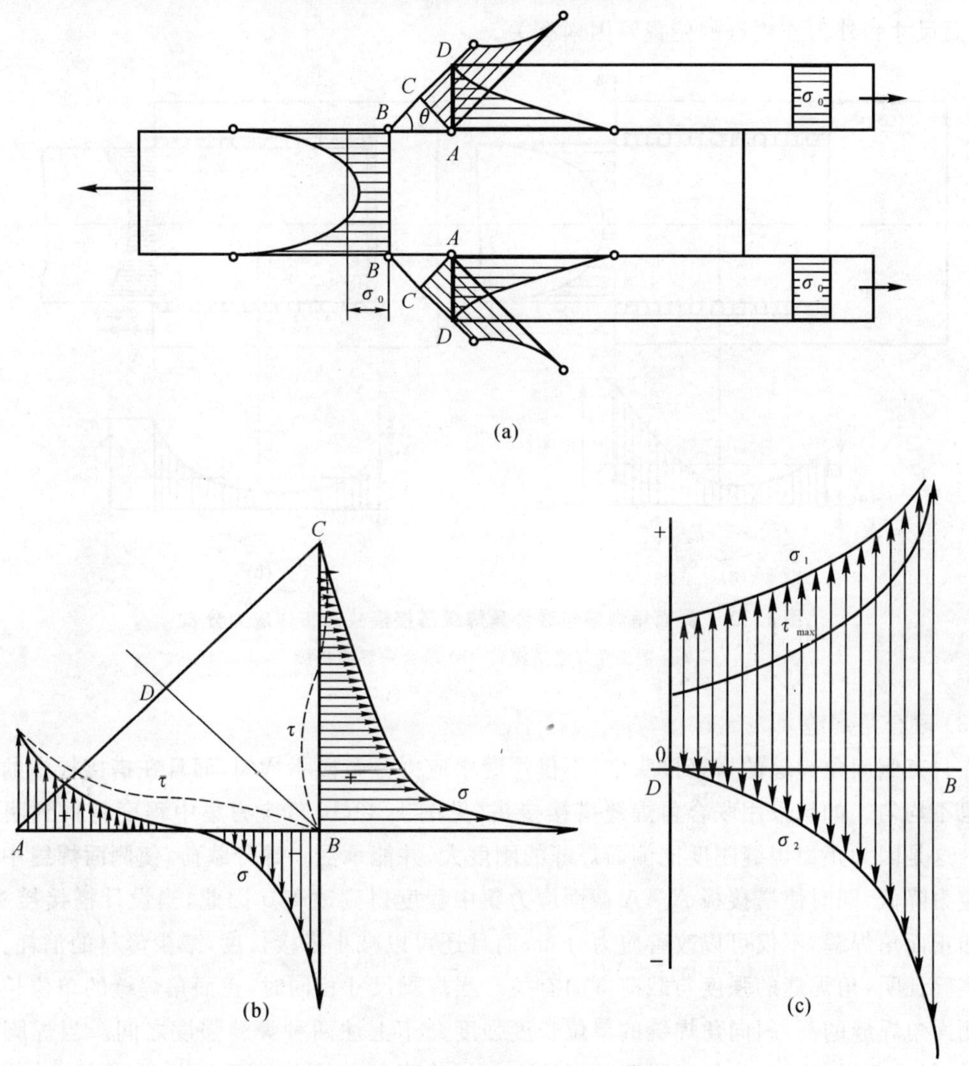

图 1.31　正面角焊缝的应力分布

(a) 正面角焊缝；(b) 角焊缝的应力分布；(c) 角焊缝高度平面的应力分布

焊趾的应力集中因数可以表示为[14]

$$K_t = 1 + 0.6\,(\tan\theta)^{1/4}\,(t/l_1)^{1/2}\left(\frac{t}{\rho}\right)^{1/2} \tag{1.19}$$

焊根的应力集中因数可以表示为

$$K_t = 1 + 0.5\,(\tan\theta)^{1/8}\left(\frac{t}{\rho}\right)^{1/2} \tag{1.20}$$

式中符号的含义如图 1.30(b) 所示。

(2) 侧面角焊缝

在用侧面角焊缝连接的搭接接头中(见图 1.32(a)),其工作应力更为复杂。当接头受力时,焊缝中既有正应力又有切应力,切应力沿侧面焊缝长度上的分布是不均匀的,它与焊缝尺寸、端面尺寸和外力作用点的位置等因素有关。

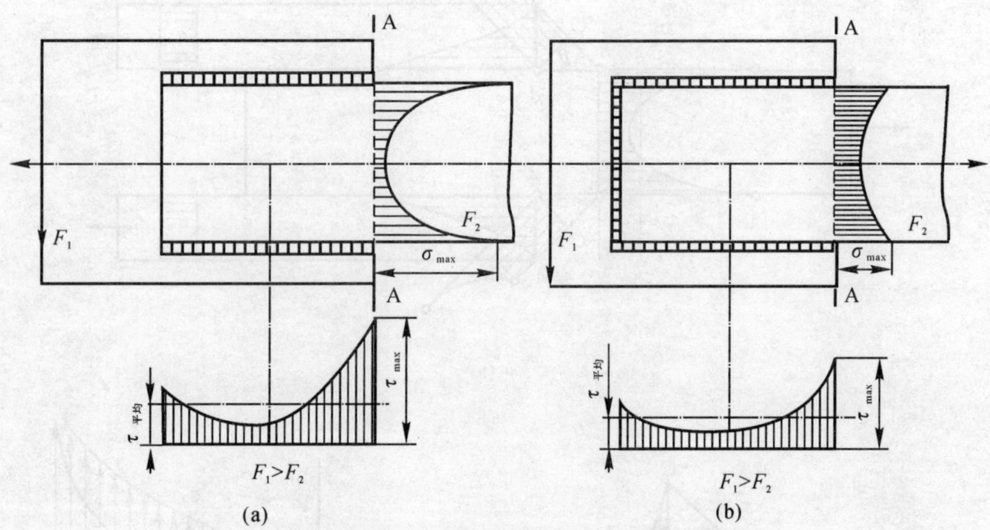

图 1.32 侧面角焊缝与联合角焊缝搭接接头的工作应力分布

(a) 侧面角焊缝搭接; (b) 联合角焊缝搭接

(3) 联合角焊缝

在只有侧面角焊缝的搭接接头中,不仅焊缝中应力分布极不均匀,而且在搭接板中的应力分布也不均匀。如果采用联合角焊缝搭接接头(见图 1.32(b)),应力集中程度将得到明显的改善。这是因为正面焊缝刚度比侧面焊缝的刚度大,并能承受一部分载荷,使侧面焊缝中的最大剪应力降低,同时使搭接板 A—A 截面应力集中程度得到改善。因此,当设计搭接接头时,若增加正面角焊缝,不仅可以改善应力分布,而且还可以减小搭接长度,减少母材的消耗。

实验证明,角焊缝的强度与载荷方向有关。当焊脚尺寸相同时,正面角焊缝的单位长度强度比侧面角焊缝的高,斜向角焊缝的单位长度强度介于上述两种焊缝强度之间。当焊脚尺寸一定时,斜向角焊缝的单位长度强度随焊缝方向与载荷方向的夹角而变化,夹角越大,其强度值越小。

上述分析表明,各种焊接接头焊后都存在不同程度的应力集中,应力集中对接头强度的影响与材料性能、载荷类型和环境条件等因素有关。如果接头所用材料有良好的塑性,接头破坏前有显著的塑性变形(见图 1.33),使得应力在加载过程发生均匀化,则应力集中对接头的静强度不会产生影响。应力集中对接头疲劳强度和脆断强度的影响将在后续内容中进行分析。

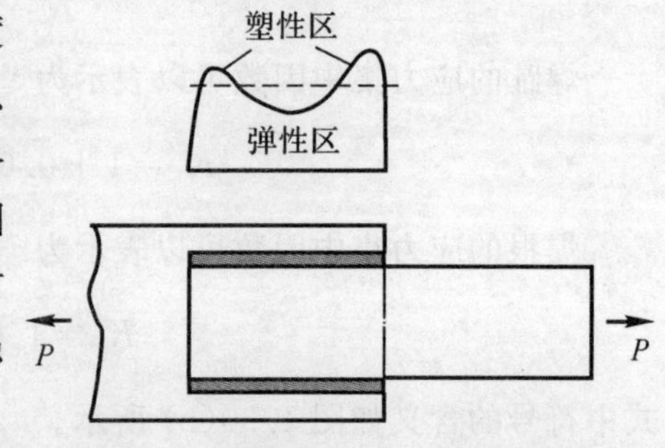

图 1.33 侧面搭接接头的塑性变形

实际焊接接头的轮廓参数沿焊缝长度方向是随机变

化的，由此产生的应力集中也是随机变化的(见图 1.34)。

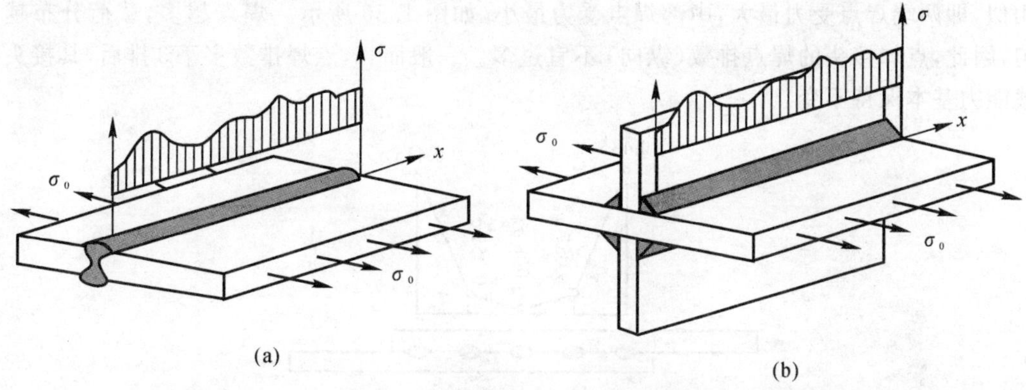

图 1.34　焊趾应力集中的随机性

(a) 对接接头；(b) 十字接头

1.2.2　点焊接头的应力集中

点焊接头中的焊点主要承受剪应力，在单排搭接点焊中，除受剪应力外，还承受由偏心引起的附加拉应力。在焊点区域沿板厚方向的应力分布很不均匀，如图 1.35 所示。图1.35(b)所示为点焊接头受剪切拉伸时焊核及附近的弹性和弹塑性应力集中因数以及塑性应变集中因数[20]。可以看出，点焊搭接接头应力集中程度比电弧焊搭接接头的应力集中程度严重。在单排搭接点焊中，焊点附近应力分布特别密集，其密集程度与参数 t/d 有关，t/d 越大，应力分布越不均匀。

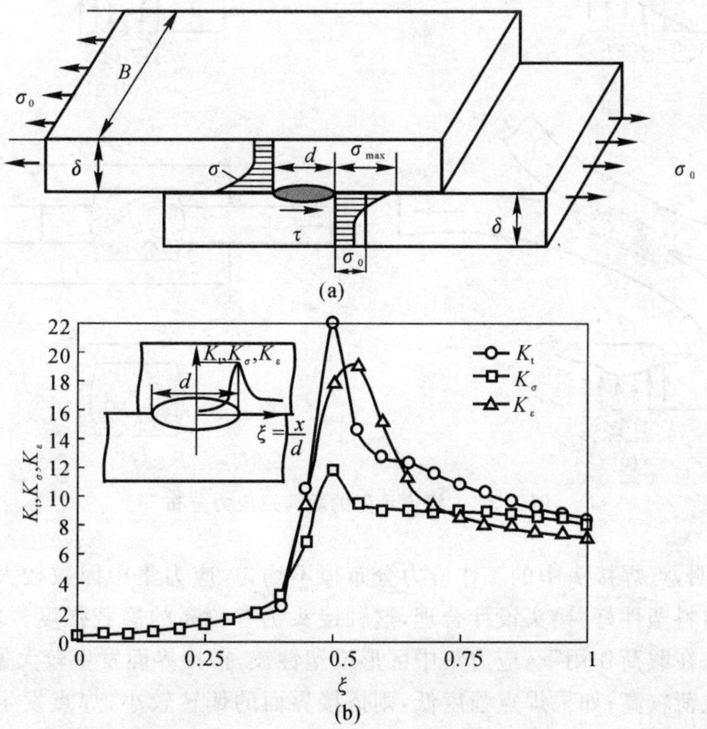

图 1.35　焊点区应力分布及应力集中因数

(a) 焊点区应力沿母材厚度上的分布；(b) 焊点区的应力集中因数

在多排点焊接接头中,各焊点所承受的载荷并非一样,实际情况与电弧焊搭接接头侧面焊缝相似,即两端焊点受力最大,中部焊点受力最小,如图 1.36 所示。焊点越多,载荷分布越不均匀,因此,点焊接头的焊点排数(纵向)不宜过多。一般而言,点焊排数多于 3 排后,其接头的承载能力基本保持不变。

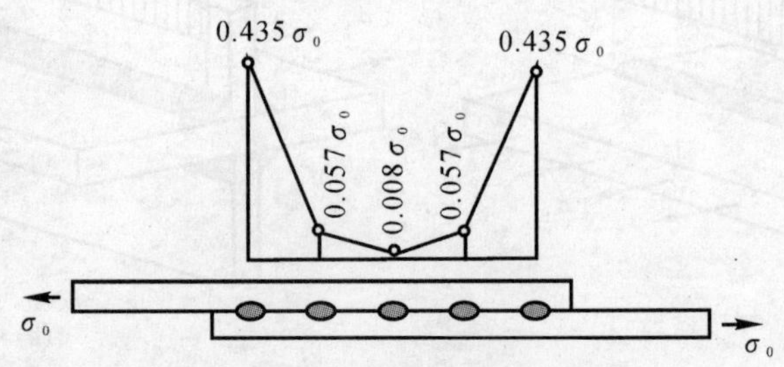

图 1.36 多排点焊接头各焊点的受力情况

点焊接头承受载荷的情况如图 1.37 所示,其焊点周围产生不同程度的应力集中。根据应力分布特点,点焊接头的抗拉强度明显低于抗剪强度,所以在一般使用中,应尽量避免点焊接头承受如图 1.37(a)(b) 所示的载荷。

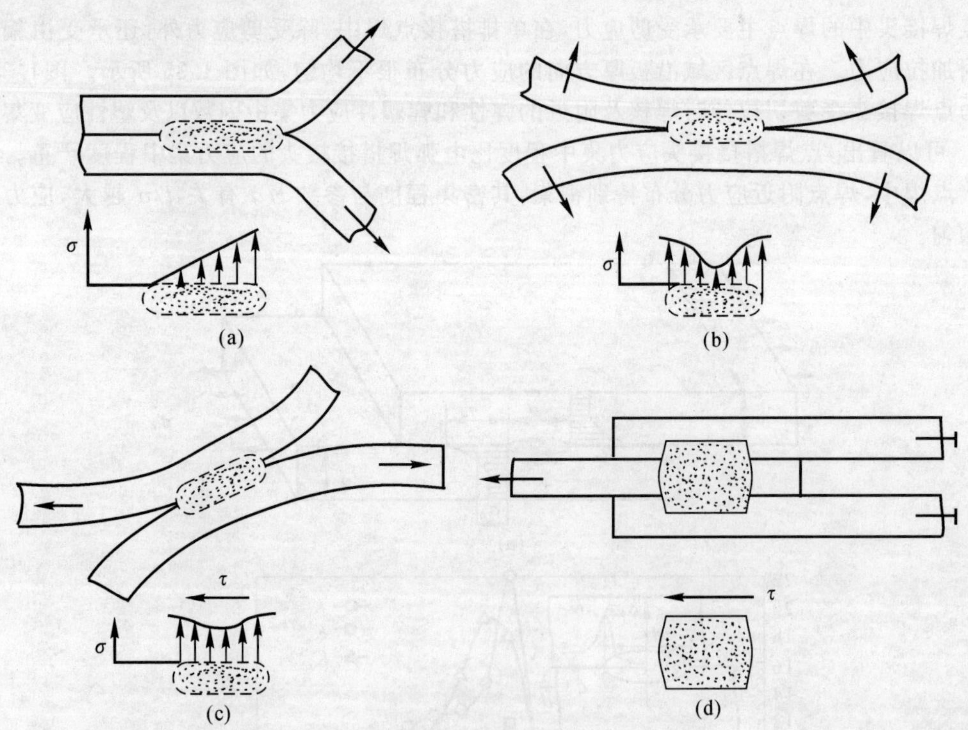

图 1.37 焊点承受的载荷及应力分布

上述分析表明,点焊接头中的工作应力分布很不均匀,应力集中因数较大,其动载强度很低。但是,如果材料塑性好,接头设计合理,这种接头仍有较高的静载强度。如果焊点的强度足够高,点焊接头在载荷作用下,应力集中区形成塑性铰,搭接界面发生较大偏转,断裂发生在焊点周围,承受载荷较高;如果焊点强度低,则搭接界面的偏转较小,焊点发生剪断,承受载荷较低，如图 1.38(a) 所示。

点焊接头的破坏一般发生在应力集中区。如果焊点具有足够的强度，破坏发生在母材应力集中区（见图 1.38(b)）；如果焊点的强度低，则破坏可能发生在焊核区（见图 1.38(c)）。

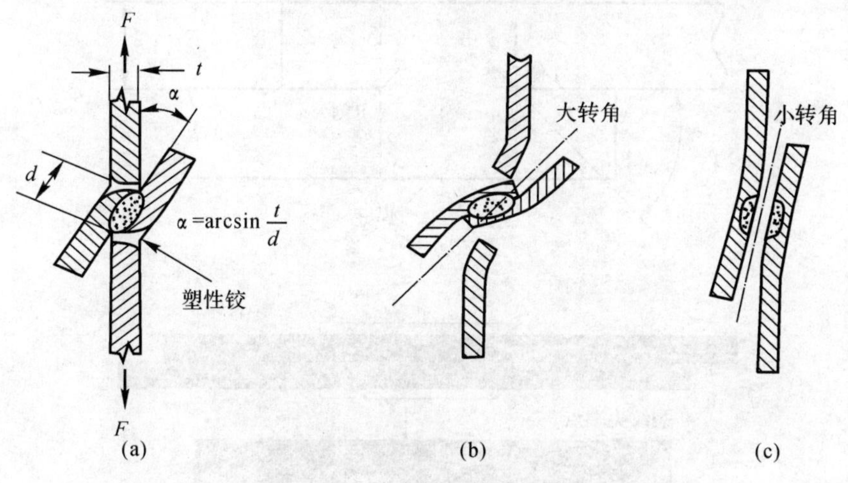

图 1.38　点焊接头的破坏模式

1.2.3　搅拌摩擦焊搭接接头的应力集中

与搅拌摩擦焊对接接头相比，搅拌摩擦焊搭接接头存在比较严重的应力集中。如图 1.39 所示，搅拌头的搅拌材料发生塑性流动，导致焊核边缘搭接面向上偏转，形成了两个类似裂纹的未焊接区域，产生较大的应力集中，也造成上板的有效厚度有所减小，致使上板的前进侧热影响区易发生断裂。

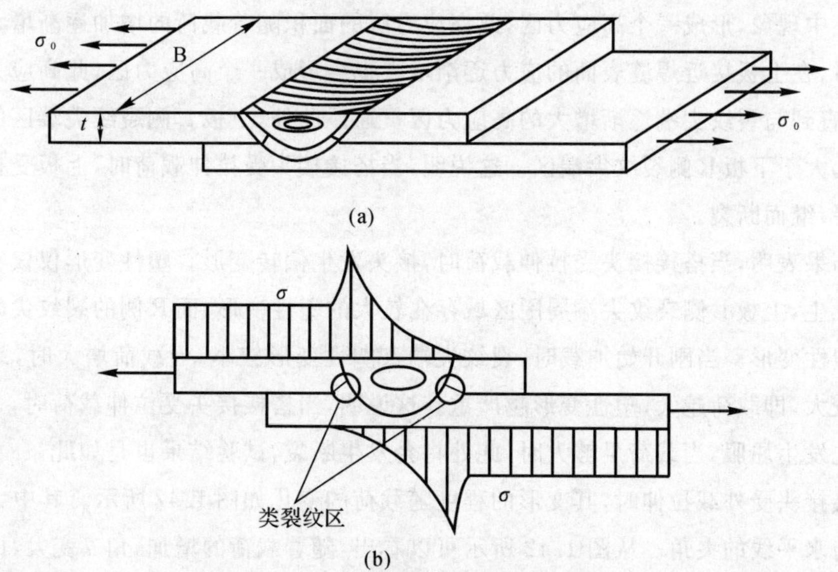

图 1.39　搅拌摩擦焊搭接接头及应力分布

参考文献[21]应用有限元方法分析了搅拌摩擦焊搭接接头在拉伸过程中的局部力学及变形过程。结构分析的几何模型和有限元模型如图 1.40 所示。

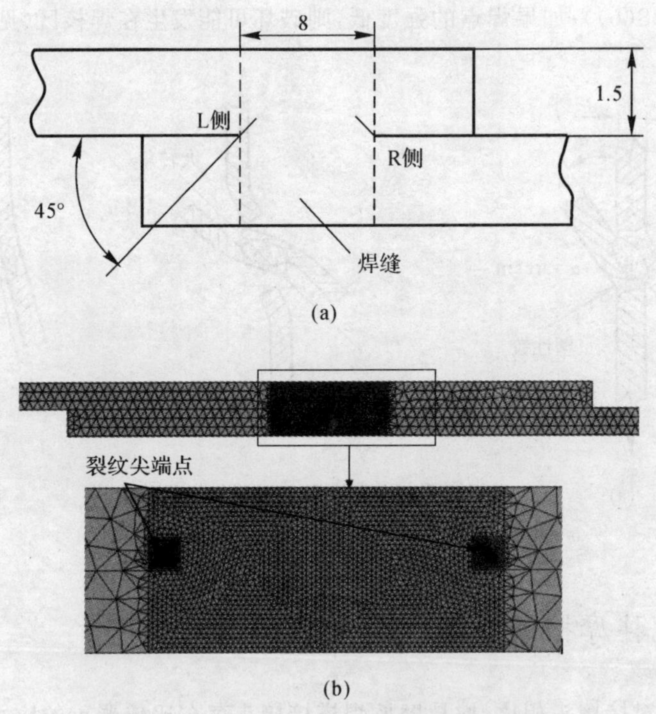

图 1.40 搅拌摩擦焊搭接接头有限元网格

(a) 几何模型； (b) 有限元网格

如图 1.41 所示为裂纹尖端区应力场的计算结果。从整个拉伸过程看，裂纹尖端点存在严重的应力集中现象，形成一个高应力区，此高应力区的面积随着载荷的增加逐渐增大。当载荷逐渐增大时，在上板接近焊缝表面的应力逐渐增大也会形成一个高应力区，此高应力区的面积不断增大，直到与裂纹尖端逐渐增大的高应力区贯通。此外，上板 L 侧裂纹尖端区的应力集中程度要远远大于下板 R 侧裂纹尖端区。这说明，当搭接接头受拉伸载荷时，上板受拉侧裂纹首先发生扩展，继而断裂。

计算结果表明，当搭接接头受拉伸载荷时，接头发生偏转变形。塑性变形仅仅在裂纹尖端周围区域发生，上板 L 侧裂纹尖端周围区域存在较大的塑性变形，而 R 侧的裂纹尖端周围区域几乎没有塑性变形。当刚开始加载时，裂纹尖端点塑性变形较小，当载荷增大时，裂纹尖端点塑性变形较大，即载荷越大，塑性变形越严重。这说明，当搭接接头受拉伸载荷时，上板侧裂纹尖端点首先发生屈服，当载荷足够大时，此处将会发生断裂，试验结果也是如此。

当搭接接头受外载拉伸时，其变形的程度随载荷的变化如图 1.42 所示。其中，θ 为搭接板未受力端与水平线的夹角。从图 1.42 所示可以看出，随着载荷的增加，角 θ 变大，即搭接接头偏转变形增大，此时搭接接头裂纹尖端区逐渐形成塑性铰直至发生断裂，且上板 R 侧裂纹尖端周围区域的塑性变形最大，是导致搅拌摩擦焊搭接接头上板 R 侧热影响区断裂的主要原因。

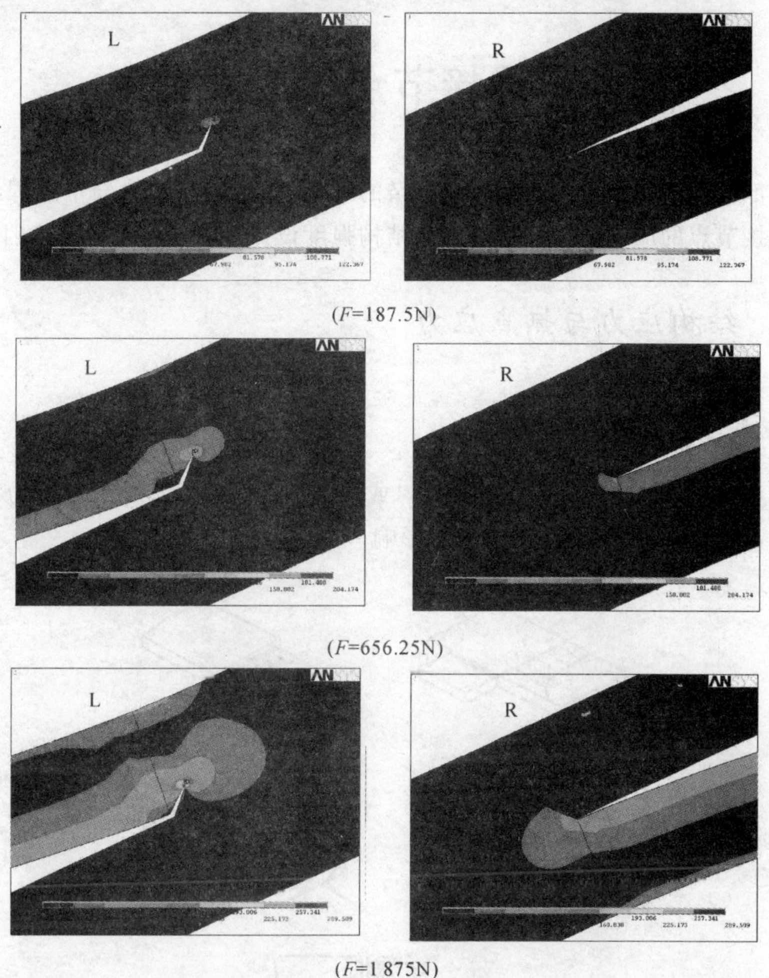

图 1.41　搅拌摩擦焊搭接接头裂纹区应力场

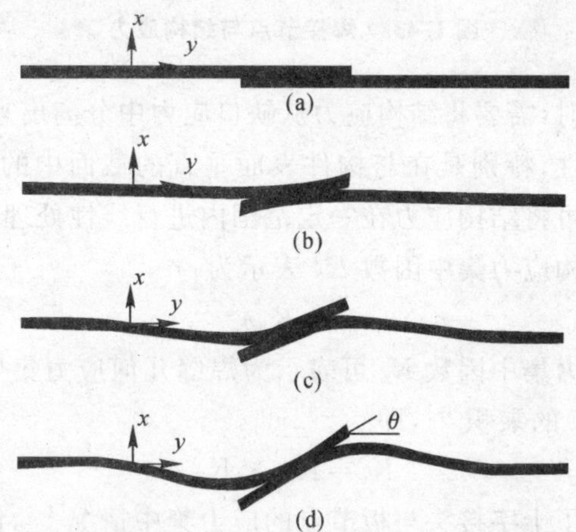

图 1.42　搅拌摩擦焊接头受拉变形过程

(a) $F = 187.5\text{N}$；(b) $F = 375\text{N}$；(c) $F = 1\,078\text{N}$；(d) $F = 1\,875\text{N}$

1.3 焊接节点的应力集中

焊接节点部位由于传力方向改变产生复杂的结构应力，结构应力与节点焊缝的应力集中相互叠加。焊接节点的应力集中分析是焊接结构强度设计中需要考虑的重要因素。

1.3.1 结构应力与热点应力

1. 结构应力

在焊接节点中(见图 1.43)，紧靠焊趾缺口或焊缝端部缺口前沿的局部应力称为结构应力或称几何应力，其大小受到整体几何参数的影响。

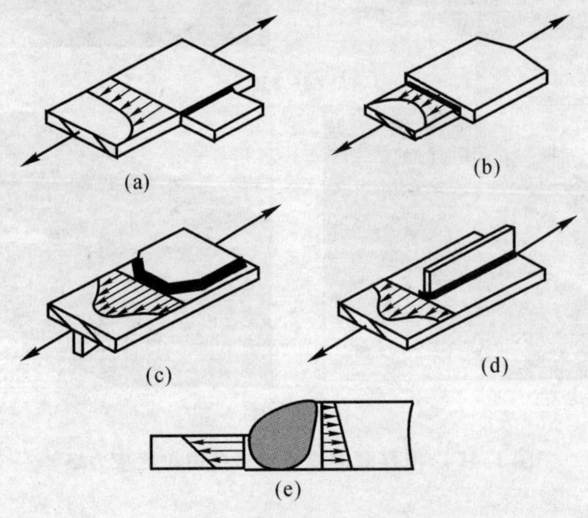

图 1.43 焊接节点与结构应力

当进行结构应力分析时，需要将结构应力从缺口应力中分离出来。一般而言，在接头上的应力分布具有高度的非线性，特别是在与构件表面垂直的截面中的缺口区内更是如此(见图 1.44)。将缺口应力分离，可将结构应力在一定范围内进行线性处理并外推后确定最大结构应力。结构应力增大可用结构应力集中因数 K_S 表示为

$$\sigma_S = K_S \sigma_n \tag{1.21}$$

焊接节点焊趾的总应力集中因数 K_t 可表示为焊缝几何应力集中因数 K_W 和结构几何形状引起的应力集中因数 K_S 的乘积[19]，即

$$K_t = K_W \times K_S \tag{1.22}$$

如图 1.45 所示，比较了十字接头与板节点的应力集中情况[19]，说明了结构几何形状的变化对应力集中的影响。

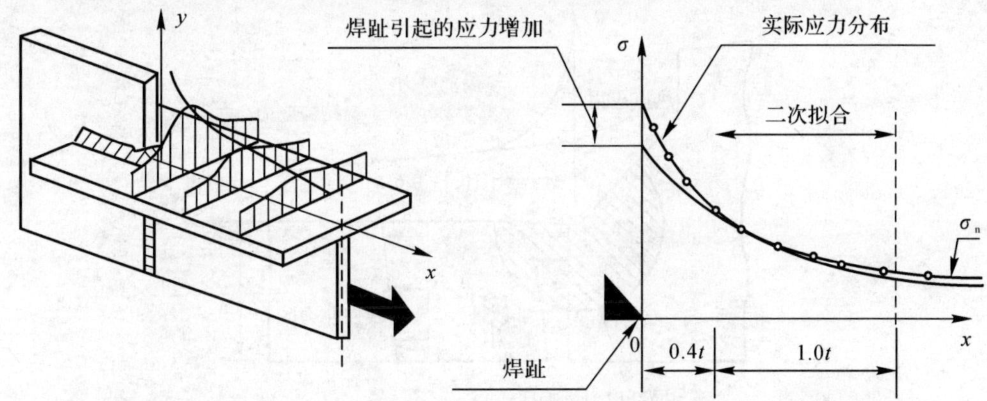

图 1.44 几何应力分布

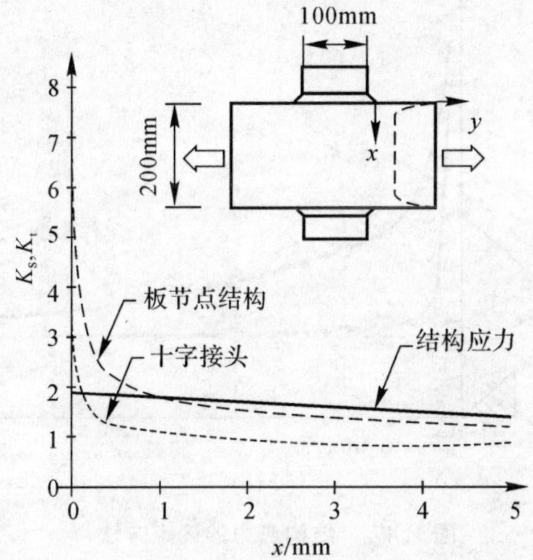

图 1.45 结构应力与局部应力分布

2. 热点应力

结构应力的最大值称为热点应力。"热点"一词表明最大结构应力循环载荷的局部热效应。多数情况下的结构应力为热点处的表面应力(不考虑缺口效应)。

计算热点应力的方法是在缺口效应不产生作用的构件表面的一定区域内对结构应力进行线性外插[3,14](见图1.46)。外插时一般选择两个基点,第一个点靠近焊缝,第二个点离开第一个点适当的距离(与构件的几何形状有关),如图 1.47 所示。

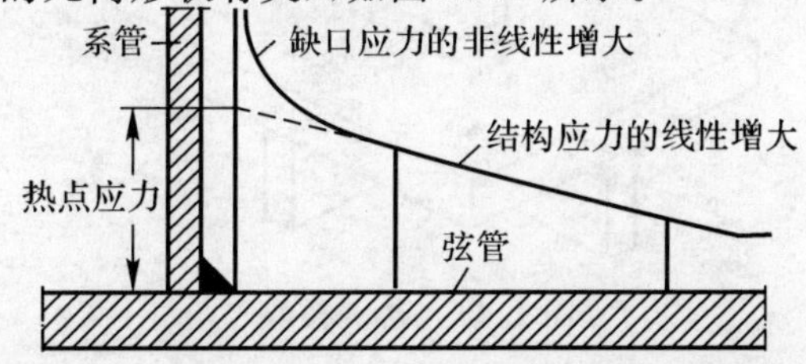

图 1.46 焊趾处的结构应力最大值及缺口应力非线性增大的消除

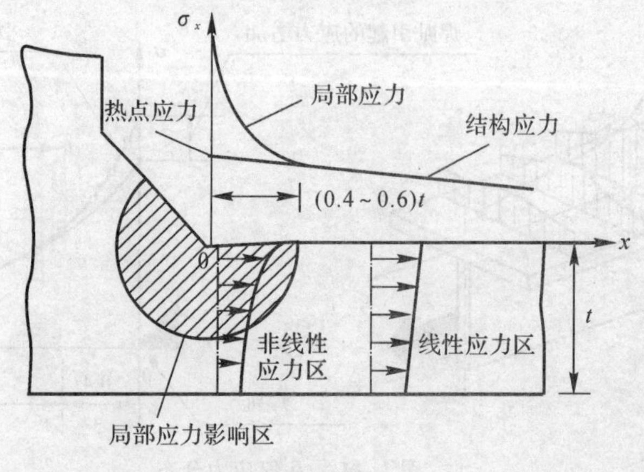

(a)

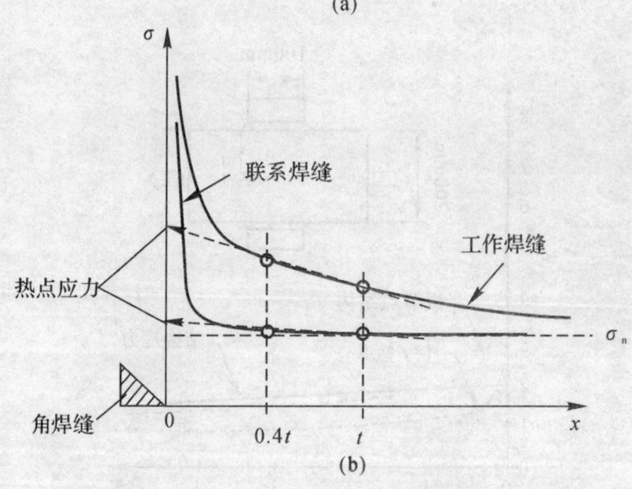

(b)

图 1.47　结构应力的确定方法

根据热点的位置与焊趾走向的关系，可将热点分为 3 类[13]，如图 1.48 所示。其中，a 型热点位于主板表面的连接板端部的焊趾；b 型热点位于连接板边焊趾；c 型热点位于连接板面焊趾。热点应力可通过有限元方法进行计算，计算时可采用壳体单元或实体单元(见图 1.49)。如图 1.50 所示为当采用不同网格时，热点应力计算的参考基点位置。

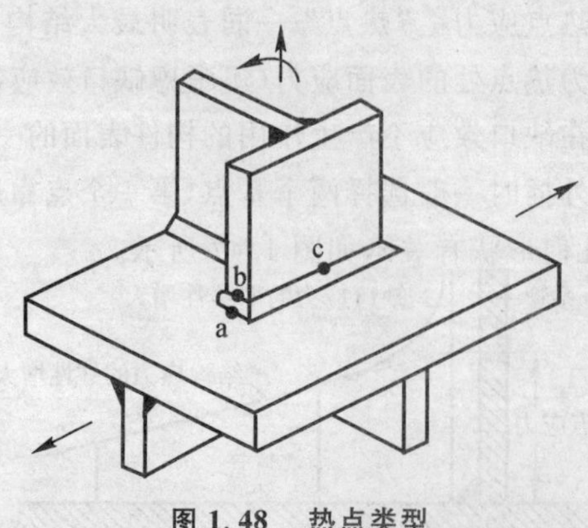

图 1.48　热点类型

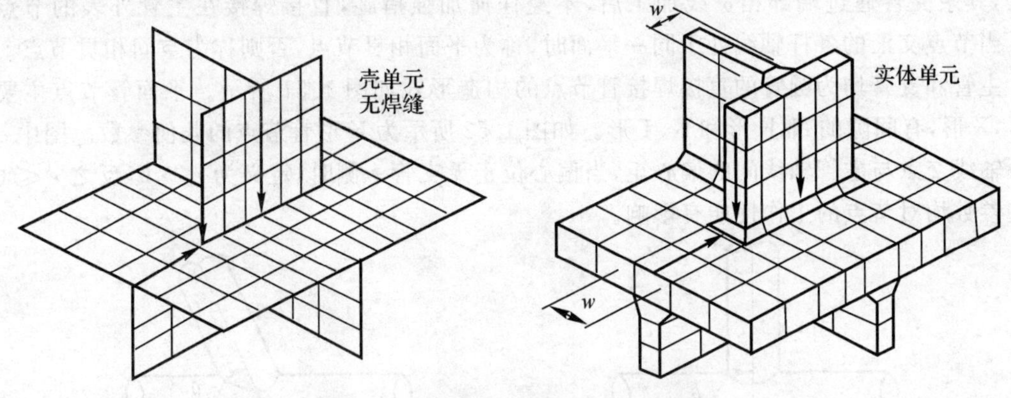

图 1.49　热点应力分析的有限元模型

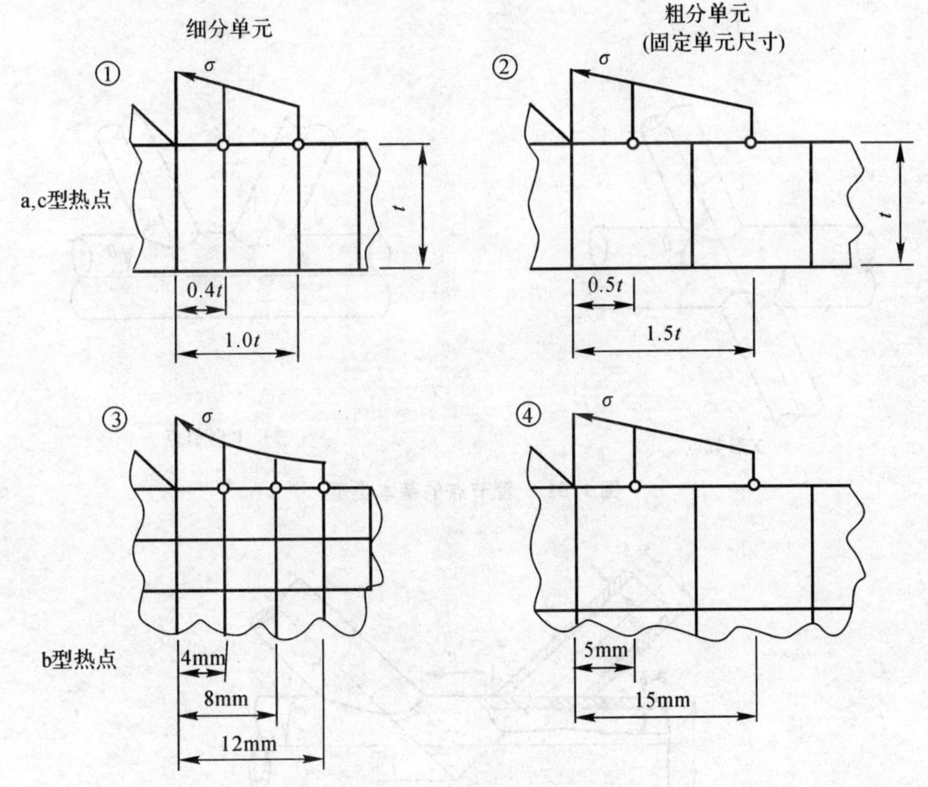

图 1.50　热点应力计算

1.3.2　焊接管节点的应力集中

1. 管节点结构

管桁架中直径较大的弦管常称为主管，直径较小的腹管称为支管。管节点可以有节点板，也可以不用节点板而直接进行焊接。直接焊接管节点又称相贯节点，系指在节点处主管保持连续,其余支管通过端部相贯线加工后,不经任何加强措施,直接焊接在主管外表的节点形式。当节点交汇的各杆轴线处于同一平面时,称为平面相贯节点,否则称为空间相贯节点。

主管和支管均为圆管的直接焊接管节点的构造形式如图 1.51 所示。平面管节点主要有 T,Y,X 形,有间隙的 N,K 形和 K,T 形。如图 1.52 所示为 K 形管节点的几何参数。图中 e 为支管轴线交点与主管轴线间的偏心矩,当偏心位于无支管一侧时,定义为 $e>0$,反之 $e\leqslant 0$。这些参数均对节点的工作性能有影响。

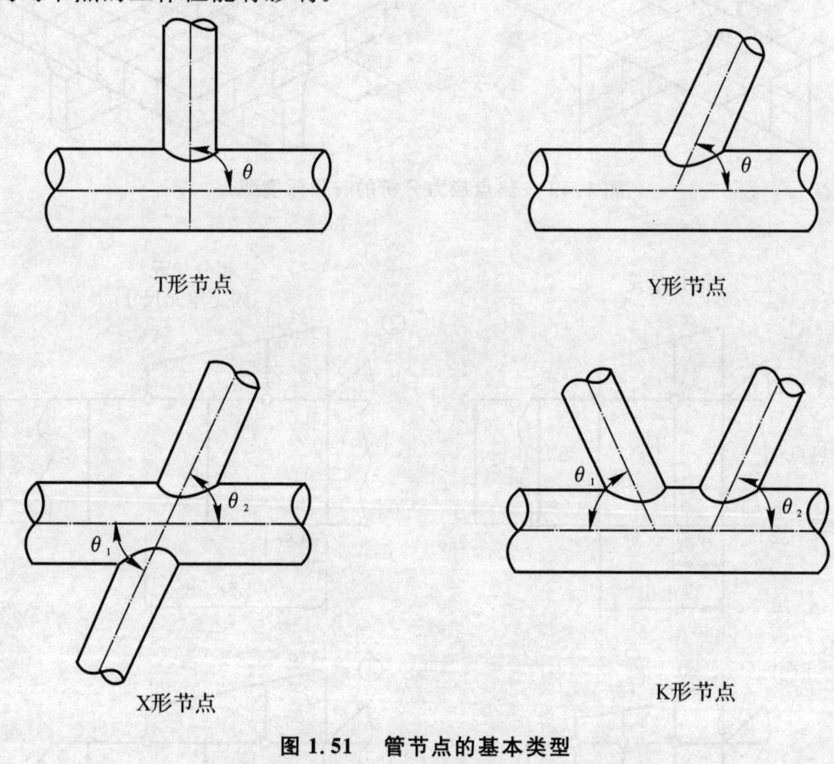

图 1.51　管节点的基本类型

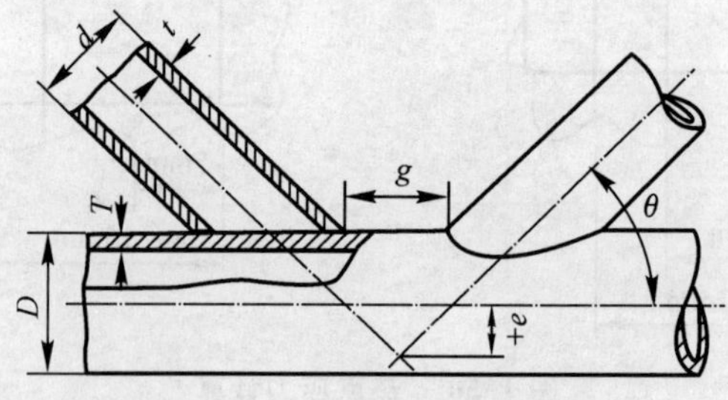

图 1.52　K 形管节点的几何参数

影响节点强度和刚度的重要几何参数和力学参数有主管的径厚比、支管和主管间的直径比 β_i、各支管轴线与主管轴线间的夹角 θ_i、对空间节点还有主管轴线平面处支管间的夹角 φ 等,以及钢材的屈服强度和屈强比、主管的轴压比等。

2. 焊接管节点的应力集中

管节点是空间封闭薄壳结构,受力比较复杂。在管节点中,载荷由支管直接传给主管,由于支管的轴向刚度远远大于主管的径向刚度，因此支管与主管的相贯线成为整个结构的薄弱环节。如图 1.53 所示为 T 形节点支管受轴向载荷时的应力分布情况。应力分析表明，节点部位的应力由名义应力、几何应力和局部应力 3 部分组成。在支管与主管相交处的最低点，名义应力与几何应力之和达到最大值，是管节点的热点。管节点的热点应力定义如图 1.54 所示。

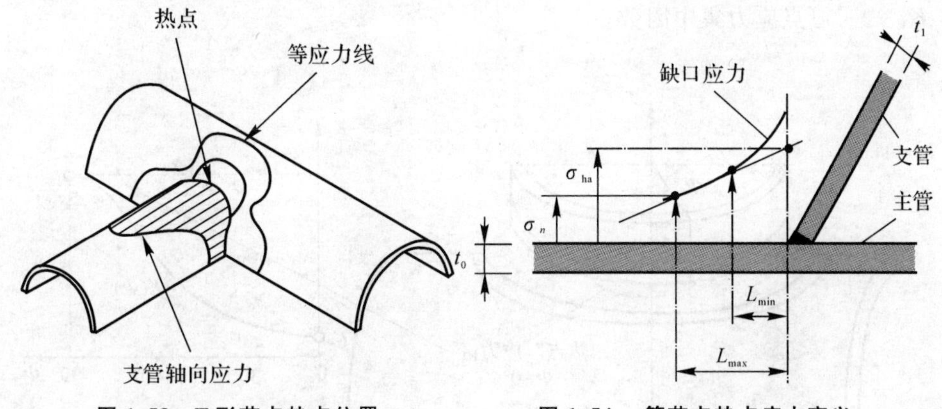

图 1.53　T 形节点热点位置　　图 1.54　管节点热点应力定义

热点应力集中因数 K_{hs} 定义为

$$K_{hs} = \frac{\sigma_{hs}}{\sigma_n} \tag{1.23}$$

如图 1.55 所示为支管与主管过渡区的应力集中情况，在支管与主管的焊趾处的应力集中因数最大。

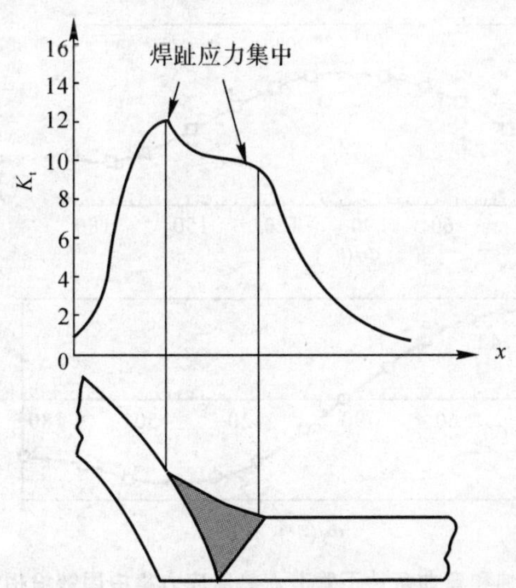

图 1.55　支管与主管过渡区的应力集中

管节点的热点区不仅会出现很高的应力集中，而且还存在有焊接缺陷和焊接残余拉应力，多种不利因素相叠加使管节点对交变载荷的抵抗能力下降。疲劳裂纹往往起源于高应力区的初始缺陷处，常常在“热点”附近由表面裂纹扩展并穿透管壁，而使节点破坏，导致整体结构承载力的丧失。为了降低热点的应力集中，常需要采用局部加强等措施。

管节点的结构应力集中因数沿相贯线是变化的(见图 1.56),Dover 提出的 T 形节点受轴向载荷时应力集中因数沿相贯焊缝的分布的经验公式为[22]

$$K(\Phi) = K_S \cos^2\Phi + K_C \sin^2\Phi \tag{1.24}$$

式中 K_S—— 鞍点应力集中因数;

K_C—— 冠点应力集中因数。

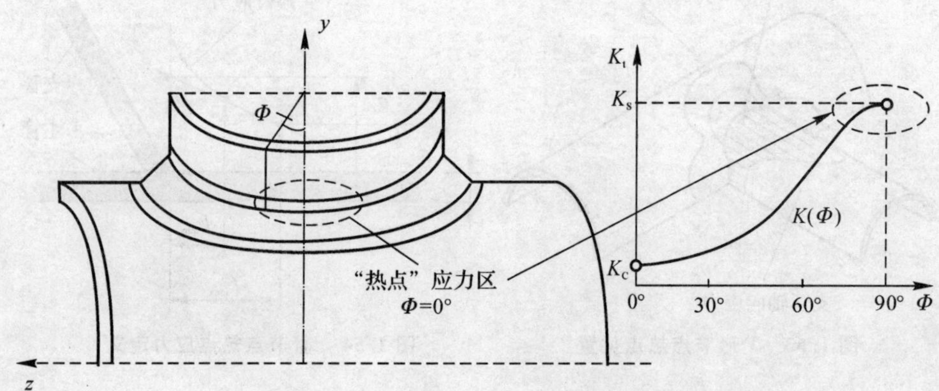

图 1.56 管节点热点应力集中因数沿相贯线的变化

如图 1.57 所示为当支管受拉伸和弯曲时,管节点热点应力集中因数沿相贯线的变化[23]。

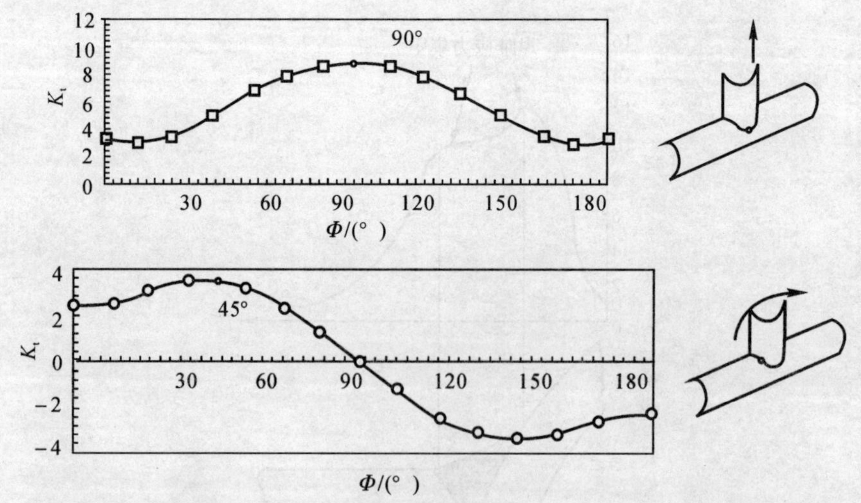

图 1.57 拉伸和弯曲条件下管节点热点应力集中因数沿相贯线的变化

一般情况下,管节点的热点应力集中因数可以表示为

$$K_{hs} = f(\alpha,\beta,\gamma,\tau,\theta,\zeta,\varepsilon) \tag{1.25}$$

式中,$\alpha=\dfrac{2L}{D}$,$\beta=\dfrac{d}{D}$,$\gamma=\dfrac{D}{2T}$,$\tau=\dfrac{t}{T}$,$\zeta=\dfrac{g}{D}$,$\varepsilon=\dfrac{e}{D}$,θ 为支管与主管的夹角。

将数值计算结果或试验数据通过对数型多元线性回归,可得到管节点热点应力集中因数

的一般表达式为

$$K_{hs}=k\alpha^{p_1}\beta^{p_2}\gamma^{p_3}\tau^{p_4}(\sin\theta)^{p_5}\zeta^{p_6}\varepsilon^{p_7} \tag{1.26}$$

例如,Kuang 等提出的 T 形和 Y 形节点支管受拉时主管热点应力集中因数的经验式为[24]

$$K_{hs}=1.981\alpha^{0.057}\exp(-1.2\beta^3)\gamma^{0.808}\tau^{1.333}(\sin\theta)^{1.694},\quad 0\leqslant\theta\leqslant 90° \tag{1.27}$$

K 形节点两支管对称受拉时,主管热点应力集中因数的经验式为

$$K_{hs}=1.506\beta^{-0.059}\gamma^{0.666}\tau^{1.104}\zeta^{0.067}(\sin\theta)^{1.521},\quad 0\leqslant\theta\leqslant 90° \tag{1.28}$$

1.4　焊接结构不完整性的应力集中效应

焊接结构不完整性也称为焊接不连续性,焊接缺陷是焊接结构中最严重的不完整性。焊接缺陷对焊接结构承载能力有非常显著的影响,其主要原因是缺陷减小了结构承载截面的有效面积,并且在缺陷周围产生了应力集中。缺陷的种类较多,主要有裂纹、夹渣、气孔、未熔合和未焊透、形状和尺寸不良等。按缺陷在焊缝中的位置不同,可分为外部缺陷和内部缺陷。焊接缺陷的形状不同,引起截面变化的程度也不同,就缺陷与负载方向所成的角度不同,都会使缺陷周围的应力集中程度大不一样。根据缺陷对结构强度的影响程度,又可将焊接缺陷分为平面缺陷、体积缺陷和成形不良 3 种类型。

1.4.1　平面缺陷

平面缺陷,如裂纹、未熔合和未焊透等,对断裂的影响取决于缺陷的大小、取向、位置和缺陷前沿的尖锐程度。缺陷面垂直于应力方向的缺陷、表面及近表面缺陷和前沿尖锐的裂纹,对焊接结构断裂的影响最大。

1. 裂纹

裂纹是焊接接头中局部区域的金属原子结合遭到破坏而形成的缝隙,其特点是缺口尖锐,长宽比大,在结构工作过程中会扩大,甚至会使结构突然断裂,特别是脆性材料,所以焊接裂纹是焊接接头中最危险的缺陷。

焊接接头裂纹的类型与分布是多种多样的,如图 1.58 所示。焊接接头应力集中是容易形成裂纹的部位,如焊趾裂纹和焊根裂纹(见图 1.59)。焊趾裂纹和焊根裂纹形成重复缺口效应。裂纹是最危险的缺陷,有关裂纹对焊接结构强度的影响将在第 4 章中进行分析。

2. 未熔合与未焊透

(1) 未熔合

固体金属与填充金属之间(焊道与母材之间),或者填充金属之间(多道焊时的焊道之间或焊层之间)局部未完全熔化结合(见图 1.60),或者在点焊(电阻焊)中母材与母材之间未完全熔合在一起,有时也常伴有夹渣存在。

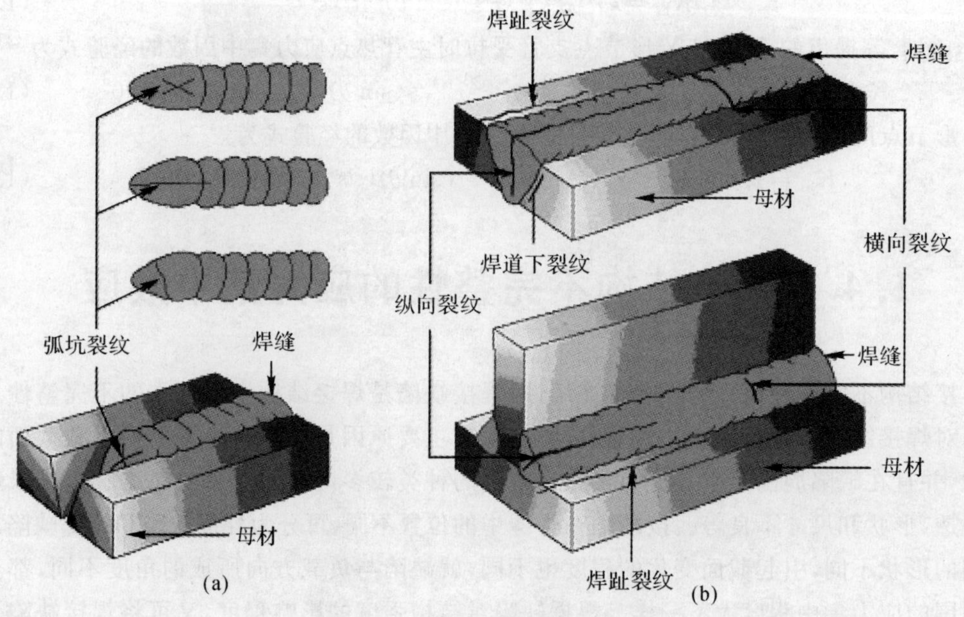

图 1.58 焊接接头裂纹的分布

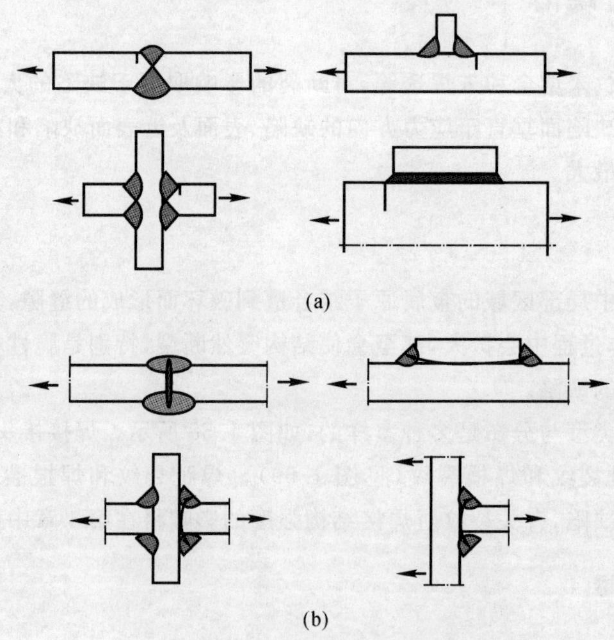

图 1.59 焊接接头应力集中区的裂纹

(a) 焊趾裂纹；(b) 焊根裂纹

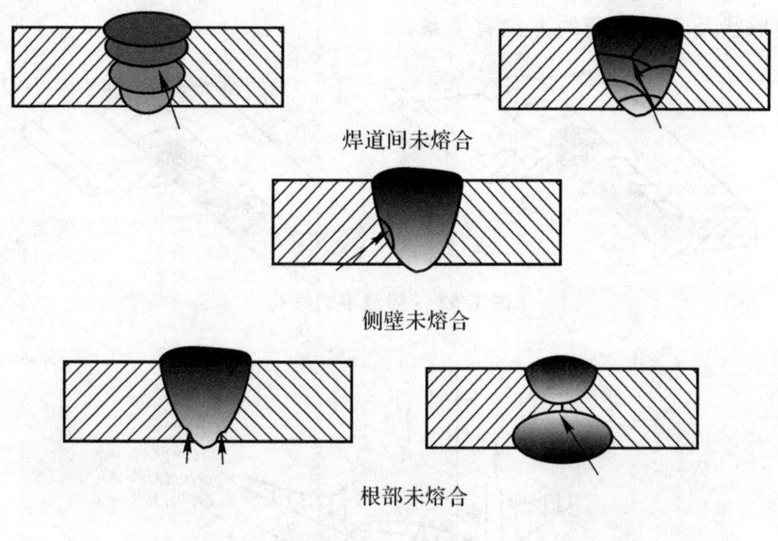

图 1.60　未熔合

(2) 未焊透

母体金属接头处中间(X 坡口)或根部(V,U 坡口)的钝边未完全熔合在一起而留下的局部未熔合(见图 1.61)。未焊透降低了焊接接头的强度,当未焊透的缺口和端部形成应力集中时,在焊接件承受载荷后容易导致开裂。

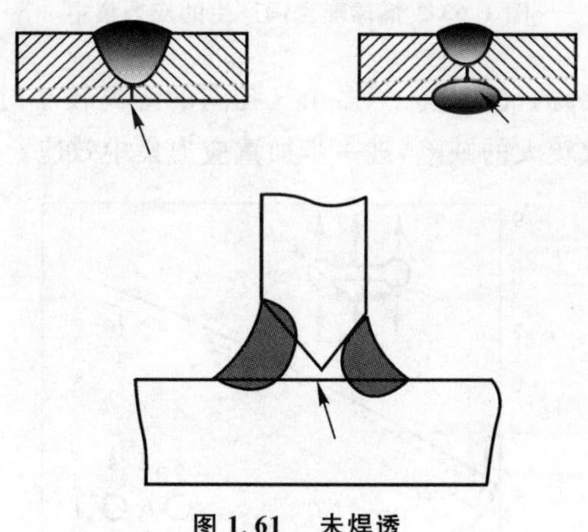

图 1.61　未焊透

1.4.2　体积缺陷

体积缺陷,如气孔、夹渣等,对断裂的影响程度一般低于平面缺陷。

1. 气孔

气孔(见图 1.62)是焊接熔池结晶过程中经常出现的主要缺陷之一。气孔会削弱焊缝有效工作面积,还可以形成应力集中,显著降低接头的强度。如图 1.63 所示是一个椭球形空洞缺陷,空洞被各向同性的弹性体所包围,在远场应力作用下所产生的应力集中情况。应力集中程度与椭球的形状及相对载荷的方位有关系。

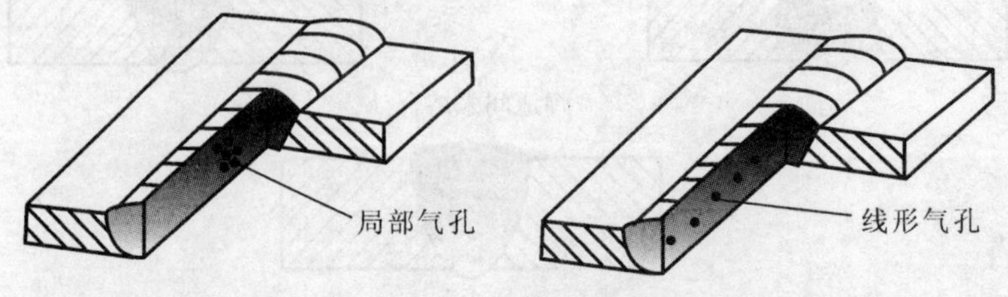

图 1.62 焊缝中的气孔

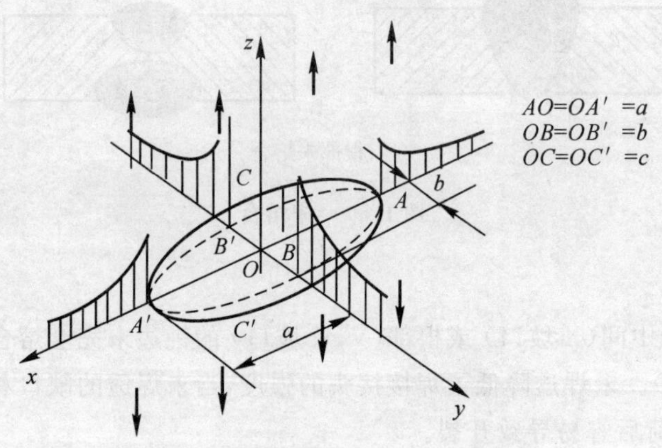

图 1.63 椭球形空洞产生的应力集中

有些气孔则会影响焊缝的气密性。当多个气孔间的距离较小时,气孔边缘的应力集中作用容易导致孔间连通,形成较大的缺陷,进一步加重应力集中效应。

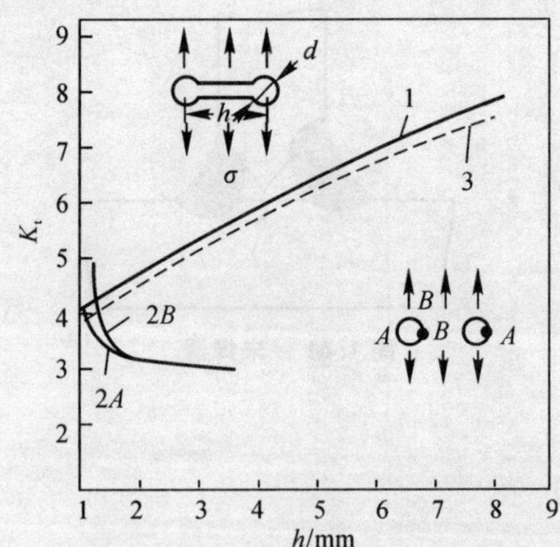

图 1.64 两个孔洞在拉伸应力作用下的应力集中因数

如图 1.64 所示为两个孔状缺陷连通时的应力集中分布情况(曲线 1),可近似计算为

$$K_t = 1 + 2\sqrt{1 + \frac{h}{d}} \tag{1.29}$$

式中 h—— 两孔间的距离;

d—— 孔的直径。

如果两孔未连通,孔边 A,B 处的应力集中因数分别如曲线 $2A$ 和 $2B$ 所示。当孔间距离 h 增大时,应力集中因数趋于定值[25]。

2. 夹渣

夹渣是熔化焊接时的冶金反应产物。由于非金属杂质(氧化物、硫化物等)以及熔渣在焊接时未能逸出,或者多道焊接时清渣不干净,以致残留在焊缝金属内,称为夹渣或夹杂物。夹渣视其形态可分为点状和条状,其外形通常是不规则的,其位置可能在焊缝与母材交界处,也可能存在于焊缝内(见图 1.65)。另外,在采用钨极氩弧焊打底加手工电弧焊或者钨极氩弧焊时,钨极崩落的碎屑留在焊缝内则成为高密度夹杂物(俗称夹钨)。

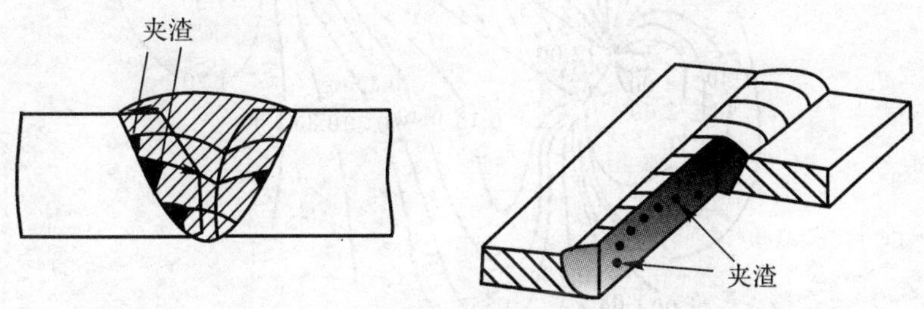

图 1.65 焊缝中的夹渣

夹渣与周围材料性能各异,冶金结合不良。夹渣的存在使焊缝的有效截面减小,也会产生类似气孔的应力集中,过大的夹渣也会降低焊缝的强度和致密性。

夹渣引起的应力集中与基体和夹渣的弹性模量的比值 E_1/E_2 有关[26]。如图 1.66 所示的带圆形异种材料的受拉板,当 $E_2=E_1$ 时,A 点的应力集中因数由 3 下降到 1.75;当 $E_2<E_1$ 时,降低应力集中的程度较小;当 $E_2>E_1$ 时,可显著降低应力集中。也就是说,夹渣产生的应力集中低于空洞产生的应力集中。

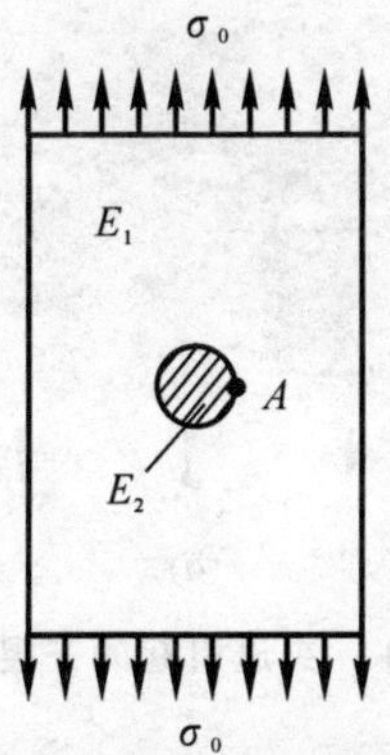

图 1.66 夹渣引起的应力集中

夹渣引起的应力集中在尖角处最大(见图 1.67),其应力集中程度与尖角的曲率半径和夹渣相对载荷方向的位置有关。因夹渣引起的破坏首先在夹渣尖角处形成裂纹,若存在密集的夹渣,则微小的裂纹连通形成大的裂纹(见图 1.68)。

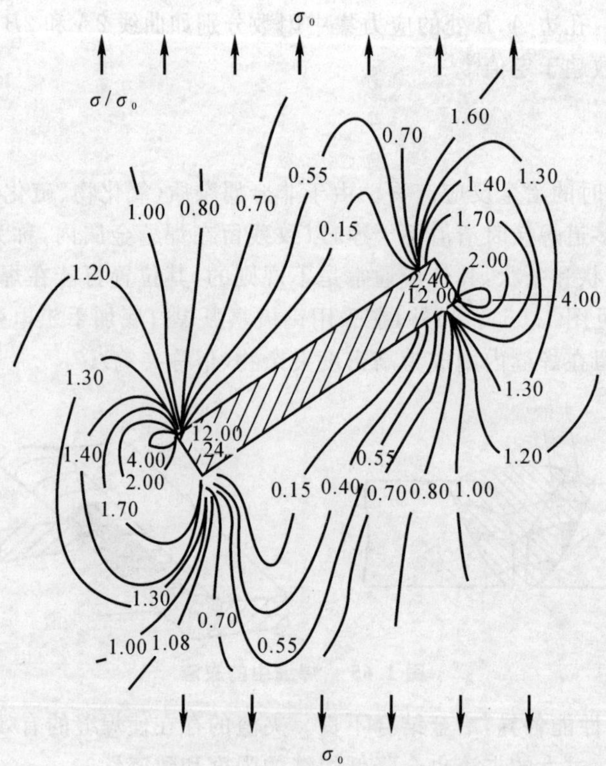

图 1.67 夹渣周围的应力分布

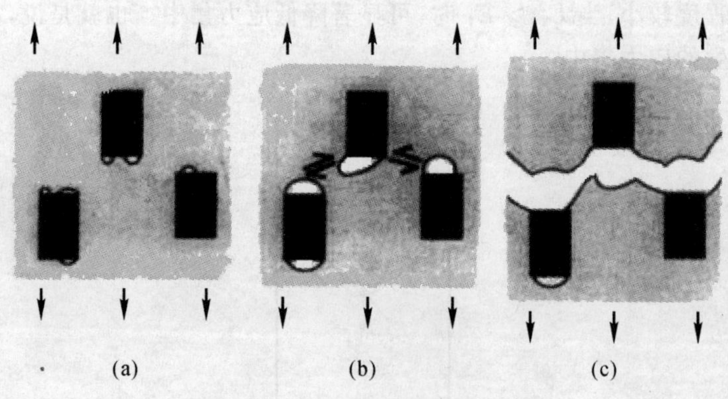

图 1.68 夹渣引起的开裂示意图

1.4.3 成形不良

成形不良，如焊道的余高过大或不足、角变形、焊缝处的错边等，都会给结构造成应力集中或附加应力，对焊接结构的断裂强度产生不利影响。

1. 咬边

这类缺陷属于焊缝的外部缺陷。当母体金属熔化过度时造成的穿透(穿孔)即为烧穿。在母体与焊缝熔合线附近因为熔化过强也会造成熔敷金属与母体金属的过渡区形成凹陷,即是咬边(见图 1.69)。

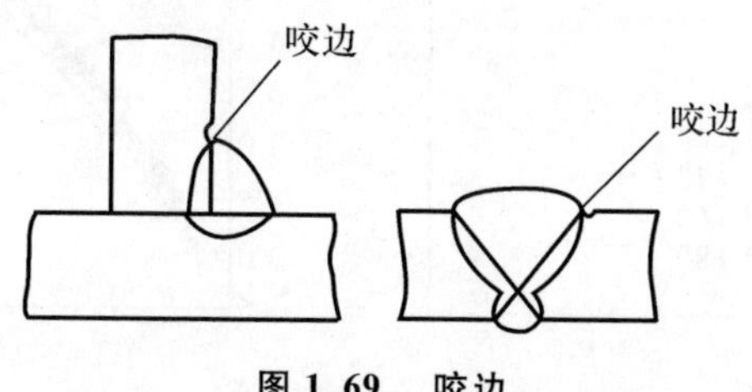

图 1.69　咬边

咬边不仅减小构件的有效截面,也会产生双重应力集中,使缺口效应增大。如图 1.70 所示为分析对接焊缝咬边应力集中效应的几何模型,采用有限元法计算典型几何参数的咬边所形成的应力集中[27](见图 1.71)。由此可见,咬边使对接焊缝焊趾区的缺口效应显著增大。

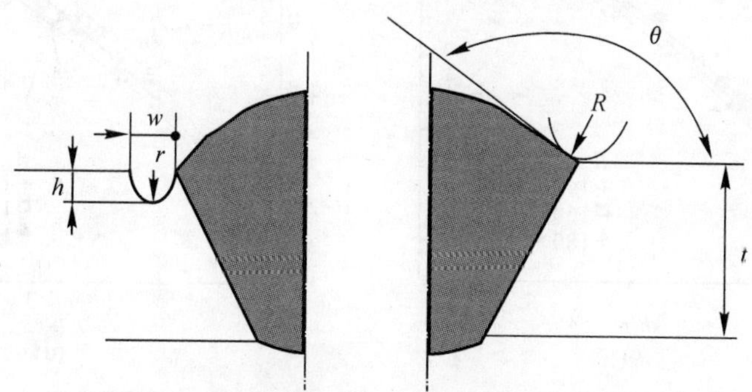

图 1.70　对接焊缝咬边应力集中分析模型

2. 错位与角变形

或由于厚薄不同的钢板对接所引起的焊缝中心线偏移,或由于成形时尺寸公差所引起的对接焊缝错位(见图 1.72),在内压力或外压力作用下,将在容器壁上构成附加弯曲应力而使容器总应力增加,且不再沿壁厚均匀分布,而造成明显的应力梯度。此时,无论承受静载荷或交变载荷都是不利的。

焊接接头的错位与角变形会引起附加弯曲应力(见图 1.73),从而加重焊趾区的应力集中。

因错位和角变形引起的附加弯曲应力可采用应力放大因数 k_m 来计算[13,28]:

$$k_m = 1 + \frac{\sigma_{Fb}}{\sigma_m} \tag{1.30}$$

式中　σ_{Fb}—— 附加弯曲应力;

σ_m—— 名义应力。

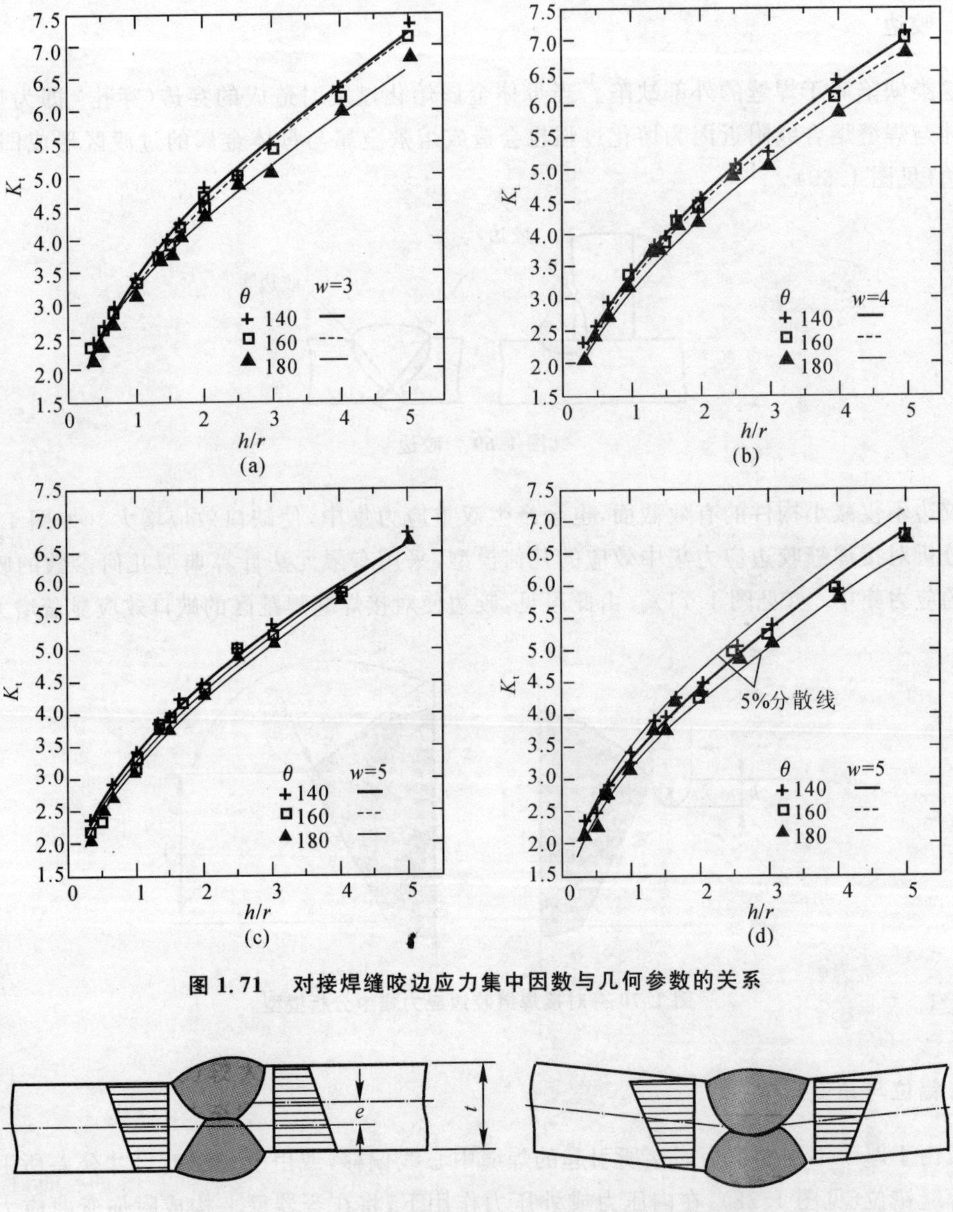

图 1.71　对接焊缝咬边应力集中因数与几何参数的关系

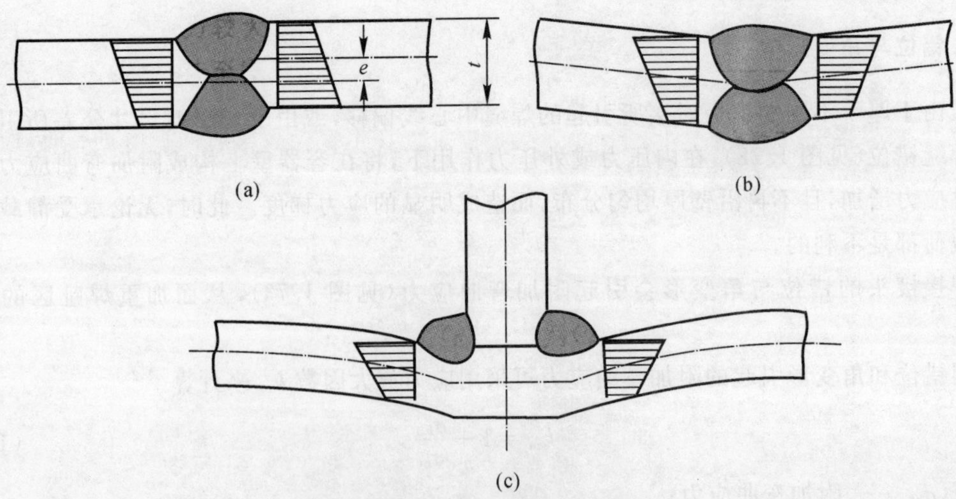

图 1.72　错位与角变形引起的应力

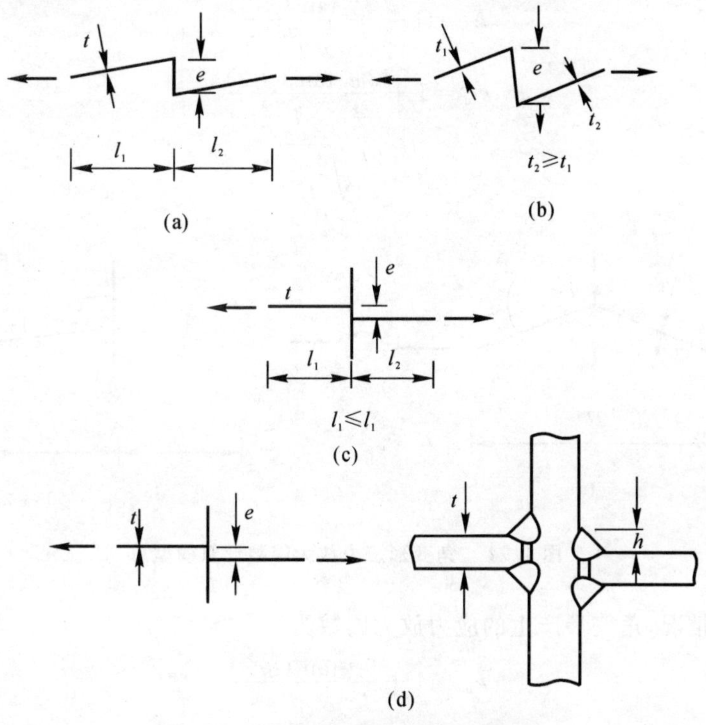

图 1.73　错位应力放大因数计算模型

(1) 错位产生的应力放大因数

1) 等厚度板对接错位(见图 1.73(a))。等厚度板对接错位产生的应力放大因数为

$$k_m = 1 + \lambda \frac{e l_1}{t(l_1 + l_2)} \tag{1.31}$$

式中，λ 为约束因数，对于无约束情况，$\lambda = 6$，对于无限远加载情况，$l_1 = l_2$。

2) 不等厚度板对接错位(见图 1.73(b))。不等厚度板对接错位产生的应力放大因数为

$$k_m = 1 + \frac{6e}{t_1} \frac{t_1^n}{t_1^n + t_2^n} \tag{1.32}$$

对于无限远处加载的非约束接头，$n = 1.5$。

3) 十字形接头错位(见图 1.73(c))。当在焊趾处产生疲劳裂纹后向板内扩展时，应力放大因数为

$$k_m = \lambda \frac{e l_1}{t(l_1 + l_2)} \tag{1.33}$$

对于无约束和无限远加载情况，$l_1 = l_2$，$\lambda = 6$。

在焊根处产生裂纹的情况下(见图 1.73(d))，应力放大因数为

$$k_m = 1 + \frac{e}{t + h} \tag{1.34}$$

(2) 角变形产生的应力放大因数

1) 对接接头的角变形(见图 1.74(a))。对于刚性固定端情况，角变形产生的应力放大因数为

$$k_{\mathrm{m}}=1+\frac{3y}{t}\frac{\tan(\beta/2)}{\beta/2} \tag{1.35}$$

或

$$k_{\mathrm{m}}=1+\frac{3\alpha l}{2t}\frac{\tan(\beta/2)}{\beta/2}$$

$$\beta=\frac{2l}{t}\sqrt{\frac{3\sigma_{\mathrm{m}}}{E}}$$

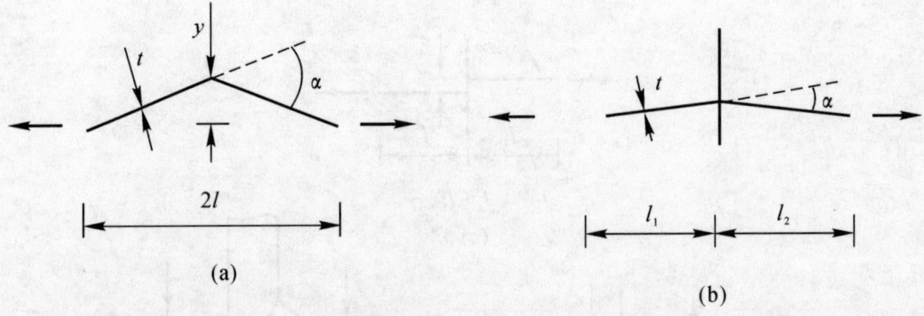

图 1.74 角变形应力放大因数计算模型

对于铰支端情况，角变形产生的应力放大因数为

$$k_{\mathrm{m}}=1+\frac{6y}{t}\frac{\tan(\beta/2)}{\beta/2} \tag{1.36}$$

或

$$k_{\mathrm{m}}=1+\frac{3\alpha l}{t}\frac{\tan\beta}{\beta}$$

2）十字形接头的角变形（见图 1.74(b)）。

十字形接头的角变形应力放大因数为

$$k_{\mathrm{m}}=1+\lambda\,\alpha\,\frac{l_1 l_2}{t(l_1+l_2)} \tag{1.37}$$

如果同时出现错位或角变形，则应力放大因数要考虑两个因素的共同作用，即

$$k_{\mathrm{m}}=1+(k_{\mathrm{m,e}}-1)+(k_{\mathrm{m},\alpha}-1) \tag{1.38}$$

式中，$k_{\mathrm{m,e}}$ 为错位引起的应力放大因数；$k_{\mathrm{m},\alpha}$ 为角变形引起的应力放大因数。

第 2 章　焊缝强度与失配性分析

焊接强度与材料性能、焊接工艺条件、接头几何形状及焊缝与母材的强度匹配有关。焊接接头性能存在着显著的不均匀性，焊缝与母材强度失配对接头强度有重要影响，是焊接强度设计必须考虑的主要因素之一。

2.1　焊接接头性能及强度计算

2.1.1　焊接接头及焊缝的基本形式

1. 焊接接头的基本形式

根据被连接构件间的相对位置，焊接接头的基本形式有对接接头(见图 2.1(a))、搭接接头(见图 2.1(b))、T 形接头(见图 2.1(c))、十字接头(见图 2.1(d))和角接接头(见图 2.1(e))等几种类型。

对接接头是焊接结构中使用最多的一种形式，其接头上应力分布比较均匀，焊接质量容易保证，但对焊前准备和装配质量要求相对较高。搭接接头便于组装，常用于对焊前准备和装配要求简单的结构，但焊缝受剪切力作用，应力分布不均匀，承载能力较低，且结构质量大，不经济。T 形接头和十字接头也是应用非常广泛的接头形式，在船体结构中约有 70% 的焊缝采用 T 形接头，在机床焊接结构中的应用也十分广泛。角接接头便于组装，能获得美观的外形，但其承载能力较差，通常只起连接作用，不能用来传递工作载荷。

当进行结构设计时，设计者应综合考虑结构形状、使用要求、焊件厚度、变形大小、焊接材料的消耗量、坡口加工的难易程度等因素，以确定接头形式和总体结构形式。

2. 焊缝的基本形式

(1)对接焊缝

对接接头所采用的焊缝称为对接焊缝。为了方便施焊，对接焊缝的焊件对接边缘一般需要加工成适当形式和尺寸的坡口。坡口形式的选择主要取决于板厚、焊接方法和工艺过程，同时要考虑到焊接材料的消耗量、焊接的可达性，坡口加工方法、焊接应力与变形的控制、焊接生产效率等因素的影响。

对接焊缝 V 形坡口的几何形状及名称如图 2.2 所示。

为保证厚度较大的焊件能够焊透，常将焊件接头边缘加工成一定形状的坡口。坡口除保证焊透外，还能起到调节母材金属和填充金属比例的作用，由此可以调整焊缝的性能。坡口形式的选择主要根据板厚和所采用的焊接方法确定，同时兼顾焊接工作量大小、焊接材料消耗、坡口加工成本和焊接施工条件等，以提高生产率和降低成本。焊条电弧焊常采用的坡口形式有不开坡口（I 形坡口）、V 形坡口、X 形坡口、U 形坡口等，如图 2.3 所示。

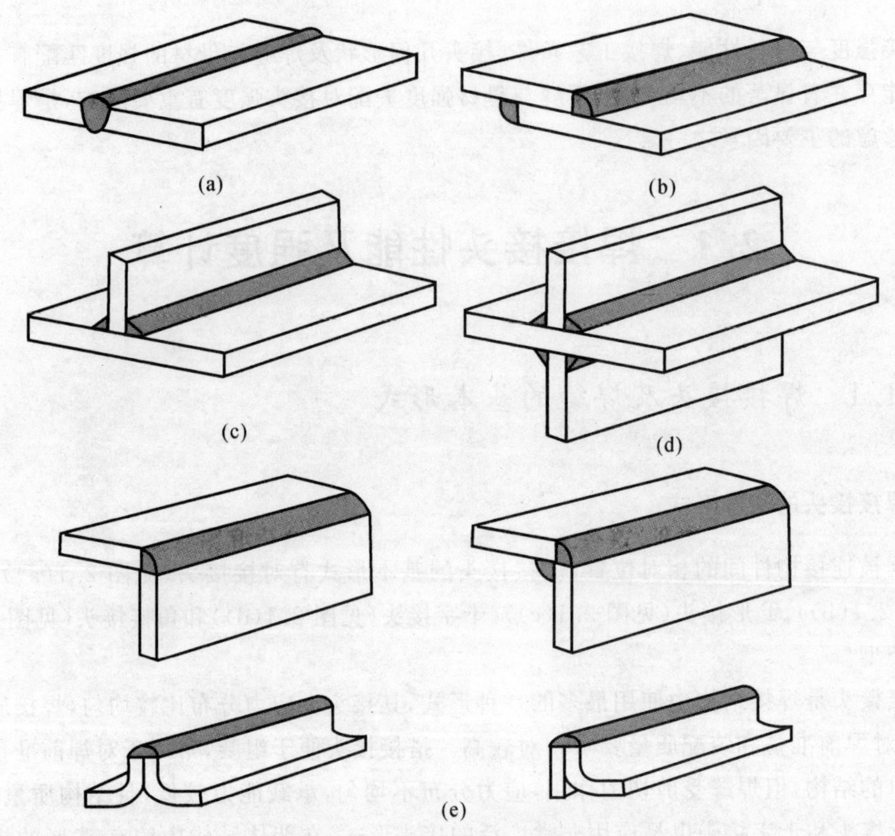

图 2.1 焊接接头的基本形式

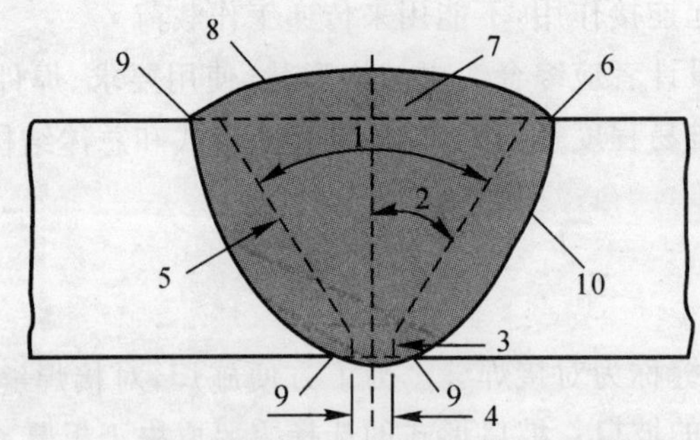

图 2.2 对接焊缝 V 形坡口的几何形状及名称

1—坡口角度； 2—坡口面角度； 3—钝边； 4—根部间隙； 5—坡口面；
6—焊趾； 7—焊缝余高； 8—焊缝表面； 9—焊根； 10—熔深

当用焊条电弧焊板厚 6 mm 以上且对接焊时，一般要开设坡口；对于重要结构，板厚超过 3 mm就要开设坡口。厚度相同的工件常有几种坡口形式可供选择：Y 形坡口和 U 形坡口只需一面焊接，可焊到性较好，但焊后角变形大，焊条消耗量也大些；K 形坡口和双 U 形坡口两面施焊，受热均匀，变形较小，焊条消耗量较小。在板厚相同的情况下，K 形坡口比 Y 形坡口节省焊接材料 1/2 左右，但必须两面都要焊到，因此，有时受到结构形状的限制。U 形坡口和双 U 形坡口根部较宽，容易焊透，且焊条消耗量也较小，但该坡口制备成本较高，一般只在重要的受动载荷的厚板结构中采用。

如图 2.3(b)所示为典型对接焊缝坡口的几何尺寸。

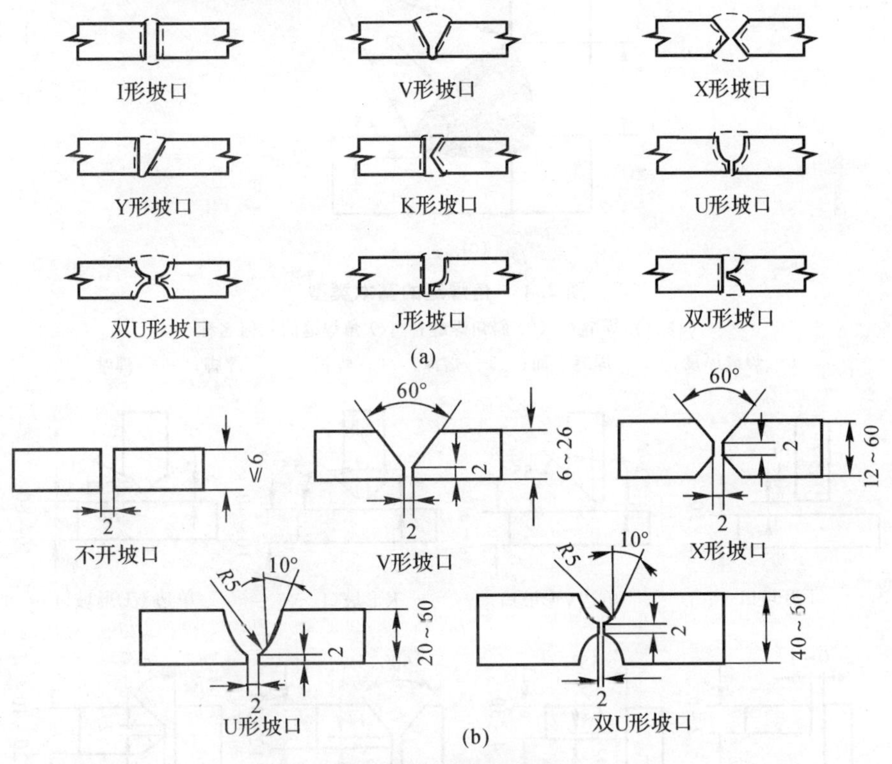

图 2.3　对接焊缝的坡口

(a)对接焊缝坡口形式；(b)对接焊缝坡口尺寸

(2)角焊缝

角焊缝截面形状如图 2.4(a)(b)所示。角焊缝的名称及几何形状如图 2.4(c)所示。其中，截面为等腰直角三角形的角焊缝最为常用。

对于需要焊透的角焊缝连接，则需要开设坡口，如图 2.5 所示为角焊缝的典型坡口几何尺寸。

角焊缝的焊脚尺寸与焊件的厚度有关。为了避免焊接区的基本金属过烧，减小焊件的焊接残余应力和残余变形，有关规范规定角焊缝的焊脚尺寸不宜大于较薄焊件厚度的 1.2 倍。

当焊件较厚而角焊缝尺寸又过小时，焊缝因冷却速度过快而产生淬硬组织，容易导致母材开裂。因此，一般角焊缝的焊脚尺寸不得小于 $1.5\times\sqrt{t_{max}}$，t_{max} 为较厚焊件厚度(mm)。自动焊熔深较大，所取最小焊脚尺寸可减小 1 mm；对丁字形连接的单面角焊缝，其焊脚应增加 1 mm；当焊件厚度小于或等于 4 mm 时，则取最小焊脚与焊件厚度相同。

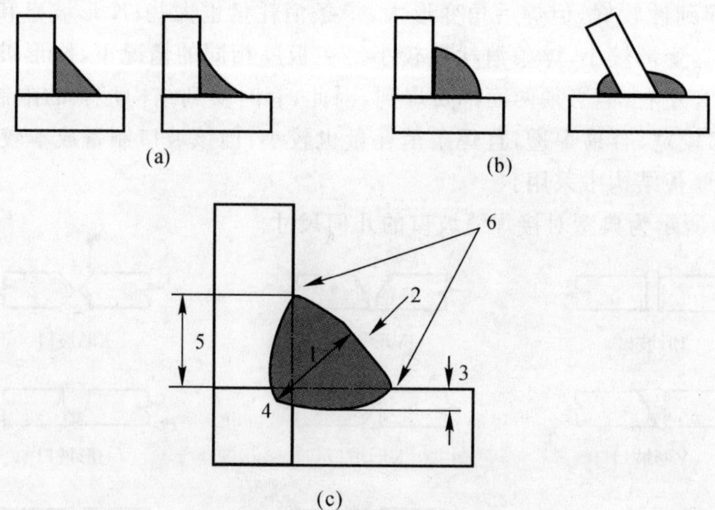

图 2.4 角焊缝的基本类型

(a) 直角焊缝；(b) 斜角焊缝；(c) 角焊缝的几何名称

1— 焊缝厚度；2— 焊缝表面；3— 熔深；4— 焊根；5— 焊脚；6— 焊趾

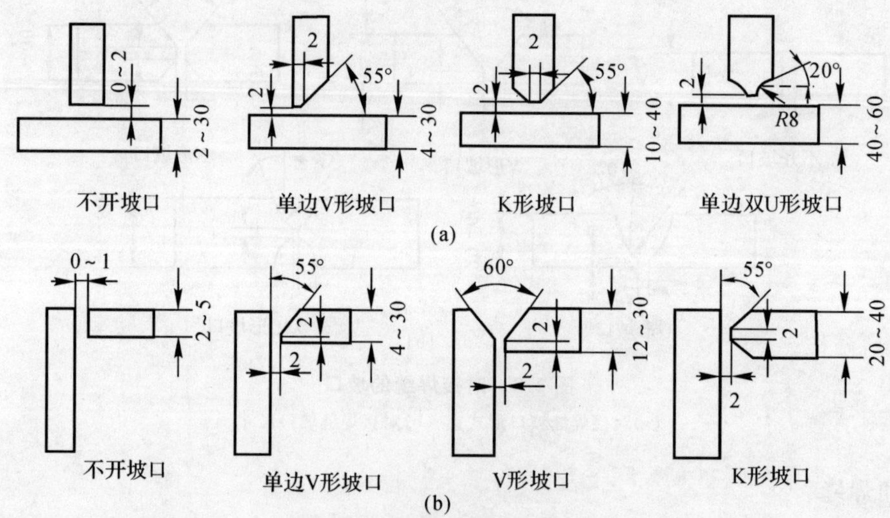

图 2.5 角焊缝的典型坡口几何尺寸

(a) 丁字接头；(b) 角接接头

2.1.2 焊接接头的不均匀性

1. 焊接接头的组织性能

焊接接头包括焊缝、熔合区和热影响区。熔焊时，焊缝一般由熔化了的母材和填充金属组成，是焊接后焊件中所形成的结合部分。接近焊缝两侧的母材，由于受到焊接的热作用而发生金相组织和力学性能变化的区域称为焊接热影响区。焊缝向热影响区过渡的区域称为熔合区。在熔合区中，存在着显著的物理化学的不均匀性，这也是接头性能的薄弱环节。

如图 2.6 所示为电弧焊接头断面。如图 2.7 所示为厚板多层多道焊焊缝和电子束焊缝的比较。

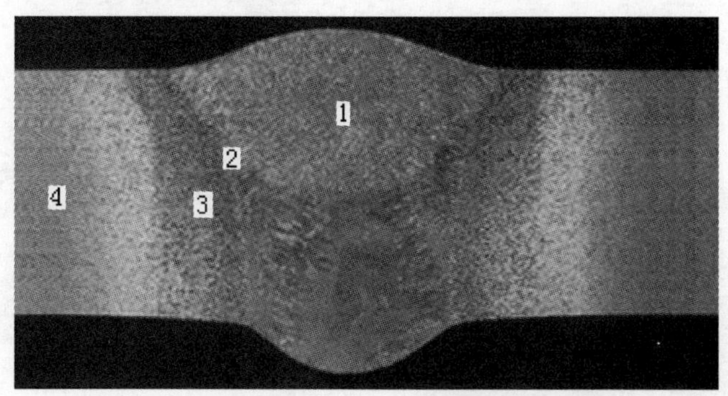

图 2.6　电弧焊接头断面

1— 焊缝金属；　2— 熔合线；　3— 热影响区(HAZ)；　4— 母材

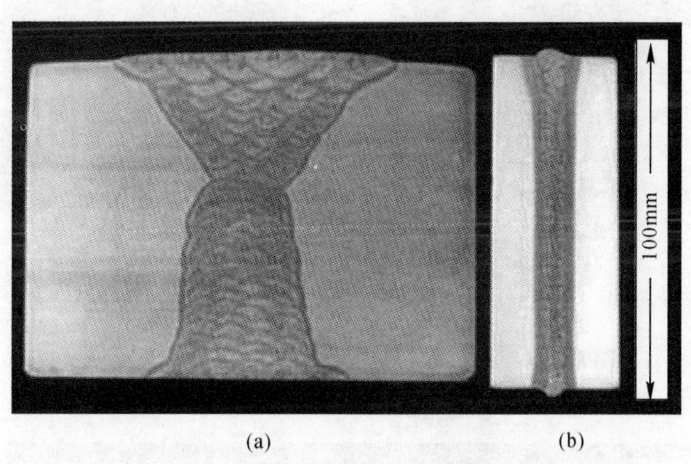

(a)　　(b)

图 2.7　熔焊接头组织

(a) 厚板多层多道焊焊缝；　(b) 电子束焊缝

摩擦焊焊缝区的晶粒非常细小(见图 2.8)，这是在摩擦焊过程中剧烈的塑性变形作用，使焊缝区的组织经过了锻造细化，这样的组织特征必然引起性能的不均匀性。

搅拌摩擦焊接头由焊核、热力影响区和热影响区构成[29-30](见图 2.9)。所谓热力影响区是指热塑性变形区，焊核也是热力影响区的一部分。焊核是动态再结晶非常完全的区域，而热力影响区则是少部分金属发生动态再结晶而大部分金属受到搅拌挤压和摩擦热作用的焊缝区域，其主要特征是热力搅拌作用产生的流变形态。

2. 焊接接头的性能

在焊接过程中，母材热影响区上各点距焊缝的远近不同，所经历的焊接热循环也不同，亦即各点的最高加热温度、高温停留时间，以及焊后的冷却速度均不相同，这样就会出现不同的组织(见图2.10),不同的组织具有不同的性能。从图2.10可以看出整个焊接热影响区的组织和性能呈现不均匀性[7,31]。

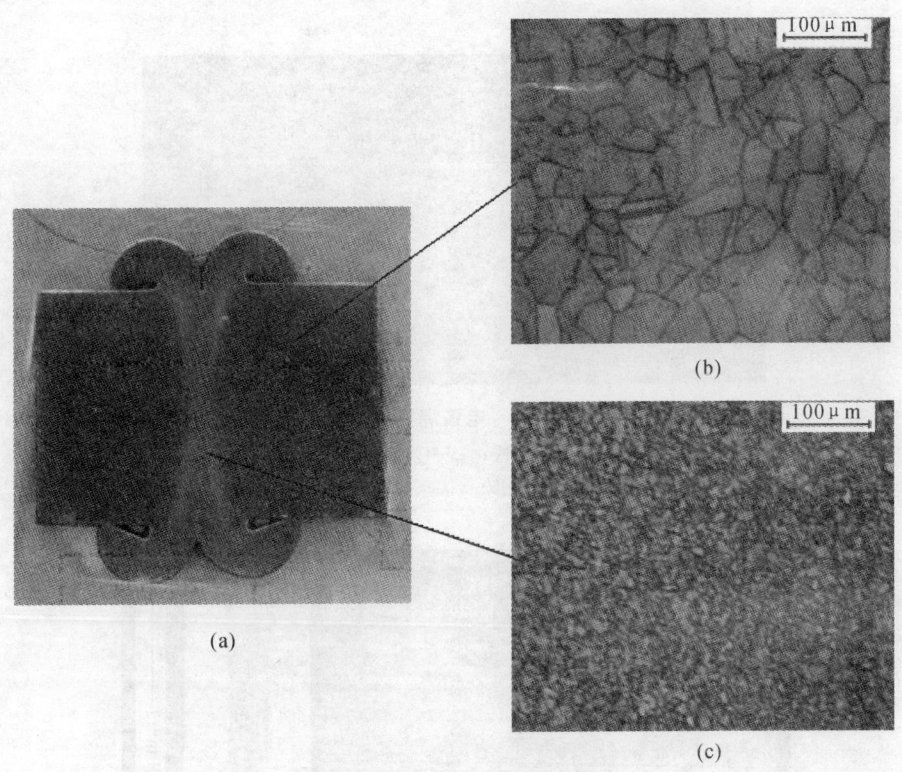

图2.8 摩擦焊接头及组织

(a)摩擦焊接头; (b)母材; (c)焊缝

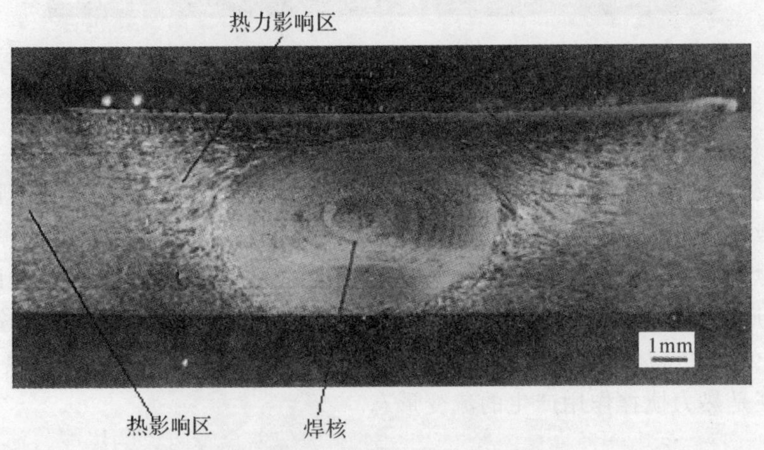

图2.9 搅拌摩擦焊接头组织特征

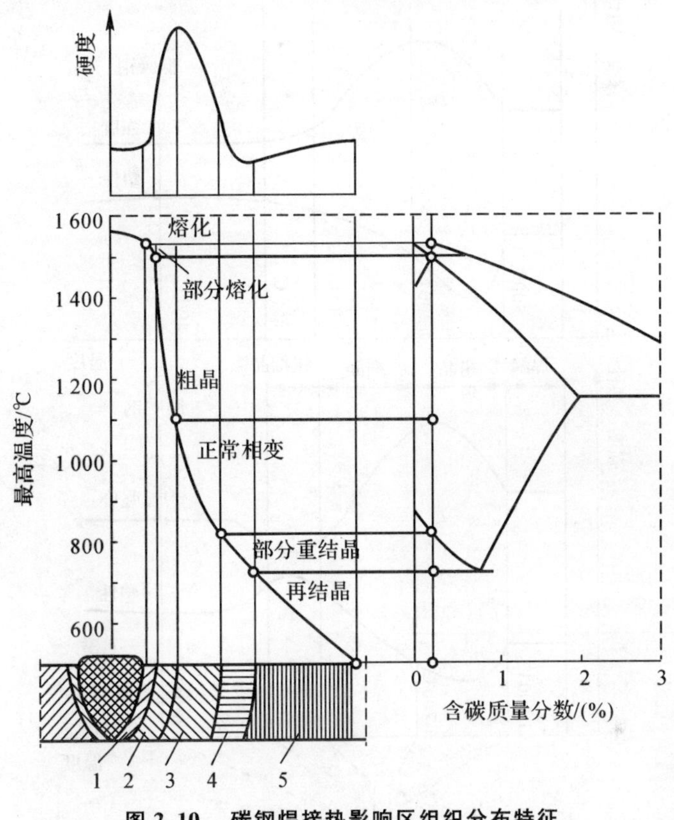

图 2.10　碳钢焊接热影响区组织分布特征

1— 熔合区；　2— 过热区；　3— 正火区；　4— 不完全重结晶区；　5— 回火区

如图 2.11 所示为碳钢焊接热影响区的强度与塑性分布。

如图 2.12 所示为铝合金搅拌摩擦焊接头横截面的硬度分布。

铝合金搅拌摩擦焊接头的强度具有更大的不均匀性。如图 2.13 所示，母材具有最大的抗拉强度和屈服强度；焊核区材料强度值最小，但是延性最强；纵向焊缝包含了焊核区、热力影响区（TMAZ）、热影响区（HAZ）以及部分母材（见图 2.14），其强度和塑性介于母材与焊核区材料之间；由于焊核区材料强度低于母材，因此，当焊接接头横向拉伸时首先在焊缝区域屈服，在热力影响区部位断裂。

焊接接头的不均匀性的宏观力学响应是强度的不均匀性，掌握焊接接头强度不均匀性信息是焊接结构强度分析的重要基础。为了控制焊接接头的不均匀性，需要掌握母材和焊接金属强度可变性的准确信息。如图 2.15 所示，母材及焊缝金属的屈服强度都具有分散性，各自遵从不同的分布。即使焊缝金属的屈服强度分布一定，如果母材屈服强度的分散性发生变化（如图 2.15 中的母材 A 和母材 B 分布），母材金属和焊缝金属屈服强度的重叠干涉的可能性也随之变化。

此外，焊接工艺及热处理措施对焊接接头的不均匀性也有较大的影响。如图 2.16 所示为 6160—T6 铝合金焊接接头硬度与焊接热输入的关系。由此可见，这类铝合金焊接接头随焊接热输入的提高，焊接区硬度下降，强度随之降低。

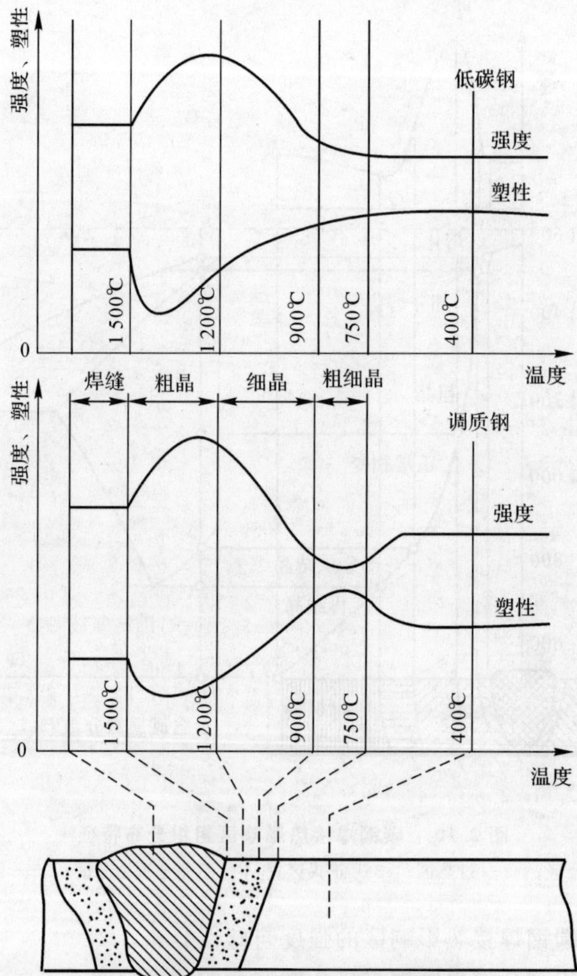

图 2.11　碳钢焊接热影响区的强度与塑性分布

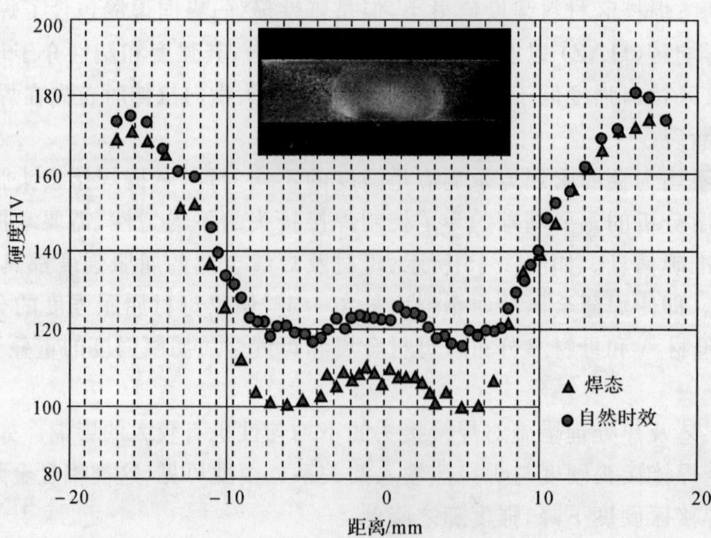

图 2.12　铝合金搅拌摩擦焊接头横截面的硬度分布

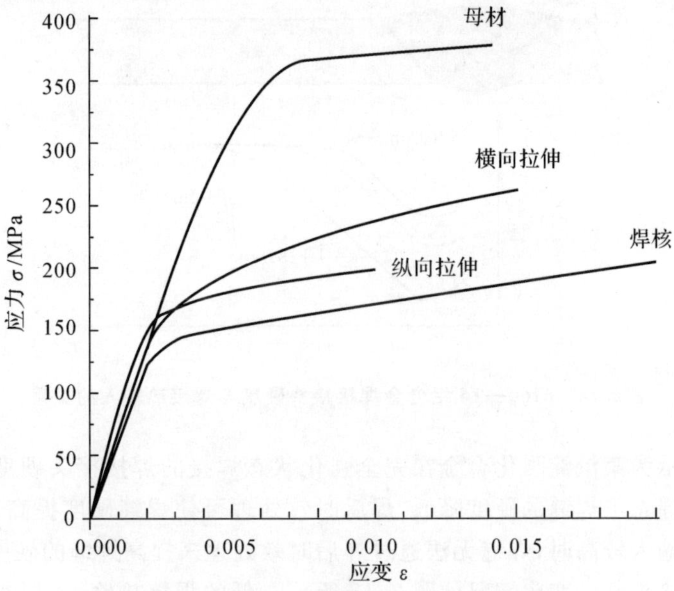

图 2.13　铝合金搅拌摩擦焊接头的拉伸曲线

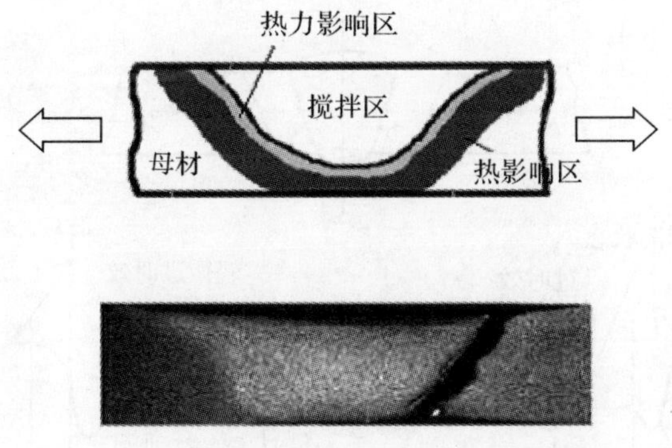

图 2.14　铝合金搅拌摩擦焊接头的断裂情况

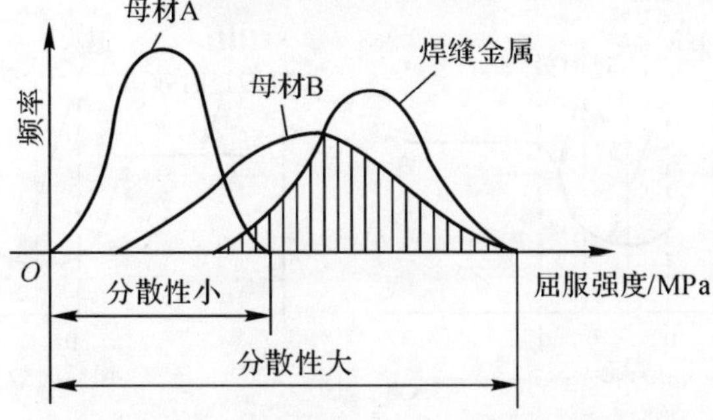

图 2.15　母材与焊缝金属的屈服强度的分散性

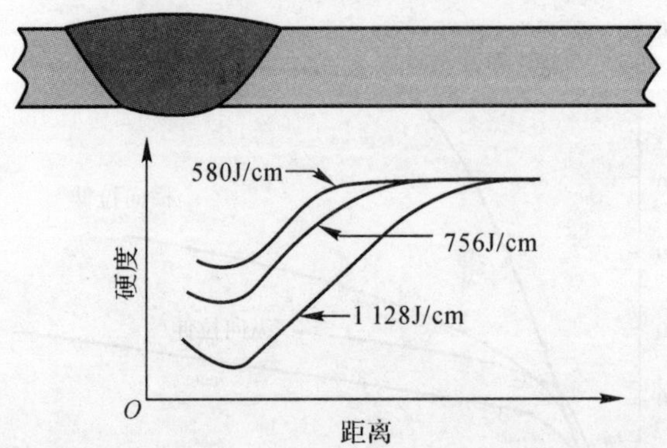

图 2.16 6160—T6 铝合金焊接接头硬度与焊接热输入的关系

如图 2.17 所示为某沉淀强化合金在完全强化状态焊接的焊接接头硬度变化情况。当焊接热输入较低时，焊态下焊缝的硬度降低，焊后时效处理可使焊缝硬度提高，但热影响区硬度未提高；当焊接热输入较高时，焊缝无法通过焊后时效处理来提高焊缝的硬度。当固溶状态下进行焊接时，焊接接头硬度变化情况如图 2.18 所示。低的焊接热输入，焊态及焊后热处理对焊接区的硬度无显著影响，而高的焊接热输入使焊态下焊接区的硬度有一定程度的降低，焊后时效处理进一步使焊接区的硬度降低。

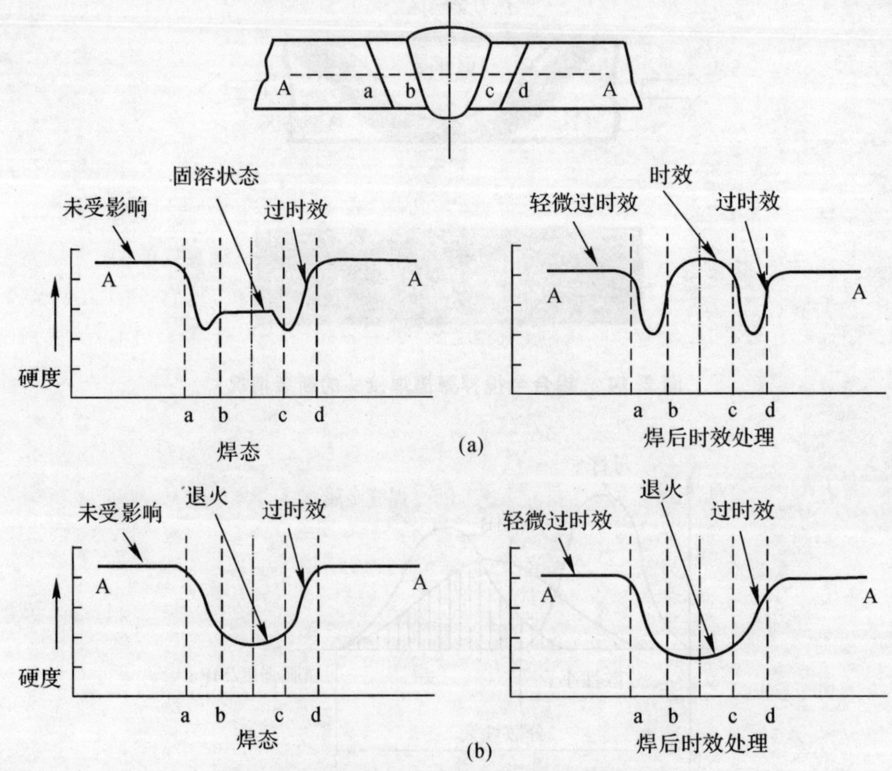

图 2.17 沉淀强化合金在完全强化状态焊接的焊接接头硬度变化

(a) 低热输入；(b) 高热输入

由此可见，焊接强度的影响因素是复杂的，必须充分考虑材料状态、焊接热输入、焊后热处理等因素的综合作用。

随着新材料、新工艺和新结构的广泛采用，焊接接头的组织性、不均匀性问题越来越突出，由此引发的结构性问题必须予以高度的重视。在焊接结构设计和强度分析中要充分考虑焊接接头不均匀性的影响，更好地保证结构的完整性和适用性。

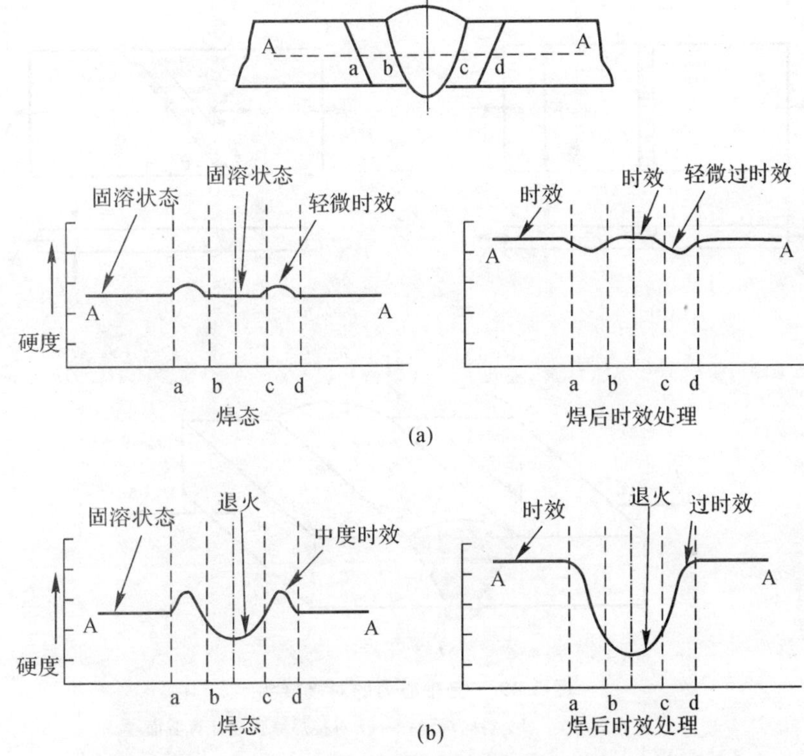

图 2.18　沉淀强化合金在固溶状态下焊接的焊接接头硬度变化

(a) 低热输入；(b) 高热输入

2.1.3　焊接接头强度计算

1. 对接接头的强度计算

(1) 对接接头承受轴心力的计算

当对接接头承受拉力或压力(N) 作用时(见图 2.19(a))，其强度为

$$\sigma = \frac{N}{l_W t} \leqslant f_t^W \text{ 或 } f_C^W \tag{2.1}$$

式中　N—— 按载荷标准值得出的轴心拉力或压力；

l_W—— 焊缝的计算长度，取焊缝的实际长度；

t —— 焊缝的计算厚度，取连接构件中较薄板的厚度；

f_t^W, f_C^W —— 对接焊缝的抗拉、抗压强度设计值。

按许用应力法计算、校核对接焊缝的强度，即

$$\sigma=\frac{N}{l_{\mathrm{W}}t}\leqslant\sigma_{\mathrm{t}}^{\mathrm{W}}\text{ 或 }\sigma_{\mathrm{C}}^{\mathrm{W}} \tag{2.2}$$

式中，$\sigma_{\mathrm{t}}^{\mathrm{W}}$，$\sigma_{\mathrm{C}}^{\mathrm{W}}$ 为对接焊缝的抗拉、抗压许用应力值。

当进行焊接接头强度计算时，若按许用应力进行强度校核，都可以参照式(2.1) 转换为式(2.2) 的方法进行，将强度设计值改用相应的许用应力值。

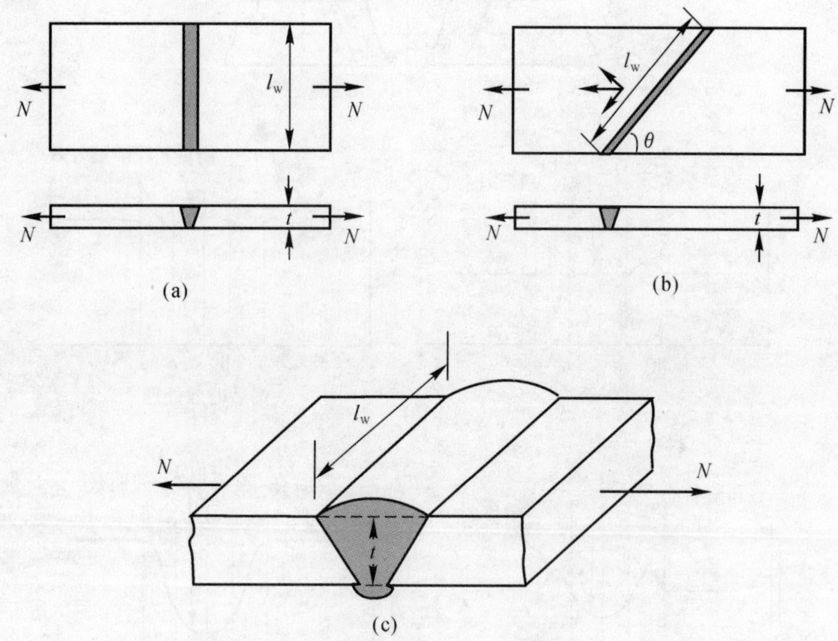

图 2.19 受轴心力的对接接头

(a) 垂直焊缝；(b) 斜向焊缝；(c) 对接焊缝强度计算截面

当斜向受力的对接焊缝承受拉力 N 作用时(见图 2.19(b))，其强度为

$$\sigma=\frac{N\sin\theta}{l'_{\mathrm{W}}t}\leqslant f_{\mathrm{t}}^{\mathrm{W}}\text{ 或 }f_{\mathrm{C}}^{\mathrm{W}} \tag{2.3}$$

$$\tau=\frac{N\cos\theta}{l'_{\mathrm{W}}t}\leqslant f_{V}^{\mathrm{W}} \tag{2.4}$$

其中，f_{V}^{W} 为对接焊缝抗剪强度设计值。图 2.19(c) 所示为对焊接缝强度计算截面。

(2) 对接接头承受剪力和弯矩的计算

当对接接头承受剪力 V 和弯矩 M 作用时(见图 2.20(a))，其强度为

$$\sigma=\frac{M}{W_{\mathrm{W}}}\leqslant f_{\mathrm{t}}^{\mathrm{W}} \tag{2.5}$$

$$\tau=\frac{VS_{\mathrm{W}}}{I_{\mathrm{W}}t}\leqslant f_{V}^{\mathrm{W}} \tag{2.6}$$

式中 W_{W} —— 对接焊缝截面对中性轴的抗弯模量；

I_{W} —— 对接焊缝截面对中性轴的惯性矩；

S_{W} —— 计算应力点以上(或以下) 焊缝截面对中性轴的面积矩。

对于承受剪力和弯矩作用的对接接头，在正应力和剪应力都较大之处，例如，工字形截面腹板与翼缘的交接处(见图 2.20(b))，还应校核该点的折算应力，即

$$\sqrt{\sigma_1^2 + 3\tau_1^2} \leqslant 1.1 f_t^W \tag{2.7}$$

式中的系数 1.1 是考虑到最大折算应力仅在局部产生，而将强度设计值提高 10% 的。

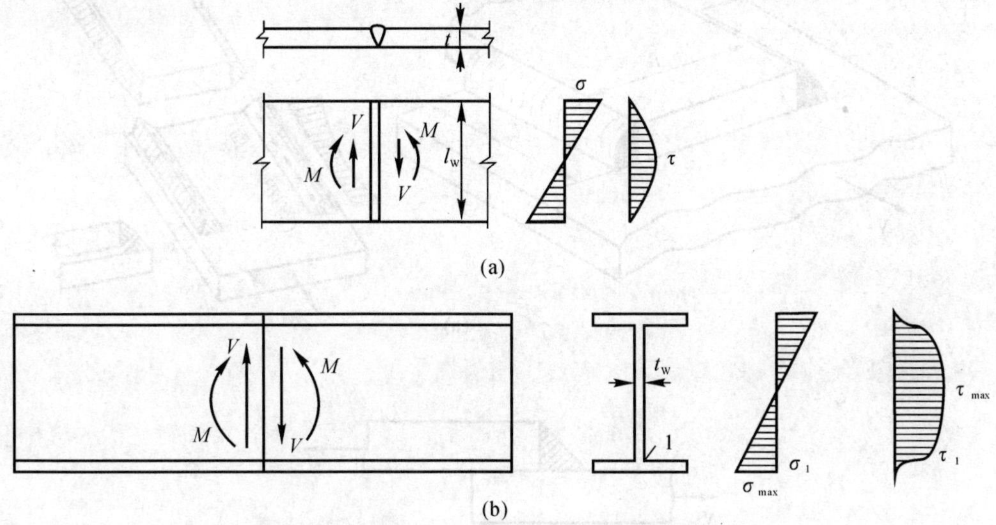

图 2.20　对接焊缝承受剪力和弯矩的联合作用

(a) 矩形截面；(b) 工字形截面

2. 角焊缝的强度计算

角焊缝强度计算是金属结构焊接节点设计的重要内容。角焊缝的应力分布非常复杂，尤其是在T形接头和搭接接头等接头形式中，角焊缝截面中的各面均存在正应力和剪应力，焊根处存在着严重的应力集中。精确计算其强度是比较困难的，常用的计算方法都是在一些假设的前提下进行的。

在静载荷条件下，角焊缝一般是在切应力作用下破坏的（见图 2.21），因此需要按切应力计算其强度。直角角焊缝的破坏常发生在喉部，通常是在 45° 方向的最小截面上，即将直角角焊缝的高度与焊缝长度的乘积作为有效截面。

如图 2.22 所示为角焊缝的截面。直角边边长 h_f 称为角焊缝的焊脚尺寸。三角形中的垂直高度 h_e 为计算高度。等腰直角三角形焊缝的计算高度为

$$h_e = \frac{h_f}{\sqrt{2}} = 0.7h_f \tag{2.8a}$$

熔深较大的角焊缝（见图 2.23）的计算高度为

$$h_e = (h_p + h_f)\cos 45° \tag{2.8b}$$

作用在焊缝的有效截面上的应力如图 2.24 所示，这些应力包括：① 垂直于焊缝有效截面的正应力 $\sigma_\perp$；② 垂直于焊缝长度方向的剪应力 $\tau_\perp$；③ 平行于焊缝方向的剪应力 $\tau_{//}$；④ 平行于焊缝的正应力 $\sigma_{//}$。在正拉力 N 的作用下，$\tau_{//}$，$\sigma_{//}$ 都为 0。我国《钢结构设计规范》采用的角焊缝应力折算公式为

$$\sqrt{\sigma_\perp^2 + 3(\tau_\perp^2 + \tau_{//}^2)} \leqslant \sqrt{3} f_f^W \tag{2.9}$$

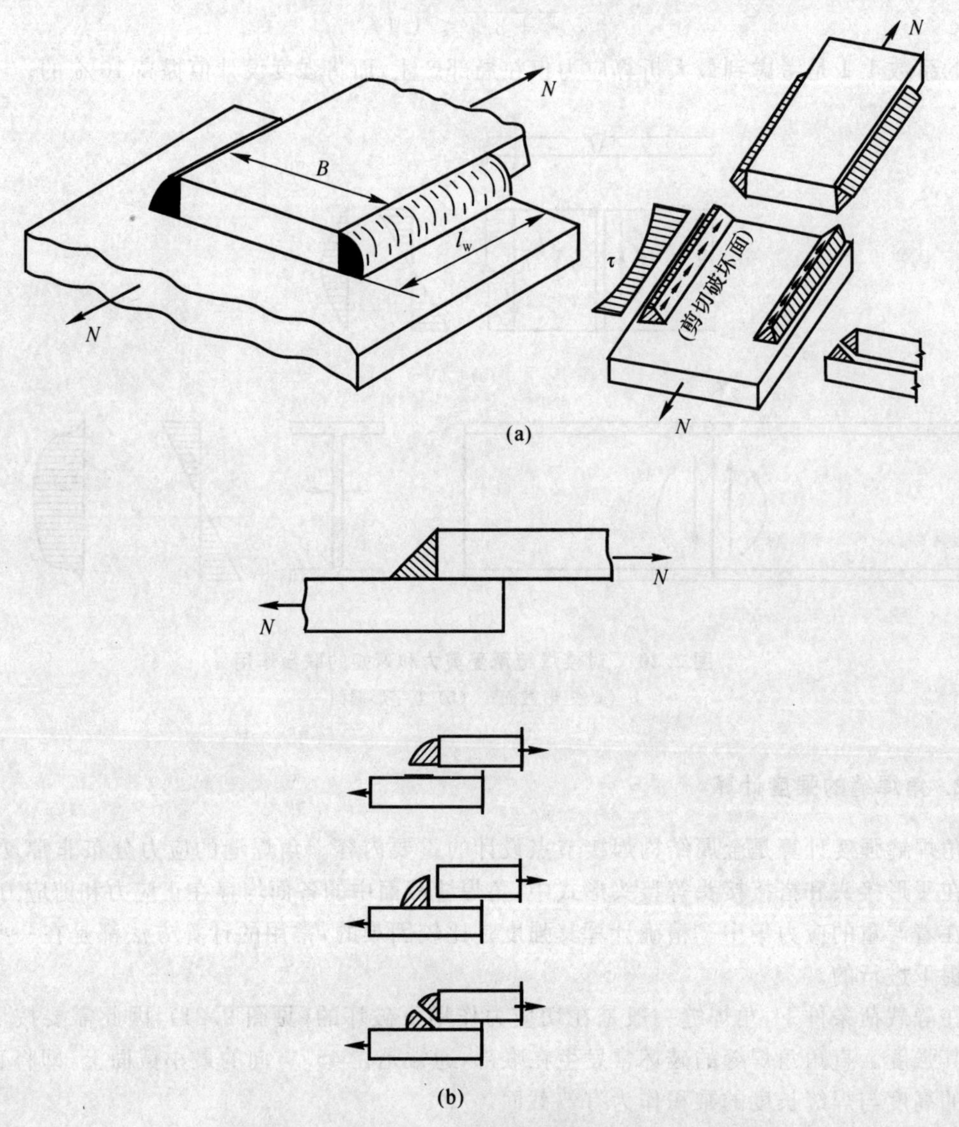

图 2.21 角焊缝的破坏

(a) 侧面角焊缝的破坏；(b) 正面角焊缝的破坏

式中，f_f^W 为《钢结构设计规范》规定角焊缝的强度设计值，是根据抗剪条件确定的，而$\sqrt{3}f_f^W$ 相当于角焊缝的抗拉强度设计值。将 $\sigma_{\perp}=\tau_{\perp}=\sigma_f/\sqrt{2}$，代入式(2.9) 得

$$\sigma_f \leqslant \beta_f f_f^W \tag{2.10}$$

式中 $\sigma_f=\dfrac{N}{h_e l_W}$；

β_f—— 正面角焊缝的强度增大因数，$\beta_f=\sqrt{\dfrac{3}{2}}=1.22$。

这里，σ_f 为 $\sigma_{\perp}$ 与 $\tau_{\perp}$ 的合力。对于两侧对称角焊缝，则其长度为 $2l_W$。

式(2.10) 为正面角焊缝强度计算的基本计算公式。

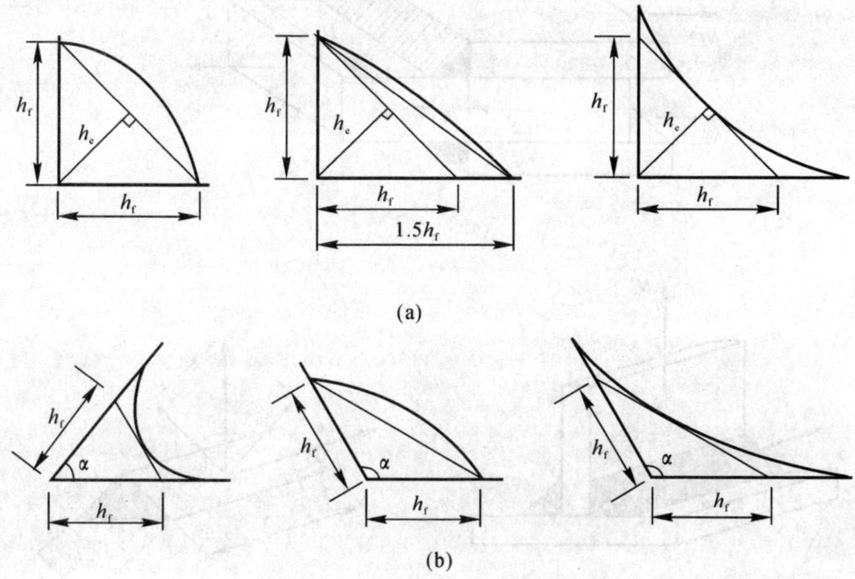

图 2.22　角焊缝的计算厚度

(a) 直角角焊缝截面；(b) 斜角角焊缝截面

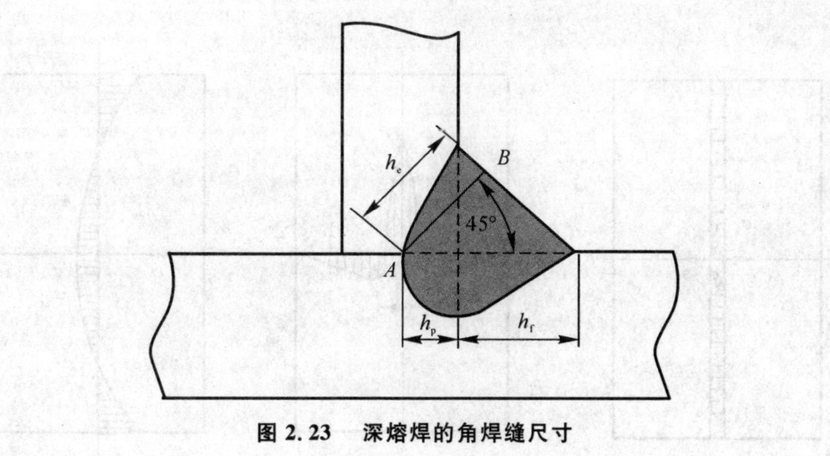

图 2.23　深熔焊的角焊缝尺寸

3. 残余应力对焊接接头静载荷强度的影响

如图 2.25 所示，焊接残余应力是自平衡力系，其作用在结构承载的不同阶段表现出的作用不同。在弹性阶段，残余应力与外载应力线性叠加，影响结构的承载能力，随载荷增加，残余应力集中区的总应力达到材料屈服极限，残余应力得到释放，对结构承载能力的影响降低。

如图 2.26(a) 所示，具有足够塑性的焊接接头在承载前截面上已经存在焊接残余应力，在轴心力作用下，拉伸残余应力区首先进入屈服，应力不再增加，而产生塑性变形，外载荷由受压的弹性区承担。两侧受压区应力由原来受压逐渐变为受拉，最后应力也达到屈服极限，这时全截面进入屈服状态，应力也全面均匀化。

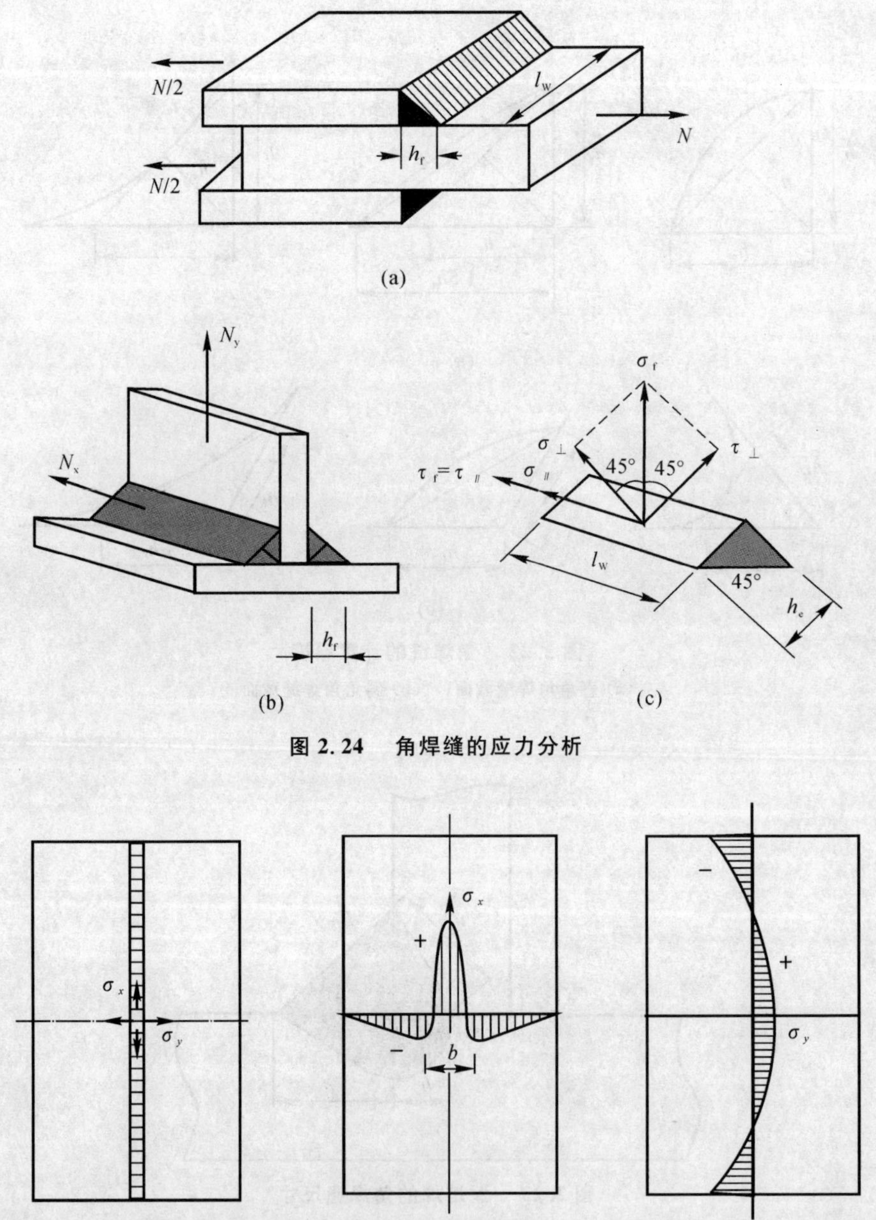

图 2.24 角焊缝的应力分析

图 2.25 纵向残余应力与横向残余应力分布

(a) 残余应力方向； (b) 纵向残余应力； (c) 横向残余应力

在有焊接残余应力的情况下，外力的大小可以用面积 *abcdefghi* 表示。由于焊接残余应力自相平衡，故 *dfe* 的面积等于 *bcd* 和 *fgh* 面积之和，即 *abcdefghi* 和 *abhi* 面积相等，而 *abhi* 正好是没有焊接应力情况下结构所承受的外载荷，所以相对于塑性好的材料，焊接应力的存在对结构的承载能力没有影响。

如果材料处于脆性状态，则拉伸残余应力和外载应力叠加有可能使局部区域的应力首先达到断裂强度(见图 2.26(b))，导致结构早期破坏。焊接残余应力对结构的疲劳强度也有较大影响，有关内容将在后续章节中进行分析。

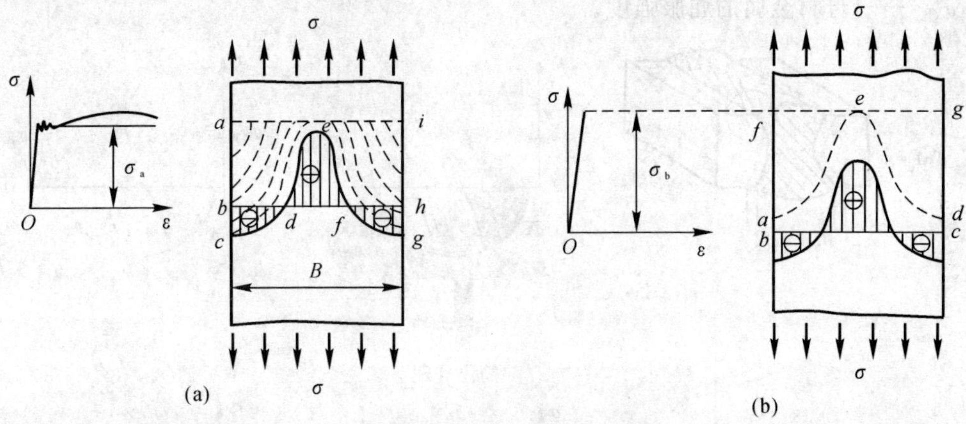

图 2.26　外载荷对残余应力分布的影响

(a) 塑性好的材料；(b) 脆性材料

2.2　焊缝强韧性失配

焊接接头强韧性是焊接结构承受外载荷作用的基本保证。焊接接头强韧性与接头几何形状及焊缝与母材的力学组配有关[32-35]。

2.2.1　屈服强度失配

1. 屈服强度失配概念

焊缝与母材强度匹配对焊接接头强度有重要影响，是焊接接头强度设计必须考虑的主要因素之一。严格意义上的焊缝与母材同质等强是很难做到的，焊缝强度与母材强度的差异性称为焊缝强度的失配。焊缝强度失配可用失配比来描述，失配比的定义与焊缝和母材的弹塑性行为有关。

在实际的焊接接头中，焊缝熔敷金属和热影响区(HAZ)的单向载荷拉伸(应力应变)性能不同。虽然弹性模量无显著差异，但是 σ_s，$\sigma_{0.2}$，σ_b 以及应变硬化性能不同[36]。如图 2.27 所示为强度失配焊接接头的简化处理。

在弹性载荷范围内，屈服强度的匹配性不影响焊接结构变形的行为，即施加应力小于母材和焊接金属中最小屈服强度的情况。然而，当焊缝或母材发生屈服时的焊接构件，就必须考虑材料的屈服强度失配性。

一般意义的焊缝强度失配性大多是指屈服强度匹配，用焊缝金属的屈服强度与母材金属的屈服强度的比值表示，即

$$M=\frac{\sigma_{YW}}{\sigma_{YB}} \tag{2.11}$$

式中　M —— 失配比；

σ_{YW} —— 焊缝金属屈服强度；

σ_{YB} —— 母材金属的屈服强度。

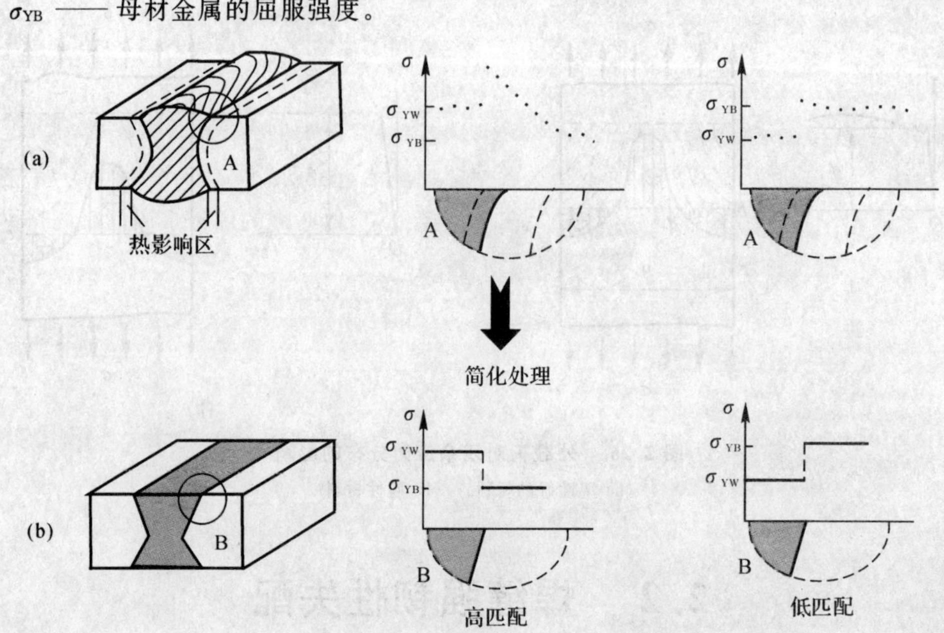

图 2.27 强度失配焊接接头的简化处理

当焊缝金属屈服强度大于母材金属屈服强度时称为高匹配($M>1$)，反之则称为低匹配($M<1$)。除了考虑强度匹配，还可考虑抗拉强度匹配、塑性匹配或综合考虑反映强度和塑性的韧性匹配。有研究认为，匹配性若用屈服强度表示，则用差值($\sigma_{YW}-\sigma_{YB}$)表示比用比值表示更适合。

接头强度失配对纵向载荷接头与横向载荷接头产生完全不同的作用。当对接接头受纵向载荷作用，在与外加载荷垂直的横截面上焊缝金属只占很小的一部分，当焊接接头受平行于焊缝轴向的纵向载荷时，焊缝金属、HAZ以及母材同时同量产生应变。无论屈服强度水平如何，焊缝金属被迫随着母材发生应变，如图 2.28 所示。此时，不同焊接区域的应力应变特性不会对焊接构件的应变产生直接的影响，即强度失配对其影响不大。接头各区域几乎产生相同的伸长，裂纹首先在塑性差的地方产生并扩展。高匹配不会对焊缝起到保护作用，低匹配也能保证焊缝的抗断裂性能，因而母材金属和焊缝金属等塑性才是合理的。

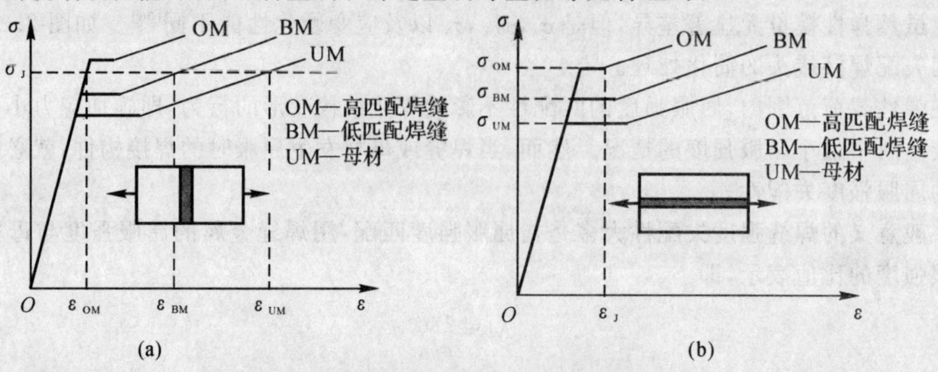

图 2.28 对接接头应力应变关系

(a) 横向拉伸； (b) 纵向拉伸

2. 焊缝形状对强度失配的影响

(1) 焊缝余高的影响

在实际的焊缝中，焊缝金属通常超出母材表面，这样一方面可以确保接头充分的厚度连接，另一方面对于接头变形和断裂特征产生影响。焊缝余高增加了焊缝的横向强度，进而可以将断裂位置转移至热影响区或母材。例如，在薄板焊接中，低匹配的焊接金属的余高可以保护焊缝金属不发生严重的塑性变形，就像高匹配焊接一样。

(2) 焊接错边和角变形的影响

焊接错边对接头的屈服特性和抗拉特性也有较大的影响。焊接错边和角变形将会产生附加弯矩，由此导致的应力集中，使变形集中在焊接区，从而影响焊缝强度的非匹配行为。

(3) 接头坡口的影响

目前，对于焊接坡口的设计和强度非匹配之间关系的研究较少。一般认为，V 形坡口对焊接接头的强度高于双 V 形坡口接头。仅从强度因素考虑，宽 V 形坡口对焊接接头强度更有利，但是使用窄 V 形坡口更经济些。

如图 2.29 所示是 V 形坡口情况下的低匹配和高匹配焊缝的根部和顶部的典型的应变分布[32]。在外载作用下，焊缝金属附近区域的塑性应变分布不等。对于低匹配焊缝，最高的应变发生在焊缝根部熔敷金属区。焊缝根部热影响区应变比焊缝顶部热影响区应变大。焊缝的宽度(V 形坡口) 越小，热影响区应变越大(应变集中)。高匹配焊缝的塑性应变分布与低匹配焊缝的塑性应变分布相反，根部热影响区的塑性应变小于焊缝顶部的热影响区的塑性应变，而且热影响区应变比总的施加应变小得多。由此可以看出，高匹配 V 形坡口对于焊接金属根部(包括相邻的热影响区) 发生塑性应变能够提供更充分的保护。焊缝区塑性应变分布不仅受焊接接头坡口形状的影响，而且受匹配度的影响。

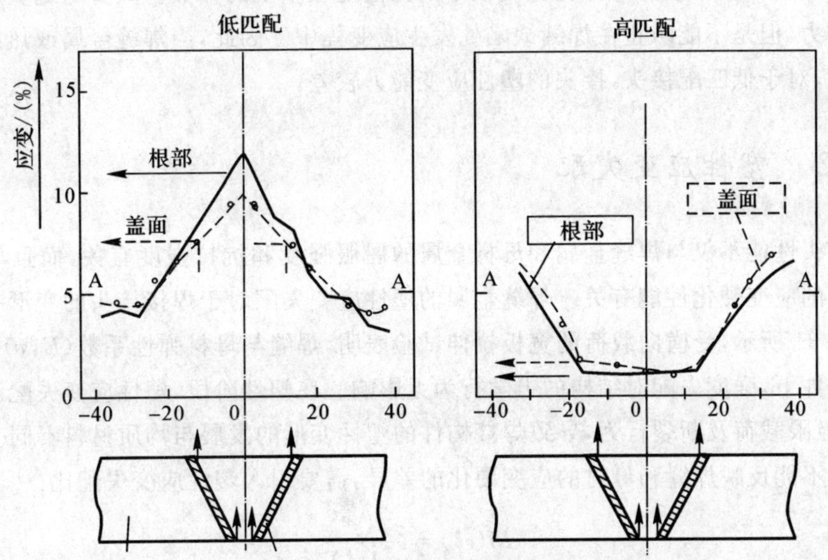

图 2.29　受横向载荷接头的顶部和根部的塑性应变的变化

对于低匹配焊接金属,V形坡口和双V形坡口根部表现为塑性应变集中(见图2.30)。为了缓解焊缝根部的应变集中,应尽量采用窄坡口。对于高匹配焊接金属,因焊缝根部区域受到保护而不发生塑性应变。这种保护作用随着母材坡口角度的增加而增加。在坡口设计上,应权衡成本和技术两方面的因素,尽可能优化角度以减小焊缝根部的应变集中。

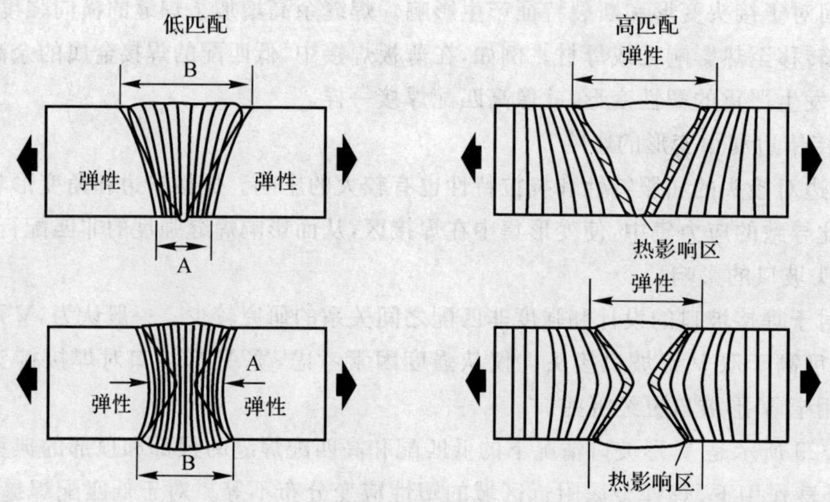

图2.30 坡口形式对塑性应变的影响

使用韧性好的低匹配或等匹配焊接金属可以防止焊缝根部开裂。如果从保护焊缝根部不发生塑性应变角度考虑,窄坡口将均衡焊接金属和热影响区根部的应变。而宽坡口将产生应变的不等分布,从而提供与高匹配焊接金属相关联的保护。换句话说,焊缝屈服强度匹配的水平充分高,可以防止塑性应变在焊缝根部区域发生,从而保护焊缝缺陷在使用期间受塑性应变的影响。低匹配窄坡口接头的焊缝宽与板厚的比值是很重要的参数。减少焊缝宽度可以提高塑性流动应力,但是不能防止在焊缝缺陷处发生应变集中。因此,当焊缝金属或热影响区不连续性存在时,对于低匹配接头,接头的塑性应变能力较差。

2.2.2 塑性应变失配

焊接接头性能不仅与焊缝金属和母材金属的屈服强度和抗拉强度有关,而且与母材金属和焊缝金属的应变硬化性能有关。焊缝金属的塑性应变失配对于焊接接头的变形有很大的影响。如图2.31所示,受横向载荷的宽板拉伸试验表明,焊缝与母材弹性系数(E,v)相同,以及在线弹性条件下,强度失配对结构的力学行为无影响。在塑性阶段,塑性应变失配影响结构的变形能力、极限载荷及断裂行为,导致焊接构件的塑性变形的发展与均质材料不同。此时屈服强度失配比不能反映焊缝和母材的应变硬化的差异,需要引入塑性应变失配比[37],即

$$M(\varepsilon^p)=\frac{\sigma_W(\varepsilon^p)}{\sigma_B(\varepsilon^p)} \tag{2.12}$$

$M(\varepsilon^p)$是对应不同塑性应变量ε^p时的动态失配比,不是材料常数,而与ε^p的大小有关。只有当母材和焊缝的应力应变关系完全一致时,$M(\varepsilon^p)$才可能是常数。$M(\varepsilon^p)$反映了母材金

属和焊缝金属的应变硬化指数的影响效果。在高匹配焊接接头中，当母材金属为低应变硬化金属时，则应变动态匹配因子 $M(\varepsilon^p)$ 将随着应变的增加而增加，如图 2.31(a) 所示的位置 1 和位置 2。$M(\varepsilon^p)$ 随塑性应变量的增大而增大，即，$M(\varepsilon^p)$ 始终大于单位 1，且随着应变量增大，其值增加。

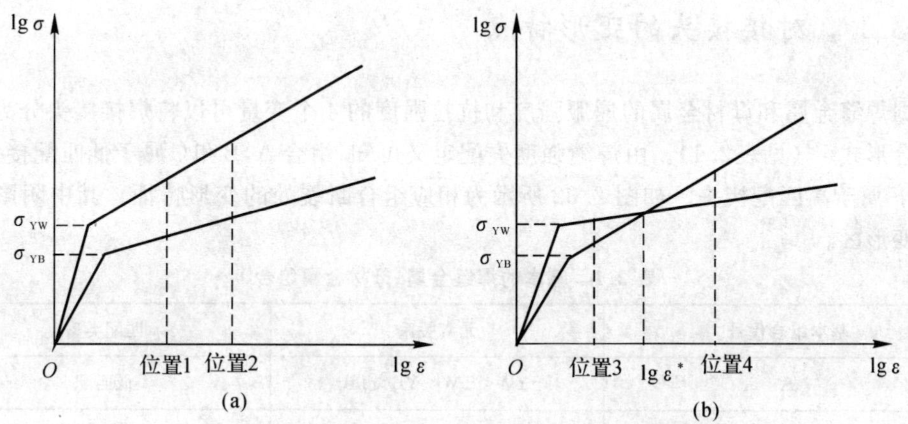

图 2.31　焊接接头的母材金属和焊缝金属应变硬化性能

(a) 低应变硬化母材金属；(b) 低应变硬化焊缝金属

在屈服强度高匹配焊接接头中，当焊缝金属为低应变硬化金属时，如图 2.31(b) 所示。在应变量达到临界应变值 ε^* 之前，接头一直保持高匹配状态，此时 $M(\varepsilon^p) > 1$，但随着应变量的增加，$M(\varepsilon^p)$ 值逐渐减少，直至应变量到达临界应变量 ε^*。以上分析可知，在此阶段中，匹配因子 $M(\varepsilon^p)$ 与 $\sigma_e(\varepsilon^p)$ 之间成反比关系。随着载荷的增加，当总应变量超过临界应变量 ε^* 时，接头将会由高匹配状态转变为低匹配状态，此时 $M(\varepsilon^p) < 1$，如图 2.31(b) 中的位置 3，且随着总应变量的增加，$M(\varepsilon^p)$ 逐渐减少，低匹配程度将随着应变量的增加而增大，如图 2.31(b) 中位置 4 所示。

2.2.3　断裂韧度失配

焊缝和母材的断裂韧度失配性可以用临界应力强度因子(K_{IC})或临界裂纹张开位移(δ_C)表示，即

$$M_R = \frac{K_{IC}^W}{K_{IC}^B} \quad 或 \quad M_R = \frac{\delta_C^W}{\delta_{IC}^B} \tag{2.13}$$

式中　K_{IC}^B, δ_C^B—— 母材的临界应力强度因子和裂纹张开位移；

K_{IC}^W, δ_C^W—— 焊缝的临界应力强度因子和裂纹张开位移。

如果 $K_{IC}^W/K_{IC}^B > 1$，或 $\delta_C^W/\delta_C^B > 1$ 为高匹配，反之为低匹配。一般而言，焊缝的强度和韧性决定结构性能，焊缝的失效又受周围材料强度和韧性水平的制约。

常规的焊接结构设计及安全评定方法都是基于均质材料行为而建立的，并未考虑焊缝失配效应。因此，开展焊缝强韧度失配的研究对于焊接结构设计和安全评定具有重要的理论和实际意义。

2.3 对接接头强度失配力学行为

2.3.1 对接接头的变形特点

根据焊缝金属和母材金属的屈服强度和抗拉强度的4个变量可以将焊接接头分为6种不同的组合形式[32](见表2.1)。由焊缝强度失配定义可知,组合A,B和C属于低匹配接头;组合D,E和F属于高匹配接头。如图2.32所示为相应组合断裂处的变形特征。其中阴影部分代表塑性变形区。

表2.1 基本的焊缝金属-母材金属组合

基本组合代号	元素关系	匹配类型
A	YW<TW<YB<TB	低匹配
B	YW<YB<TW<TB	低匹配
C	YW<YB<TB<TW	低匹配
D	YB<TB<YW<TW	高匹配
E	YB<YW<TB<TW	高匹配
F	YB<YW<TW<TB	高匹配

焊接接头整体进入屈服后,焊缝金属和母材金属进一步发生变形,此时焊接接头的力学性能主要由母材金属和焊缝金属的屈服强度、抗拉强度以及应变硬化性能决定,即母材金属屈服强度YB和抗拉强度TB、焊缝金属屈服强度YW和抗拉强度TW,以及焊缝金属应变硬化指数n_W和母材金属的应变硬化指数n_B。

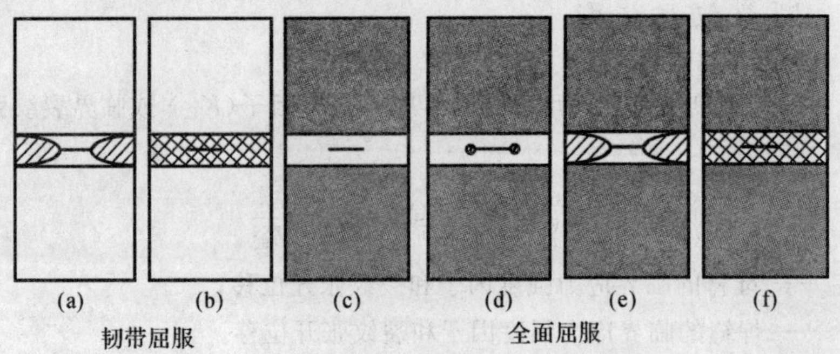

图2.32 焊缝金属-母材金属组合方式及其相应的屈服模式和断裂位置

由图2.32可知,低匹配的3种组合对于拉伸载荷的接头发生塑性变形的情况不同。在组合A中,由于母材金属的屈服强度和抗拉强度都大于焊缝金属的屈服强度和抗拉强度,因此,当焊接接头受拉伸载荷时,焊缝金属首先达到屈服点,发生塑性屈服,直到断裂,而此时母材金属仍处于弹性状态;在组合 B 中,母材金属点屈服强度大于焊接金属点屈服强度,但小于焊缝金属的抗拉强度,在拉伸载荷作用下,焊缝金属首先达到屈服点并发生屈服,随着载荷点加大,当施加应力大于母材屈服强度时,母材也发生屈服,直到施加应力达到焊缝金属的抗拉强度在焊缝处发生断裂。组合 C 与组合 B 的差别是焊缝金属的抗拉强度大于母材金属的抗拉强度,断裂发生于母材中。因此,在低匹配情况下,母材也有可能发生断裂。

在高匹配情况下,组合 D 和 E 发生断裂处位于母材金属,在组合 D 中,母材金属首先发生塑性屈服直至断裂,而焊缝金属始终为弹性状态。在组合 E 中,母材金属首先发生屈服,之后随着施加载荷的增加,施加应力达到焊缝金属屈服点,则焊缝金属发生屈服,直至在母材处发生断裂。组合 F 与组合 E 的区别在于组合 F 中母材金属的抗拉强度大于焊缝金属的抗拉强度,因而,在焊缝金属处发生断裂。

在塑性阶段,受横向载荷的宽板焊缝区和母材区的变形具有不同时性。若焊缝为高匹配,母材金属的屈服强度低于焊缝金属,因而首先发生塑性变形,而此时载荷没有达到焊缝金属的屈服点,所以,焊缝金属仍然处于弹性状态。这时,母材对于焊缝具有所谓的屏蔽作用,使焊缝受到保护,接头的整体强度高于母材且具有足够的韧性。如果焊缝为低匹配,母材金属屈服强度高于焊缝金属,则当母材金属仍处于弹性状态时,焊缝金属将发生塑性变形,其延展性会先于整体屈服前耗尽,造成整体强度低于母材金属且变形能力不足,此时屏蔽作用消失,因此认为高匹配焊缝是有利的。

2.3.2　对接接头的断裂

焊接接头的断裂行为与母材金属和焊缝金属的应变硬化性能有关。如图 2.33 所示表明在低匹配焊接接头中,当焊缝金属的应变硬化性能很低(即高屈强比低)时,母材金属发生塑性变形的可能性很低(如 A 组合),甚至于被排除(如组合 B);相反,当焊缝金属的应变硬化性能很高时,随着载荷的增加母材将会发生塑性变形(如组合 C)。

由图 2.33 可知,随着焊缝金属应变硬化性能的降低,焊缝金属需要发生更大的塑性变形才能达到母材的屈服强度水平。如图 2.33(a) 所示,ε_{WA},ε_{WB},ε_{WC} 分别表示接头 A,B,C 在横向拉伸作用下,使母材发生屈服时的焊缝最低塑性应变量。图 2.33(b) 表明在高匹配焊接接头中,焊缝金属的应变硬化性能对接头性能的影响,当焊缝金属的应变硬化性能很低时(如图中组合 F 所示),则接头将会在焊缝区发生断裂。如图 2.33(b) 所示,ε_{WD},ε_{WE},ε_{WF} 分别表示接头 D,E,F 在横向拉伸作用下,使焊缝区应力达到母材屈服限时的焊缝最低塑性应变量。

上述分析表明,当接头受横向载荷作用,其应力应变关系将会受到母材金属和焊缝金属的屈服强度影响,即在接头发生屈服的开始点由母材金属或焊缝金属屈服强度的最小值决定。无论是低匹配还是高匹配,母材区和焊缝区的应变量将不同,其差异量由焊接接头失配比决定。

当低匹配焊缝承受横向拉伸时,低强度焊缝先于母材进入塑性状态,母材对焊缝的塑性变形具有拘束作用(见图 2.34),使焊缝金属处于三轴拉应力状态而强化[7](见图 2.35)。母材对焊缝的拘束作用随相对厚度 H/h 和宽厚比 W/h 而变化,H/h 减小,W/h 增大,拘束作用提高,接头强度增加。这说明采用比母材强度低的焊接材料,通过选定合适的焊缝宽度,可以获得与母材等强度的焊接接头。但是,这种接头的焊缝由于受到三向拉应力的作用,发生脆断的危险性较大，因此，要求焊缝金属必须具有足够的断裂韧性才能保证接头的安全可靠。

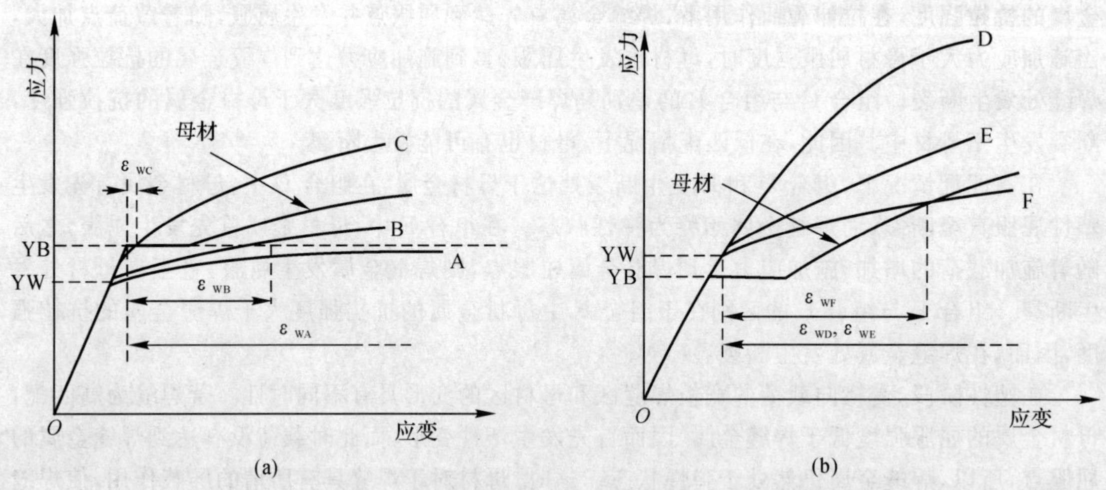

图 2.33 焊缝金属应变硬化性能对焊接接头性能的影响

(a) 低匹配焊缝； (b) 高匹配焊缝

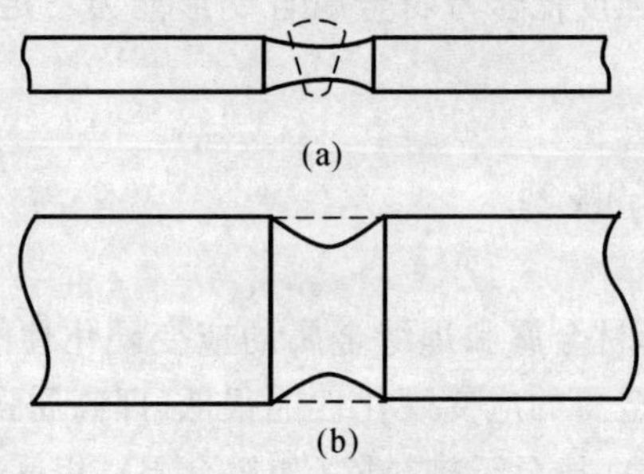

图 2.34 板厚和板宽对焊缝的拘束作用

(a) 板厚拘束； (b) 板宽拘束

当低匹配焊接接头在外载荷的作用下横向载荷较小时，整个试样发生弹性变形。由于焊缝区的强度低于母材，因此，焊缝区更容易屈服。当外加载荷达到一定程度时，焊缝区率先发生屈服，随后母材才发生塑性变形，焊缝区产生明显的应变集中。

如图 2.36 所示为不同匹配比情况下低匹配接头焊缝区应变集中的比较[38]。低匹配接头焊缝区应变集中因数随焊接接头承受的位移或平均应变的变化过程而变化。可见，当平均应变较小时，焊缝区应变集中因数基本维持在 1 左右，没有产生应变集中。当外加的应变增大到约 0.4% 时，焊缝区屈服，应变集中因数开始增大，且焊缝强度比母材低 10% 的低匹配接头的应变集中因数增大的速度远高于 5% 的低匹配接头。最终当达 1% 的平均应变时，5% 低匹配接头焊缝区的应变为 3.27%，应变集中因数为 3.27，而 10% 低匹配接头焊缝区的应变高达 44%，应变集中因数也高达 44。由此可知，在低匹配条件下，焊缝的强度越低，造成的应变集中越严重。

焊缝区的材料当然不可能承受如此大的应变，根据计算结果可知，当平均应变达到 0.7% 时，10% 低匹配焊缝区的等效应力就已达到了抗拉强度，即其变形能力最高只能达到 0.7%，超过此值将会使焊缝区开裂。当 5% 低匹配接头承受 1% 的变形时，最高的等效应力低于材料的抗拉强度(见图 2.36),不会开裂,其变形能力可达 1.5%。等匹配焊接接头与低匹配焊接接头的极限变形能力(即均匀变形)比较见表 2.2。

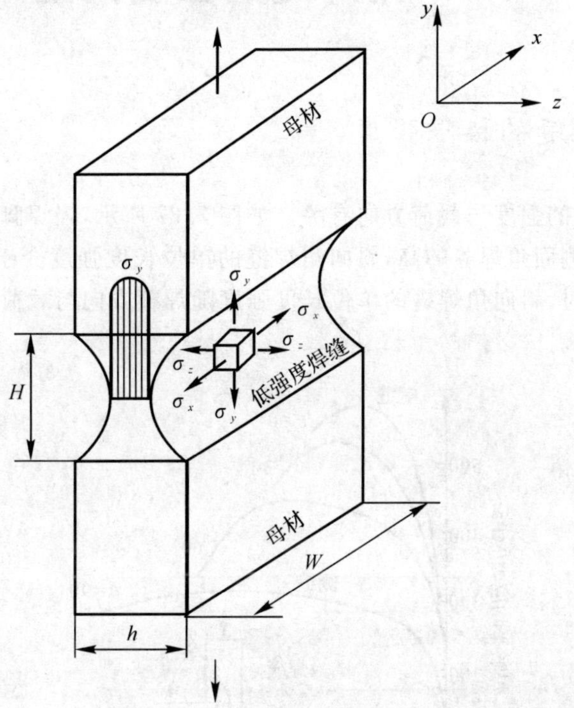

图 2.35　板厚低匹配焊缝的应力状态

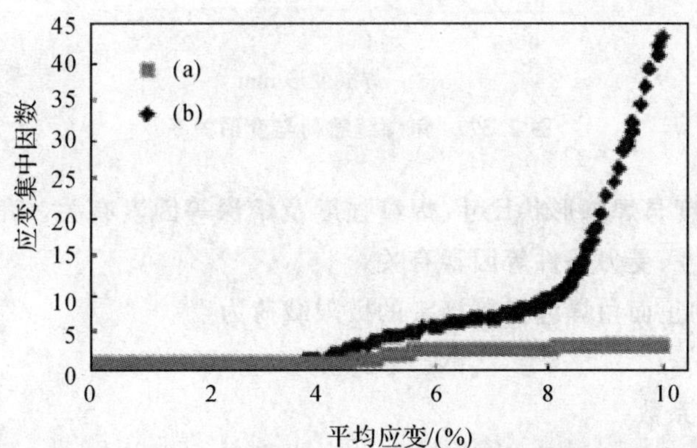

图 2.36　不同匹配比情况下低匹配接头焊缝区的应变集中

表 2.2　焊接接头极限变形能力与焊缝匹配的关系

匹配特性	等强度匹配	5% 低匹配(a)	10% 低匹配(b)
极限变形能力	8%	1.5%	0.7%

上述分析表明,焊接接头的变形能力与焊缝强度失配特性密切相关,当评价焊接接头的变形能力时应充分考虑焊缝强度失配性的影响。

2.4 角焊缝的强度失配

2.4.1 角焊缝的极限强度

实验证明，角焊缝的强度与载荷方向有关。如图 2.37 所示，当焊脚尺寸相同时，正面角焊缝的单位长度强度比侧面角焊缝的高，斜向角焊缝的单位长度强度介于上述两种焊缝强度之间。当焊脚尺寸一定时，斜向角焊缝的单位长度强度随焊缝方向与载荷方向的夹角而变化，夹角越大，其强度值越小。

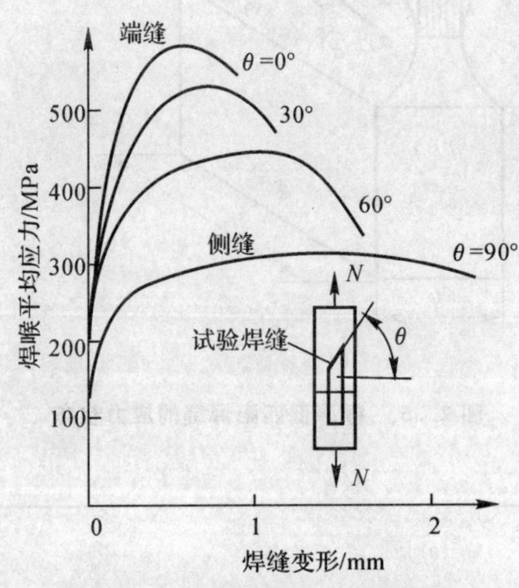

图 2.37 角焊缝载荷与变形关系

角焊缝的极限强度与焊脚形状尺寸、焊缝强度及熔深等因素有关。角焊缝的极限强度与角焊缝几何形状和尺寸、受力条件等因素有关。

如图 2.38 所示的正面角焊缝搭接接头的极限载荷为[39]

$$N_W = \beta_f f_f^W h_e l_W \tag{2.14}$$

式中 β_f —— 修正系数；

N_W —— 焊缝的极限载荷；

l_W —— 焊缝长度；

h_e —— 角焊缝计算高度；

f_f^W —— 角焊缝抗拉强度。

母材可承受拉力为

$$N_B = f_u^B l_B t \tag{2.15}$$

式中 N_B —— 母材的极限载荷；

f_u^B —— 母材抗拉强度；

t —— 母材承力截面厚度较小值；

l_B —— 母材承力截面宽度。

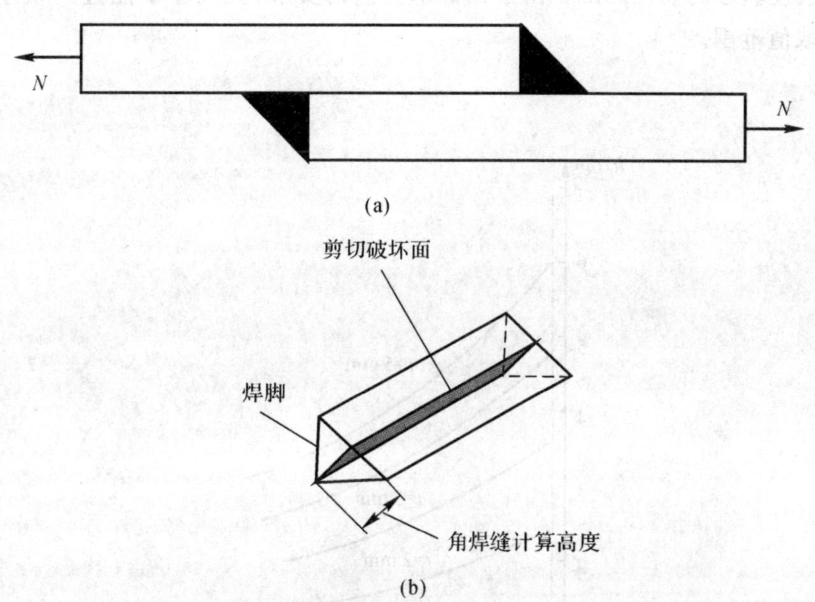

图 2.38 角焊缝的破坏与计算截面

当采用等强度设计时，焊缝承受载荷能力与母材相等，$N_W = N_B$，可得

$$h_e = \frac{f_u^B l_B t}{\beta_f f_f^W l_W} \tag{2.16}$$

由于采用两条焊缝，$l_W = 2l_B$。根据直角角焊缝强度计算方法，将 $h_e = 0.7h_f$，$f_u^W = \sqrt{3} f_f^W$ 及 $l_W = 2l_B$ 代入式(2.16) 得

$$h_f = \beta \frac{t}{f_u^W / f_u^B} \tag{2.17}$$

其中，$\beta = \sqrt{\frac{2}{3}} \beta_f$。

令 $f_u^W / f_u^B = M$，M 即为焊缝金属屈服强度与母材屈服强度比，即焊缝金属与母材强度失配系数。则

$$h_f = \beta \frac{t}{M} \tag{2.18}$$

对于正面角焊缝 $\beta = 1.0$。

由式(2.18) 可知在等强度设计条件下，如果给定焊件厚度 t，则 h_f 与 M 成反比例关系，即随着 M 值的减小，h_f 增大。如图 2.39 所示为不同板厚情况下焊脚尺寸与失配系数的关系[40]。

当 M 为定值时，t-h_f 为直线关系，$1/M$ 为直线斜率(见图 2.40)。由图 2.40 可以看出，对于同一 t 值(如 $t = t_1$ 时)，随着 M 取值的减小，h_f 增大；随着 t 值的增大，不同 M 对应的 h_f 差值

也将增大。由焊缝的截面形状可知,角焊缝截面面积与 h_f^2 成正比。因此,当选择较小 M 值时,焊材的使用量、焊接工时、能源消耗及焊接应力和焊接变形都将相应增大。对于一般中低强度钢的焊接,用高匹配时,焊缝断裂韧性比较好。而对于高强钢,由于其低应力脆断的特性,应考虑综合反映强度塑性的韧性匹配。由于角焊缝工艺的要求,其尺寸不能过大或过小,因此 M 也存在合理取值范围。

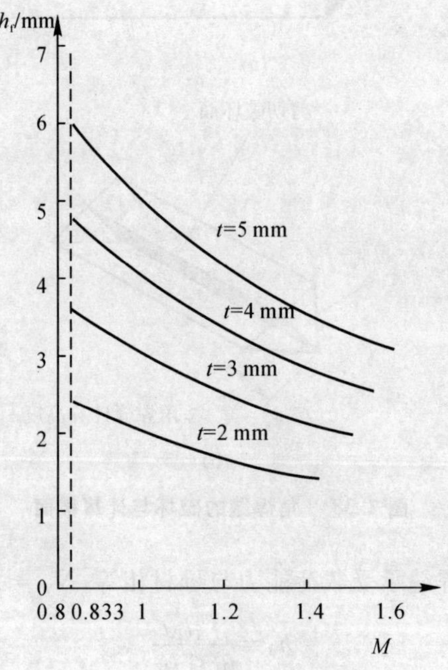

图 2.39 焊脚尺寸与失配系数的关系

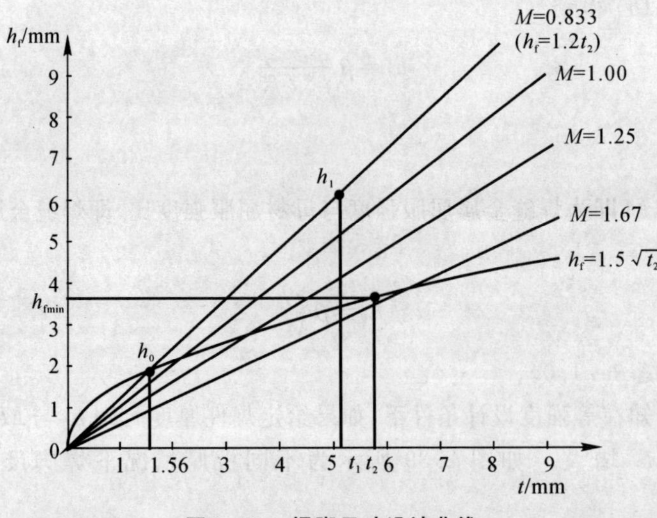

图 2.40 焊脚尺寸设计曲线

2.4.2　焊脚尺寸与强度失配系数

为了避免焊接区的基本金属过熔，减小焊件的焊接残余应力和残余变形，角焊缝的焊脚尺寸不宜大于较薄焊件厚度的 1.2 倍。

对于搭接角焊缝，当板件厚度 $t > 6$ mm 时，施焊时容易产生咬边现象，不易焊满全厚度，故取 $h_f \leqslant t-(1 \sim 2)$mm；当 $t \leqslant 6$ mm 时，通常采用小直径焊条施焊，易于焊满全厚度，则取 $h_f \leqslant t$。

角焊缝的焊脚尺寸也不能过小，否则焊缝因输入能量过小，而焊件厚度较大，以致施焊时冷却速度过快，产生淬硬组织，导致母材开裂。有关规范规定，角焊缝的焊脚尺寸 h_f 不得小于 $1.5\sqrt{t_2}$，t_2 为较厚焊件厚度(单位为 mm)。如图 2.40 所示的 $h_f = 1.5\sqrt{t_2}$ 为最小焊脚尺寸曲线。当自动焊熔深较大时，所取最小焊脚尺寸可减小 1 mm；对于丁字形连接的单面角焊缝，其最小焊脚尺寸应增加 1 mm；当焊件厚度小于或等于 4 mm 时，则其焊脚尺寸取与焊件厚度相同。

对于正面角焊缝，根据式(2.18) 可知，依据角焊缝的焊脚尺寸不宜大于较薄焊件厚度的 1.2 倍的要求，M 的取值应大于 0.833。M 的最大值与较厚焊件的厚度有关。由于等强度设计是根据较薄焊件焊脚尺寸计算的，当母材不等厚时，根据最小焊脚尺寸曲线可得最小焊脚尺寸 h_{fmin}，通过式(2.18) 可计算 M 的最大值。

由图 2.40 所示可以看出，焊脚尺寸最小与最大值要求在 $t = 1.56$ mm 处发生交叉，考虑强度失配系数的焊脚尺寸曲线也与焊脚最小尺寸曲线具有交叉。由此可见，当 $t < 1.56$ mm 时，焊脚尺寸的最小与最大值要求无意义，在 $t > 1.56$ mm 条件下，h_f 在 h_0 与 h_1 之间变化，对应直线取不同斜率，即取得不同的 M 值。对于不满足焊脚最小尺寸要求的情况，应考虑降低失配系数，增大焊脚尺寸。

对于侧面角焊缝的等强度设计，式(2.18) 仍然适用，只是其中 $\beta = 0.82$，可见侧面角焊缝的失配系数较正面角焊缝低。这与正面角焊缝强度高于侧面角焊缝强度相符合。

2.5　强度失配接头的蠕变行为

2.5.1　金属蠕变的宏观规律

1. 蠕变曲线

金属材料的蠕变过程可用蠕变应变与时间的关系(蠕变曲线) 来描述。如图 2.41 所示为恒温恒应力条件下的蠕变应变与时间的关系曲线。

蠕变曲线上任一点的斜率，表示该点的蠕变速度。按照蠕变速度的变化情况，可将蠕变过程分成 3 个阶段。

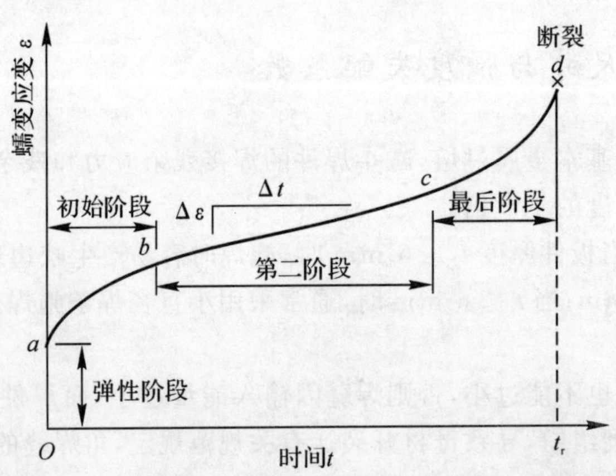

图 2.41　恒温恒应力条件下的蠕变应变与时间的关系

初始阶段是减速蠕变阶段。这一阶段开始的蠕变速度很大，随着时间延长，蠕变速度逐渐减小，到 b 点蠕变速度达到最小值。

第二阶段是恒速蠕变阶段。这一阶段的特点是蠕变速度几乎保持不变，因而通常又称为稳态蠕变阶段。一般所反映的蠕变速度，就是以这一阶段的变形速度($\dot{\varepsilon}_C=\dfrac{d\varepsilon_C}{dt}$) 表示的。

最后阶段是加速蠕变阶段，随着时间的延长，蠕变速度逐渐增大，直至产生蠕变断裂。

不同材料在不同条件下的蠕变曲线是不相同的，同一种材料的蠕变曲线也随应力的大小和温度的高低而异。在恒定温度下改变应力，或在恒定应力下改变温度，蠕变曲线的变化如图 2.42 所示。由图可见，当应力较小或温度较低时，蠕变第二阶段持续时间较长，甚至可能不产生第三阶段，亦即最后阶段。相反，当应力较大或温度较高时，蠕变第二阶段很短，甚至完全消失，试样将在很短时间内断裂。

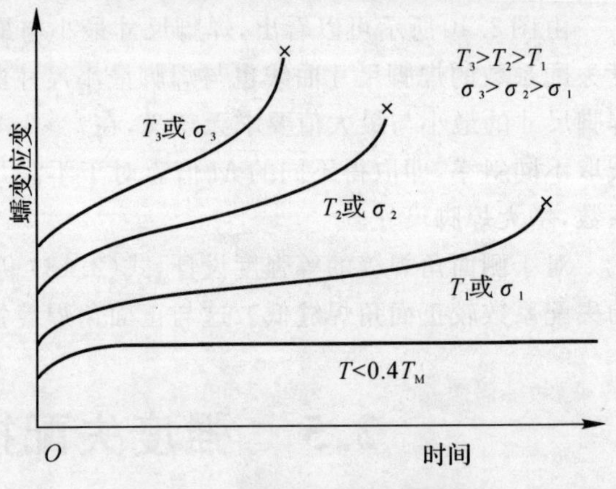

图 2.42　不同条件下的蠕变曲线

一般而言，蠕变应变 ε_C 是应力 σ、时间 t 和温度 T 的函数[41-42]，即

$$\varepsilon_C=f(\sigma,t,T) \tag{2.19}$$

为简便起见，上述函数形式可以写成分离变量形式

$$\varepsilon_C=f_1(\sigma)f_2(t)f_3(T) \tag{2.20}$$

典型的分离形式为

$$\varepsilon_C=C\sigma^n\left[t\exp\left(-\Delta H/RT\right)\right]^m \tag{2.21}$$

式中　C,m,n —— 常数；

ΔH —— 激活能；

R —— Bol 常数。

在等温条件下，有

$$\varepsilon_C = Bt^m\sigma^n \tag{2.22}$$

式(2.22)称为 Bailey-Norton 蠕变速率。

在常应力条件下，蠕变速率可以通过对式(2.22)直接微分求得

$$\dot{\varepsilon}_C = \frac{d\varepsilon_C}{dt} = mBt^{m-1}\sigma^n \tag{2.23}$$

式中，B 为常数。结合式(2.22)可消去时间变量，得到与时间无关的形式

$$\dot{\varepsilon}_C = mB^{1/m}\sigma^{n/m}\varepsilon_C^{(m-1)/m} \tag{2.24}$$

式(2.24)称为应变硬化方程，而式(2.23)称为时间硬化方程。上述模型主要用于描述初始阶段和第二阶段蠕变。

由于高温下工作的构件所要求的寿命都设定在蠕变第二阶段，因此，人们对蠕变第二阶段特别关注。在一定的温度下，多数金属和合金的蠕变速率可以表示为

$$\dot{\varepsilon}_C = A\sigma^n \tag{2.25}$$

式中，A 为常数，对纯金属，n 值通常在 4 ～ 5 之间；对固溶体合金，n 值约为 3；对弥散强化和沉淀强化合金，n 值可高达 30 ～ 40。式(2.25)称为幂定律蠕变方程。当应力增高到使蠕变速率超过 10^{-3}(%)/h 时，幂定律的蠕变方程便不再适用。

2. 蠕变强度

温度和应力是影响材料蠕变过程的两个最主要参数。在规定温度下，至规定时间，试样的总塑性变形(或总应变)或稳态蠕变速率不超过规定值的最大应力称为蠕变极限或蠕变强度，它是材料在高温长时间载荷作用下不致产生过量塑性变形的抗力指标。蠕变强度越大，材料抵抗高温发生蠕变的能力越强。

蠕变极限有两种表示方法。一种方法是在规定温度下，当蠕变第二阶段的蠕变速率等于某一规定值时的应力值定义为条件蠕变极限，一般写为 $\sigma_{\dot{\varepsilon}}^T$(MPa)，其中，$T$ 为规定温度，$\dot{\varepsilon}$ 为第二阶段蠕变速率((%)/h)。例如，$\varepsilon_{10^{-5}}^{600}$ = 60 MPa，表示温度为 600℃，第二阶段蠕变速率为 1×10^{-5}(%)/h 条件下的蠕变极限。另一种方法是在一定温度下，在规定的时间内，产生某一规定的总应变量所对应的应力确定为蠕变极限，以 $\sigma_{\varepsilon/t}^T$ 表示。例如，$\sigma_{1/10^5}^{600}$ = 100 MPa，它表示材料在 500℃，经 10^5 h 产生的变形量为 1% 时的应力为 100 MPa。如果蠕变速率大而服役时间短，可取前一种表示方法；反之，蠕变速率小而服役时间长，则宜用后一种表示法。但是，进行 10^5 h 蠕变试验在实际中是比较困难的，因此，通常是以用较大应力、较短时间作出的蠕变试验结果，采用外推法求出长时较小蠕变速率条件下的蠕变极限。

根据稳态蠕变阶段蠕变速率和应力的关系式(2.25)，两边取对数得

$$\lg\dot{\varepsilon}_C = \lg A + n\lg\sigma \tag{2.26}$$

在双对数坐标系中，蠕变速率和应力的关系为线性关系。若取几组应力所对应的 $\dot{\varepsilon}_C$，通过线性回归可确定 A 和 n 值。然后外推到所规定的蠕变速率，该蠕变速率所对应的应力，即为蠕变极限。

2.5.2 焊接接头蠕变性能

1. 焊接接头的蠕变失配性

根据材料蠕变规律的表示方法，焊接接头的蠕变失配性有多种定义，如蠕变变形的失配、蠕变速率失配、蠕变强度或寿命失配等。焊接接头蠕变失配性的研究可通过单轴蠕变试验分析接头或母材与焊缝金属材料的蠕变性能，获得稳态蠕变速率、蠕变强度及寿命等规律。根据焊缝金属和母材两者蠕变性能，特别是稳态蠕变应变速率之间的差异，焊接接头可分为[43-44]：

① 蠕变匹配的焊缝。在相同的应力水平下，焊缝表现出与母材有相近的稳态蠕变应变速率。

② 蠕变低匹配焊缝。在相同的应力水平下，焊缝表现出较母材高的稳态蠕变应变速率。

③ 蠕变高匹配焊缝。在相同的应力水平下，焊缝表现出较母材低的稳态蠕变应变速率。

对于高温构件的设计，大多数国家在现行的设计规范中均采用简单的设计原则，即许用应力 σ 根据母材的高温蠕变断裂数据除以一个安全系数来确定，而没有考虑焊缝对焊接结构蠕变强度的影响。从 1987 年开始，ASME Code Case N－47[45] 开始考虑焊缝的性质，对于焊接结构的高温设计，当选择设计许用应力时，引入焊缝蠕变强度减弱系数 R，即焊缝金属材料的蠕变强度与母材的蠕变强度之比($R \leqslant 1$)。这个焊缝蠕变强度减弱系数是以单轴拉伸试验得到的母材与焊缝的数据为基础的。

单轴带焊缝试样无法真正反映高温构件焊接接头的蠕变性能，高温构件的蠕变行为不仅与时间相关，而且与空间多轴应力状态相关。精确的方法是采用实际焊接结构进行蠕变试验，直接反映其蠕变行为，但高温下焊接结构的试验耗资巨大。现在多采用单独材料的单轴蠕变试验建立本构方程，然后借用数值计算方法(如有限单元法)，来分析实际高温构件的蠕变行为。

2. 焊接接头的蠕变行为

焊接接头存在的应力集中和组织不均匀性对其蠕变强度有较大的影响。采用标准试样测定的焊接接头蠕变强度与实际焊接接头的蠕变强度有较大的差别[46]。如图 2.43 所示，Mn－Cr－Mo－B 系调质高强钢焊接接头的蠕变强度试验结果表明，与标准试样相比，实际焊接接头试样的蠕变强度在 400℃ 时约降低到 1/3，在 450℃ 时约降低到 1/2.5，在 500℃ 时约降低到 1/2.3。标准试样的断裂发生在热影响区的细晶粒区，而实际接头试样则在焊趾处发生裂纹，并沿着热影响区粗晶区的原奥氏体晶界扩展。如果将焊缝加强高去除，其断裂位置不变，但由于无缺口效应，蠕变强度有所提高。

在不考虑焊接缺口效应的情况下，焊接接头的蠕变强度与焊缝和母材的蠕变性能组合密切相关。如图 2.44 所示，横向受拉伸的焊接接头蠕变全应变与时间的关系沿母材的蠕变曲线发展。由于母材和焊缝受到同样应力的作用，因此蠕变强度由蠕变寿命短者来决定。例如，由母材 B 和焊缝 W_1 组成的焊接接头，焊缝金属先于母材发生断裂，其断裂时间 t_{W_1} 比母材的断裂时间 t_B 小。由母材 B 和焊缝 W_2 组成的焊接接头，母材金属先于焊缝发生断裂，其断裂时间 t_B 比焊缝 W_2 的断裂时间 t_{W_2} 小。在这种接头中，焊缝金属的蠕变强度比蠕变塑性更为重要。

纵向受拉伸的焊接接头的母材和焊缝产生的应变相同，接头的断裂时间取决于焊缝的蠕变塑性。这时焊缝的蠕变塑性比蠕变强度更为重要。

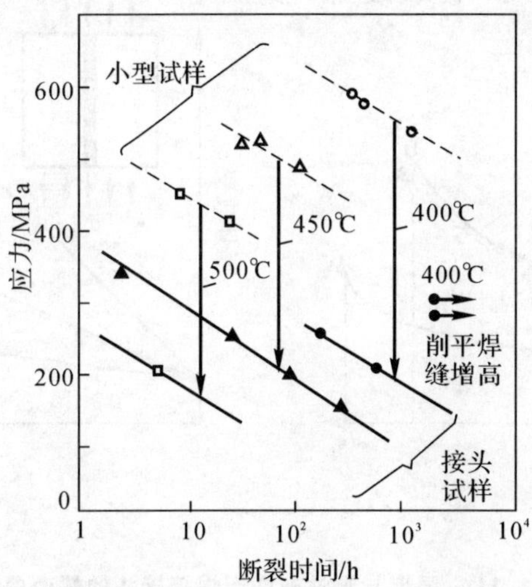

图 2.43　高强钢焊接接头与标准试样的蠕变强度比较

3. 焊缝蠕变失配性分析

对于如图 2.44(a) 所示的横向拉伸焊接接头的蠕变曲线，根据式(2.25) 可定义蠕变强度失配系数为

$$R_{\dot{\varepsilon}} = \frac{A_{\mathrm{W}}}{A_{\mathrm{B}}} \tag{2.27}$$

式中　$R_{\dot{\varepsilon}}$ —— 蠕变强度失配系数；

$A_{\mathrm{W}}, A_{\mathrm{B}}$ —— 分别为与方程(2.25) 相对应的焊缝和母材的常数。

在横向拉伸作用下，焊接接头各截面的应力关系为

$$\sigma = \sigma_{\mathrm{W}} = \sigma_{\mathrm{B}} \tag{2.28}$$

式中　σ —— 远场应力；

σ_{W} —— 焊缝应力；

σ_{B} —— 母材应力。

根据式(2.25) 有

$$\left(\frac{\dot{\varepsilon}_{\mathrm{B}}}{A_{\mathrm{B}}}\right)^{1/n_{\mathrm{B}}} = \left(\frac{\dot{\varepsilon}_{\mathrm{W}}}{A_{\mathrm{W}}}\right)^{1/n_{\mathrm{W}}} \tag{2.29}$$

整理可得

$$\dot{\varepsilon}_{\mathrm{W}} = \frac{A_{\mathrm{W}}^{n_{\mathrm{W}}}}{A_{\mathrm{B}}^{n_{\mathrm{B}}}} \dot{\varepsilon}_{\mathrm{B}}^{n_{\mathrm{B}}} \tag{2.30}$$

由此可见，对于蠕变低匹配焊缝($R_{\dot{\varepsilon}} > 1$)，其焊缝的蠕变速率高于母材，蠕变集中在焊缝区；对于蠕变高匹配焊缝($R_{\dot{\varepsilon}} > 1$)，其焊缝的蠕变速率低于母材，蠕变集中在母材区。如图 2.44 所示的 W_1 曲线为蠕变低匹配情况，W_2 曲线为蠕变高匹配情况。

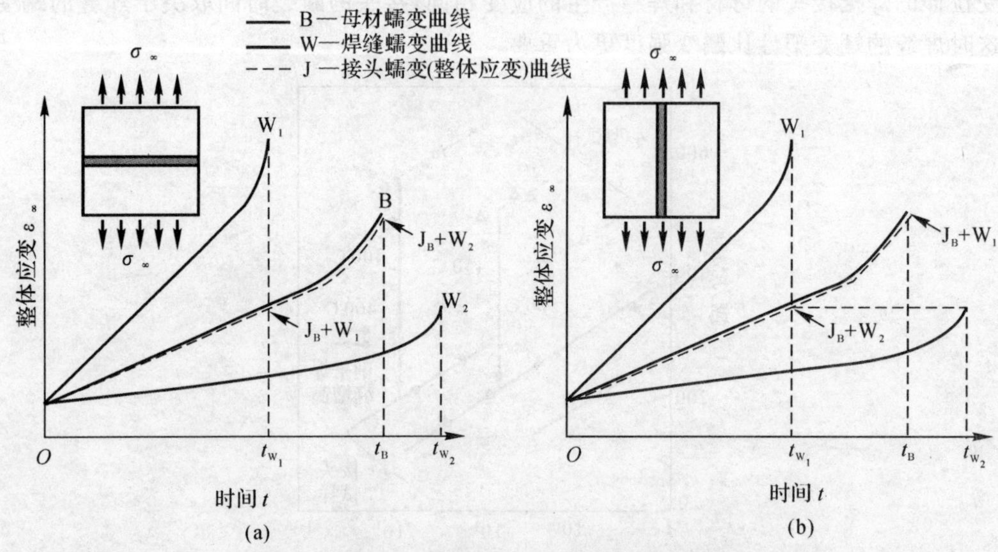

图 2.44 强度与塑性非匹配焊接接头的蠕变曲线

(a) 受横向载荷的焊接接头；(b) 受纵向载荷的焊接接头

根据焊接接头蠕变强度和寿命可以定义两个蠕变失配系数(见图 2.45)，即

$$R_\sigma = \frac{\sigma_W^T}{\sigma_B^T} \tag{2.31}$$

和

$$R_t = \frac{t_W}{t_B} \tag{2.32}$$

式中 R_σ—— 蠕变强度失配系数；

σ_W^T—— 焊缝的蠕变强度；

σ_B^T—— 母材的蠕变强度；

R_t—— 蠕变寿命失配系数；

t_W—— 焊缝的蠕变寿命；

t_B—— 母材的蠕变寿命。

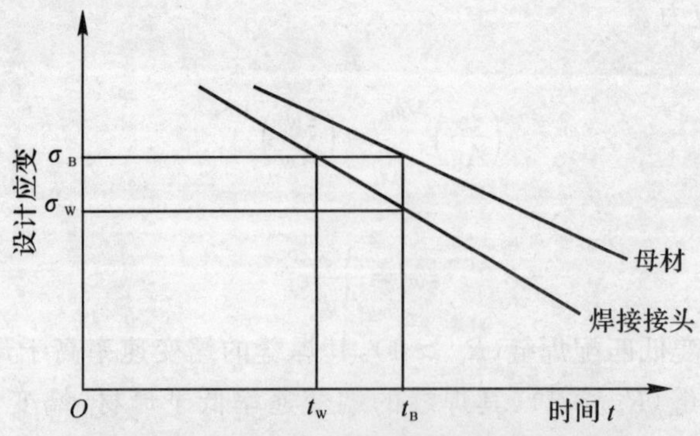

图 2.45 焊接接头的蠕变强度和寿命设计曲线

当设计焊接接头的蠕变强度时，要充分考虑缺口效应和不均匀性产生的影响。一般而言，焊接接头的应变限制要比母材更为严格。有些标准规定，焊接区的非弹性应变（包括塑性应变和蠕变应变）的累积值限制为母材的1/2。这就要求蠕变强度设计时要尽可能使焊缝避开非线性应变累积增大的部位，以及采用合适的焊接方法与焊接材料使焊接区的蠕变塑性与母材尽可能相近。

第3章 异种材料连接界面力学分析

异种材料连接结构是综合了两种或几种材料的优良性能，能够满足结构的特殊使用性能要求。但是，异种材料连接接头存在明显的界面，界面两侧的材料性能(物理性能、化学性能、力学性能、热性能以及断裂性能等)差异较大。如果材料性能匹配不当，就会产生所谓的失配效应，从而使界面成为异种材料连接结构中最薄弱的环节，这样必然会影响结构本身的整体性能和力学行为，进而影响结构的完整性。

3.1 异种材料连接的力学性能

3.1.1 异种材料连接接头的形式及性能失配效应

如图3.1所示为异种材料连接接头的基本形式。界面是两种材料的分界面，是两种材料的冶金结合区，界面的强度取决于两种材料之间的结合力和材料性能组合以及接头几何形状。通过合理的材料组合与接头设计可对界面强度进行控制，以获得所需的力学性能。为此，需要对异种材料连接接头的性能失配效应进行全面的分析。

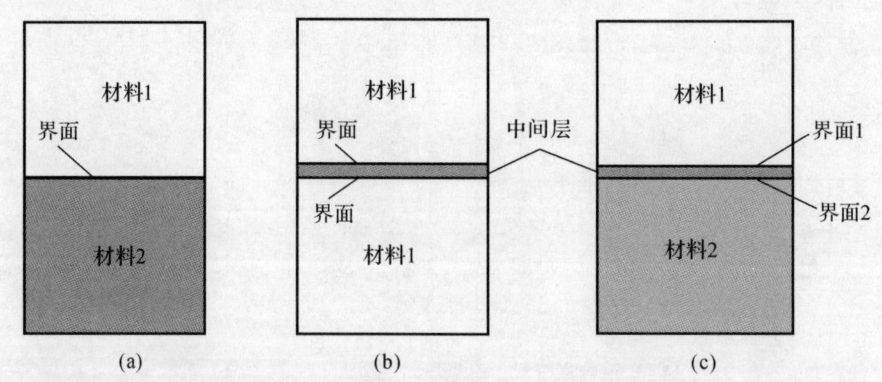

图3.1 异种材料连接界面的基本形式

界面是不同材料连接后所形成的。所谓的界面强度是指异种材料连接接头在外载荷作用下界面抵抗破坏的能力。界面强度与材料性质、连接工艺、环境条件及力学条件等因素有关(见图3.2)。界面是缺陷萌生、应力集中乃至断裂的薄弱环节。因此，界面强度是异种材料连接结构设计的核心。

异种材料连接结构的界面强度与材料因子(界面及界面两侧材料的强度组配、材料的弹塑性性能、热传导性能等)、界面性质(表面形状、物理化学性能、表面性质、界面构造等)、连接方法(机械连接、黏接、焊接和化学接合等)、环境(温度和湿度等)及力学条件(形状、尺寸、载荷及残余应力等)有关[47-48]。

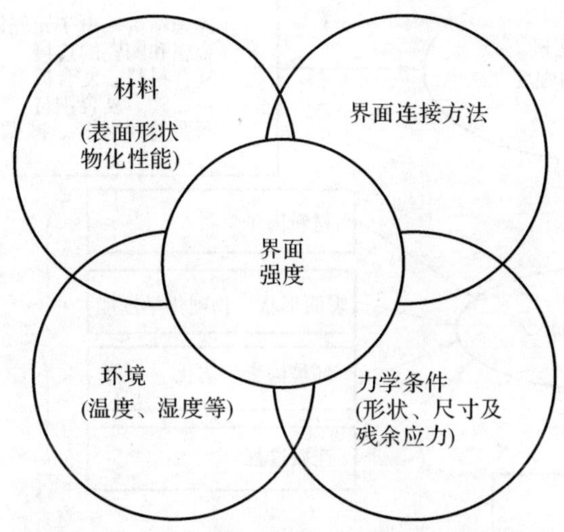

图3.2 异种材料连接界面强度的影响因素

通过异种材料连接获得性能高、轻量化、安全可靠的结构,关键是控制结构的界面强度。研究异种材料连接结构界面强度的主要目标是建立异种材料连接结构界面强度的分析方法与控制技术,为结构设计与优化提供理论基础,其相互关系如图3.3所示。

尽管异种材料连接结构在实际中得到了广泛应用,但异种材料连接结构的连接与破坏机制、结构强度评定理论、应力集中缓和方法等还需要深入地研究。因此,研究异种材料连接界面强度及其失配效应对于设计合理的界面连接,提高异种材料连接结构的性能具有重要的意义。

异种材料连接接头的界面力学失配效应主要表现为以下方面。

① 界面上应力不连续性。由于界面结构两侧的材料力学与物理化学性能不相同,使得沿界面方向的应力发生不连续。

② 界面端部应力奇异性。由于材料弹塑性系数不同,所造成界面两侧发生的变形也不同。或者当界面结构连接与温度有关时,由于界面两侧材料热传导系数不同,因此导致应力奇异性。

③ 连接时的热应力或存在的残余应力在界面端部发生应力集中。

④ 异种材料连接接头的强度与界面和界面两侧材料的强度组配、连接方法、环境及应力条件有关。

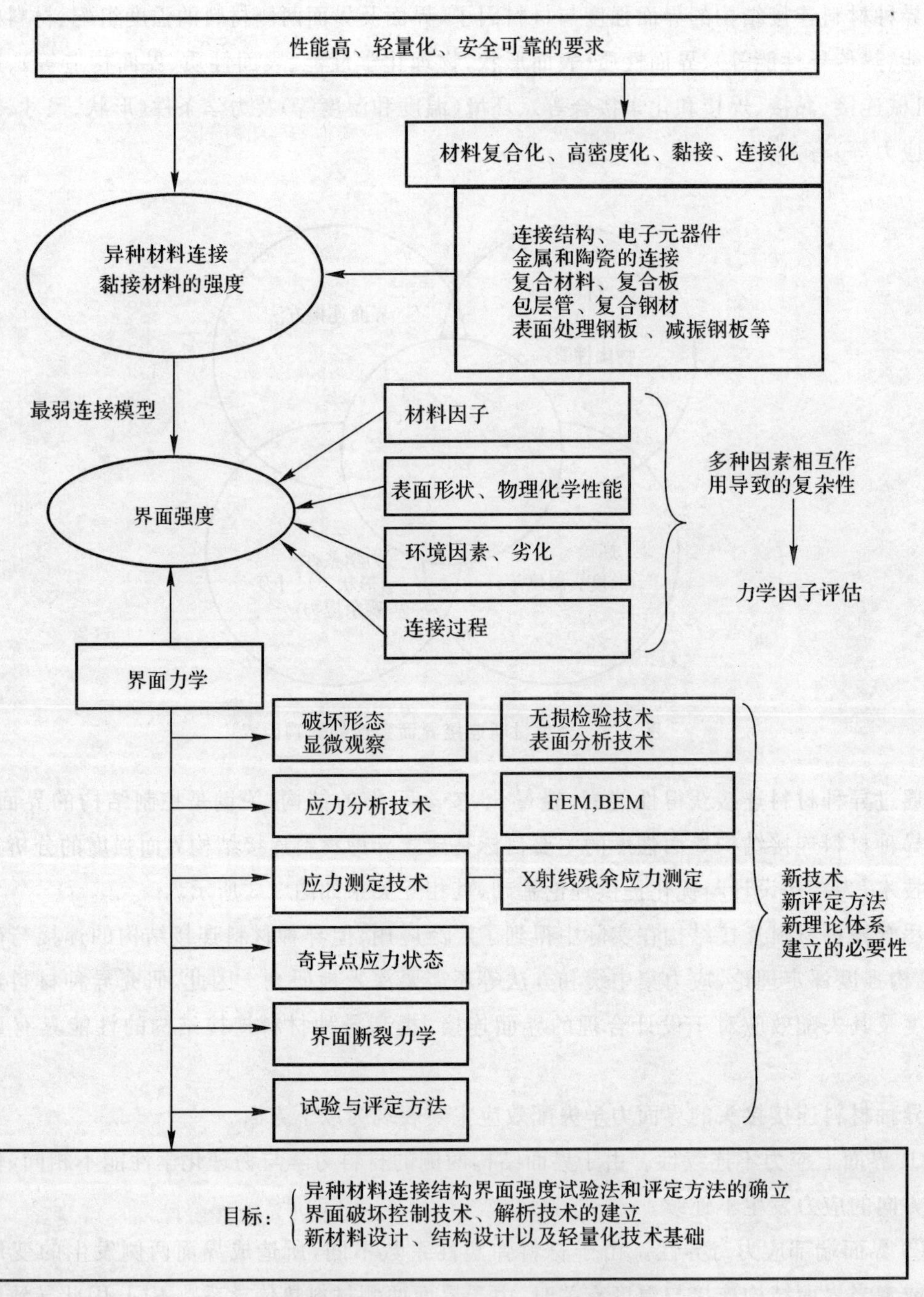

图 3.3　界面强度和界面力学之间的关系

3.1.2　异种材料连接接头的力学行为

受载荷作用的异种材料连接接头在整个弹塑性变形过程中都表现出力学失配性。如图 3.4 所示，对于横向受拉的无中间层的异种材料连接接头，材料 1、材料 2 以及接头的拉伸曲线在弹塑性阶段都有可能是分离的(见图 3.5)。异种材料连接接头的变形过程可分为 3 个阶段。

① 材料 1 和材料 2 都是弹性变形；

② 材料 1 是弹性变形，材料 2 进入塑性变形；

③ 变形集中在材料 2(或材料 1) 直至破坏或界面发生破坏。

在弹性阶段，离开界面一定距离以外区域的材料 1 和材料 2 的横向应变为

$$\varepsilon_1 = \sigma / E_1 \tag{3.1}$$

$$\varepsilon_2 = \sigma / E_2 \tag{3.2}$$

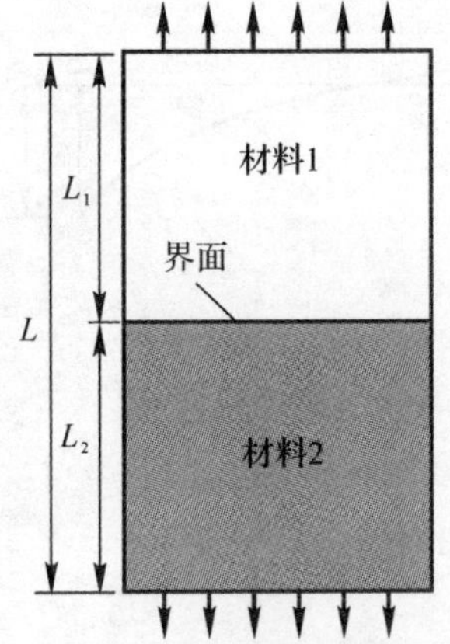

图 3.4　异种材料连接接头几何模型

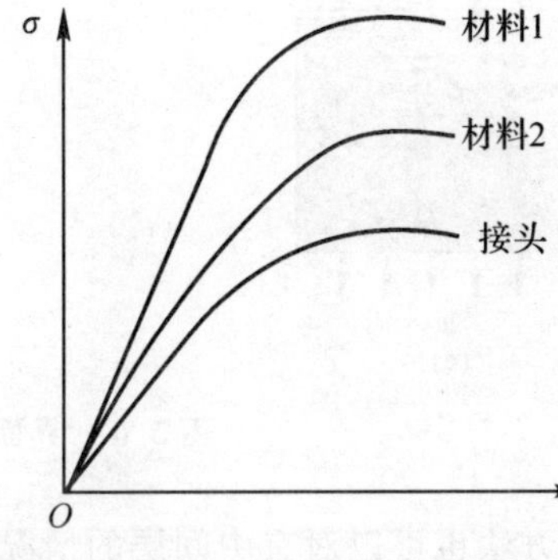

图 3.5　异种材料连接接头的拉伸曲线

异种材料连接接头的总体拉伸平均应变为

$$\varepsilon = \frac{\varepsilon_1 L_1 + \varepsilon_2 L_2}{L} = \left(\frac{L_1}{LE_1} + \frac{L_2}{LE_2}\right)\sigma = \frac{\sigma}{E_J} \tag{3.3}$$

整理后可得异种材料连接接头的当量弹性模量为

$$E_J = \frac{LE_1 E_2}{L_1 E_2 + L_2 E_1} \tag{3.4}$$

由此可以看出，异种材料连接接头的当量弹性模量介于两种材料的弹性模量之间。若给定材料组合，则可通过改变界面两侧材料的尺寸(L_1 或 L_2) 来调整接头的当量弹性模量。当 $L_1 = L_2$ 时，则有

$$E_J = \frac{2E_1 E_2}{E_2 + E_1} \tag{3.5}$$

当 $E_1 = E_2$ 时，$E_J = E_1 = E_2$。

假设材料在塑性阶段遵从幂硬化规律，如果材料 2 首先进入塑性阶段，即

$$\varepsilon_2 = \frac{1}{\alpha_2}\sigma^{1/n_2} \tag{3.6}$$

则式(3.6) 可改写为

$$\varepsilon = \frac{\varepsilon_1 L_1 + \varepsilon_2 L_2}{L} = \left(\frac{L_1 \sigma}{LE_1} + \frac{L_2 \sigma^{1/n_2}}{L\alpha_2}\right) \tag{3.7}$$

如果材料 2 和材料 1 全部进入塑性阶段，则有

$$\varepsilon = \frac{\varepsilon_1 L_1 + \varepsilon_2 L_2}{L} = \left(\frac{L_1 \sigma^{1/n_1}}{L\alpha_1} + \frac{L_2 \sigma^{1/n_2}}{L\alpha_2}\right) \tag{3.8}$$

式(3.6)、式(3.7) 和式(3.8) 描述了异种材料连接接头的受横向拉伸的弹塑性行为。

异种材料连接接头在受横向拉伸过程中,由于材料 1 和材料 2 的变形不一致,在界面处为保持变形的连续性,将会形成切应力,如图 3.6 所示。

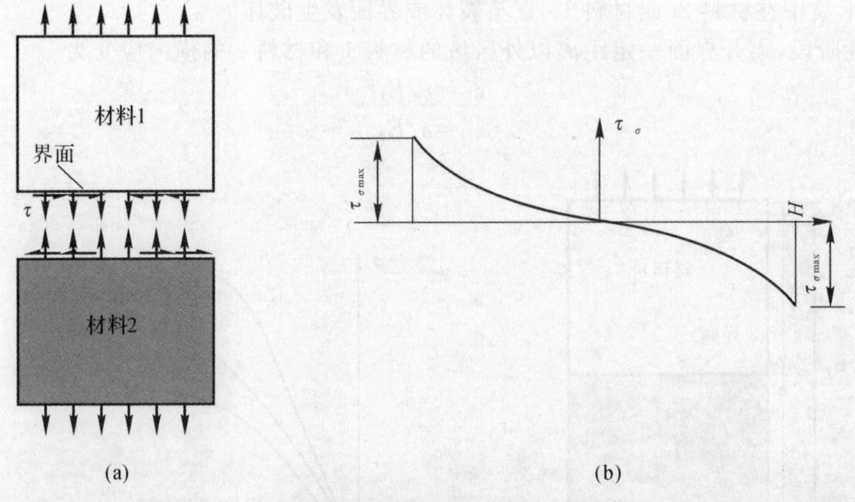

图 3.6 界面处的切应力及分布

采用上述方法也可以对有中间层的情况进行分析。

3.1.3 异种材料连接接头的断裂特征

异种材料连接接头的可能破坏形式有界面剥离型破坏、混合型破坏及基本材料破坏。如图 3.7(a)(b) 所示分别为有中间层和无中间层的异种材料固相连接接头的破坏形式。此外,接头在热循环条件下工作,还会产生热疲劳破坏。

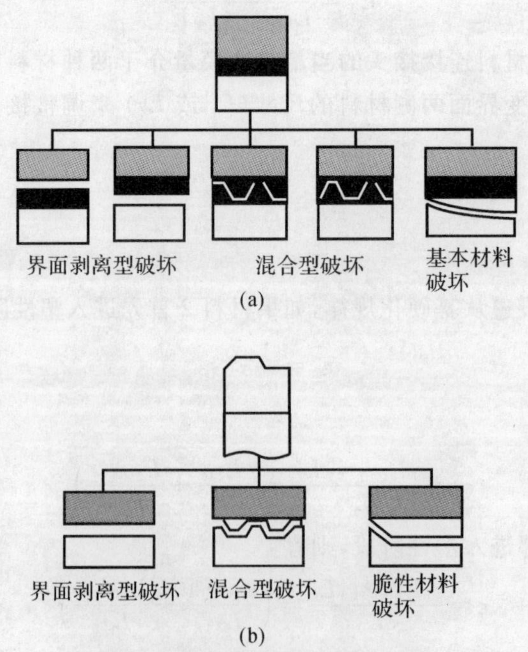

图 3.7 异种材料连接接头的破坏形式

3.2 界面端部的应力奇异性

3.2.1 异种材料连接界面端部力学行为

异种材料连接界面端部力学行为的研究最早是在20世纪50年代。1959年，Williams采用了渐近级数展开的方法，分析了各向同性双材料界面裂纹问题，发现在裂纹尖端附近存在奇异应力的振荡行为[49]。1969年，Dundurs指出双材料弹性问题的解仅依赖于材料性能的两个参数，这就是著名的材料性能失配参数α,β[50]，又称为Dundurs参数。Dundurs参数的提出，使得对异种材料界面问题的研究得到了很大的发展，各国学者都在此基础上对界面问题进行了大量的研究。

异种材料连接接头在外载荷作用下，界面端部区出现较大的应力应变集中。这种应力集中除几何形状的影响外，材料性能的差异也是必须考虑的因素。在同种材料的构件应力集中分析中，一般与材料性质无关，但是在异种材料连接接头应力集中分析中需要同时考虑构件几何形状和材料性能的共同作用。

由于异种材料连接界面端部局部区域被连接材料力学性能的差异会引起应力奇异性及界面区应力间断性分布，这是突出的力学失配效应。异种材料界面端部力学方面的研究，最早开始于Bogy[51-53]，他建立了界面边缘应力奇异指数与材料性能失配参数及连接角之间的关系。T. Fett[54-55]等研究了界面边缘应力奇异场，给出了常用的异种材料组合的材料性能失配参数。在界面边缘应力研究领域，陈玳珩、西谷弘信[56-58]研究了界面端部各种类型的应力奇异性以及相关影响因素。久保司郎、大路清嗣等[59]、井上忠信等[60-61]对界面边缘应力奇异性也进行了研究，并讨论了应力奇异性消失的条件。結城良治、许金泉[62]对热致残余应力产生的界面边缘应力奇异性进行了研究，并讨论了缓和残余应力的方法。

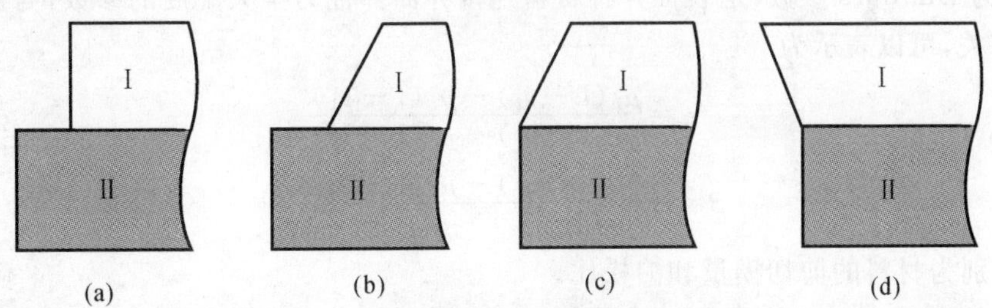

图3.8 异种材料连接接头端部的几何形状

异种材料连接接头端部的几何形状各异(见图3.8)，界面端部的应力奇异性分析是接头设计的基础问题。异种材料连接接头界面端部的一般模型如图3.9所示。图中B为两种材料(D_1,D_2)连接界面，B_1,B_2分别为接头的边缘，O点为界面端部。若两种材料以任意边缘角a，b连接在一起，界面端部应力可表示为

$$\sigma_{ij} \propto r^{-1+p} \tag{3.9}$$

其中，p是由接合角a,b及两种材料弹性常数所确定的复数变量，$p=\xi+\mathrm{i}\eta$。为简化分析，这里

仅讨论 p 为实数的情况。

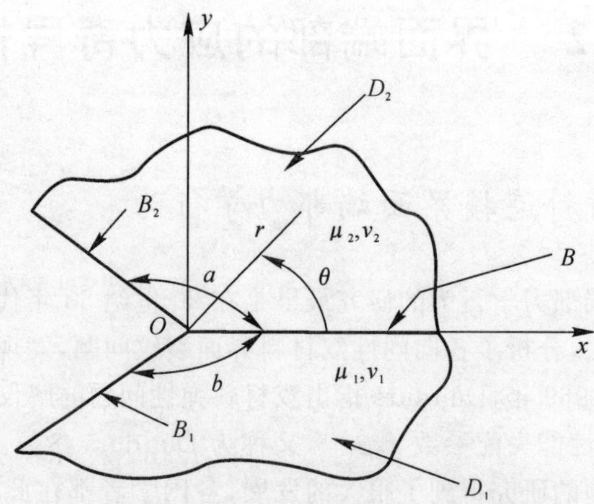

图 3.9　异种材料连接接头界面端部模型

研究表明[51-53]，当两个不同的各向同性、均匀弹性体以任意角接合时，其界面端部的应力奇异指数 p 满足式

$$D(a,b,\alpha,\beta;p)=A\beta^2+2B\alpha\beta+C\alpha^2+2D\beta+2E\alpha+F=0 \tag{3.10}$$

式中，A,B,C,D,E 和 F 是与接合角有关的系数。

$$A=4K(a)K(b)$$
$$B=2p^2\sin^2 aK(b)+2p^2\sin^2 bK(a)$$
$$C=4p^2(p^2-1)\sin^2 a\sin^2 b+K(a-b)$$
$$D=-2p^2[\sin^2 a\sin^2(\lambda b)-\sin^2 a\sin^2(pb)]$$
$$E=K(a)-K(b)-D$$
$$F=K(a+b)$$
$$K(\theta)=\sin^2(p\theta)-p^2\sin^2\theta$$

α,β 称为 Dundurs 参数，是表征异种材料连接界面弹性力学失配度的参数，与连接材料的弹性常数有关，可以表示为

$$\alpha=\frac{\mu_1(1-\nu_2)-\mu_2(1-\nu_1)}{\mu_1(1-\nu_2)+\mu_2(1-\nu_1)} \tag{3.11}$$

$$\beta=\frac{\mu_1(1-2\nu_2)-\mu_2(1-2\nu_1)}{2[\mu_1(1-\nu_2)+\mu_2(1-\nu_1)]} \tag{3.12}$$

式中 μ,ν 分别为材料的剪切模量和泊松比。

当给定接合角 θ_1,θ_2 时，式(3.10)的解 p 由两种材料的弹性常数确定。当 $p<1$ 时，界面端部应力具有奇异性，此时 p 称为应力奇异指数；当 $p\geqslant 1$ 时，界面端部应力无奇异性。

从上述分析可以看出，应力奇异指数 p 与异种材料连接的失配参数和界面边缘角之间建立了定量的关系，而决定异种材料界面区力学性能失配的主要因素就是界面力学性能失配参数，即 α,β。其中，α 对应垂直于界面的拉伸性能在界面两侧的失配；β 对应平行于界面的面内性能在界面两侧的失配。如果剪切模量 μ 和泊松比 ν 的取值分别为 $[0,\infty)$ 及 $[-0.5,0.5]$ 时，结合 α 和 β 的定义式，可以确定 α 和 β 的取值范围分别为(见图 3.10)

平面应变：

$$-1 \leqslant \alpha \leqslant 1 \qquad (1-\alpha)/4 \leqslant \beta \leqslant (1+\alpha)/4 \tag{3.13}$$

平面应力：

$$-1 \leqslant \alpha \leqslant 1 \qquad (3\alpha+1)/8 \leqslant \beta \leqslant (3\alpha-1)/8 \tag{3.14}$$

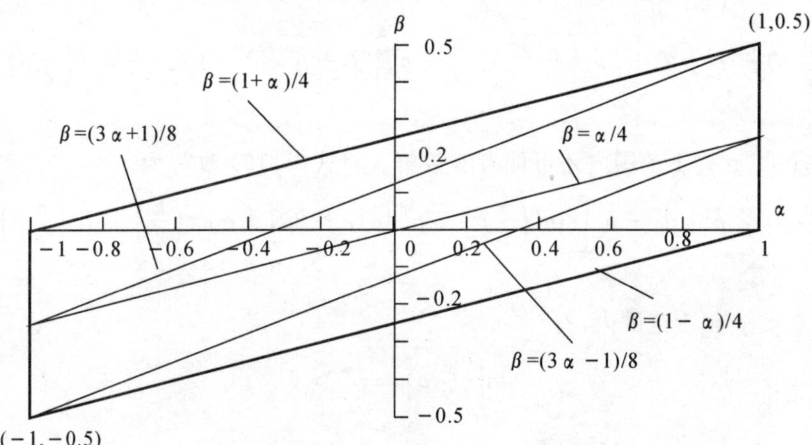

图 3.10　Dundurs 参数 α-β 分布区域图

3.2.2　p-(α,β) 轨迹分析

在给定边缘角的情况下，通过式(3.10)可以得到奇异性指数 p 在 α，β 平面上的轨迹，由此可确定其界面端部应力的奇异特性，预测接头的界面断裂强度，选择材料组合，以获得性能匹配良好及界面端部奇异性小的接头。为了降低或消除异种材料固相连接接头界面边缘应力奇异性，应综合考虑材料性能组合与界面边缘几何形状的合理性，这是应用界面力学指导接头设计与强度分析的重要内容。依据 p-(α,β) 关系可确定异种材料连接接头界面力学失配行为，从而为界面力学优化设计提供科学依据。

为了研究材料性能组配与接头几何形状对异种材料固相连接界面力学失配效应的影响，以下对两种典型接头几何形状的界面力学失配行为进行分析。如图 3.11 所示为两种特殊连接角的边缘几何模型。

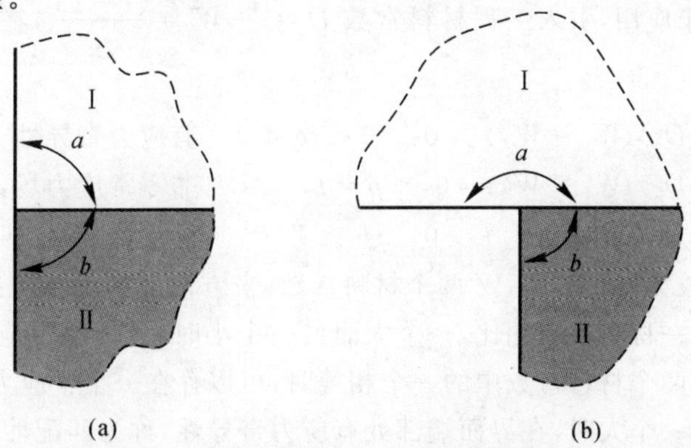

图 3.11　两种特殊连接角的边缘几何模型

(a) $a=b=90°$；　(b) $a=180°, b=90°$

1. 对接界面端部($a=b=90^\circ$)

当$a=b=90^\circ\left(\dfrac{\pi}{2}\right)$,即为直角连接界面端部的情况时,特征方程为

$$\left[\sin^2(\frac{\pi}{2}p)-p^2\right]^2\beta^2+2p^2\left[\sin^2\left(\frac{\pi}{2}p\right)-p^2\right]\alpha\beta+p^2(p^2-1)\alpha^2+\sin^2\left(\frac{\pi}{2}p\right)\cos^2\left(\frac{\pi}{2}\right)=0 \tag{3.15}$$

式(3.15)在$0<p<1$范围内才可能有实数解。将式(3.15)改写为

$$\left[\sin^2(\frac{\pi}{2}p)-p^2\right]^2\beta^2-p^2\left[\sin^2\left(\frac{\pi}{2}p\right)-p^2\right]\alpha(\alpha-2\beta)+\cos^2\left(\frac{\pi}{2}\right)\left[\sin^2\left(\frac{\pi}{2}p\right)-p^2\alpha^2\right]=0 \tag{3.16}$$

由于在$0<p<1$范围内,有

$$\sin^2(\frac{\pi}{2}p)-p^2>0$$

$$\sin^2\left(\frac{\pi}{2}p\right)-p^2\alpha^2>\sin^2(\frac{\pi}{2}p)-p^2$$

因此,只有当$\alpha(\alpha-2\beta)>0$时,式(3.15)才有解,即具有应力奇异性。如果

$$\alpha(\alpha-2\beta)<0$$

则要求

$$\sin^2(\frac{\pi}{2}p)-p^2<0$$

意味着必须$p>1$,对应的应力在界面端部附近趋于零,是一种高阶微量,而当$\alpha(\alpha-2\beta)=0$时,则$p=1$,此时可以存在非零常数应力场。因此,关于界面端部附近的应力场的特性为

$$\left.\begin{array}{lll}\alpha(\alpha-2\beta)>0, & 0<p<1 & \text{有应力奇异性}\\ \alpha(\alpha-2\beta)=0, & p=1 & \text{非零常应力场}\\ \alpha(\alpha-2\beta)<0, & p>1 & \text{高阶微量}\end{array}\right\} \tag{3.17}$$

由于$p\geqslant1$意味着在界面端部没有应力奇异现象,这有利于提高连接材料的强度,因此,式(3.17)实际上提供了选择被连接材料的一个指针。由于这种几何形状的连接材料在工程中最为常用,为了便于应用,引入工程材料常数$D=\dfrac{\nu}{\mu}$,$W=\dfrac{(1-\nu)}{\mu}$,在平面应变条件下,式(3.17)可改写为

$$\left.\begin{array}{lll}(D_1-D_2)(W_1-W_2)>0, & 0<p<1 & \text{有应力奇异性,失配}\\ (D_1-D_2)(W_1-W_2)=0, & p=1 & \text{非零常应力场,匹配}\\ (D_1-D_2)(W_1-W_2)<0, & p>1 & \text{高阶微量,优匹配}\end{array}\right\} \tag{3.18}$$

这样,就可以用较为简单的D,W两个材料常数,来方便地判别被连接材料的匹配性。当这两个材料常数与另一材料常数相比,一个大而另一个小时,界面端部应力趋于零,称为匹配性好的材料组合。当两个材料常数中的一个相等时,可以存在一个常应力场,称为匹配组合。而当两个常数都比另一个大时,在界面端部处有应力奇异性,称为匹配性不好的材料组合。

如图3.12(a)所示为对接界面端部($a=b=90^\circ$)应力奇异指数p在α-β平面上的分布曲线,即p-(α,β)轨迹。

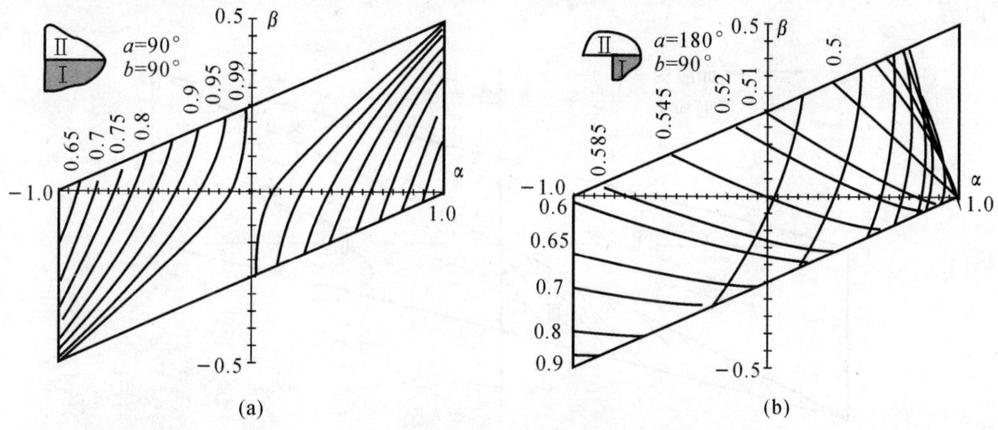

图 3.12　界面端部应力奇异指数曲线分布

(a)$a=b=90°$ 时的 p-(α,β) 轨迹；(b) $a=180°$ 和 $b=90°$ 时的 p-(α,β) 轨迹

2. 搭接界面端部($a=180°,b=90°$)

依据界面端部的特征方程式(3.10)，此时的特征方程可简化为

$$4t_1t_2\beta^2+4p^2t_2\alpha\beta+t_1\alpha^2-4p^2t_2\beta+2(t_1-t_2+2p^2t_2)\alpha+\sin^2\left(\frac{3\pi p}{2}\right)-p^2=0 \quad (3.19)$$

其中

$$t_1=\sin^2\left(\frac{\pi p}{2}\right)-p^2$$

$$t_2=\sin^2(p\pi)$$

这种界面端部形状往往会出现多个特征值，当材料1的弹性模量远远大于材料2的弹性模量时，还会出现振荡应力奇异性，即出现复数形式的特征值。如图3.12(b)所示为搭接界面端部应力奇异指数 p-(α,β) 轨迹。从图3.12(b)可以看出，搭接界面端部应力奇异性是很强的(接近裂纹尖端的应力奇异性)，易导致接头从界面端部发生开裂。如果降低材料1的弹性模量，使Dundurs参数 α 值减小，则可以降低应力奇异程度，这有利于提高界面的强度。为了缓和搭接界面端部应力奇异性，在接头设计中，通常将材料1的界面端部几何形状制成锐角而非直角的形式，来有效减弱其界面端部的应力奇异性，或通过调整材料组配来降低材料1的刚度，使Dundurs参数 α 值接近于 -1 以降低应力奇异程度。

在 $a=b=90°$ 的条件下(见图3.12(a))，根据奇异指数 p 分布可将 α-β 平面划分为3个区域，如图3.13所示。在图3.13中Ⅱ区，$p<1$，界面边缘表现出 r^{-1+p} 形式的应力奇异性，即通常所说的非匹配或失配；图中的Ⅰ区和Ⅲ区 $p\geqslant1$，界面边缘应力无奇异性，这种情况称为等匹配和良性匹配的情况。随着接合角的变化，上述3个区域的范围也随之变化。在工程实际应用中，对给定结合角的材料组合，可以在 α-β 平面上获取该接头的应力奇异性大小，从而预测接头的界面断裂强度。而对于结构设计，则可以通过上述曲线分布来进行选材，从而获得性能匹配良好，界面端部奇异性小的接头。

上述分析表明，为了降低或消除异种材料固相连接接头界面边缘应力奇异性，应综合考虑材料性能组合与界面边缘几何形状的合理性，这是应用界面力学指导接头设计与强度分析的重要内容。

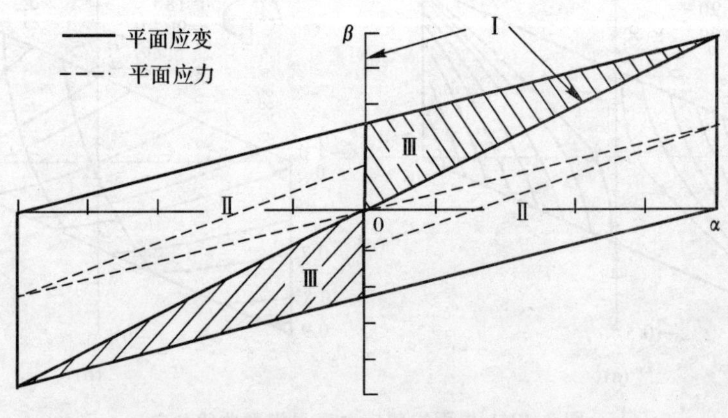

图 3.13 当 $\theta_1 = \theta_2 = \frac{\pi}{2}$ 时 α-β 平面上的分区

上述异种材料连接接头界面端部的应力奇异性分析是在线弹性条件下进行的，当给定结合角和材料时，其奇异指数是一定的，将不会随着外载荷的变化而变化，但当外载荷的增大导致材料发生屈服时，此时的材料弹性模量将不再保持常量，从而导致材料性能参数 α 和 β 也发生变化，进而对应力场的奇异性产生影响。异种材料连接接头界面端部的弹塑性应力应变行为还有待于进一步的研究。

3.2.3 异种材料连接接头界面边缘应力奇异性的数值分析

对式(3.9)两边取对数，有

$$\lg \sigma_{ij} = C_0 - (1-p)\lg r \tag{3.20}$$

即界面边缘应力在双对数坐标系下为线性分布，其斜率即为应力奇异性指数。各个应力分量在不同的方向上的双对数应力分布，在界面端部附近是相互平行的。应用有限元分析可求得应力 σ 和距离 r 的关系，得到 $\lg\sigma$-$\lg r$ 曲线，从而求得应力奇异性指数[63]。

选取材料 1 为钛合金、材料 2 为高温合金，两种材料的力学性能参数见表 3.1。

表 3.1 材料力学性能参数

材料名称	弹性模量 /GPa	泊松比 ν	屈服强度 σ_s/MPa	抗拉强度 σ_b/MPa
钛合金	100	0.36	1 074	1 115
高温合金	200	0.27	1 250	1 420

如图 3.14 所示为有限元模型。如图 3.15 所示为在 Mises 准则下的对接界面端部等效应力分布，从图 3.15 中可看出承受轴向拉伸载荷的连接界面端部出现应力集中现象。在该界面附近，材料 2(高温合金) 一侧的等效应力值比材料 1(钛合金) 的一侧等效应力值大，两者的应力区域沿界面成对称分布，在远离界面区域，两种材料应力值近似相等。从计算结果的剪切应力云图可看出，两种材料的剪切应力分布沿界面大致对称，在界面附近剪应力为负值，方向为顺时针；在两板边缘部位剪应力为正值，其方向为逆时针方向。剪切应力从原点到界面端部逐

渐增大，最大值出现在界面端部附近。

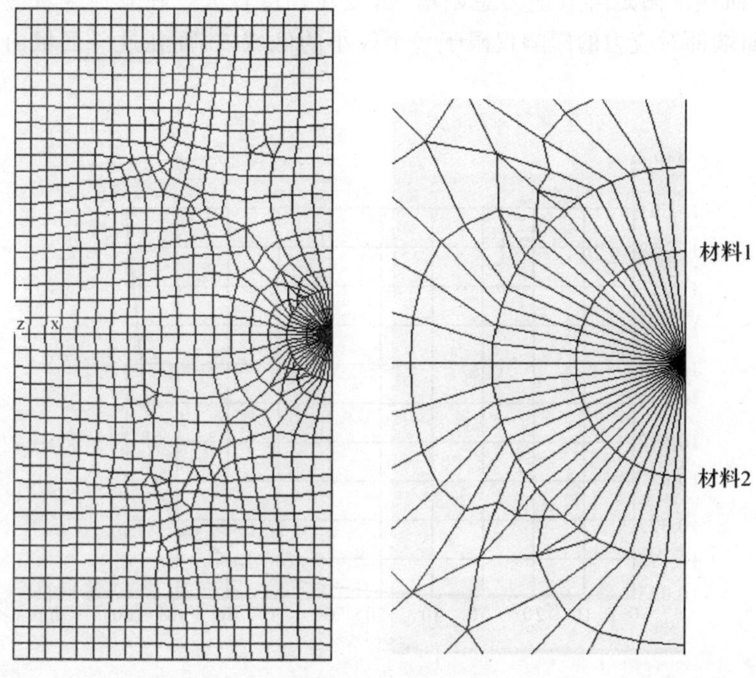

图 3.14　有限元模型

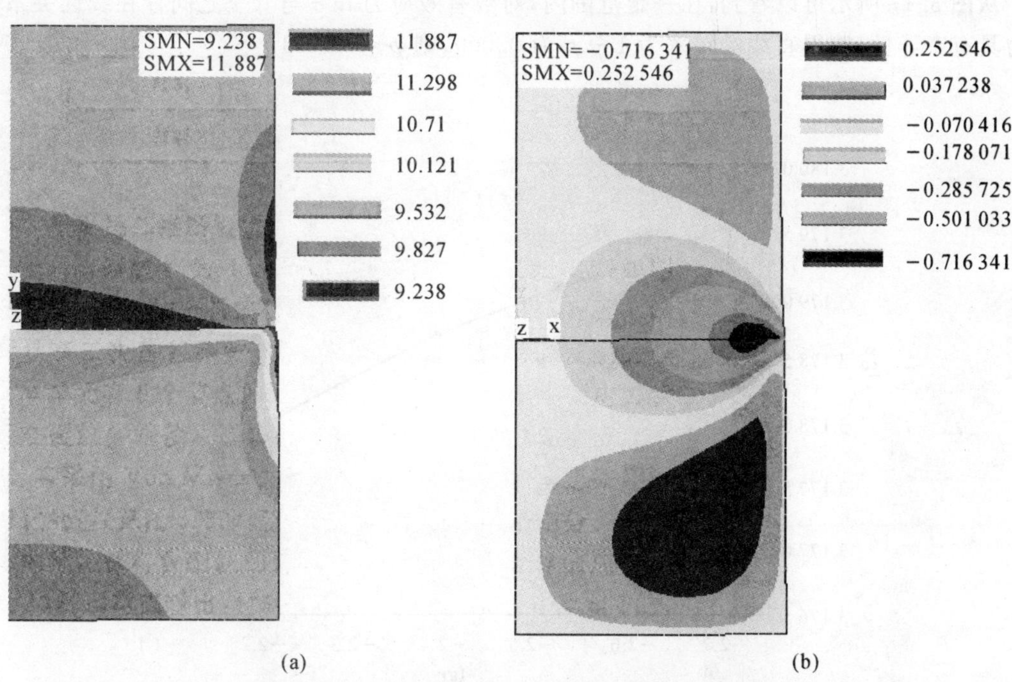

图 3.15　在 Mises 准则下的对接界面端部应力分布

(a) 等效应力云图；(b) 剪切应力云图

如图 3.16 所示为一定载荷下等效应力沿界面的分布,从图中可以看出,界面端部的应力最大,而且在界面端部附近等效应力急剧增大,变化幅度较大。在其他区域应力变化比较平缓。这表明界面端部对应力的影响仅限于一个较小的区域内,而在这一区域内的应力变化梯度大。

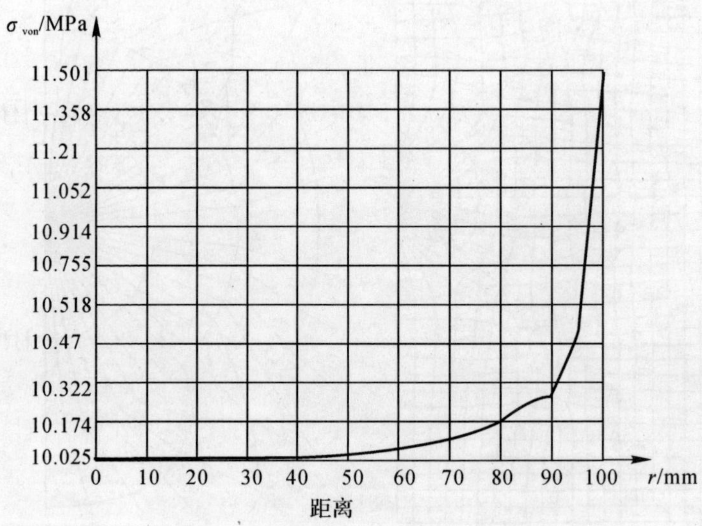

图 3.16 等效应力沿界面的分布

从图 3.17 所示可以看到,在一定范围内,对数有效应力 $\lg\sigma$ 与 $\lg r$ 之间存在线性关系,即应力具有奇异性,测得直线的斜率为 $1-p$ 为 0.009,则 $p\approx 0.991$。

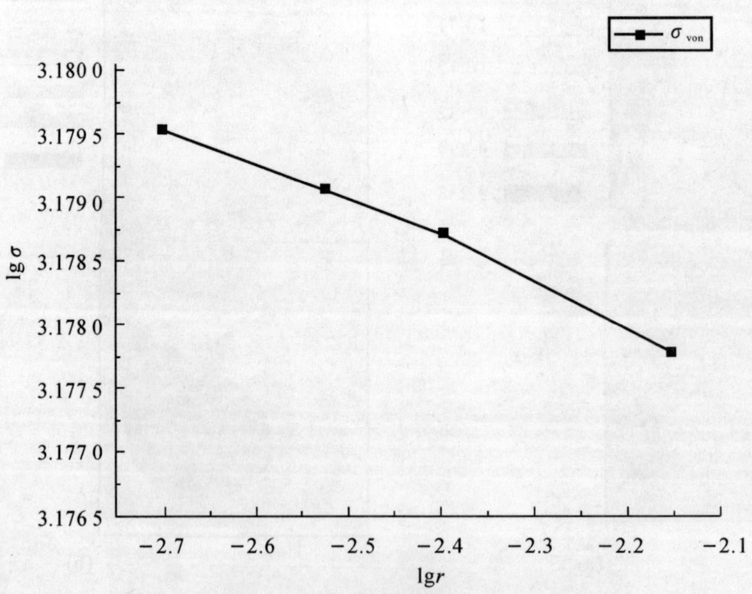

图 3.17 界面端部区应力分布

根据 Dunders 参数公式和直角连接界面端部的特征方程：

$$\left[\sin^2\left(\frac{\pi}{2}p\right)-p^2\right]^2\beta^2+2p^2\left[\sin^2\left(\frac{\pi}{2}p\right)-p^2\right]\alpha\beta+p^2(p^2-1)\alpha^2+\sin^2\left(\frac{\pi}{2}p\right)\cos^2\left(\frac{\pi}{2}\right)=0 \tag{3.21}$$

求得 $1-p=0.015$，$p=0.985$。

对于这种直角连接界面端部的应力奇异性，为了便于应用，还可以利用工程材料常数 $D=\frac{\nu}{\mu}$，$W=\frac{(1-\nu)}{\mu}$ 来判别被连接材料的匹配性。将钛合金和高温合金的物理参数代入得到 $D_1=0.0098$，$W_1=0.0174$；$D_2=0.00342$，$W_2=0.00343$。由此可以得出，钛合金的这两个材料常数 D_1，W_1 都比钢的大，在界面端部处有应力奇异性，这种连接为匹配性不好的材料组合。在界面端部存在应力奇异性，但是奇异指数不大，这与模拟得到的结果相一致。

3.2.4　材料弹性参数对界面应力的影响

对于异种材料连接结构来讲，要求在使用过程中能够满足完整性和安全性的要求，这就要求异种材料连接结构不仅要注意连接性的问题，而且还要考查异种材料组织性能差异对接头性能的影响。对于两种各向同性材料，一共有四个弹性常数，即两个弹性模量（或剪切弹性模量）和两个泊松比。这四个材料参数对于异种材料弹性性能的影响并不是完全独立的。对于平面问题，用四个弹性常数的组合，即 Dunders 异种材料参数来描述异种材料的弹性性能。本节通过数值计算确定弹性模量和泊松比对异种材料连接界面的弹性性能的影响。

为了比较弹性模量对异种材料直角连接界面的奇异应力场的影响，固定材料 1 和材料 2 的泊松比为 $\nu_1=\nu_2=0.3$，材料 1 的弹性模量为 $E_1=100$ GPa，$E_2/E_1=1/5\sim20$。结构分析的有限元网格采用 Solid183 单元，对界面端点同样采用应力奇异单元进行网格划分，轴向受到恒定拉伸载荷 10 MPa 的拉力。在二维模型中，拉力为线载荷直接施加在两端线上。几何模型、网格划分、有限元加载均与上章中的有限元分析相同。

固定泊松比的值，改变弹性模量的大小，分析界面端部应力奇异性的变化。

当 $E_1/E_2>1$ 时，即材料 1 的弹性模量大于材料 2 的弹性模量，从等效应力云图（见图 3.15(a)）可以得出，等效应力最大值出现在界面端部，而且界面的应力值高于模型的上、下端面。弹性模量越大，抵抗变形的能力越强，越难发生变形。当两种不同弹性模量的材料的连接构件的两端受到相同大小的拉伸载荷作用时，弹性模量大的材料变形较小，弹性模量小的材料变形相对较大。由于材料 1 抵抗变形的应力较大，因此最大应力值在界面材料 1 处产生。从应力云图可以看出，弹性模量的变化对界面端部的应力影响较大，对应力分布的趋势影响不大。当两种材料的物理参数相差越大，即弹性模量比值越大时，界面处的应力越集中，那么，这两种材料的匹配性能越差。

从剪切应力云图（见图 3.15(b)）可以看出，剪切应力沿界面成反对称分布，界面附近的剪切应力最大值出现在界面端部。两种不同材料连接的模型，当其两端受到相同大小的拉伸载荷作用时，弹性模量大的材料抵抗变形的能力较强，变形较小。材料 1 和材料 2 的泊松比相同，所以纵向应变大的材料横向应变也较大。这样，当材料 2 的弹性模量相对材料 1 的较小时，会发生相对较大的横向收缩，因材料 1 的刚度较大，就会制约材料 2 的收缩，这样在界面处就会产生较大的剪切应力，对材料 2 来说，产生的剪切应力方向就是阻止其横向收缩变形的方向，也就是逆时针方向，对于材料 1 即受到拉伸作用，同样产生逆时针方向的剪切应力。在远离界面处，剪切应力方向为顺时针方向。两种材料弹性模量比值越大，材料抵抗变形的能力相差越大，界面的剪切应力值也就越大，那么这两种材料的匹配性能越差，在界面端也容易发生破坏。

当 $E_1/E_2=1$ 时，材料 1 和材料 2 在变形上有同步现象，变形呈现了整体性，即同种材料的连接，在界面端没有应力集中现象。

当 $E_1/E_2<1$ 时，即材料 1 的弹性模量小于材料 2 的弹性模量，等效应力最大值仍然出现在界面端，应力最大值的部位是材料 2 的界面端。弹性模量比值改变，最大应力值产生的部位发生了变化，但是仍然出现在弹性模量较大的材料中。

通过以上的分析可知，弹性模量是影响异种材料连接界面的应力奇异性的一个重要参数。当两种材料的弹性模量相差越大时，界面端部的应力奇异性越大，而且应力最大值出现在弹性模量较小的材料中。对于异种材料直角连接的构件，最大应力在弹性模量小的材料中产生，很有可能发生破坏，因此，在结构的设计和使用中，要慎重考虑材料的物理参数以及受力情况，尽可能避免事故的产生。

由图 3.18 所示可以看出，距离界面端点越近，应力变化越陡。也就是说，在界面端部附近，随着两种材料的弹性模量比值的增加，应力梯度相应增加。对异种材料连接的界面，当材料的物理性能参数相差较大时，界面端部应力峰值较大。应力在界面端部存在边缘效应，该边缘效应仅限于一个很小的区域内。从图 3.19 所示，可更加直观地观察到界面端部最大等效应力随弹性模量比不同时的变化规律。当两种材料弹性模量相同，即同种材料连接时，界面端部没有应力奇异性；随着两种材料的弹性模量比的增加，界面的应力奇异性也越来越明显。

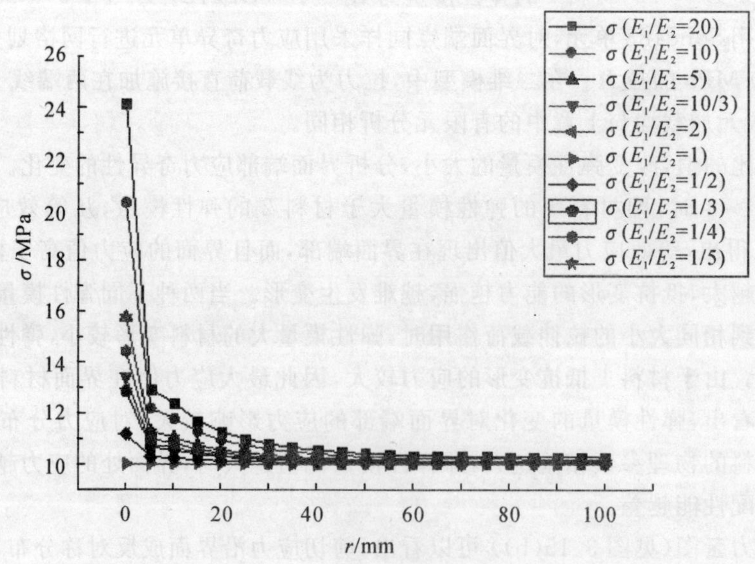

图 3.18　界面各点在不同弹性模量比时等效应力曲线图

根据前面章节的分析可知，对界面应力和到端点的距离取双对数，得到直线的斜率即为界面应力奇异指数，直线的斜率越大说明奇异指数越大。如图 3.19 所示为两种材料在不同弹性模量比下的双对数图线，由此可以看到，弹性模量比值越大，直线的斜率越大，则这两种材料连接界面的应力奇异指数越大。当弹性模量比较大的两种材料连接时，应该慎重考虑连接端点的应力，因其应力有奇异性，易发生破坏，为连接薄弱区。以上是从模拟得到的结果，下面从理论进行分析，弹性模量的变化对界面应力的影响。

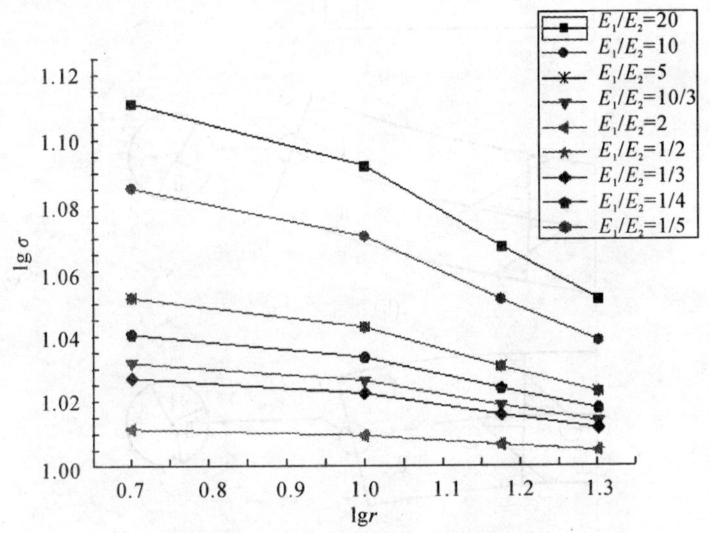

图3.19　不同弹性模量比时的对数应力

3.3　异种材料连接界面热失配分析

异种材料连接界面两侧材料的弹性性能和热物理性能差异较大，连接时由于温度的变化而引起界面两侧材料热变形不一致，在结构内部产生热应力；由于材料弹性性能的差异，在结构界面边缘处热应力还存在奇异性，从而直接影响到界面微观结构和物理化学性能，也影响到结构的抗断裂性能和安全可靠性，破坏结构的完整性。

这里将热物理性能匹配与失配简称为热学匹配与热学失配。对于热学失配的异种材料连接来说，温度变化时其热变形不协调，如果这种情况发生在接头形成阶段，则连接后将有残余应力存在。如果接头是在变化的温度场中工作，则产生热应力。残余应力和热应力均对接头强度有较大影响。热应力缓和设计是异种材料固相连接中调节和控制残余应力和热应力的技术方法[64-65]。

3.3.1　异种材料连接接头的热应力

1.热应力

异种材料连接接头的热应力产生机制如图3.20所示。热膨胀系数分别为E_1，ν_1，E_2，ν_2，α_1，α_2；且$\alpha_1 < \alpha_2$。

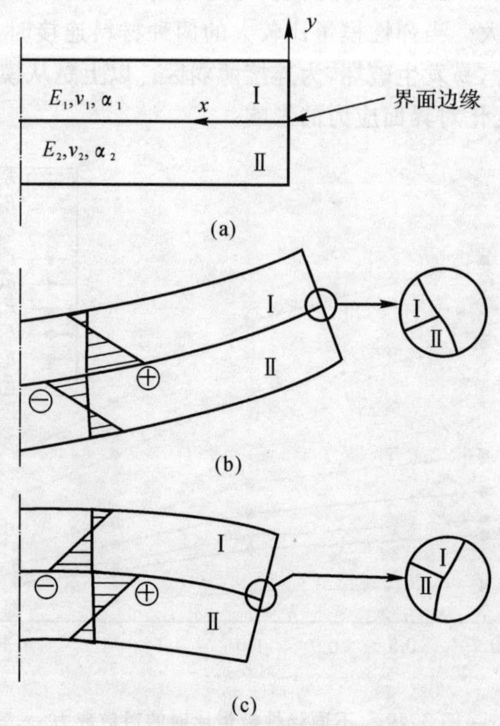

图 3.20　异种材料连接接头热应力与变形

(a) 异种材料连接接头($\alpha_1 < \alpha_2$)；(b) 加热过程中的应力变形；(c) 冷却过程中的应力变形

两种材料的弹性模量、泊松比和在加热或冷却过程中，材料 1 的热变形小于材料 2 的热变形，为了保持界面处的位移连续条件，接头内部有内应力产生，即热应力。热应力的大小与两种材料的热应变差$(\alpha_1-\alpha_2)T$、弹性系数$K_E=E_1/E_2$、泊松比(ν_1,ν_2)、板厚比$K_t=t_1/t_2$、板长 l 等参数有关，可以表示为

$$\sigma_i=\frac{E_i}{1-\nu_i}(\alpha_1-\alpha_2)T\cdot f(\frac{E_1}{E_2},\frac{t_1}{t_2},l,\nu_1,\nu_2),\quad i=1,2 \tag{3.22}$$

式中　T—— 加热温度。

即热应力取决于材料特性和接头尺寸、温度分布 3 个主要因素。如图 3.21 所示为材料弹性模量对界面热应力的影响，可见，在其他条件一定的情况下，材料 1 弹性模量增大，将引起界面应力增大，随 K_E 的增大，σ_1 的绝对值单调增加。当 $K_E<1$ 时，σ_2 增加较快；当 $K_E>1$ 时，σ_2 变化较小。如图 3.22 所示为板厚比 K_t 对界面热应力的影响，在 K_t 较小时，界面热应力变化较大，当 K_t 充分小时，材料 2 一侧界面应力趋近于零，材料 1 一侧界面应力趋于定值，这种情况接近于薄膜涂层的热应力问题。

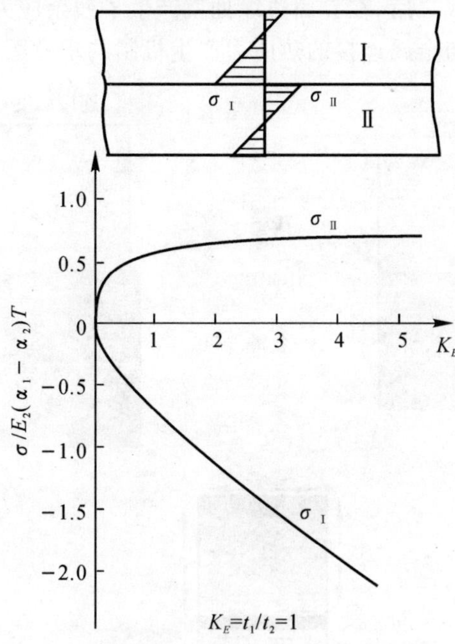

图 3.21　弹性模量对界面热应力的影响($K_E = E_1/E_2$)

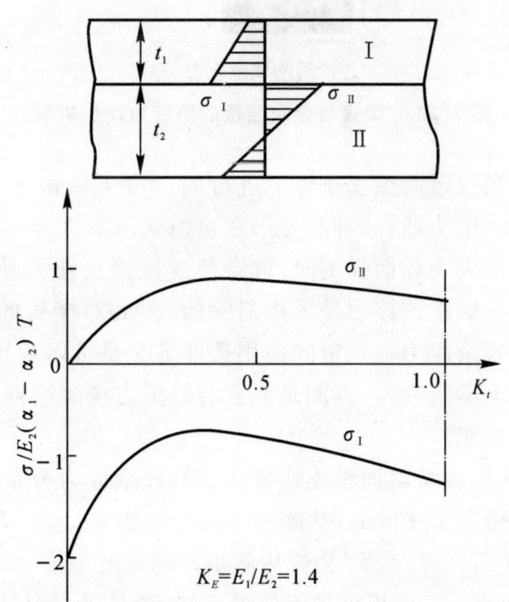

图 3.22　板厚对界面热应力的影响($K_t = t_1/t_2$)

2. 残余应力

当异种材料连接时承受了温度从低到高、又从高到低的变化，由于两种材料的热膨胀系数不同，两部分材料的变形也不同。连接完成后，温度从高到低，由于两部分材料连接为一个整体结构，就不能再进行自由变形，收缩变形大的部分受到另一部分的拉伸作用，而对应的一部分则受到压缩作用，结构形成之后，在界面边缘处就产生了残余应力以及残余变形。

如图 3.23 所示为陶瓷与金属连接的热应力产生机制的示意图。

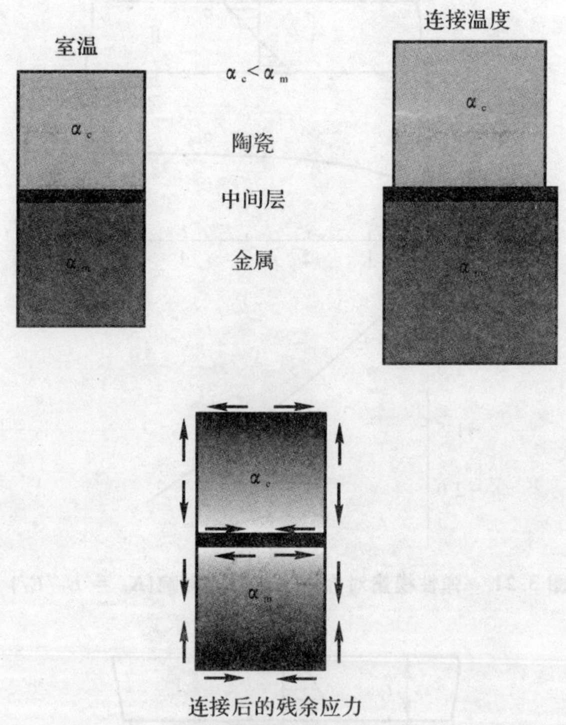

图 3.23　陶瓷与金属连接的热应力产生机制

异种材料连接往往是在一定的温度条件下进行的。由于热膨胀系数的差异，当温度变化时其变形不协调。在未形成接头前，这种热变形在自由状态下进行，而连接完成后形成较大残余应力。当残余应力的峰值大于界面强度时，就会使连接接头在无外载荷作用的情况下发生界面开裂。界面残余应力一般在连接后是无法消除的，因此对接头的强度有较大的影响。然而，有关的研究表明，界面残余应力在一定的使用条件下又是可以利用的。作为异种材料连接界面物理匹配设计的界面力学研究，一方面是探索有效的方法减缓残余应力；另一方面是积极利用残余应力来提高使用性能。

如图 3.24 所示给出了异种材料固相连接接头区域残余应力分析模型示意图[66]。图中材料 1 和材料 2 的弹性模量分别为 E_1，E_2，热膨胀系数分别为 α_1，α_2。T_0 为起始温度，即焊接温度，温度差为 $T=T_1-T_0(T_1<T_0)$，T_1 为焊后随炉冷却后的温度，由于温度的变化，材料 1 的应变为 $\alpha_1 T$，材料 2 的应变为 $\alpha_2 T$。根据平面假设可知，该异种材料连接接头远离端部的任一截面的 x 方向应变沿 y 方向为线性变化，即

$$\varepsilon_1^T(y)=\varepsilon_1^E(y)+\alpha_1 T=D_1+Cy,\quad 0\leqslant y\leqslant t_1 \tag{3.23}$$

$$\varepsilon_2^T(y)=\varepsilon_2^E(y)+\alpha_2 T=D_2+Cy,\quad -t_2\leqslant y\leqslant 0 \tag{3.24}$$

式中　ε_1^T，ε_2^T—— 材料 1、材料 2 沿 x 方向的总应变；

ε_1^E，ε_2^E—— 材料 1、材料 2 沿 x 方向的弹性应变。

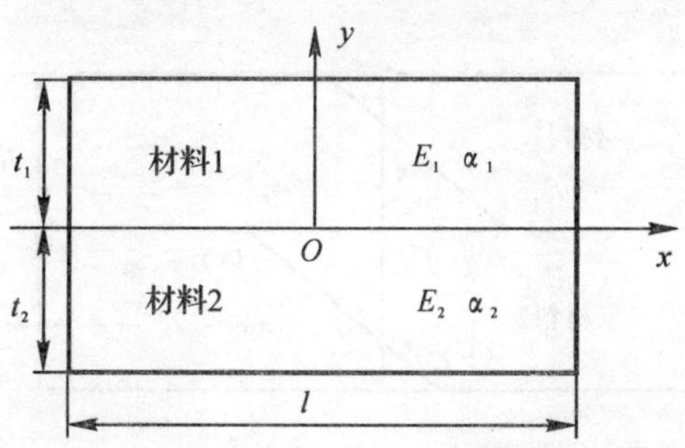

图 3.24　残余应力分析模型

由两种材料变形协调关系可知界面处位移连续，即

$$\varepsilon_1^T(0)=\varepsilon_2^T(0) \tag{3.25}$$

根据材料弹性应力应变关系可得界面两侧的应力分布为

$$\sigma_1(y)=E_1\varepsilon_1^E=E_1(D_1-\alpha_1 T+Cy),\quad 0\leqslant y\leqslant t_1 \tag{3.26}$$

$$\sigma_2(y)=E_2\varepsilon_2^E=E_2(D_2-\alpha_2 T+Cy),\quad -t_2\leqslant y\leqslant 0 \tag{3.27}$$

根据应力平衡条件可得

$$\int_1\sigma_1(y)\mathrm{d}A+\int_2\sigma_2(y)\mathrm{d}A=0 \tag{3.28}$$

$$\int_1 y\sigma_1(y)\mathrm{d}A+\int_2 y\sigma_2(y)\mathrm{d}A=0 \tag{3.29}$$

积分并整理可得残余应力分布为

$$\sigma_1(y)=-\frac{E_1 T}{H_0}(\alpha_1-\alpha_2)\left(H_1-6H_2\frac{y}{t_2}\right),\quad 0\leqslant y\leqslant t_1 \tag{3.30}$$

$$\sigma_2(y)=\frac{E_2 T}{H_0}(\alpha_1-\alpha_2)\left(H_3-6H_2\frac{y}{t_2}\right),\quad -t_2\leqslant y\leqslant 0 \tag{3.31}$$

其中　$H_0=k_E k_t(k_E k_t^3+4k_t^2+6k_t+4)+1$

$H_1=4k_E k_t^3+3k_E k_t^2+1$

$H_2=k_E k_t(k_t+1)$

$H_3=k_E k_t(k_E k_t^3+3k_t+4)$

$k_E=E_1/E_2$

$k_t=t_1/t_2$

令 $y=0$，可求得两种材料在界面处的残余应力值。令 $y=t_1$，和 $y=t_2$ 可得到两种材料在上、下表面处的残余应力值。

当 $K_E=1(E_1=E_2=E)$，$K_t=1(t_1=t_2=t)$，$\alpha_2=n\alpha_1(n\geqslant 1)$ 时，可得残余应力分布如图3.25所示，应力分布关于 y 轴对称。当 $n=1$ 时，$\sigma_1=\sigma_2=0$，即同种材料残余应力为0。当 $n>1$ 时，随 n 的增大，残余应力值增大，即对于弹性模量和板厚相同的两种材料，随着热膨胀系数差值的增大，残余应力值也增大。

当 $K_E\neq 1$，$K_t\neq 1$，$\alpha_1=\alpha_2$ 时，$\sigma_1=\sigma_2=0$，即只要材料的热膨胀系数相同，则焊接后不产生残余应力，而且弹性模量和板厚的变化对残余应力无影响。

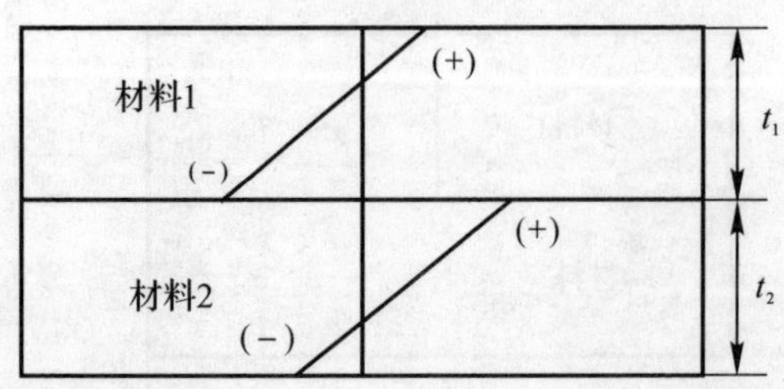

图 3.25 残余应力分布($K_E=1,K_t=1$)

3.3.2 异种材料界面连接边缘热应力

界面两侧材料的弹性性能和热性能的差异也将导致界面边缘应力产生奇异性现象。对此，各国学者进行了大量的研究。G. Dreier 等[67] 讨论了热致残余应力对界面断裂韧性的影响；結城和许金泉[47-48] 对热应力产生的界面边缘应力奇异性进行了研究，并讨论了缓和奇异性的方法。研究异种材料固相连接结构材料性能匹配与界面边缘热应力奇异性的关系，探讨异种材料固相连接界面区力学失配效应的定量描述方法，对于确保异种材料连接质量与可靠性具有重要的理论和实际意义。

由于异种材料连接界面两侧材料热变形不一致，热变形后的界面端部不再保持平面状态，界面端部附近(见图 3.26) 的热应力同样具有奇异性，可以表示为

$$\sigma_{ij}=Kr^{-1+p}+\sigma_0 \tag{3.32}$$

式(3.32) 右端第 1 项为奇异项，同式(3.9) 具有相同意义；第 2 项为非奇异项，或称定常应力项，前一节进行的热应力和残余应力分析就是定常应力分析。

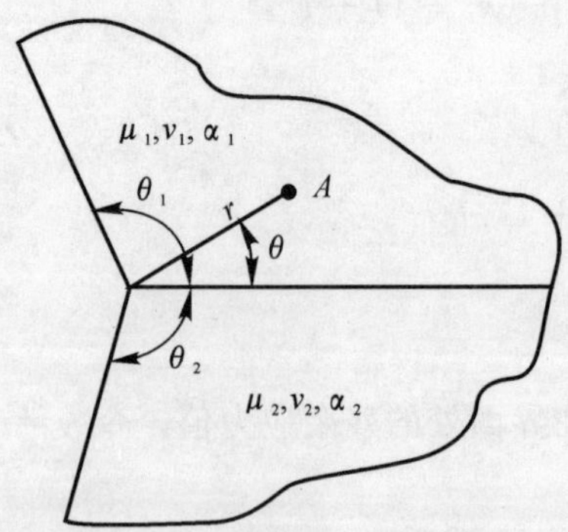

图 3.26 异种材料连接界面的示意图

如图 3.27 所示为异种材料连接界面边缘热应力奇异项和非奇异项与 r 的关系。

从上述的分析可以看出，异种材料固相连接界面边缘热应力与异种材料结构的材料弹性性能失配参数、材料热物理性能以及界面边缘角有关。给定任意材料组合和边缘夹角，可求解异种材料结构因温度变化而引起的界面边缘热应力，并且由此可确定其界面边缘应力的奇异

特性，从而为异种材料结构的力学优化设计提供依据。

异种材料固相连接界面区热力学失配效应与界面两侧材料的性能组配和接头界面边缘几何形状有关。界面热力学失配导致界面边缘应力的奇异性，从而影响接头的界面强度。通过建立界面边缘热应力（奇异性指数）与界面两侧的材料性能以及接头形状的关系，来确定异种材料结构界面热力学失配行为，从而为界面力学优化设计提供科学依据。

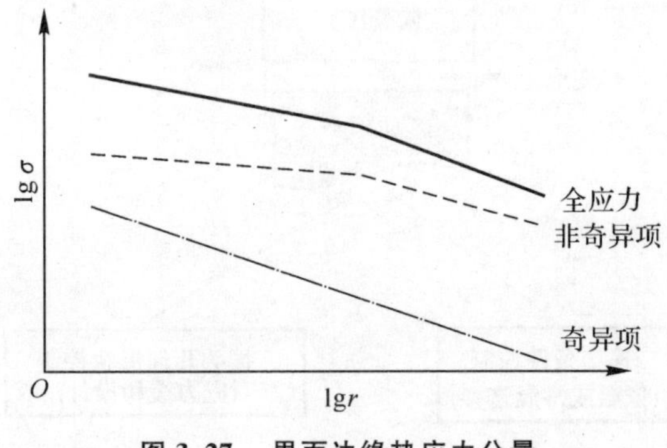

图 3.27　界面边缘热应力分量

3.3.3　热应力缓和设计

减缓热应力是异种材料连接设计中所须考虑的主要问题之一。前述的分析表明，热应力的大小取决于材料组合、接头几何形状与温度条件。在异种材料固相连接工艺中优化这三方面的组合，就可以有效地减缓热应力。例如，当金属与陶瓷材料连接时，由于两者的热膨胀系数差别较大，界面处产生的热应力较大，对接头的强度与可靠性产生不良影响。为此，需要在连接中采用热应力缓和设计。

如图 3.28 所示为陶瓷与金属材料连接热应力控制的设计路线，即从材料特性、接合温度和接头几何形状三方面采取相应的措施。对于被连接材料的热学和力学性能差异，采用加入中间层材料来协调热变形，以减缓热应力。中间层材料的选择可分别按热膨胀系数差 $\Delta\alpha$ 降低法和刚度降低法两种方法进行。$\Delta\alpha$ 降低法是根据被连接材料热膨胀系数的差异 $\Delta\alpha$ 选择中间层，如果 $\Delta\alpha$ 较小，可采用直接接合的方法；如果 $\Delta\alpha$ 较大，应考虑选择热膨胀系数 α 满足 $\alpha_C < \alpha_I < \alpha_M$ 的中间层材料，其中 α_C 为陶瓷材料的热膨胀系数，α_M 为金属材料的热膨胀系数。最理想的情况是选用所谓的梯度功能中间层，其热膨胀系数按线性变化，在实际应用中多为层状复合中间过渡材料组合形式。刚度降低法是选用屈服限和弹性模量较小的中间层材料或具有强度梯度功能的中间层材料组合，亦可选用金属基复合材料作为中间层材料。

如图 3.29 所示为几种典型的陶瓷与金属连接的中间层结构。

为了降低连接中所产生的残余应力，在连接工艺中降低连接温度，或在常温下实现连接是很有效的。此外，中间层厚度对于界面层间应力和边缘应力都有较大的影响，结合力学分析可以确定合理的中间层厚度。为了改善界面边缘的应力应变集中，需要根据界面力学原理，选择合理的界面边缘几何形状。如图 3.30 所示为几种陶瓷与金属连接接头形式的比较。

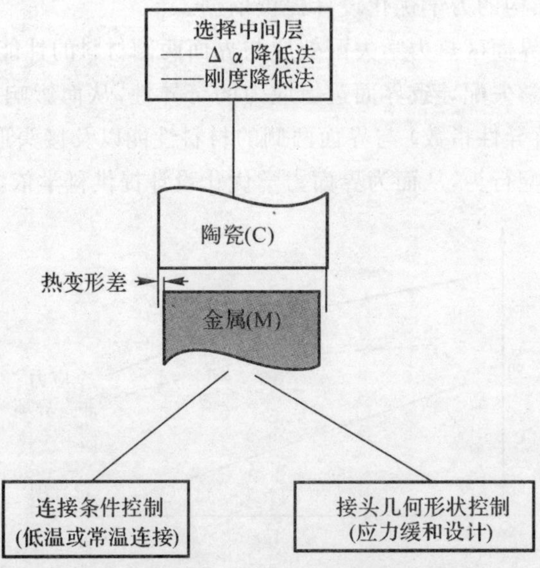

图 3.28 陶瓷与金属连接的热应力缓和设计

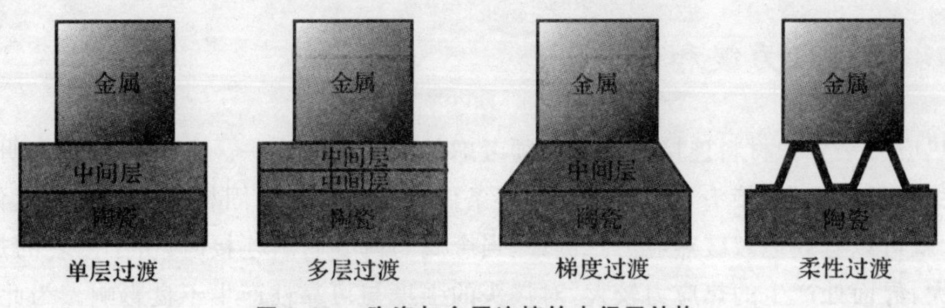

图 3.29 陶瓷与金属连接的中间层结构

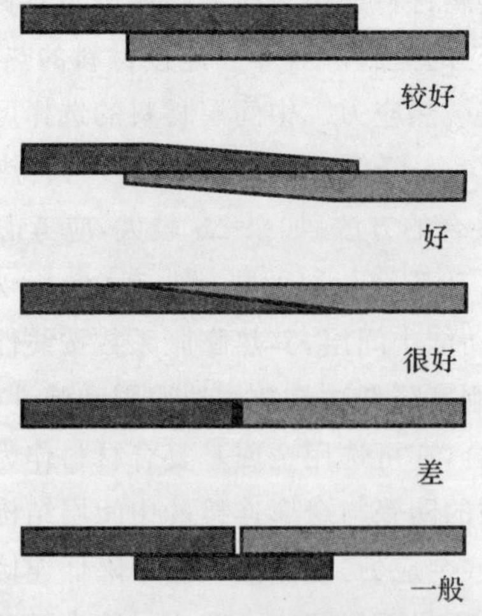

图 3.30 陶瓷与金属连接的接头形式

3.4 异种材料连接界面断裂力学分析

3.4.1 异种材料连接界面裂纹尖端奇异性参数

1. 异种材料连接界面裂纹分析模型

对于异种材料连接界面端部模型(见图 3.9),当连接角 $\theta_1=\theta_2=\pi$ 时,在其中之一的材料中出现裂纹并以任意方向与连接界面相交,界面端部的应力场分析模型就演化为异种材料连接裂纹尖端的应力场分析模型[51-53],如图 3.31 所示。

图中,γ 为裂纹方向角。D_2 和 $D_1{}^1$,$D_1{}^2$ 分别表示构成界面结构的两个部分,$D_1{}^1$,$D_1{}^2$ 为界面结构中同种材料但被裂纹分开的两部分。B_1,B_2 为 $D_1{}^1$,$D_1{}^2$ 与 D_2 相交的界面段,$B_1{}^1$,$B_1{}^2$ 分别是裂纹在 $D_1{}^1$,$D_1{}^2$ 侧的表面。

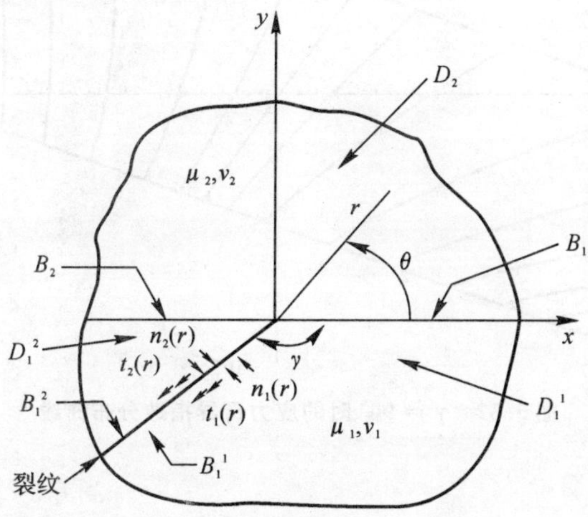

图 3.31　界面裂纹尖端的一般模型

异种材料连接裂纹尖端应力场的奇异性主要由两部分产生:一是由于裂纹尖端本身的几何形状而产生的奇异性;二是由于构成界面结构的材料物理化学、力学性能的差异(如弹性失配参数 α 和 β 等)而产生的奇异性。这两部分因素实际上是相互影响和相互交织在一起的,因此,异种材料连接裂纹尖端应力场的奇异性是不可避免的。

类似于异种材料连接界面端部奇异性问题,异种材料连接裂纹尖端应力奇异性的特征参数满足以下控制方程[51]:

$$\begin{aligned}D(\gamma,\alpha,\beta;p)=&[A\beta^2+(2A-B)\beta+A-B+1]\alpha^2+[(-2A+B+C)\beta^3+(-4A+2B+\\&C-D-2)\beta^2+(-2A+B-C)\beta-C+D]\alpha+(A-B-C+D+\\&E+1)\beta^4+(2A-B-C)\beta^3+(A+C-D-2E)\beta^2+C\beta+E=0\end{aligned}\quad(3.33)$$

式中,待定系数 A,B,C,D,E 分别为

$$A=A(\gamma,p)=4p^4\sin^4(\gamma)+\sin^2[p(2\gamma-\pi)]$$

$$B = B(\gamma, p) = 4p^2\sin^2(\gamma) + 2\sin^2[p(2\gamma - \pi)]$$
$$C = C(\gamma, p) = 4p^2\sin^2(\gamma)\{\sin^2(p\gamma) + \sin^2[p(\gamma - \pi)] - 1\}$$
$$D = D(\gamma, p) = 2\{\sin^2(p\gamma) + \sin^2[p(\gamma - \pi)] - 1\}$$
$$E = E(p) = 1 - \sin^2(p\pi)$$

对式(3.32)特征方程进行求解，可得不同裂纹偏转角度条件下的应力奇异指数在 α-β 平面上的分布。

如图 3.32 至图 3.35 所示为 $\gamma = 90°, 120°, 150°, 180°$ 时 p-$(\alpha - \beta)$ 轨迹。由此可见，当 $\gamma = 90°$ 时，应力奇异指数 p 的实数值变化范围为 $0 \sim 1$。随着 γ 由 $90°$ 向 $180°$ 逐渐增大，p 的实数取值范围逐渐减小，即良性匹配材料的选择范围将逐渐增大。当 $\gamma = 180°$ 时，裂纹位于界面。

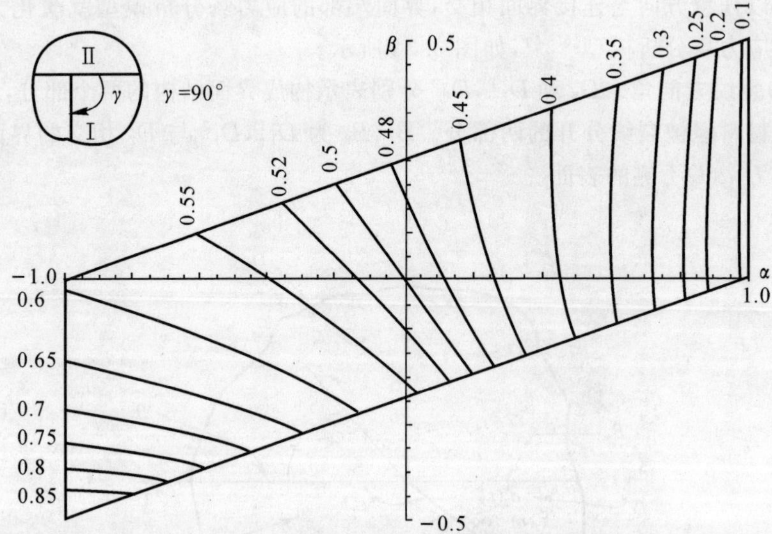

图 3.32 $\gamma = 90°$ 时的应力奇异指数分布曲线

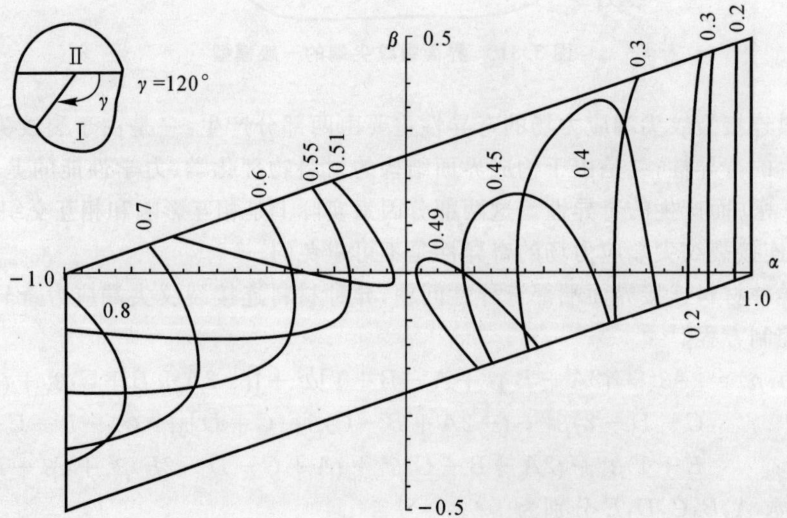

图 3.33 $\gamma = 120°$ 时的应力奇异指数分布曲线

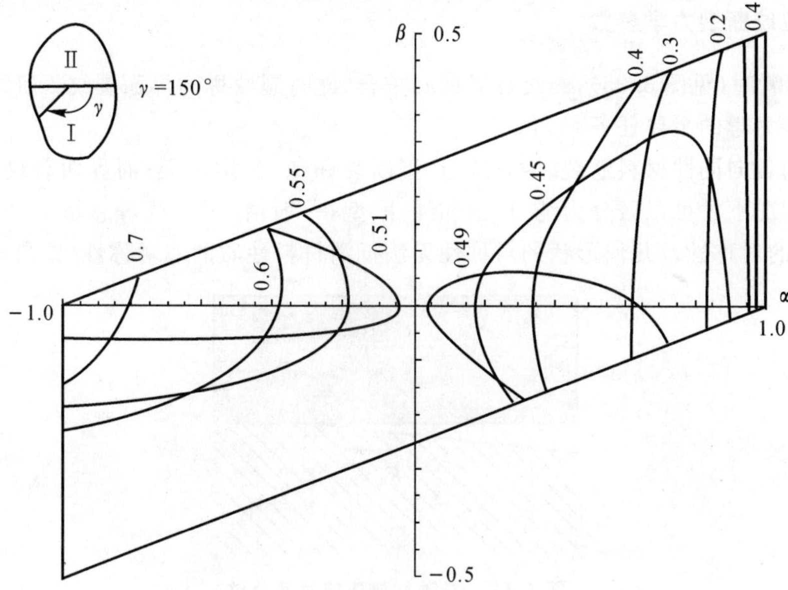

图 3.34　$\gamma = 150^{\circ}$ 时的应力奇异指数分布曲线

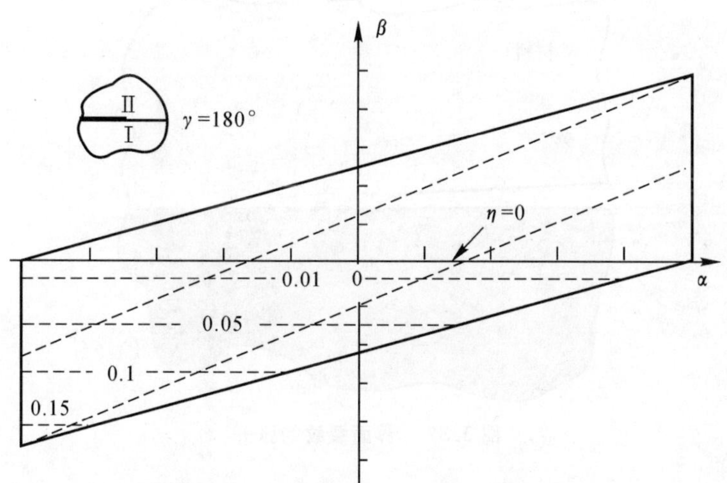

图 3.35　$\gamma = 180^{\circ}$ 时的应力奇异指数分布曲线

裂纹尖端的应力奇异性参数受控于材料组合以及裂纹偏转角度。

① 随着 γ 的增大，材料对裂纹尖端应力奇异性的影响减弱，对应力振荡性的影响加强。当裂纹和界面垂直时，裂纹尖端应力场不存在振荡性；而当裂纹在界面上时，裂纹尖端应力场奇异指数为 0.5，即材料组合对应力奇异性没有影响，仅影响其应力的振荡性。

② 裂纹尖端的应力奇异性主要受 α 控制，α 越大，则裂纹尖端的应力奇异程度越严重。也就是说，当裂纹位于刚性较大材料中时，构成界面结构的两种材料的弹性性能差异越大，则裂纹尖端的应力奇异程度也就越严重。

③ 裂纹尖端的应力振荡性主要受 β 控制，β 的绝对值越大，则应力的振荡性越严重。

2. 界面裂纹断裂力学参数

当$\gamma = 180^\circ$时(见图 3.35),裂纹和界面相重合,此时裂纹称为界面裂纹。研究界面裂纹问题是界面断裂力学的主要任务[68-75]。

当均匀的各向同性材料断裂时,有纯 Ⅰ 型断裂和纯 Ⅱ 型断裂;而界面裂纹的断裂问题,只有在特殊情况下才可以区分为纯 Ⅰ 型和纯 Ⅱ 型,一般情况下,两者总是耦合在一起(见图 3.36)。载荷的对称性及几何形状的对称性无法抵消材料性质的非对称性(见图 3.37)。

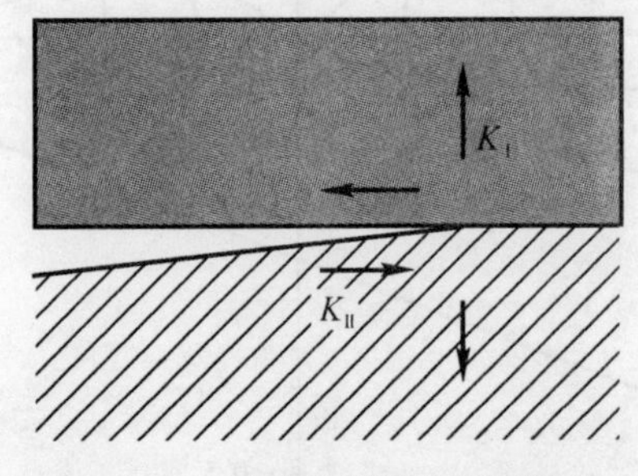

图 3.36 异种材料连接界面裂纹

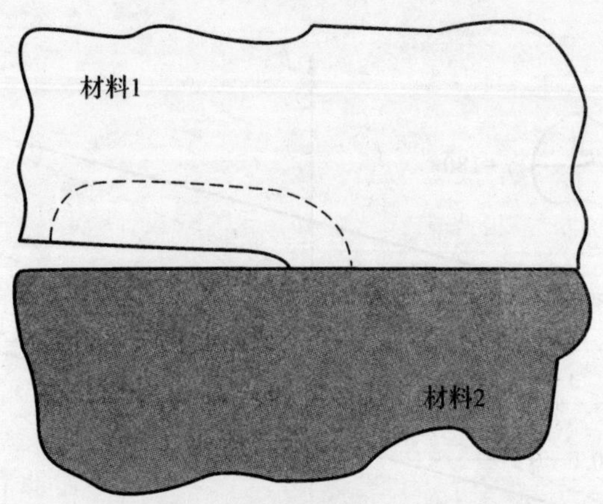

图 3.37 界面裂纹的张开

界面断裂力学研究表明,由于界面两侧材料在力学性质上的失配,界面裂纹(见图 3.38)尖端的弹性应力场可表示为

$$(\sigma_{yy} + \mathrm{i}\tau_{xy})_{\theta=0} = Kr^{\mathrm{i}\varepsilon} / \sqrt{2\pi r} = Ka^{\mathrm{i}\varepsilon}\left\{\cos\left(\varepsilon\ln\frac{r}{a}\right) + \mathrm{i}\sin\left(\varepsilon\ln\frac{r}{a}\right)\right\} / \sqrt{2\pi r} \tag{3.34}$$

式中,$K = K_{\mathrm{I}} + \mathrm{i}K_{\mathrm{II}}$,称为复应力强度因子,一般将 K_{I} 和 K_{II} 定义为

$$\begin{aligned} K_{\mathrm{I}} &= \lim_{r\to 0}\sqrt{2\pi r} \times r^{-\mathrm{i}\varepsilon}\,(\sigma_{yy})_{\theta=0} \\ K_{\mathrm{II}} &= \lim_{r\to 0}\sqrt{2\pi r} \times r^{-\mathrm{i}\varepsilon}\,(\tau_{xy})_{\theta=0} \end{aligned} \tag{3.35}$$

$$\varepsilon = \frac{1}{2\pi}\ln\left(\frac{1-\beta}{1+\beta}\right) \tag{3.36}$$

式中,ε 称为振荡奇异指数;β 为 Dundurs 系数。

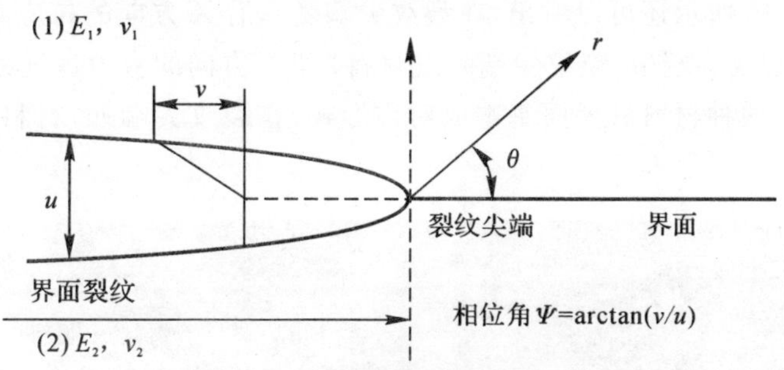

图 3.38　界面裂纹尖端弹性应力场

当 $r\to 0$ 时,应力场不仅表现出 $r^{-\frac{1}{2}}$ 的奇异性,而且不断改变正负号,即所谓的振荡奇异性。这种振荡奇异性源于两种不同性质的材料连接在一起时要满足的位移连续条件。由于界面两侧材料的弹性性质不同,材料力学性能的失配使得界面裂纹本质上是非对称的复合型裂纹问题(即纯 Ⅰ 型与纯 Ⅱ 型耦合在一起)。在断裂前裂纹尖端同时作用有法向正应力和切向剪应力,裂纹面上既有张开位移又有滑开位移,因而包含张开型和滑开型应力强度因子。

3. 异种材料连接界面裂纹的应力奇异场

异种材料界面裂纹的问题可采用数值方法进行分析计算。这里选取两种物理性能参数差异较大的材料(见表 3.2) 连接接头进行分析。

表 3.2　材料的物理参数

材　　料	弹性模量 /GPa	泊松比 ν
材料 1	100.0	0.3
材料 2	1.0	0.2

这里采用二维断裂模型,试件尺寸:板宽为 18 mm,长度为 24 mm,裂纹长为 4 mm,结构分析的有限元模型如图 3.39 所示,其结构分析的有限元网格采用 Solid183 单元。该单元具有二次位移函数,能够很好地适应不规则模型的分网。本单元有 8 个节点。假设裂纹为静态,处于平面应力状态。在裂纹尖端使用了模拟裂纹尖端奇异场的 1/4 节点单元,计算采用 Von Mises 屈服准则。裂纹尖端点附近采用网格细化处理(见图 3.39),整个模型采用自由网格划分。

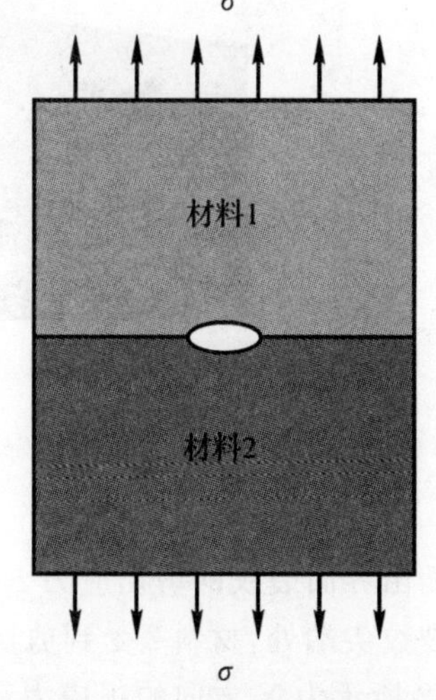

图 3.39　界面裂纹的几何模型

由异种材料含裂纹的连接界面受拉伸载荷时的应力云图 3.40 所示可以看出:材料 2 的裂纹张开位移大于材料 1 的;材料 1 的弹性模量为 100 GPa,大于材料 2 的弹性模量1 GPa,则材料 1 抵抗变形的能力比材料 2 的大。因为弹性模量越大抵抗变形的能力越强,所以材料 1 不容易发生变形。例如结构钢与塑料的连接构件,塑料的变形量远远大于钢的变形量。由应力云图 3.40 所示还可以看出，在裂纹尖端受到沿 X 方向的拉应力，而且拉应力最大值出现在材料 2 的裂纹尖端中，裂纹尖端附近材料 2 沿 X 方向的应力远远大于材料 1 的。对于 Y 方向的应力分布，两种材料沿界面基本成对称形式，在裂纹尖端处，材料 2 的拉应力略微大于材料 1 的。

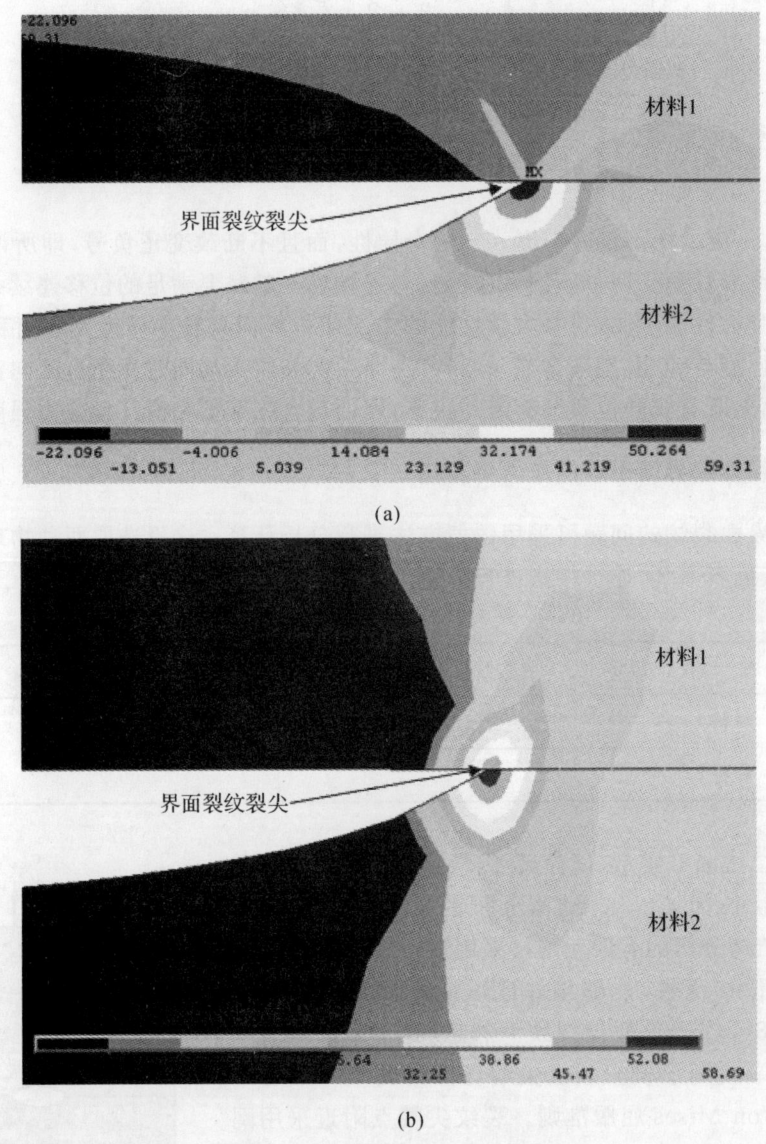

图 3.40 界面裂纹的应力云图

(a) X 方向的正应力；(b) Y 方向的正应力

由界面裂纹的剪切应力云图 3.41 可以得到：左右裂纹的剪应力大小相等，方向相反。在右裂纹尖端处，材料 2 受到剪切应力最大，大约是材料 1 的 3～4 倍，方向是逆时针方向。如图 3.42 所示为 Y 方向的正应力和界面剪切应力沿界面的曲线图，在裂纹尖端处应力高度集中，应力集中区域非常小，大约距离裂纹尖端 0.1 mm 处，构件非常危险，极易破坏。

当两种物理性能参数相差较大的材料连接时，沿Y方向的正应力基本对称分布，但是沿X方向的正应力和界面的剪切应力值在界面上相差较大，裂纹尖端应力奇异性较严重。如果两种连接材料的界面强度较大，裂纹会在弹性模量小的母材中扩展，导致构件破坏。

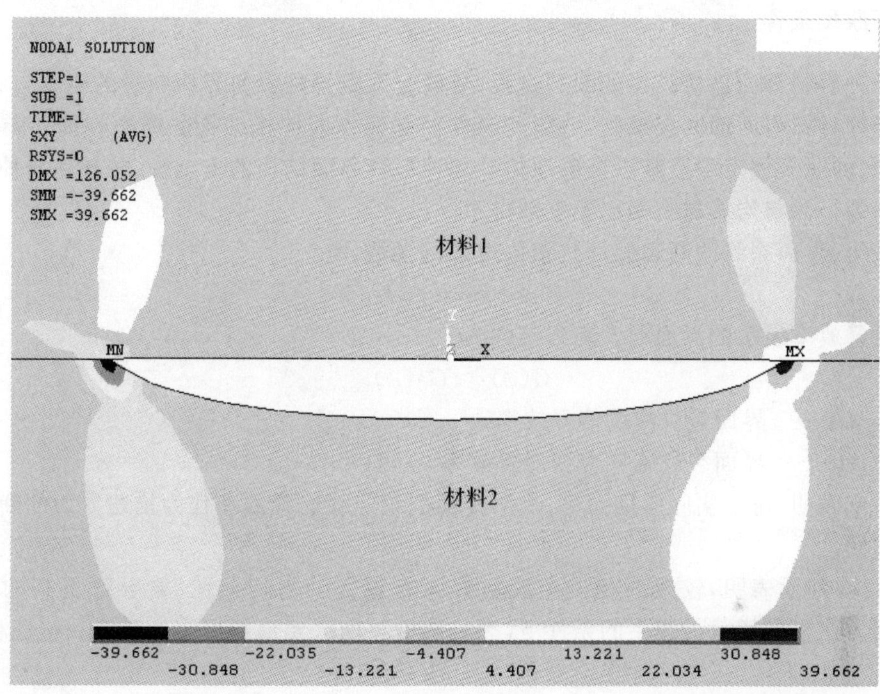

图 3.41　界面裂纹的剪切应力云图

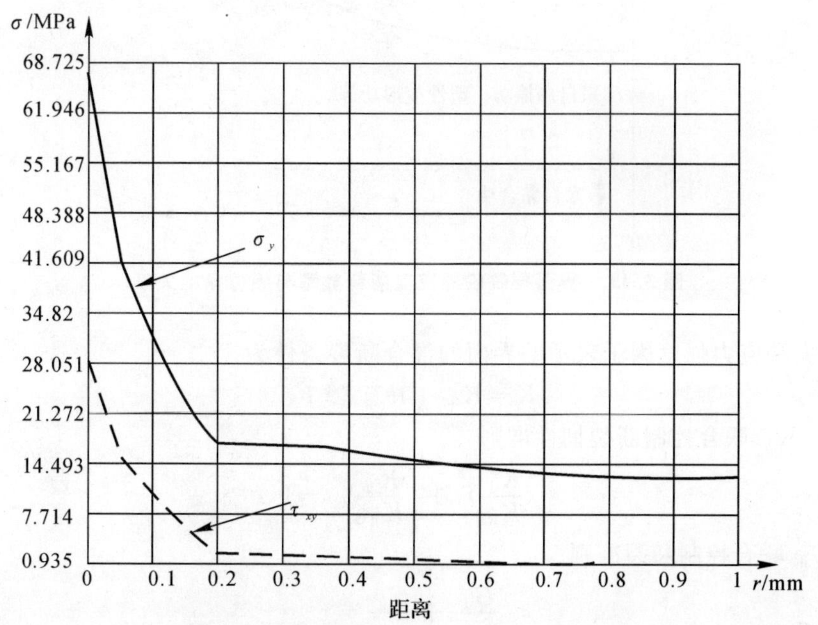

图 3.42　界面裂纹 σ_y 和 τ_{xy} 沿 $\theta = 0$ 曲线图

3.4.2 界面断裂行为

1. 界面断裂条件

研究异种材料界面连接结构的断裂过程,要确定导致异种材料界面断裂的驱动力和阻力,只有建立异种材料界面的断裂准则,才能评定异种材料界面连接结构的断裂性能。单纯用同种、均质材料的断裂评定参数难以准确地估计异种材料界面结构的安全性,尤其是异种材料界面连接的断裂行为与均质材料相比要复杂得多。

研究表明,界面裂纹的断裂韧性是相位角 ψ 的函数,有

$$\psi = \arctan(K_{\text{II}}/K_{\text{I}}) \tag{3.37}$$

用能量释放率表示的界面混合断裂条件为

$$G(\psi) \geqslant G_{\text{C}}(\psi) \tag{3.38}$$

式中 G —— 界面裂纹应变能释放率;

$G_{\text{C}}(\psi)$ —— 界面裂纹临界应变能释放率。

已有研究表明,对于实际应用而言,采用界面裂纹应变能释放率作为描述界面的断裂韧性参数较为方便。

如图 3.43 所示表明,较大的相位角表示界面有更大的剪切载荷,会导致更高的界面韧性。这是因为在以剪切载荷为主的条件下,裂纹前沿界面区要消耗更多的摩擦和塑性功。

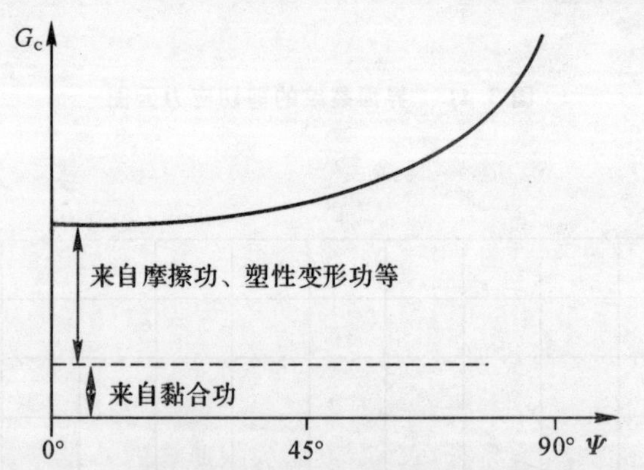

图 3.43 界面裂纹临界应变能释放率与相位角的关系

用裂纹尖端应力强度因子表示的界面的混合断裂条件为

$$K = K_{\text{I}} + \mathrm{i}K_{\text{II}} \geqslant K_{\text{C}} \tag{3.39}$$

或采用 $K_{\text{I}} - K_{\text{II}}$ 联合控制断裂韧性准则

$$\left(\frac{K_{\text{I}}}{K_{\text{IC}}}\right)^2 + \left(\frac{K_{\text{II}}}{K_{\text{IIC}}}\right)^2 = 1 \tag{3.40}$$

以及 $G_{\text{I}} - G_{\text{II}}$ 联合控制断裂准则

$$\frac{G_{\text{I}}}{G_{\text{IC}}} + \frac{G_{\text{II}}}{G_{\text{IIC}}} = 1 \tag{3.41}$$

界面断裂力学研究表明，由于界面两侧材料在力学性质上的失配，界面裂纹尖端的弹性应力场不仅表现出 $r^{-1/2}$ 的奇异性，而且不断改变正负号，即所谓的振荡奇异性。这种振荡奇异性源于两种不同性质的材料连接在一起时要满足连续条件。在断裂前裂纹尖端同时作用有法向正应力和切向剪应力，裂纹面上既有张开位移又有滑开位移，因而包含张开型和滑开型应力强度因子。当异种材料界面裂纹受到拉伸载荷时，其中，α_1 和 α_2 一般情况下不相等（见图 3.44），裂纹张开角 $\alpha=\alpha_1+\alpha_2$，这两种材料都存在着相应的临界值$(\mathrm{CTOA})_{\mathrm{C}}$，$\alpha_1$ 和 α_2 应分别根据相应的临界值作为裂纹扩展临界条件，寻找两者中易发生破坏的临界值作为裂纹起始判据（假设两种材料界面强度足够大）。对于两种物理性能相差较大的连接界面裂纹，相对于材料 2 的裂纹张开角 α_2 来说，材料 1 的裂纹张开角 α_1 非常小（≈ 0），所以对于这种连接的构件 $(\mathrm{CTOA})_{\max}\approx\alpha_2$，如果界面强度足够大，则可以考虑用材料 2 的裂纹扩展临界条件对含裂纹的异种材料构件进行起始判据。

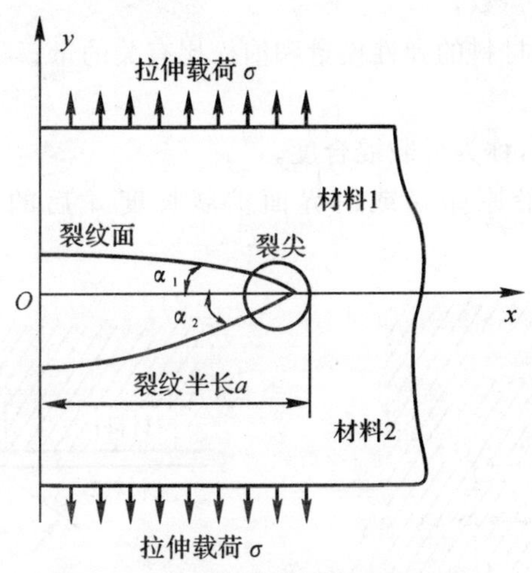

图 3.44　异种材料界面裂纹的张开

界面裂纹的破坏，可以向母材曲折，也可以沿界面剥离。如何才能判断究竟是发生界面破坏还是曲折破坏呢？当裂纹有向较强材料一侧曲折的倾向时，如果模态比较小（即曲折破坏的角度较小），由于先达到界面破坏准则，因此产生界面破坏；但如果模态比较大（即曲折破坏的角度较大），则先达到曲折破坏准则，将发生曲折破坏。特别地，如果被连接材料的断裂韧性都很大，以致曲折破坏的极限曲线始终都在界面破坏极限曲线的外侧，则不论发生在什么载荷情况下，都将只发生界面破坏。反过来，如果界面连接强度很大，则易发生曲折破坏。对于现实的连接，由于 ε 较小，旋转的角度较小，因此直接采用椭圆近似而不考虑旋转，也不至于引起太大的误差。

2. 界面裂纹的扩展行为

由于构成异种材料结构材料的物理化学、力学性能差异较大，且一般都采用固相连接或钎焊等方法来连接，连接后形成的接头区域可能存在各种类型的缺陷。缺陷或裂纹的存在将直接影响到结构的强度和使用的安全可靠性。研究表明，异种材料连接结构中的裂纹可能在界面内扩展，也可能在界面附近材料中扩展（见图 3.7）；如果异种材料结构为三明治式结构，裂纹还可能在中间过渡层(黏接层)中扩展,或者在两个界面之间交替扩展(见图 3.7)。不同的裂纹扩展轨迹对结构的强度和韧性影响也不同。

界面裂纹的扩展轨迹是由薄弱的微结构路径对裂纹扩展的抵抗力(主要由材料本身的物理性能决定)以及外载驱动力直接控制的,二者的相互作用决定了裂纹的最终走向。裂纹驱动力本身则是远场载荷与界面结构的弹性失配参数的函数[76-78]。影响界面裂纹扩展的因素包括裂纹尖端的应力场强度、残余应力、材料性能失配参数 α 和 β、裂纹的几何形状,以及界面和结构的断裂韧性等。

记界面主裂纹的能量释放率为 G,分叉裂纹的能量释放率为 G^{kink},则有

$$G=\frac{|K|^2}{E^* \cos^2 \pi\varepsilon} \tag{3.42}$$

$$G/G^{\text{kink}}=F(\Omega,\psi',\alpha,\beta) \tag{3.43}$$

式中 ε —— 振荡奇异性指数;

E^* —— 与界面两侧材料的弹性模量和泊松比有关的量;

Ω —— 分叉角;

ψ' —— 外载相位角,称为外载混合度。

式(3.43)反映了裂纹沿原路径或沿界面扩展长度 a 后的能量释放率的变化(见图 3.45)。

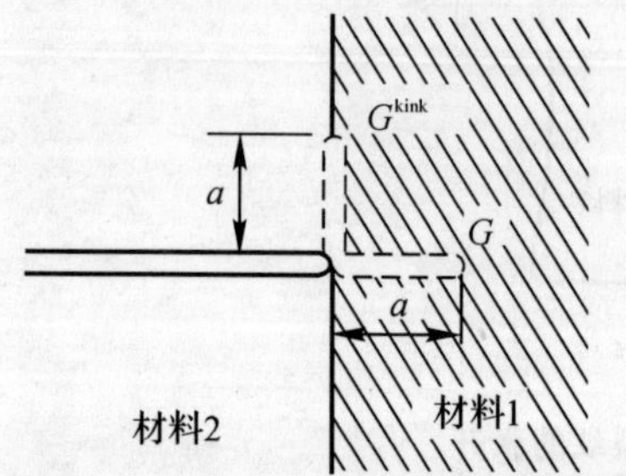

图 3.45 界面对垂直侵入裂纹的偏转

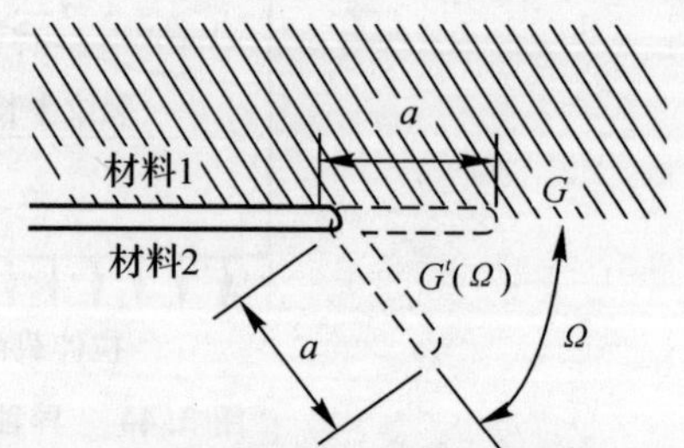

图 3.46 沿界面裂纹的偏转

裂纹垂直侵入界面的分叉判据如下:

当 $G/\Gamma^{(2)} > G^{\text{kink}}/\Gamma^{界}$ 时,裂纹水平延伸;

当 $G/\Gamma^{(2)} < G^{\text{kink}}/\Gamma^{界}$ 时,裂纹拐折。

其中,$\Gamma^{(2)}$ 为基体母材断裂韧性;$\Gamma^{界}$ 为接头形成后的界面断裂韧性,$\Gamma^{界}$ 与界面断裂混合度有关。因此,可以通过材料界面断裂韧性的组合控制裂纹拐折或沿水平延伸。

沿界面扩展裂纹的偏转(见图 3.46)判据:

当 $G/G^t_{\max} < \Gamma(\psi)/\Gamma_C$ 时(Γ_C 为均质材料的断裂韧性),界面裂纹偏转;

当 $G/G^t_{\max} > \Gamma(\psi)/\Gamma_C$ 时(Γ_C 为均质材料的断裂韧性),裂纹沿界面延伸。

其中,G^t 为偏转后裂尖处的能量释放率,G^t 与偏转角 Ω 有关;$G^t(\Omega)$ 的最大值记为 $G^t_{\max}$,所对应的 Ω 角为裂纹偏转角。

界面裂纹的分叉一般优先选择低韧性材料。当界面两边的材料为韧性/脆性组合时,断裂行为受外载荷相位角的正负号影响,相位角为正,即界面下侧材料 S 为脆性材料($\Gamma_S \ll \Gamma_F$),界面上侧材料 F 的断裂韧性将阻止界面裂纹的分叉,裂纹的分叉选择 S 材料;反之,相位角为

负,则界面裂纹的分叉选择 F 材料。随着韧性材料屈服强度的不同,有两种可能会发生:

① 当韧性材料的屈服强度较低时,界面裂纹尖端发生钝化,断裂将以韧性机制出现;

② 当韧性材料具有较高的屈服强度时,界面的应力场会同脆性材料中原已存在的缺陷相作用,从而使已分叉的裂纹又从这些缺陷处扩展到界面,导致出现锯齿状断面。

接头界面裂纹的扩展轨迹是由薄弱的微结构路径对裂纹扩展的抵抗力以及外载驱动力直接控制的。控制界面裂纹扩展驱动力的主要参数包括平行于裂纹面的剪切 T 应力、应力场强度因子、裂纹偏向界面扩展的变化率以及材料性能失配参数 α 和 β;界面裂纹扩展驱动力与材料抗断裂性能组合的相互作用决定了裂纹扩展行为。

界面裂纹尖端应变能释放率除与载荷相位角、界面断裂能密切相关以外,还将受到界面裂纹的断裂行为变化的影响。

3.4.3　界面断裂韧性试验

由于在不同相位角下界面的断裂韧性不同,因此,为了测定各种相位角下的断裂韧性,就必须发展不同的试样[47,79],目前使用得较多的异种材料连接界面断裂力学试样如图 3.47 所示。

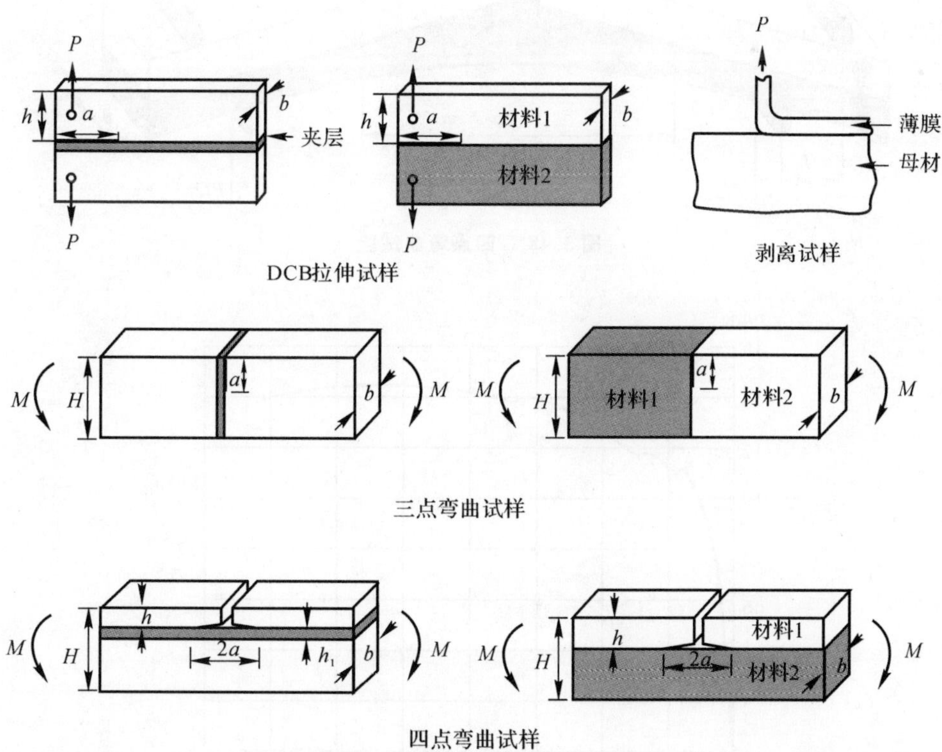

图 3.47　异种材料连接界面断裂力学试样

如图 3.48 所示为异种材料连接接头的四点弯曲试验的加载与变形情况。当载荷 P 达到某临界值 P_C 时,试样上的界面裂纹开始扩展。此时试样在内支点之间承受的是导致界面裂纹

扩展的临界弯矩 M_C。与 M_C 对应的裂纹能量释放率 G_C 定义为界面裂纹扩展的临界应变能释放率。应变能释放率为

$$G=\frac{M^2}{2E_1 b}\left(\frac{1}{I_2}-\frac{\lambda}{I_C}\right) \tag{3.44}$$

式中 $M=\frac{Pl}{2}$；

$\lambda=\frac{E_2}{E_1}$；

$I_2=\frac{b(H-h)^3}{12}$；

$I_C=\frac{bh^3}{12}+\frac{\lambda(H-h)^3}{12}+\frac{\lambda h(H-h)H^2}{4[h+\lambda(H-h)]}$。

在试验中可根据载荷-位移($P-V$)曲线上的首个突进点作为临界点计算临界应变能释放率[80]。如图 3.49 所示为钎焊接头四点弯曲界面断裂力学试验的 $P-V$ 曲线，在曲线上可观察到多个裂纹扩展突进点，说明在载荷作用下两侧裂纹交替扩展。

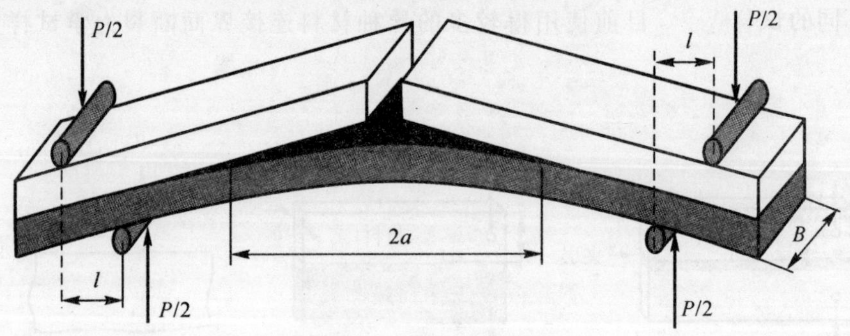

图 3.48 四点弯曲试验

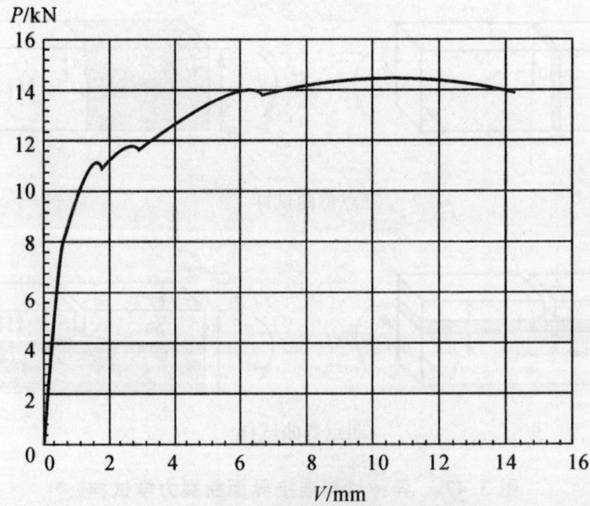

图 3.49 四点弯曲试样的 $P-V$ 曲线

四点弯曲试验表明，界面裂纹在扩展过程中是极不稳定的，钎焊接头(相当于带中间层的

界面连接）主要表现出以下 4 种比较明显的裂纹扩展形状，如图 3.50 所示。

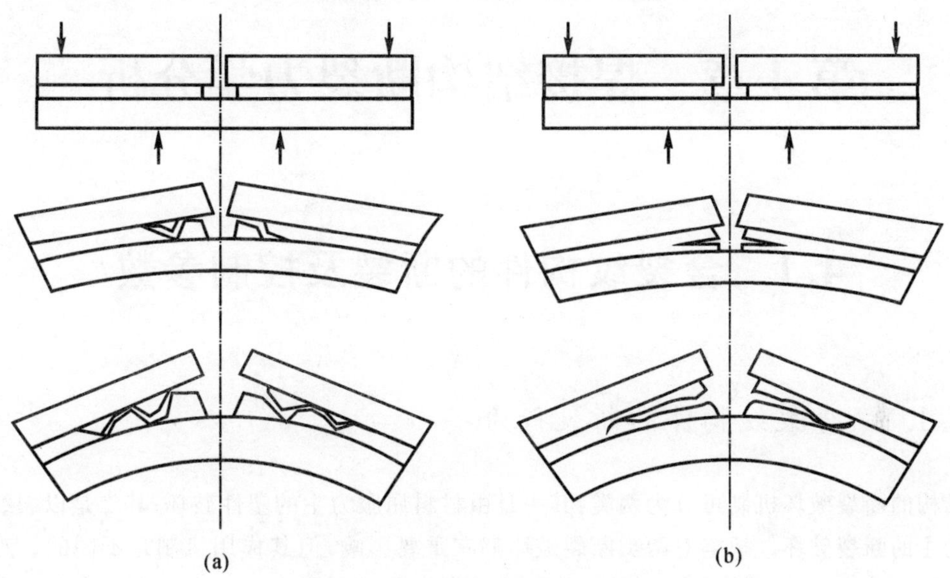

图 3.50　钎焊接头界面裂纹扩展情况

(a) 裂纹在上、下两界面间波动扩展；（b）裂纹在钎缝中性线附近扩展

应当注意，界面断裂韧性取决于界面断裂能和外载的相位角，相位角是界面裂纹所经历的剪切与张开模式混合度的度量，相位角可采用数值方法进行确定。试样及加载形式不同，相位角也会随之变化。不同的试样及加载方式获得的界面断裂韧性一般不具可比性，除非具有相同的相位角，这是界面断裂与均匀材料断裂的一个重要区别。

第4章 焊接结构断裂力学分析

4.1 含裂纹构件的断裂及控制参数

4.1.1 含裂纹构件的断裂行为

结构的断裂破坏机制可分为两类：其一是由材料屈服为主的塑性破坏；其二是以裂纹失稳扩展为主的断裂破坏。缺陷对两类断裂破坏都有重要影响，但其作用机制是不同的。对于以材料屈服为主的塑性破坏而言，缺陷主要影响结构的有效承载截面，破坏的临界条件由塑性极限载荷控制。对于以裂纹失稳扩展为主的断裂破坏而言，缺陷引起的局部应力-应变场对结构强度起主导作用，缺陷附近局部应力-应变场特征参数是该类破坏的主要驱动力。断裂力学就是研究含缺陷或裂纹的材料或结构的断裂行为。

含裂纹的材料或结构在外载荷作用下的力学行为与材料和裂纹几何等因素密切相关。如图4.1所示为带有中心裂纹的不同类型材料平板在外载荷作用下的断裂特征[81]。其中，A，B为含裂纹的高强材料，断裂时裂纹端部发生很小的屈服，其他区域还处于弹性状态，其断裂行为可采用线弹性断裂力学（LEFM）理论来分析。C，D为含裂纹的延性材料，断裂时裂纹端部只发生较大的屈服，其他区域处于弹性，其断裂行为须采用弹塑性断裂力学（EPFM）理论来分析。E为含裂纹的完全塑性材料，断裂时构件整体均发生屈服，其断裂行为实际上是以材料屈服为主的塑性破坏。

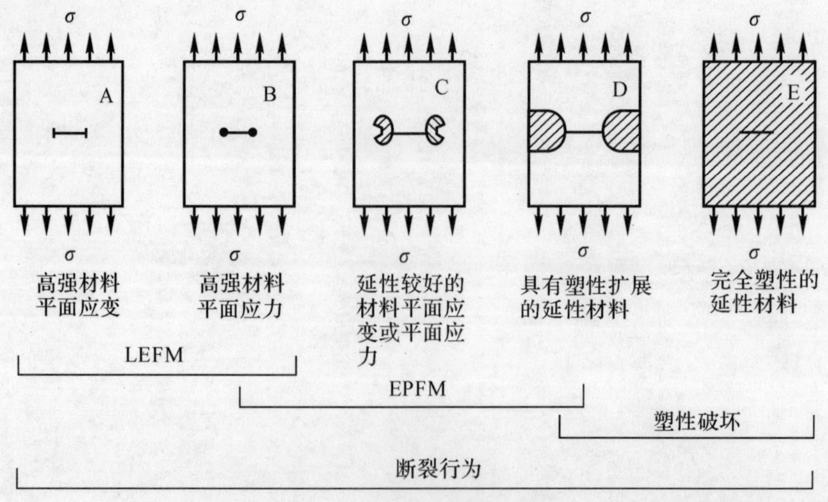

图4.1 有中心裂纹的不同类型材料平板在外载荷作用下的断裂特征

含裂纹的结构在外载荷的作用下,裂纹会随时间而发生扩展,将含裂纹结构在连续使用中任何一时刻所具有的承载能力称为该结构的剩余强度。结构的剩余强度通常随裂纹尺寸的增加而下降(见图 4.2)。如果剩余强度大于设计的强度要求,结构是安全的。如果裂纹扩展至某一临界尺寸,结构的剩余强度就不能保证设计的强度要求,以致结构可能发生破坏。研究含裂纹结构的剩余强度问题是断裂力学理论工程应用的重要方面。含裂纹结构的断裂力学分析应解决的主要问题有以下几方面:

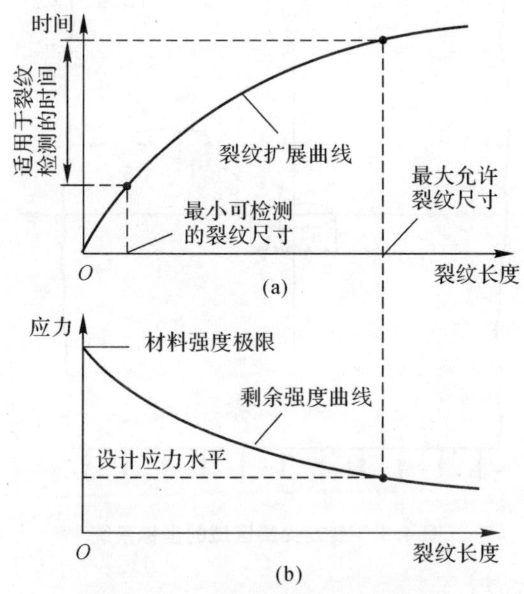

图 4.2　裂纹扩展与剩余强度

(a)裂纹随时间扩展;　(b)结构剩余强度随裂纹尺寸变化

①结构的剩余强度与裂纹尺寸之间的函数关系。

②在工作载荷作用下,结构中容许的裂纹尺寸,即临界裂纹尺寸或裂纹容限。

③结构中一定尺寸的初始裂纹扩展到临界裂纹尺寸需要的时间。

④结构在制造过程中容许的缺陷类型和尺寸。

⑤结构在维修周期内,裂纹检查的时间间隔。

4.1.2　断裂力学参数和断裂判据

1. 线弹性断裂力学参数和断裂判据

(1) 应力强度因子

设一无限大平板中心含有一长为 $2a$ 的穿透裂纹(见图 4.3),垂直裂纹面方向平板受均匀的拉伸载荷作用。Irwin 得出距离裂纹尖端为(r,θ)的一点的应力和位移为[81-82]

$$\sigma_x = \frac{K_{\mathrm{I}}}{\sqrt{2\pi r}}\cos\frac{\theta}{2}\left(1-\sin\frac{\theta}{2}\sin\frac{3\theta}{2}\right) \tag{4.1a}$$

$$\sigma_y=\frac{K_{\mathrm{I}}}{\sqrt{2\pi r}}\cos\frac{\theta}{2}\left(1+\sin\frac{\theta}{2}\sin\frac{3\theta}{2}\right) \tag{4.1b}$$

$$\tau_{xy}=\frac{K_{\mathrm{I}}}{\sqrt{2\pi r}}\sin\frac{\theta}{2}\cos\frac{\theta}{2}\cos\frac{3\theta}{2} \tag{4.1c}$$

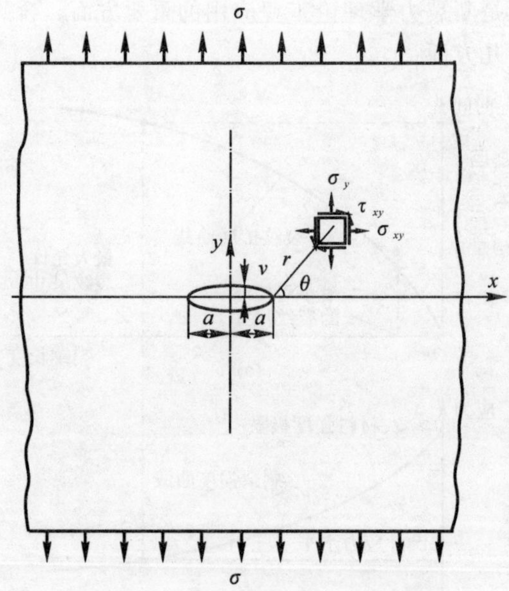

图 4.3 裂纹尖端区域的坐标系统

薄板平面应力状态裂纹尖端附近的位移分量为

$$u=2\times\frac{K_{\mathrm{I}}}{E}\sqrt{\frac{r}{2\pi}}\cos\frac{\theta}{2}\left(1+\sin^2\frac{\theta}{2}-\nu\cos^2\frac{\theta}{2}\right) \tag{4.2a}$$

$$v=2\times\frac{K_{\mathrm{I}}}{E}\sqrt{\frac{r}{2\pi}}\sin\frac{\theta}{2}\left(1+\sin^2\frac{\theta}{2}-\nu\cos^2\frac{\theta}{2}\right) \tag{4.2b}$$

厚板平面应变状态裂纹尖端附近的位移分量为

$$u=2(1+\nu)\frac{K_{\mathrm{I}}}{E}\sqrt{\frac{r}{2\pi}}\cos\frac{\theta}{2}\left(2-2\nu-\cos^2\frac{\theta}{2}\right) \tag{4.3a}$$

$$v=2(1+\nu)\frac{K_{\mathrm{I}}}{E}\sqrt{\frac{r}{2\pi}}\sin\frac{\theta}{2}\left(2-2\nu-\cos^2\frac{\theta}{2}\right) \tag{4.3b}$$

由上述裂纹尖端应力和位移场可知，当给定裂纹尖端某点的位置(r,θ)时，裂纹尖端某点的应力、位移和应变完全由K_{I}决定，K_{I}称为应力强度因子，它是衡量裂纹尖端区应力场强度的重要参数。下标Ⅰ代表Ⅰ型(张开型)裂纹，同样可以定义Ⅱ型和Ⅲ裂纹的应力强度因子K_{II}和K_{III}。受单向均匀拉伸应力作用的无限大平板有长度$2a$的中心裂纹的应力强度因子为

$$K_{\mathrm{I}}=\sigma\sqrt{\pi a} \tag{4.4}$$

即应力强度因子K_{I}取决于裂纹的形状和尺寸，也决定于应力的大小，同时考虑了应力与裂纹形状及尺寸的综合影响。

(2)断裂的能量原理

与弹性力学中应用能量原理解决问题一样，在断裂力学中也可以从能量的观点研究裂纹

问题。最早从能量观点研究含裂纹体断裂问题的是英国物理学家 Griffith，他在 1921 年发表的论文中首先提出了当裂纹扩展时能量释放率的概念，解释了材料实际强度远低于理想强度的原因。其基本观点是在裂纹扩展过程中，由于物体内部能量的释放所产生的裂纹驱动力导致了裂纹的扩展；同时，也存在着阻止形成新的裂纹表面的阻力，即在裂纹扩展过程中，物体中驱动裂纹扩展的动力与阻止裂纹扩展的阻力是平衡的。

如图 4.4 所示为无限大平板在远场外力作用下，当裂纹长度扩展至 $2a$ 时，裂纹的上、下自由表面的形成导致了应变能的释放。比较裂纹扩展前后的总应变能变化就可以得到能量释放率或称裂纹驱动力。根据 Griffith 的分析，单位厚度板的总应变释放量为

$$U=\frac{\pi a^2\sigma^2}{E} \tag{4.5}$$

由于裂纹扩展而形成新的表面所吸收的表面能为

$$W=4\gamma a \tag{4.6}$$

式中，γ 为单位面积表面能。

裂纹体总的能量改变为

$$E=-U+W=-\frac{\pi a^2\sigma^2}{E}+4\gamma a \tag{4.7}$$

这个能量改变相对裂纹长度变化率为

$$\frac{\partial E}{\partial a}=-\frac{2\pi a\sigma^2}{E}+4\gamma \tag{4.8}$$

裂纹扩展的临界条件为 $\partial E/\partial a=0$，即

$$-\frac{\pi a\sigma^2}{E}+2\gamma=0 \tag{4.9}$$

或

$$\frac{\pi a\sigma^2}{E}=2\gamma$$

式中，$\frac{\pi a\sigma^2}{E}$ 称为能量释放率(G)，是使裂纹扩展的驱动力，而 2γ 则可以看成是裂纹扩展的阻力(R)。当 $G>R$ 时，裂纹自动扩展；当 $G<R$ 时，裂纹则不会扩展；若 R 为常数，则当 $G\geqslant G_c=R$ 时发生断裂，G_c 称为临界能量释放率。如图 4.4 所示为断裂能量的平衡关系。

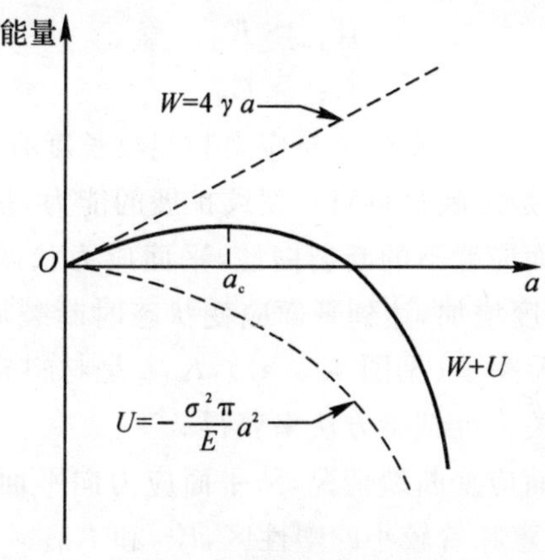

图 4.4　断裂能量的平衡

由式(4.9) 可以求得应力为 σ 裂纹扩展的临界尺寸 a_c，即

$$a_c = \frac{2\gamma E}{\pi\sigma^2} \tag{4.10}$$

当 $a > a_c$ 时，裂纹就会自动扩展；当 $a < a_c$ 时，裂纹则不会扩展。

如果板中存在长度为 $2a$ 的裂纹，则裂纹扩展临界应力为

$$\sigma = \left(\frac{2\gamma E}{\pi a}\right)^{1/2} \tag{4.11}$$

应当指出，上述裂纹扩展的能量关系是 Griffith 根据玻璃、陶瓷等脆性材料得到的。在金属材料中，当裂纹扩展时，裂纹尖端局部区要发生一定的塑性变形。因此，Orowan 提出，金属中裂纹扩展所释放的变形能不仅用于表面能，更多的是用于裂纹扩展前的塑性变形。设 P 为裂纹扩展单位面积所需的塑性变形能，则在裂纹扩展能量关系中应以 $(P+\gamma)$ 来代替 γ。裂纹扩展的临界条件为

$$-\frac{\pi a\sigma^2}{E} + 2(\gamma + P) = 0 \tag{4.12}$$

一般而言，塑性变形能 P 比 γ 大得多，因此，γ 可忽略不计，此时裂纹扩展的临界条件为

$$-\frac{\pi a\sigma^2}{E} + 2P = 0 \tag{4.13}$$

即塑性变形是阻止裂纹扩展的主要因素。

(3) 线弹性断裂判据

由裂纹扩展的能量原理可以看出，结构的断裂条件不仅取决于应力的大小，而且还与裂纹长度有关，这与断裂力学原理是一致的。比较应力强度因子 K_{I} 与应变能释放率 G 可得

$$G = \frac{K_{\mathrm{I}}^2}{E} \quad (\text{平面应力}) \tag{4.14}$$

$$G = \frac{(1-\nu)K_{\mathrm{I}}^2}{E} (\text{平面应变}) \tag{4.15}$$

由上述关系可见，K_{I} 也是裂纹扩展驱动力。当 K_{I} 达到某一临界值时，带裂纹的构件就会发生断裂，这一临界值称为断裂韧度 K_{IC}。G_{C} 与 K_{IC} 都是材料对裂纹扩展的抗力，因此断裂准则为

$$K_{\mathrm{I}} \geqslant K_{\mathrm{IC}} \tag{4.16a}$$

或

$$G_{\mathrm{I}} \geqslant G_{\mathrm{IC}} \tag{4.16b}$$

应当注意，裂纹扩展驱动力 K_{I} 或 G 是与应力和裂纹长度有关的，与材料本身的固有性能无关；而断裂韧度 K_{IC} 与 G_{C} 是反映材料阻止裂纹扩展的能力，是材料本身的特性。

K_{IC} 一般是指材料在平面应变下的断裂韧性，平面应力状态下的断裂韧性(用 K_{C} 表示)和试样厚度有关，而当板材厚度增加，达到平面应变状态时断裂韧性就趋于一稳定的最低值，这时便与板材或试样的厚度无关了(见图 4.5(a))，K_{IC} 是材料常数，反映了材料阻止裂纹扩展的能力。K_{IC} 值可通过有关标准试验方法来获得。

K_{IC} 反映了最危险的平面应变断裂情况，从平面应力向平面应变过渡的相对厚度取决于材料的强度，较高的屈服强度意味着较小的塑性区，K_{C} 和 K_{IC} 一般随屈服强度增大而降低。材料的屈服强度越高，达到平面应变状态的板材厚度越小。K_{C} 和 K_{IC} 与厚度的关系可用简化的折线来表示(见图 4.5(b))。有关研究表明，点 A 和点 C 所对应的试样厚度 B_1 和 B_2 近似

为

$$B_1=\frac{1}{3\pi}\left(\frac{K_{\mathrm{I}C}}{\sigma_s}\right)^2 \tag{4.17}$$

$$B_2=2.5\left(\frac{K_{\mathrm{I}C}}{\sigma_s}\right)^2 \tag{4.18}$$

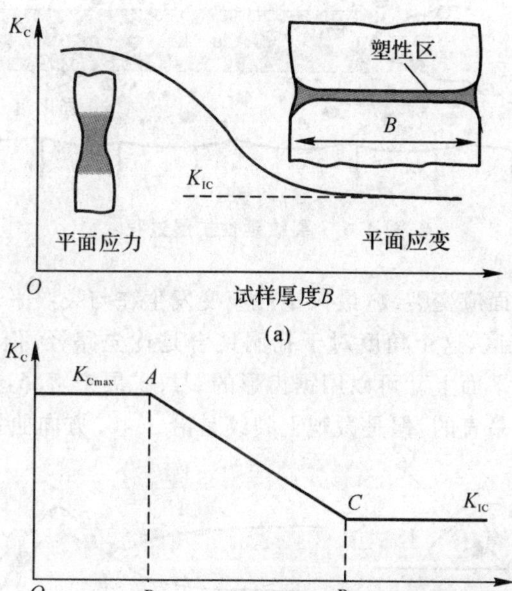

图 4.5　断裂韧性与试样厚度的关系

当缺乏全面数据时，可用式(4.18)估算实际厚度材料的断裂韧性。

在实际应用中，须尽量避免平面应变的脆性断裂，$K_{\mathrm{I}C}$ 的选取应保证平面应力的延性断裂，简单的方法是采用发生穿透厚度屈服的条件，即

$$K_{\mathrm{I}C}\geqslant\sigma_s\sqrt{B} \tag{4.19}$$

若已知 $K_{\mathrm{I}C}$ 值，则最大厚度为

$$B\leqslant\left(\frac{K_{\mathrm{I}C}}{\sigma_s}\right)^2 \tag{4.20}$$

2. 弹塑性断裂力学参数及断裂判据

线弹性断裂力学的应用限于小范围屈服的条件。对于延性较好的金属材料，裂纹尖端区已不满足小范围屈服的条件，线弹性断裂力学理论已不再适用，需要采用弹塑性断裂力学的方法分析构件裂纹尖端的应力应变场。

(1) 延性断裂过程

延性断裂过程具体表现为裂纹尖端前方一定距离处孔洞成核、长大和汇合(见图 4.6)。当含裂纹体结构所承受的载荷增加到一定程度时，使得裂纹尖端局部处的应力和应变越来越大，最终迫使孔洞成核。当裂尖钝化时孔洞继续成长，最终与主裂纹汇合，裂纹扩展是这一过程的不断进行。

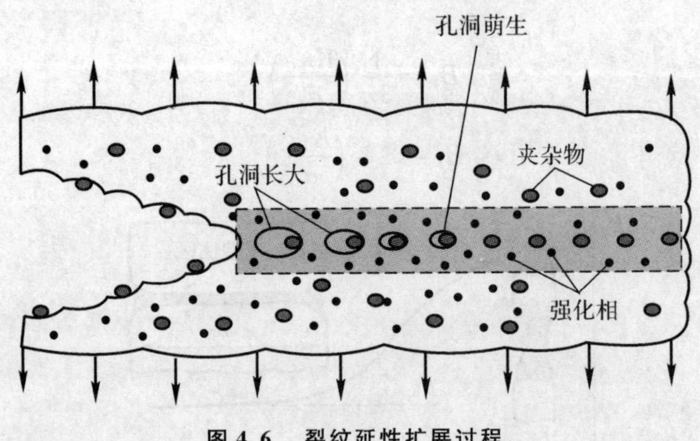

图 4.6　裂纹延性扩展过程

对于张开型加载的平面应变裂纹，最大塑性应变发生在与裂纹平面成 45° 的方向上，如图 4.7(a) 所示。在裂纹尖端区，这个角度对于孔洞聚合是优先路径，但是全局约束要求裂纹扩展仍然保持与载荷垂直的平面上。可以用锯齿形的裂纹扩展来解释这一过程，如图 4.7(b) 所示。在宏观上裂纹扩展是平直的，但是微观上裂纹是沿 ±45° 方向曲折扩展的。

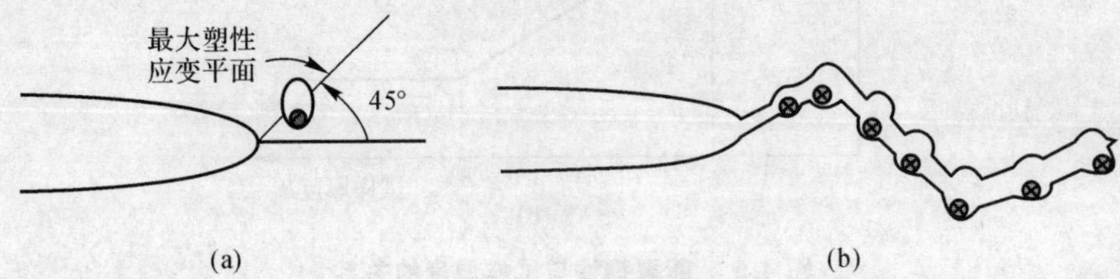

图 4.7　延性裂纹锯齿形扩展

为了描述弹塑性断裂问题，需要寻找新的断裂控制参数。J 积分和裂纹尖端张开位移 (COD) 是常用的弹塑性断裂力学参数。

(2)J 积分

Rice 于 1968 年提出用 J 积分表征裂纹尖端附近应力应变场的强度[83]。如图 4.8 所示，设有一单位厚度($B=1$)的 Ⅰ 型裂纹体，逆时针取一回路 Γ，其所包围的体积内应变能密度为 ω，Γ 回路上任一点作用应力为 $\boldsymbol{T}$，J 积分的定义为

$$J=\int_{\Gamma}\left(\omega \mathrm{d}y-\boldsymbol{T}\cdot\frac{\partial \boldsymbol{u}}{\partial x}\mathrm{d}s\right) \tag{4.21}$$

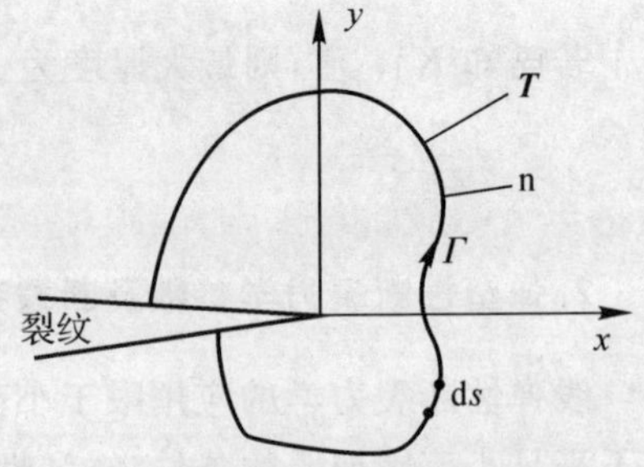

图 4.8　J 积分路线

可以证明，J 积分与积分路径无关，即为 J 积分的守恒性。

在小范围屈服的条件下，J 积分与应力强度因子 K 和能量释放率 G 具有对应关系，如平面应力的 Ⅰ 型裂纹问题有

$$J=\frac{K_{\mathrm{I}}^{2}}{E}=G_{\mathrm{I}} \tag{4.22}$$

由此可见，J 积分上具有能量释放率的物理意义。J 积分是表征材料弹塑性断裂行为的特征参

数，断裂准则为

$$J \geqslant J_{\mathrm{IC}} \tag{4.23}$$

J_{IC} 平面应变条件下的 J 积分临界值，即弹塑性断裂韧度，为材料常数，可以通过标准试验方法测定。

需要指出，塑性变形是不可逆的，因此求 J 值必须单调加载，不能有卸载现象。但裂纹扩展意味着有部分区域卸载，所以通常 J 积分不能处理裂纹的连续扩展问题，其临界值只是开裂点，不一定是失稳断裂点。

J_{IC} 试验中需要测定起裂点 J_{I}，可采用声发射或电位法等物理方法检测起裂点，也可以采用 J 积分阻力曲线法确定。应用 J 积分阻力法测定 J_{IC} 可参见有关国家标准。J 积分阻力曲线是 J 积分值(裂纹扩展阻力 J_{R}) 随裂纹扩展量 Δa 之间的关系曲线，也称 J_{R} 曲线。如图 4.9(a) 所示，当外加 J 积分值小于 J 积分的临界值 J_{IC} 时，裂纹钝化并不扩展；当外加 J 积分值超过 J_{IC} 时，裂纹起裂并稳定扩展。在标准阻力曲线的绘制中，常将裂纹钝化的影响除去，得到如图 4.9(b) 所示的 J_{R} 曲线。

对于韧性材料，J_{R} 随 Δa 增加而迅速上升，J_{R}-Δa 曲线表示了韧性材料随裂纹扩展而表现出来的抗裂潜力[82]，可由式

$$D = \frac{J_{\mathrm{IC}}}{(\mathrm{d}J_{\mathrm{R}}/\mathrm{d}\Delta a)_{\Delta a \to 0}} \tag{4.24}$$

表示的具有长度量纲的材料常数 D 来度量。D 的物理意义如图 4.9(b) 所示。如果裂纹扩展量 Δa 很小，则扩展段阻力曲线可用起裂点的切线近似。D 表示沿此切线使 J_{R} 值自 J_{IC} 加倍时裂纹扩展的距离。D 值越大，表明材料抗裂纹扩展能力弱；D 值越小，表明材料抗裂纹扩展能力强。

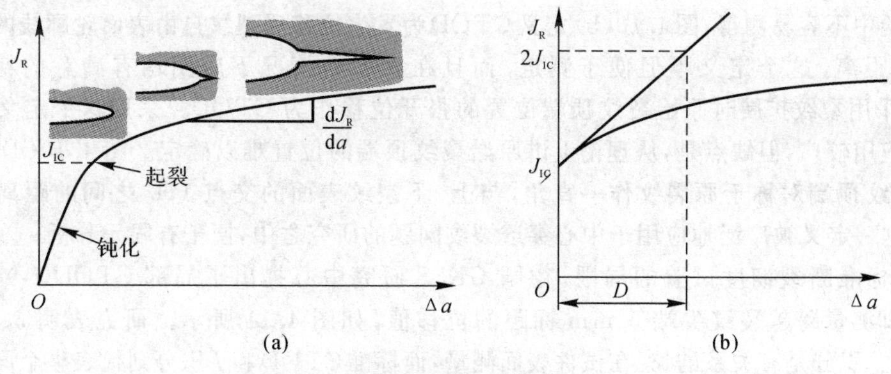

图 4.9　J_{R} 曲线

在实际生产中很少用 J_{IC} 来计算裂纹体的承载能力，这是因为在 J 积分的数学表达式中的应力和裂纹尺寸等参数的关系不像应力强度因子那样直接，即使知道 J_{IC} 值，也很难用来计算。目前，J 积分判据主要是通过用小试样测出 J_{IC}，换算成大试样的 K_{IC}，然后再根据 K_{I} 判据去解决中、低强度钢大型件的断裂问题。

(3) 裂纹张开位移

对承载裂纹体结构，由于裂纹尖端的应力高度集中，致使该地区材料发生塑性滑移，进而导致裂纹尖端的钝化，裂纹面随之张开，称为裂纹张开位移(COD)。根据不同的度量方法和

应用目的，裂纹张开位移常用裂纹尖端张开位移（CTOD 或 δ）和裂纹尖端张开角（CTOA）来表征。

① 裂纹尖端张开位移。Wells 认为裂纹尖端张开位移可以表征裂纹尖端附近的塑性变形程度，因此提出了 CTOD 判据[84-85]。当裂纹体受 Ⅰ 型载荷时，裂纹尖端张开位移 δ 达到极限值 δ_C 时裂纹会起裂扩展，断裂准则为

$$\delta \geqslant \delta_C \tag{4.25}$$

δ_C 为材料的裂纹扩展阻力，可通过标准试验方法测定。与 J 积分判据一样，CTOD 是一个起裂判据，而无法预测裂纹是否稳定扩展。

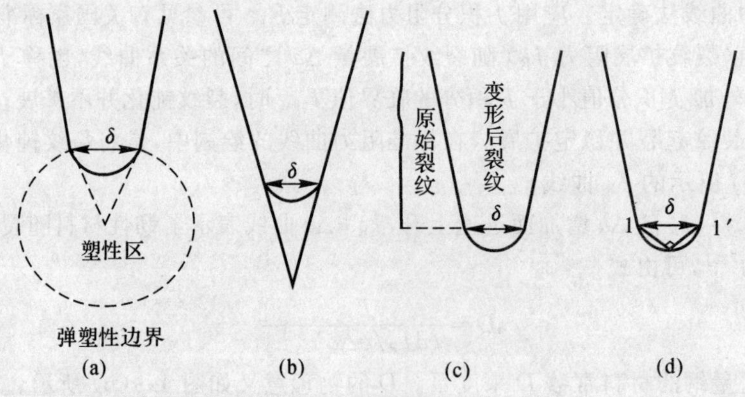

图 4.10 CTOD 定义方法

为了便于试验测定和数值计算，CTOD 常用的定义方法如图 4.10 所示。图 4.10(a) 采用变形后在裂纹表面上弹塑性区交界点处的位移量作为 CTOD，这一定义具有明显的力学意义，但实验中不容易测得；图 4.10(b) 定义 CTOD 为发生位移后裂纹自由表面轮廓线的切线在裂尖处的距离，这个定义不但便于测定，而且在大多数情况下应用均有满意的精度；图 4.10(c) 采用裂纹扩展时原始裂纹顶端位置的张开位移作为 CTOD。采用这个定义直观易懂，所以应用较广，但缺点是，从理论上讲原始裂纹顶端的位置难以确定。图 4.10(d) 采用从变形后裂纹顶端对称于原裂纹作一直角，与上、下裂纹表面的交点 1,1′ 之间的距离定义为 CTOD，这一定义被广泛地应用于中心穿透裂纹问题的研究之中，便于有限元分析。

鉴于标准断裂韧度试验的局限，德国 GKSS 研究中心提出了局部 CTOD(δ_5) 测试方法[85-86]，即测量跨越裂纹尖端 5 mm 标距的位移值，如图 4.11 所示。研究表明 δ_5 与标准 CTOD 和 J 积分是有关系的，δ_5 在试件表面测量，而标准 CTOD 和 J 积分则代表整个厚度的平均值，因此，δ_5 与这两个量的关系取决于厚度方向上裂纹的曲率。

在实际应用中，根据试验结果可获得不同的临界 CTOD 的特征值：

a. 延性起裂 CTOD 值 δ_i：原始裂纹起裂时的 CTOD 值。

b. 脆性起裂 CTOD 值 δ_c：原始裂纹稳态扩展小于 0.05 mm 的脆性失稳断裂点所对应的 CTOD 值。

c. 脆性失稳 CTOD 值 δ_u：原始裂纹稳态扩展大于 0.05 mm 的脆性失稳断裂点所对应的 CTOD 值。

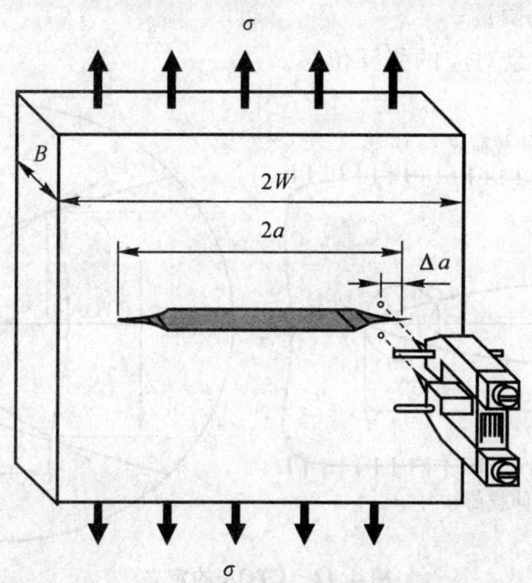

图 4.11　局部 CTOD 测量示意图

d. 最大载荷 CTOD 值 δ_m：试验中最大载荷点或最大载荷平台开始点所对应的 CTOD 值。

CTOD 是裂尖变形的直接量度，在材料发生整体屈服之前均适用。与 J 积分相似，在小范围屈服条件下 CTOD 与应力强度因子或应变能释放率是等价的。Irwin 和 Dugdale 分别给出了平面应力条件下的小范围屈服时无限大平板中心裂纹受到单向拉伸时的 δ 与 K_I 的关系，即

$$\delta = \begin{cases} \dfrac{4K_\text{I}^2}{\pi E\sigma_s} & \text{Irwin} \\ \dfrac{K_\text{I}^2}{E\sigma_s} & \text{Dugdale} \end{cases} \tag{4.26}$$

二者只相差一个系数 $4/\pi$。因此，δ 与 K_I 的一般关系为

$$\delta = a\frac{K_\text{I}^2}{E\sigma_s} \tag{4.27}$$

由此可得应变能释放率与 CTOD 的关系为

$$G = m\sigma_s\delta \tag{4.28}$$

J 积分与 CTOD 之间的一般关系为

$$J = k\sigma_s\delta \tag{4.29}$$

k 的值在 1.1～2.0 之间，其数值主要由试件的几何形状、约束条件和材料的硬化特性等决定。

② 裂纹尖端张开角。CTOA 可以定义为裂纹尖端到位于距裂尖后部特征距离为 d 处的裂纹两表面上两点之间所连直线的夹角[87-90]，如图 4.12 所示。

依据上述定义，CTOA 可由下式给出：

$$\text{CTOA} = 2\arctan\left[\delta/(2d)\right] \tag{4.30}$$

除此之外，还存在其他的定义方法，如

$$\text{CTOA} = 2\arctan\left(\frac{1}{2}\frac{d\delta}{da}\right) \tag{4.31}$$

式中 da —— 裂纹扩展微量；

$d\delta$ —— 与扩展微量对应的张开位移。

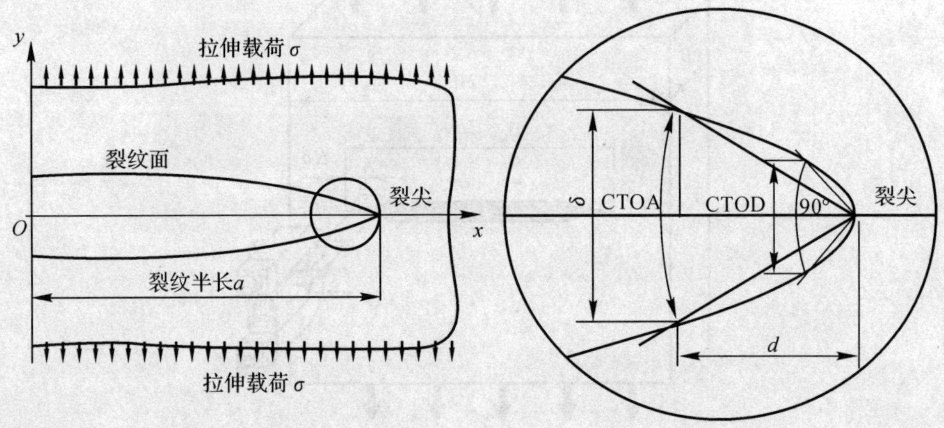

图 4.12 CTOA 的定义

考查式(4.31) 关于 CTOA 的定义可知，由于 $d\delta/da$ 实质为 $\delta-a$ 曲线的斜率，那么 CTOA 必然与张开位移存在一一对应关系。研究表明，裂纹处于稳定扩展阶段时 CTOA 保持为常数，也就是说，$d\delta/da$ 为常数，进而表明此时 $\delta-a$ 成线性关系，而不应为类似于 J_R 或 K_R 阻力曲线中的曲率分布。

然而，现实中确实存在如何确定 CTOA 的一些实际问题，如在 d 的大小、测量结果是否与试样尺寸相关、如何表征裂尖奇异性等。而且，目前关于长度 d 的定义并不统一，不同的研究者通常根据各自的情况来选择合适的检测长度，在多数情况下，$d=1$ mm。

就像应力强度因子 K 以及 J 积分分别对应于各自的材料性能 —— 临界 K_{IC}、临界 J_{IC} —— 一样，对一定结构的材料，CTOA 存在相应的临界值$(CTOA)_C$

$$(CTOA)_C = 2\arctan\left(\frac{1}{2}\lim_{\Delta a\to 0}\frac{\Delta\delta_t}{\Delta a}\right) \tag{4.32}$$

式中 δ_t —— 裂尖真实张开位移；

Δa —— 裂纹扩展量。

由于 $\lim\limits_{\Delta a\to 0}(\Delta\delta_t/\Delta a)$ 实质对应于裂纹起始临界张开位移 δ_i，因而 $(CTOA)_C = 2\arctan[\delta_i/2]$。例如，对常用的 X70 管线钢，其临界裂纹张开位移通常在 0.15 ～ 0.2 之间，那么由式(4.32) 可以计算对应的临界 CTOA 值为 8.6° ～ 11.4°。

Dawicke 等[91] 对薄板铝合金的CTOA进行了试验研究(见图4.13)，在发生撕裂裂纹稳定扩展后，试样 1/2 厚度处的 CTOA 值基本保持在一定值附近(见图 4.14)。

对 Ⅰ 型裂纹，当裂尖张开位移达到临界值时，裂纹开始扩展，之后裂纹扩展由 CTOA 控制。假设在裂纹稳定扩展阶段CTOA存在最大值$(CTOA)_{max}$，那么可以认为它实际代表了裂纹扩展的最大驱动力。该值在经过一个瞬时阶段后达到稳定值$(CTOA)_C$，因而裂纹扩展临界条件为

$$(CTOA)_{max} = (CTOA)_C \tag{4.33}$$

如果$(CTOA)_{max} < (CTOA)_C$，即使裂纹起始也不会扩展，更不会产生大范围韧性断裂。$(CTOA)_C$ 仅与材料性能、结构几何形状有关。

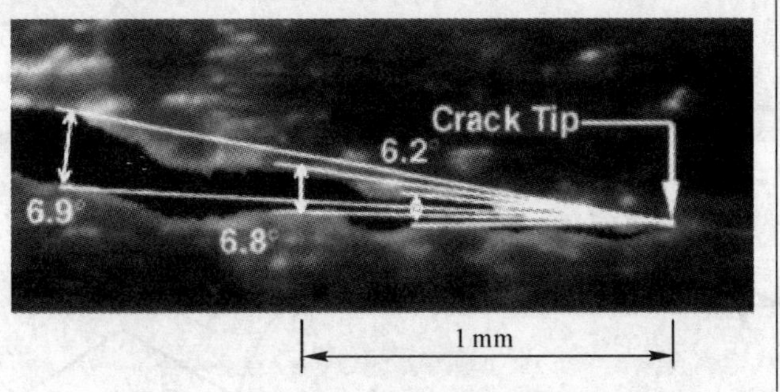

图 4.13　薄板铝合金稳定裂纹扩展后的图像

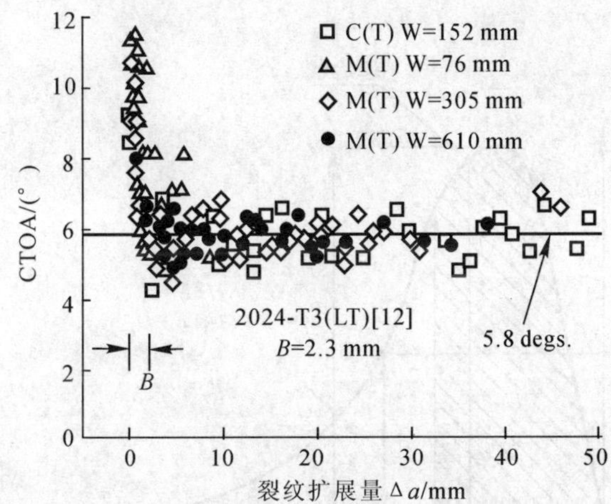

图 4.14　薄板铝合金的临界 CTOA

采用CTOD与CTOA作为裂纹起始判据具有相同的效果。在裂纹发生扩展行为后，随着裂尖的不断前进，CTOD已经失效，而CTOA则是一个随动参数，因而在裂纹延性扩展研究中多采用CTOA作为断裂控制参数。

目前，测定临界CTOA的方法主要有两种：一种是采用小试样三点弯曲试验直接测量；另一种则是采用两试样DWTT测量法。

三点弯曲试样CTOA的几何定义如图 4.15 所示。该方法测得的临界CTOA值受试样尺寸、初始裂纹长度，以及加载条件等因素的影响较大。两试样DWTT测量法可以克服这一不足，因而被广泛采用。

两试样DWTT测量法是基于对断裂过程能量的分析而建立的。研究表明，有裂纹试样的单位韧带面积断裂总能量与韧带长度之间存在线性关系，即

$$\frac{U}{B(W-a)}=R_C+S_C(W-a_0) \tag{4.34}$$

式中　U—— 断裂吸收的总能量；

B—— 试样厚度。

能量关系曲线如图 4.16 所示。

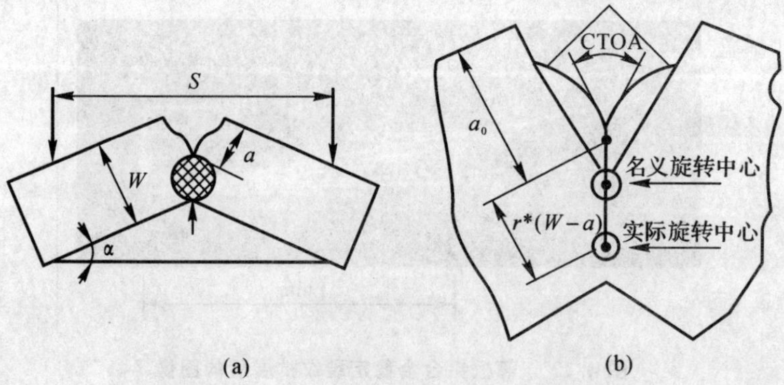

图 4.15 三点弯曲试样 CTOA 的几何定义

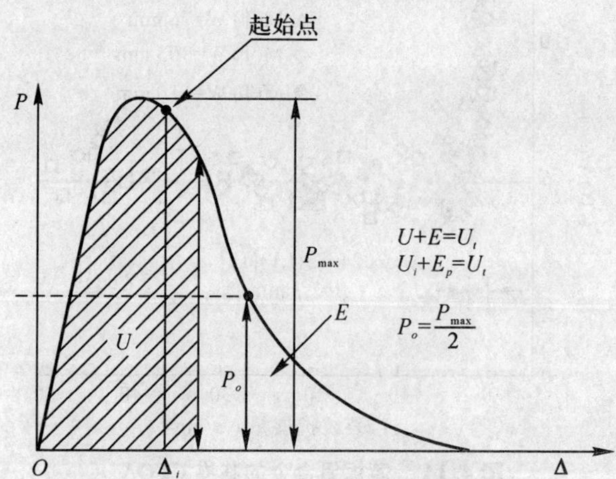

图 4.16 从载荷-位移曲线确定断裂起始点和起始能

在式(4.34)中,R_C 和 S_C 为材料常数。试样厚度的减小,使 R_C 相应降低,但仅使材料韧性出现微小下降,因而,对大的韧带尺寸,不同的试样厚度对断裂能的影响很小。试样扩展能仅取决于$(CTOA)_C$ 和韧带长度。在国际单位制下,临界$(CTOA)_C$ 与 S_C 的关系式为

$$(CTOA)_C = \frac{180}{\pi} \times 2\,571 \times \frac{S_C}{\sigma_{od}} \tag{4.35}$$

式中 σ_{od}—— 动态流变应力,$\sigma_{od} = 0.65(\sigma_y + \sigma_u)$;

σ_u—— 最大拉伸强度。

S_C 是断裂能与试样韧带长度线性关系的斜率(见图 4.17),因此只要确定两个不同裂纹长度的试样的断裂能量,就可以确定 S_C 值,进而计算出临界 CTOA 值。这就是两试样法测定临界 CTOA 的依据。由试验获得两种初始裂纹长度($a_2 > a_1$)下的总断裂能$(E_t/A)_1$ 和$(E_t/A)_2$,有

$$S_C = \frac{(E_t/A)_1 - (E_t/A)_2}{a_2 - a_1} \tag{4.36}$$

将式(4.36)结果代入式(4.35),即可计算$(CTOA)_C$(单位为(°))。

$$(CTOA)_C = \frac{180 \times 2571 \times [(E_t/A)_1 - (E_t/A)_2]}{\pi \sigma_{od}(a_2 - a_1)} \tag{4.37}$$

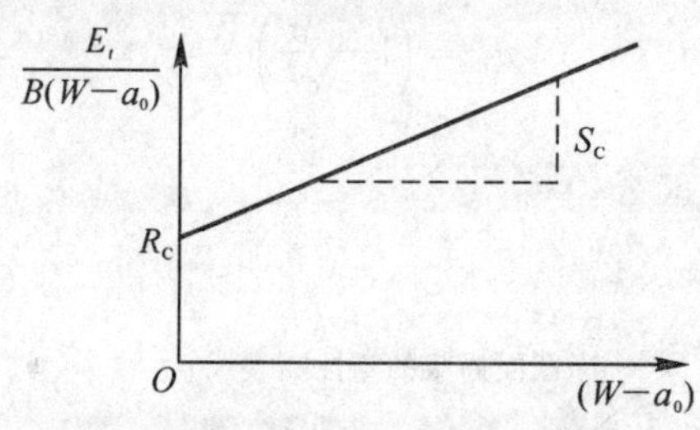

图 4.17　断裂能与韧带长度关系

Demofonti 等人利用两试样 DWTT 试验测定管线钢的$(\mathrm{CTOA})_C$[89]。选用的试样长为 305 mm,跨距为 254 mm,宽为 $W=76$ mm,厚度为管道壁厚。试样分成两组,每组最少为 3 件,其中一组加工出 10 mm 的缺口,即 $W-a_0=66$ mm,而另一组 $W-a_0=38$ mm。试样一次冲断,保证试样断面 100% 为延性断裂,记录载荷-时间以及试样冲击点的位移-时间曲线,并转化为载荷-位移曲线,进而确定总断裂能。

由试验获得两种初始裂纹长度下的总断裂能$(E_t/A)_{66}$ 和$(E_t/A)_{38}$,代入式(4.36) 可得

$$S_C=\frac{(E_t/A)_{66}-(E_t/A)_{38}}{28} \tag{4.38}$$

将式(4.38) 代入式(4.35) 可计算$(\mathrm{CTOA})_C$。

表 4.1 给出了典型管线钢材料性能与采用两试样 DWTT 试验方法测定临界 CTOA 值。

表 4.1　管线钢材料性能与临界 CTOA

钢级	屈服强度/MPa	拉伸强度/MPa	夏比冲击能/J/mm²	DWTT 冲击能/(J/mm²)	临界 CTOA/(°)
X65	447	596	0.96	3.55	8.6825
X70	475	497	1.59	4.87	10.675
X80	541	658	2.01	7.06	10.9675

4.1.3　剩余强度

这里以宽为 W 的中心裂纹板为例,分析结构的剩余强度问题。根据线弹性断裂准则,当 $K_{\mathrm{I}}=\sigma\sqrt{\pi a}=K_{\mathrm{IC}}$ 时,结构发生断裂。由此得到结构的剩余强度为

$$\sigma_C=\frac{K_{\mathrm{IC}}}{\sqrt{\pi a}} \tag{4.39}$$

σ_C 与裂纹长度 a 的关系曲线如图 4.18 中的虚线所示。对于高韧性材料,构件上的应力会高到使整个净截面在断裂发生前先产生屈服,最后导致构件破坏。对于这种净截面屈服破坏,可以直接用截面上的净应力与材料的屈服强度的关系建立破坏判据。图中的实线为净截面发生屈服的应力与裂纹长度 a 的关系,该线上的点表示未开裂的韧带部分$(W-2a)$ 的净应力已达到屈服应力。在远场应力 σ 的作用下,发生净截面屈服断裂的最大裂纹尺寸为

$$(W-2a_n)\sigma_s=W\sigma \tag{4.40}$$

即

$$a_n = \left(1 - \frac{\sigma}{\sigma_s}\right)\frac{W}{2} \tag{4.41}$$

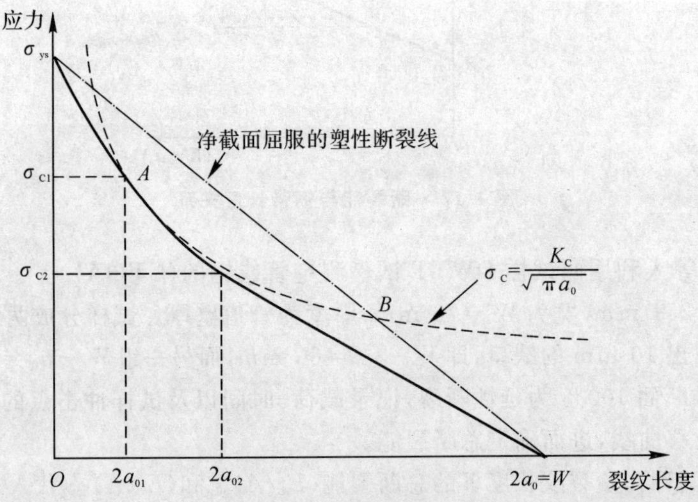

图 4.18　剩余强度图

从图 4.18 所示可以看出，在 $2a$ 很小（A 点以左）或 $2a$ 较大（B 点以右）时，根据断裂准则计算出的断裂应力 σ_C 已超过净截面屈服应力，即在裂纹失稳扩展以前，净截面已发生屈服。当裂纹长度小于某一数值时，在净截面断裂前，材料的应变硬化能力可以使韧带屈服向全面屈服转变。发生全面屈服的最大裂纹尺寸为

$$(W - 2a_g)\sigma_u = W\sigma_s \tag{4.42}$$

即

$$a_g = \left(1 - \frac{\sigma_s}{\sigma_u}\right)\frac{W}{2} \tag{4.43}$$

式中　σ_u—— 材料的极限强度。

由此可见，在板宽一定的情况下，a_g 的大小取决于 σ_s/σ_u。对于脆性材料，σ_s/σ_u 接近于 1，因此不可能发生全面屈服断裂。

在线弹性断裂和净截面屈服断裂之间还存在另一种断裂类型，即净截面屈服还未发生，但裂纹尖端塑性区已不符合小范围屈服的条件，这种情况就属于弹塑性断裂问题。为了简化分析，工程上常采用一些近似方法来处理这类问题，切线法就是其中一种。含中心裂纹有限宽板剩余强度分析的切线法是分别从 $\sigma = \sigma_s$ 和 $2a = W$ 两点向线弹性断裂曲线作切线，两条切线与原线弹性断裂曲线共同组成弹塑性断裂线。线弹性断裂曲线的斜率为

$$\frac{d\sigma}{d(2a)} = \frac{d\sigma}{d(2a)}\left(\frac{K_C}{\sqrt{\pi a}}\right) = -\frac{\sigma}{4a} \tag{4.44}$$

通过点$(0,\sigma_s)$与线弹性断裂曲线相切的切点$(\sigma_1, 2a_1)$满足下列关系

$$-\frac{\sigma}{4a_1} = -\frac{\sigma_s - \sigma_1}{2a_1} \tag{4.45}$$

即

$$\sigma_1 = \frac{2}{3}\sigma_s$$

这表明左切点的纵坐标总等于 $2/3\sigma_s$。又因为 $\sigma_1 = K_C/\sqrt{\pi a_1}$，因此有

$$2a_1 = \frac{9}{2\pi}\left(\frac{K_C}{\sigma_s}\right)^2 \tag{4.46}$$

通过点(W,0) 与线弹性断裂曲线相切的切点(σ_2,$2a_2$) 满足下列关系

$$-\frac{\sigma_2}{4a_2} = -\frac{\sigma_2}{W-2a_2} \tag{4.47}$$

由此得

$$2a_2 = \frac{W}{3}$$

这表明右切点的横坐标位于板宽的 1/3 处。

在实际应用中,可以将按线弹性断裂力学确定的剩余强度曲线、净截面屈服的塑性断裂线,以及按切线近似的弹塑性断裂线绘制在一起,根据具体问题来判断应该选择哪条曲线作为剩余强度分析的依据。

4.1.4　双判据法

如前所述,含裂纹构件有两种失效机制,即由裂纹尖端应力应变场特征参数所控制的脆性断裂和以极限载荷控制的塑性失稳破坏。以何种机制破坏出现,取决于两种控制参数的竞争结果。双判据法是综合考虑两种破坏机制对构件失效的作用,建立两种失效机制共存情况下的断裂评定准则。双判据法使用失效评定图(失效评定曲线) 对含缺陷结构的完整性进行评定。

1. 失效评定图的基本原理

失效评定图的概念最早是由英国中央电力局(CEGB) 提出的,又称 R6 评定方法。CEGB R6 评定方法——带缺陷结构的完整性评定的 R/H/R6 报告——于 1976 年发表,1977 年第一次修订[92],简称 R6 方法(1980 年第二次修订,1986 年进行第三次修订)。2000 年,R6 发布了第四次修订版[93],该方法集中反映了弹塑性断裂力学的发展。

失效评定图(见图 4.19) 纵坐标轴和横坐标轴分别代表断裂驱动力与断裂韧性的比率以及施加载荷与塑性失稳载荷的比率,可用以下两个参数表示:

$$K_r = \frac{K}{K_{mat}} \quad 或 \quad K_r = \sqrt{\delta_r} = (\delta/\delta_{mat})^{1/2} \tag{4.48}$$

$$L_r = \frac{P}{P_L(\sigma_y)} \tag{4.49}$$

式中,K 或 δ 为断裂驱动力;K_{mat} 或 δ_{mat} 为断裂阻力;P 为作用载荷;P_L 为含缺陷结构的极限载荷。K_r 和 L_r 取决于施加载荷、材料性能以及裂纹尺寸、形状等几何参数。

失效评定图根据材料、载荷数据的不同,有多种评定选择。当仅知道材料屈服应力时,失效评定图最为简单,即为

$$f(L_r) = (1+0.5L_r^2)^{-1/2}[0.3+0.7\exp(-0.6L_r^6)] \tag{4.50}$$

截断线位于塑性失稳点 $L_r < L_r^{max} \equiv \frac{1}{2}(1+\frac{\sigma_u}{\sigma_y})$,$\sigma_u$ 为流变应力。

当采用上述方法对有缺陷构件进行失效分析时,需要按有关规范要求对缺陷进行规则化处理,然后分别计算 K_r 和 L_r 并标在失效评定图上作为评定点,如果评定点位于坐标轴与失效

评定曲线之间，则结构是安全的，根据评定点的位置可评估缺陷的危险程度；如果评定点(K_r，L_r)位于失效曲线之外的区域，则结构是不安全的；如果评定点落在失效评定曲线、截断线($L_r = L_r^{max}$)以及纵、横坐标之间，则缺陷是安全的，否则缺陷是不安全的。如果评定点落在失效曲线上，则结构处于临界状态。

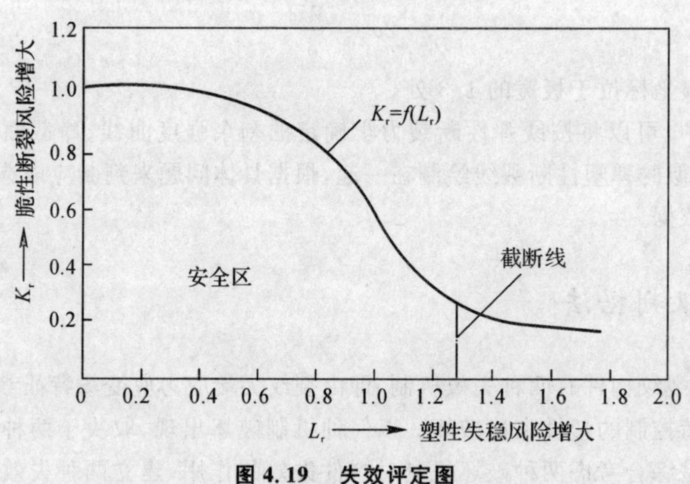

图 4.19 失效评定图

截断线($L_r = L_r^{max}$)的位置取决于材料：对于奥氏体不锈钢，$L_r^{max} = 1.8$；对于无平台的低碳钢及奥氏体不锈钢焊缝，$L_r^{max} = 1.25$；对于无平台的低合金钢及焊缝，$L_r^{max} = 1.15$；对于具有长屈服平台的材料，$L_r^{max} = 1.0$。

根据评定点在失效评定图所处的位置，可判断结构断裂的模式(见图 4.20)，结构的不同断裂模式与其断裂控制参数相对应。

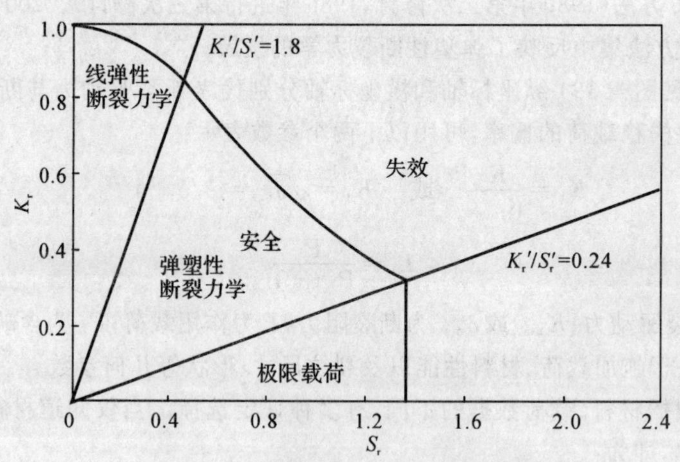

图 4.20 断裂模式与失效评定曲线

2. 失效评定曲线类型

R6 第 4 版的失效评定曲线根据已知材料、载荷数据的不同，共有 3 种类型评定曲线供选择。当仅知道材料屈服应力时，可以采用选择 1。式(4.50) 是无屈服平台材料的选择 1 失效评定曲线，计算中所需的抗拉强度 σ_b 是由屈服强度 σ_y 保守估算的。当材料是有屈服平台材料或者不能排除材料不具有屈服平台时，失效评定曲线的函数为

$$f(L_r)=(1+0.5L_r^2)^{-1/2} \qquad L_r \leqslant L_r^{\max} \tag{4.51}$$

$$f(L_r)=0 \qquad L_r > L_r^{\max}$$

截断线为 $L_r^{\max}=1$。

选择 2 则需要材料的应力应变关系曲线。选择 2 有 3 种曲线。

当已知材料应力应变关系数据时的选择 2 曲线为

$$f_2(L_r)=\left(\frac{E\varepsilon_{\text{ref}}}{L_r\sigma_y}+\frac{L_r^3\sigma_y}{2E\varepsilon_{\text{ref}}}\right)^{-1/2} \qquad L_r \leqslant L_r^{\max} \tag{4.52}$$

$$f(L_r)=0 \qquad L_r > L_r^{\max}$$

截断线为

$$L_r^{\max}=\frac{1}{2}\left(1+\frac{\sigma_b}{\sigma_y}\right)$$

式中，ε_{ref} 为参考应变，是单轴拉伸真实应力应变关系曲线上真实应力等于 $\sigma_{\text{ref}}=L_r\sigma_y$ 时的真实应变。

当不知道材料应力应变关系数据时，有两种可供选择的近似曲线，分别用于无屈服平台的连续屈服材料和有屈服平台的非连续屈服材料，只要求知道材料的屈服强度、抗拉强度和弹性模量，不需要知道应力应变关系曲线。

① 具有连续屈服(即无屈服平台) 材料选用的近似选择 2 曲线的分段函数为

$$f(L_r)=(1+0.5L_r^2)^{-1/2}[0.3+0.7\exp(-0.6\mu L_r^6)] \qquad L_r \leqslant 1 \tag{4.53a}$$

$$f(L_r)=f(1)L_r^{(N-1)/2N} \qquad 1 < L_r \leqslant L_r^{\max} \tag{4.53b}$$

$$f(L_r)=0 \qquad L_r > L_r^{\max} \tag{4.53c}$$

截断线为

$$L_r^{\max}=\frac{1}{2}\left(1+\frac{\sigma_b}{\sigma_y}\right)$$

其中

$$\mu=\min[0.001(E/\sigma_y),0.6]$$

$f(1)$ 是按式(4.53) 计算的 $L_r=1$ 时的 $f(L_r)$，以保证 $f(L_r)$ 在 $L_r=1$ 时连续。

N 为材料应力塑性应变关系用幂函数拟合得到的指数，$N=0.3(1-\sigma_y/\sigma_b)$，这是根据 19 种材料数据整理得到的下限值，实际值可能是计算值的 1～5 倍，也就是说 $L_r>1$ 的 $f(L_r)$ 的计算是非常保守的。

② 具有不连续屈服(有屈服平台) 材料的近似选择 2 曲线的分段函数为

$$f(L_r)=(1+0.5L_r^2)^{-1/2} \qquad L_r < 1 \tag{4.54a}$$

$$L_r=1 \qquad f(1^-) < f(L_r) < f(1^+) \tag{4.54b}$$

$$f(L_r)=f(1^+)L_r^{(N-1)/2N} \qquad 1 < L_r \leqslant L_r^{\max} \tag{4.54c}$$

$$f(L_r)=0 \qquad L_r > L_r^{\max} \tag{4.54d}$$

从式(4.54) 可以看出，该曲线在 $L_r=1$ 处有出现陡降的直线段，从 $f(1^-)$ 下降至 $f(1^+)$，如图 4.21 所示，其中 $f(1^-)$ 是按式(4.54) 计算的 $L_r=1$ 时的 $f(L_r)$。

$$f(1^+)=(\lambda+1/2\lambda)^{0.5}$$

$$\lambda=1+E\Delta\varepsilon/\sigma_y$$

这里 $\Delta\varepsilon$ 为屈服平台长度(见图 4.22)，$\Delta\varepsilon=0.0375(1-\sigma_y/1\,000)$。

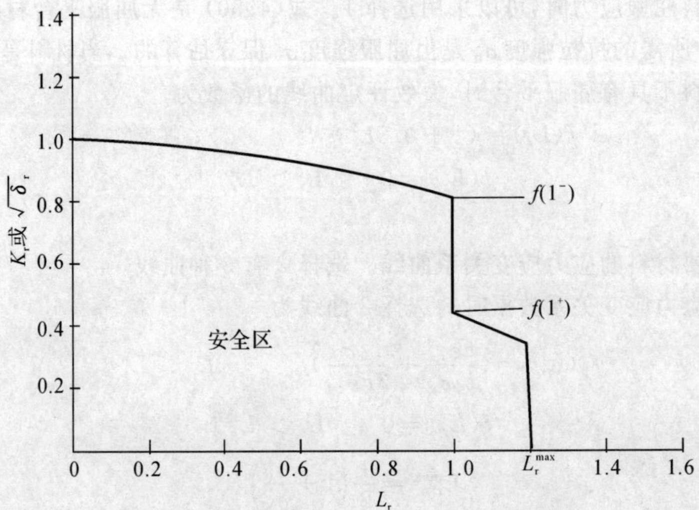

图 4.21　具有屈服平台材料的失效评定曲线

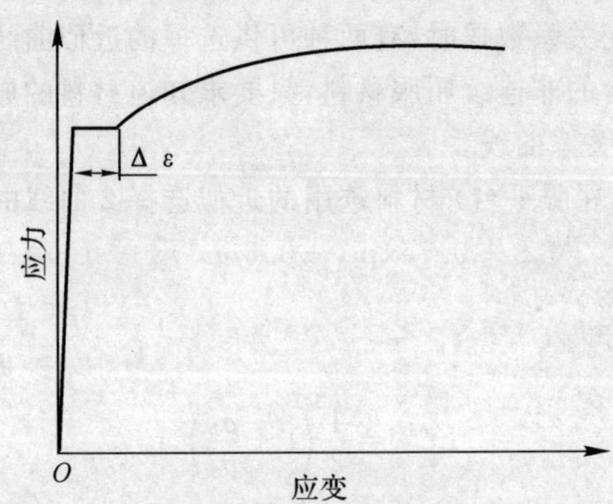

图 4.22　具有屈服平台材料的应力应变曲线

如果既无应力应变关系数据，又不知道其是否是非连续屈服（有屈服平台）材料，可根据材料屈服强度、材料化学组成及热处理方式按规范要求判断是否为不连续屈服材料。

如果知道 J 积分，就可以进行评定选择 3：

$$\left.\begin{aligned} &f_3(L_r)=(J/J_e)^{-1/2} && L_r\leqslant 1 \\ &f(L_r)=0 && L_r>L_r^{max} \end{aligned}\right\}\tag{4.55}$$

截断线为

$$L_r^{max}=\frac{1}{2}\left(1+\frac{\sigma_b}{\sigma_y}\right)$$

式中，J 和 J_e 分别代表在同一载荷下用弹塑性分析和弹性分析得到的 J 积分值。该方程同时取决于材料性能和试样的几何形状，J 积分通常表示为 $J=K^2(E'f(L_r)^2)$。选择 3 相对复杂，要有材料性能、裂纹尺寸等详细数据，但可大大降低评定结果的保守性。

4.2　焊接接头线弹性断裂力学分析

对焊接接头区的裂纹进行断裂力学分析的主要问题之一是计算应力强度因子。对形状复杂的裂纹和接头几何形状，应力强度因子的计算分析也较为复杂。这里仅介绍典型的焊趾表面裂纹和根部裂纹应力强度因子的分析方法。

4.2.1　焊趾表面裂纹应力强度因子

焊趾表面裂纹短轴顶端(见图 4.23)的应力强度因子可以表示为[94-95]

$$K=\frac{M_S M_T M_K}{\Phi_0}\sigma\sqrt{\pi a} \tag{4.56}$$

式中，M_S，M_T 和 M_K 分别为自由表面修正系数、有限厚度修正系数和应力集中修正系数。Φ_0 为第二类完全椭圆积分，即

$$\Phi_0=\int\left[1-\left(1-\frac{a^2}{c^2}\right)\sin^2\varphi\right]\mathrm{d}\varphi \tag{4.57}$$

对于浅长裂纹 $a/c\approx 0$，$\Phi_0\approx 1$。

M_S 值决定于裂纹深度与宽度的比值 $a/2c$，即

$$M_S=1+0.12\left(1-0.75\,\frac{a}{c}\right) \tag{4.58}$$

M_T 为有限厚度修正系数，其数值取决于裂纹的轮廓，$a/2c$ 以及裂纹深度与板厚的比值 a/B。联合修正系数 $M_S M_T/\Phi_0$ 与 $a/2c$ 和 a/B 的关系如图 4.24 所示。

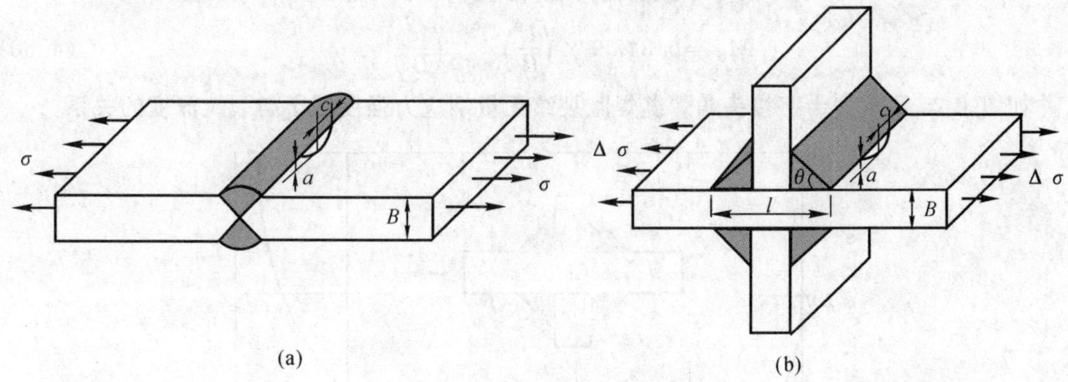

图 4.23　焊趾表面裂纹示意图

(a) 对接接头；(b) 十字接头

在 $2c=6.71+2.58a$ 的条件下，可采用联合修正系数$\frac{M_S M_T}{\Phi_0}$，即

$$\frac{M_S M_T}{\Phi_0}=1.122-0.231\left(\frac{a}{B}\right)+10.55\left(\frac{a}{B}\right)^2-21.7\left(\frac{a}{B}\right)^3+33.19\left(\frac{a}{B}\right)^4 \tag{4.59}$$

M_K 为应力集中修正系数。对于深度无限小的裂纹，M_K 可取应力集中因数。当裂纹深度增加时，裂纹简短逐渐远离焊趾应力集中区，因此，M_K 随裂纹深度的增加而减小。对于对接

接头，$a/B=0.4$；当不承载角焊缝时，$a/B \geqslant 0.6$；当承载角焊缝时，$a/B \geqslant 0.7$，$M_K=1.0$。

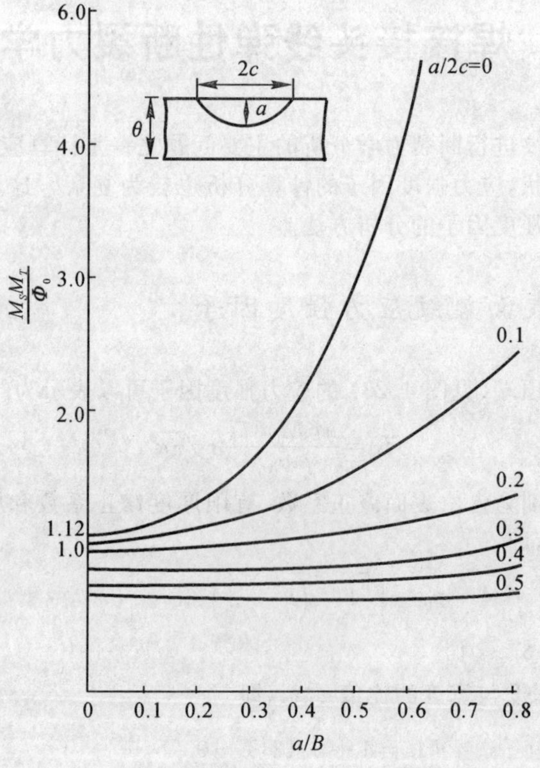

图 4.24　联合修正系数 $M_S M_T/\Phi_0$ 与 $a/2c$ 和 a/B 的关系

对于如图 4.23(b) 所示的十字接头角焊缝焊趾裂纹，在 $M_K>1.0$ 时可按下式计算

$$M_K=0.8479\times\left(\frac{L}{B}\right)^{0.063}\left(\frac{a}{B}\right)^{-0.279} \tag{4.60}$$

如图 4.25 所示为十字接头角焊缝焊趾裂纹无量纲应力强度因子与裂纹深度的关系。

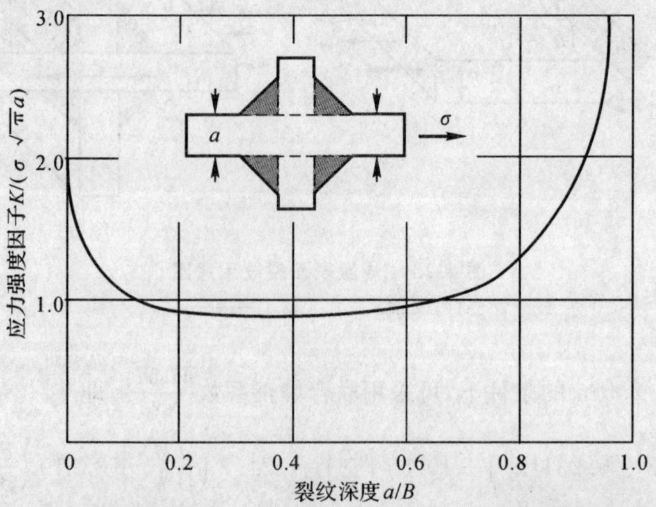

图 4.25　十字接头角焊缝焊趾裂纹无量纲应力强度因子与裂纹深度的关系

对接接头焊趾裂纹 M_K 为

$$M_K = \left(2.5 \times \frac{a}{B}\right)^{-q} \tag{4.61}$$

式中　$q = \lg(11.584 - 0.0588\theta)/\lg 200$

4.2.2　焊缝根部裂纹应力强度因子

焊缝根部裂纹(见图 4.26) 应力强度因子可以表示为[3,14,96]

$$K = M_K \sigma \sqrt{\pi a \sec\left(\frac{\pi a}{W}\right)} \tag{4.62}$$

式中
$$M_K = \frac{A_1 + A_2 \dfrac{2a}{W}}{1 + \dfrac{2h}{B}}$$

A_1 和 A_2 是 h/B 的多项式。

$$A_1 = 0.528 + 3.278\left(\frac{h}{B}\right) - 4.361\left(\frac{h}{B}\right)^2 + 3.696\left(\frac{h}{B}\right)^3 - 1.875\left(\frac{h}{B}\right)^4 + 0.425\left(\frac{h}{B}\right)^5 \tag{4.63}$$

$$A_2 = 0.218 + 2.717\left(\frac{h}{B}\right) - 10.171\left(\frac{h}{B}\right)^2 + 13.122\left(\frac{h}{B}\right)^3 - 7.755\left(\frac{h}{B}\right)^4 + 1.783\left(\frac{h}{B}\right)^5 \tag{4.64}$$

如图 4.27 所示为十字接头角焊缝根部裂纹无量纲应力强度因子与裂纹几何尺寸的关系。

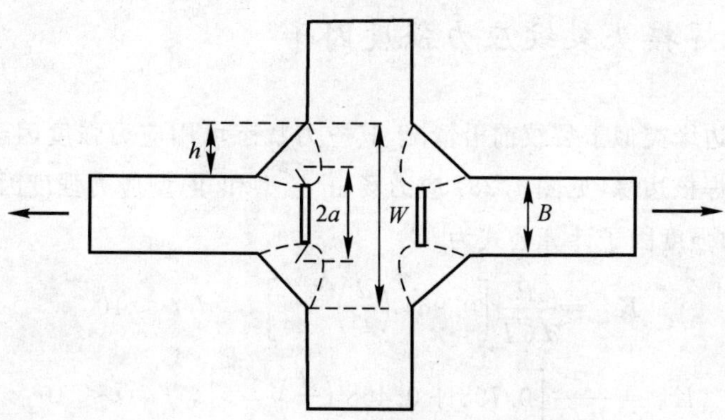

图 4.26　横向承载的十字接头根部裂纹

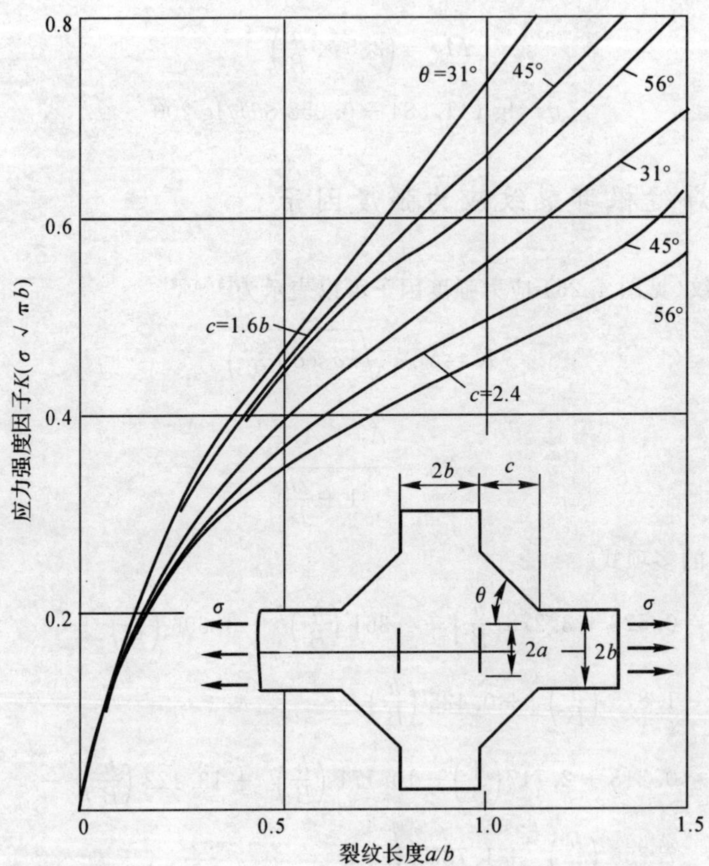

图 4.27 十字接头角焊缝根部裂纹无量纲的应力强度因子与裂纹长度、焊脚尺寸和焊缝坡口角度的关系

4.2.3 点焊接头裂纹应力强度因子

点焊接头焊核边缘类似于裂纹前沿情况，其应力状态可用应力强度因子来表征[97-99]。承受剪力的搭接点焊焊核边缘（见图 4.28）应力场由 Ⅰ 型和 Ⅱ 型应力强度因子复合主导，Pook 提出的 A,B 点应力强度因子计算公式为[100]

$$K_{\mathrm{I}}=\frac{P}{d\sqrt{d}}\left[0.964\left(\frac{d}{t}\right)^{0.397}\right],\quad d/t\leqslant 10 \tag{4.65a}$$

$$K_{\mathrm{II}}=\frac{P}{d\sqrt{d}}\left[0.798+0.458\left(\frac{d}{t}\right)^{0.710}\right],\quad d/t\leqslant 10 \tag{4.65b}$$

等效应力强度因子可以表示为

$$K_{\mathrm{eq}}=\sqrt{K_{\mathrm{I}}+\beta K_{\mathrm{II}}} \tag{4.66}$$

式中，β 为材料对型裂纹的敏感性系数，与材料的类型有关。

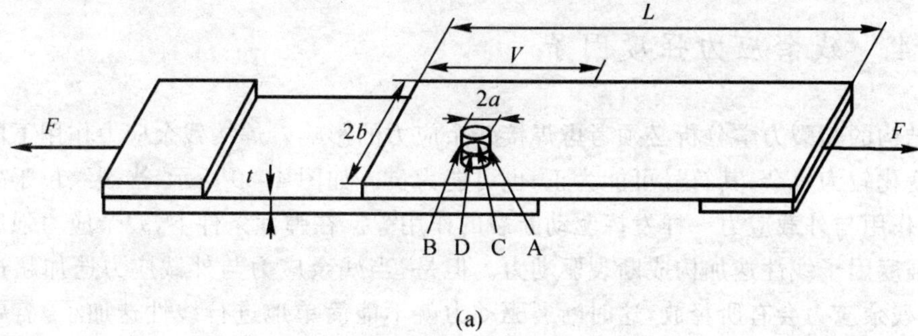

(a)

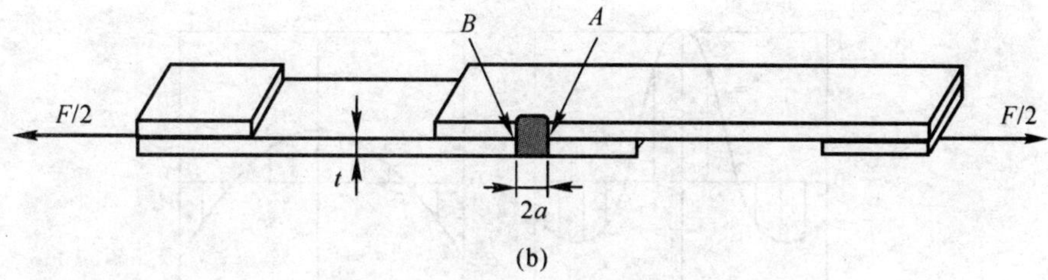

(b)

图 4.28　承受剪切拉伸的点焊接头

承受撕裂拉伸载荷的点焊接头(见图 4.29)焊核边缘的应力强度因子计算公式为

$$K_{\mathrm{I}}=\frac{\sqrt{3}P}{2t\sqrt{t}}\left[1.02+0.92\ln\frac{2e}{d}+0.17\left(\ln\frac{2e}{d}\right)^{2}\right],\quad e/d\leqslant 2.5 \tag{4.67}$$

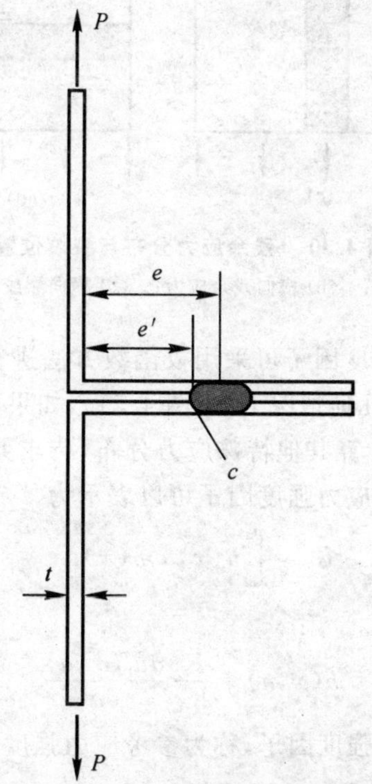

图 4.29　承受撕裂拉伸的点焊接头

4.2.4 残余应力强度因子

焊接结构的断裂力学分析必须考虑焊接残余应力的影响。焊接残余应力作用下的应力强度因子的变化较为复杂,其符号可能为正,也可能为负。如图 4.30 所示,当裂纹位于残余拉应力区时,其作用与外载应力一样发挥驱动断裂的作用[3]。在弹性条件下,残余应力强度因子与外载应力强度因子线性迭加构成断裂驱动力。但是,当残余应力与外载应力迭加超过材料屈服极限时,残余应力会有所释放,这时断裂驱动力就不能简单地进行线性迭加了,需要进行塑性修正。

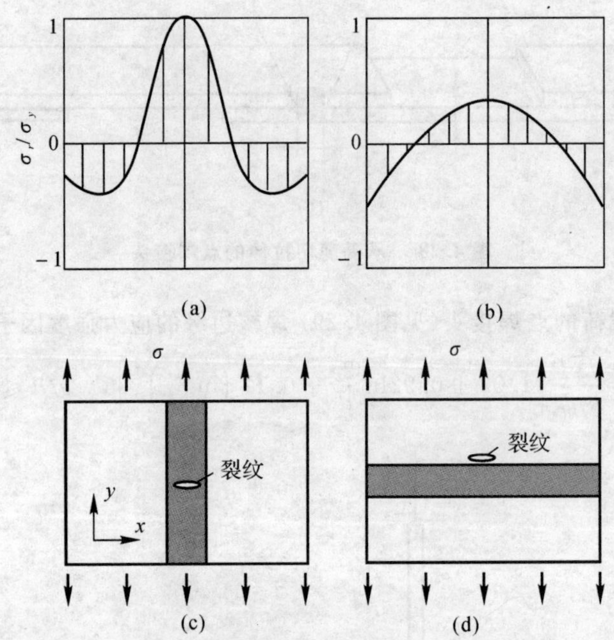

图 4.30 残余应力分布与裂纹位置

(a) 纵向残余应力; (b) 横向残余应力; (c) 横向裂纹; (d) 纵向裂纹

焊接残余应力场中的应力强度因子可采用权函数方法进行计算[100-101]。根据权函数方法的原理,在相同形状构件和裂纹几何情况下(见图 4.31),如果已知一个简单应力分布(称为参考系统)的应力强度因子,则可计算其他特殊应力分布(待求系统)的应力强度因子。若残余应力的分布函数为 $\sigma(x)$,则残余应力强度因子可以表示为

$$K_r = \int_0^a h(x,a)\sigma(x)\,\mathrm{d}x \tag{4.68}$$

式中,$h(x,a)$ 为权函数,即

$$h(x,a) = \frac{E'}{K_r}\frac{\partial u_r(x,a)}{\partial a} \tag{4.69}$$

式中,K_r 为已知应力分布的应力强度因子,称为参考应力强度因子;$u_r(x,a)$ 为与 K_r 对应的裂纹张开位移函数。

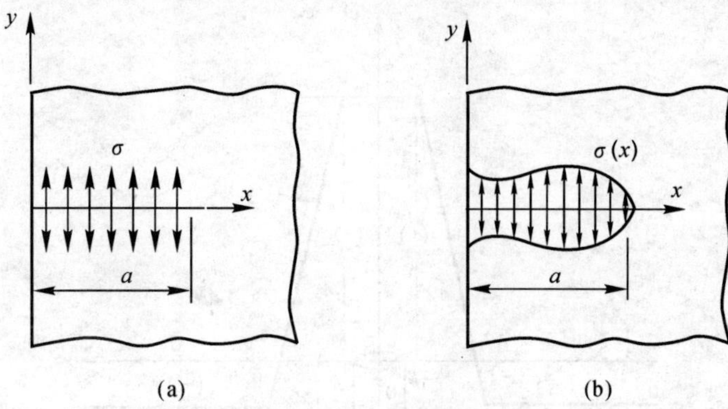

图 4.31　权函数方法原理

(a) 参考系统；(b) 待求系统

例如，当应用权函数方法计算对接接头中心裂纹的纵向残余应力强度因子时，参考应力强度因子可选为 $K_r=\sigma\sqrt{\pi a}$，$u_r(x,a)=\frac{\sigma}{E'}\sqrt{a^2-x^2}$，代入式(4.69)可得

$$h(x,a)=\frac{1}{\sqrt{\pi a}\sqrt{1-(x/a)^2}} \tag{4.70}$$

如果纵向残余应力 $\sigma_r^L(x)$ 关于焊缝中心对称分布(见图 4.32)，在板厚方向皆为此分布，则有

$$K_r=\frac{2}{\sqrt{\pi a}}\int_0^a\frac{\sigma_r^L(x)}{\sqrt{1-(x/a)^2}}\mathrm{d}x \tag{4.71}$$

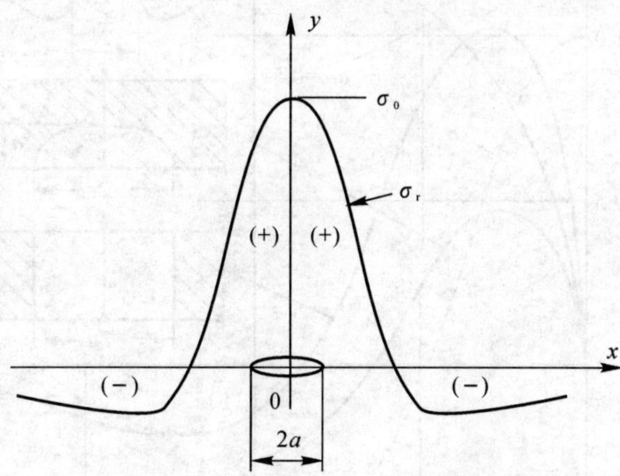

图 4.32　残余应力场中的裂纹

为积分方便，可将残余应力分布简化为分段线性函数，如图 4.33 所示。

若 $a\leqslant b$，则有

$$K_r=\sigma_0\sqrt{\pi a} \tag{4.72}$$

若 $b<a\leqslant l$，则有

$$K_r=\sigma_0\sqrt{\pi a}(2/\pi)\left\{\frac{\pi}{2}-\frac{1}{l-b}\left[\sqrt{(a^2-b^2)}-\frac{b\pi}{2}+b\arcsin^{-1}\left(\frac{b}{a}\right)\right]\right\} \tag{4.73}$$

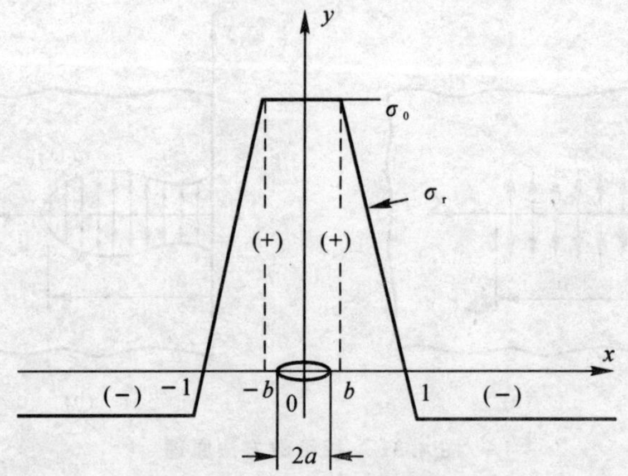

图 4.33 残余应力分布的简化

如图 4.34 所示为对接接头横向穿透裂纹和表面裂纹的残余应力强度因子。在残余应力分布一定的条件下，穿透裂纹的残余应力强度因子随裂纹尺寸增大到某一峰值后下降直至零点及零点以下。当裂纹扩展至负应力强度因子区将会受到明显的抑制。如果仅考虑裂纹扩展的驱动力，则仅计及正应力强度因子。

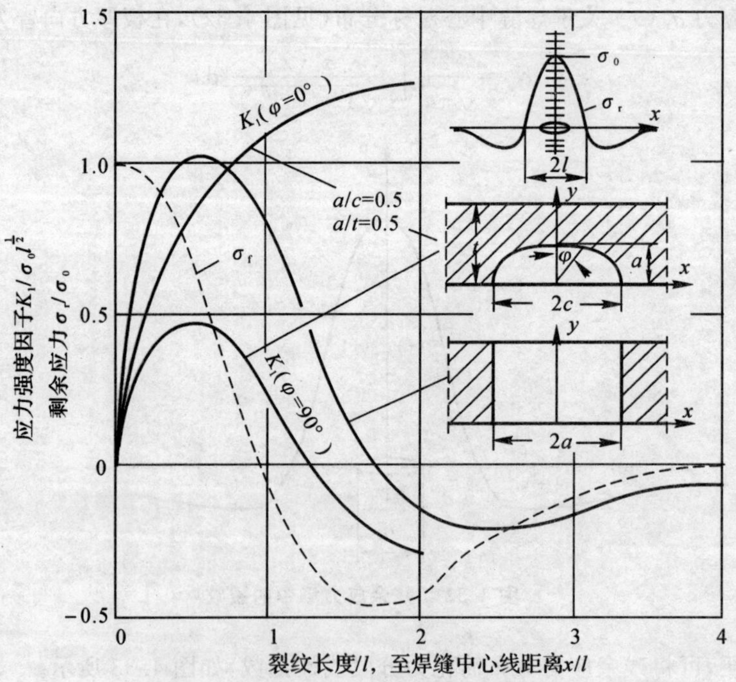

图 4.34 对接接头横向穿透裂纹和表面裂纹的残余应力强度因子

如图 4.34 所示的穿透裂纹残余应力强度因子曲线可拟合[14]为

$$K_r = \sigma_0 \sqrt{\pi a}\, e^{-0.42(a/l)^2} \left[1 - \frac{1}{\pi}\left(\frac{a}{l}\right)^2\right] \tag{4.74}$$

即当 $a/l > \sqrt{\pi}$ 时出现负应力强度因子，负应力强度因子的出现取决于残余应力的分布。

对于上述残余应力场中的半椭圆表面裂纹，裂纹前沿各点处的应力强度因子分布不同。在裂纹嘴处($\varphi=\pi/2$)的应力强度因子变化规律与穿透裂纹类似，但低于穿透裂纹；而裂纹最深处($\varphi=0$)的应力强度因子随表面裂纹长度增大而增大，这样就导致裂纹沿板厚方向扩展速率高于在板表面方向上的扩展速率，使表面裂纹趋向转变为穿透裂纹。对于厚板($t>20$ mm)焊接结构，残余应力在表面和内部有较大差异，许多情况下表面为拉应力而内部可能会出现压应力，因而表面裂纹沿深度方向的扩展就会受到抑制。然而垂直于纵向残余应力的埋藏裂纹沿厚度方向的扩展则是进入表面高应力区的过程，是决定构件剩余寿命的主要因素。

4.3　焊接接头的弹塑性断裂分析

4.3.1　含裂纹焊接接头的弹塑性断裂

1. 含裂纹焊接接头的变形特点

在含裂纹焊接接头中发生的屈服模式不同于均质母材的屈服模式。含裂纹焊接接头的断裂模式受接头强度失配比、裂纹尺寸和应变硬化性能等因素的相互作用影响[102-103]。如图4.35所示是含裂纹焊接接头六种可能的断裂前屈服模式。

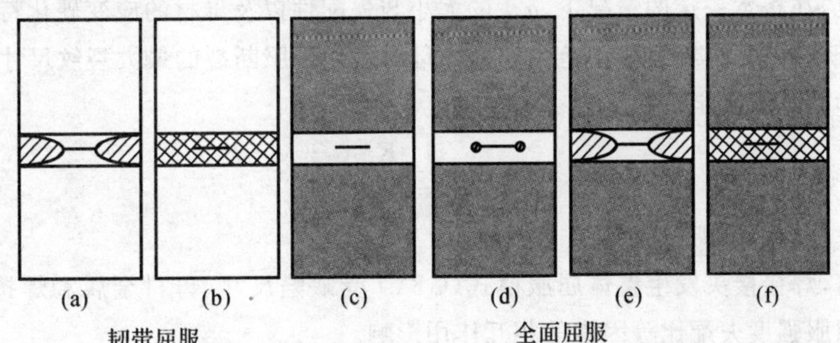

图4.35　在含缺陷焊接接头中可能的塑性屈服模式(阴影代表塑性变形材料)

在低匹配接头中，由于焊缝金属的屈服强度比母材金属低，当焊缝受横向拉伸载荷作用时，裂纹尖端首先发生塑性变形，当裂纹较长时，则发生韧带屈服，如图4.35(a)所示；当裂纹较小时，焊缝金属发生整体屈服，如图4.35(b)所示，此两种情况皆为静截面屈服。如果裂纹较小且焊缝金属的应变硬化性能足够大，焊缝金属应变硬化后的强度超过了母材金属，则母材金属也可能发生屈服。

焊接接头断裂前的屈服模式受缺陷尺寸、母材金属和焊接金属应变硬化能力以及屈服强度失配比等因素的相互作用影响。在高匹配接头中，焊缝金属的屈服强度高于母材金属，在横向拉伸载荷作用下，母材首先发生屈服，一般接头匹配水平越高，则其越趋向于产生母材屈服，如图4.35(d)所示。当裂纹较长时，在高匹配接头的焊缝金属中裂纹尖端处会发生塑性屈服，如图 4.35(e) 所示。当母材金属的应变硬化性能足够大时，母材金属也可能产生屈服，如图 4.35(f) 所示。

2. 屈服模式与裂纹容限

焊缝区裂纹容限不仅与焊缝金属的屈服强度有关，而且与母材金属的屈服强度以及两者的应变硬化性能相关。根据焊缝含中心裂纹焊接接头的断裂模式，可以定义几个主要的临界裂纹尺寸。

焊接接头发生全面屈服的最大裂纹尺寸 a_g 由下式决定：

$$(W-2a_g)\sigma_u^W = W\sigma_s^B \tag{4.75}$$

即

$$a_g = \left(1-\frac{\sigma_s^B}{\sigma_u^W}\right)\frac{W}{2} = \left(1-\frac{1}{M}\frac{\sigma_s^W}{\sigma_u^W}\right)\frac{W}{2} \tag{4.76}$$

式中 σ_u^W—— 焊缝的极限强度；

σ_s^B,σ_s^W—— 分别为母材和焊缝的屈服强度。

由此可见，板宽一定的情况下，a_g 的大小与失配性以及焊缝的应变硬化特性有关。

焊接接头母材发生屈服并断裂的最大裂纹尺寸 a_{bg} 由下式决定：

$$(W-2a_{bg})\sigma_s^W = W\sigma_u^B \tag{4.77}$$

即

$$a_{bg} = \left(1-\frac{\sigma_u^B}{\sigma_s^W}\right)\frac{W}{2} = \left(1-\frac{1}{M}\frac{\sigma_u^B}{\sigma_s^B}\right)\frac{W}{2} \tag{4.78}$$

式中 σ_u^B—— 母材的极限强度。

由此可见，在板宽一定的情况下，a_{bg} 的大小与失配性以及母材的应变硬化特性有关。

在高匹配条件下，焊缝发生小范围屈服而母材发生屈服断裂的最大裂纹尺寸 a_W 可根据线弹性断裂力学判据来确定，即

$$a_W = \frac{1}{\pi}\left(\frac{K_C^W}{\sigma_u^B}\right) \tag{4.79}$$

式中 K_C^W—— 焊缝的断裂韧度。

一般而言，焊接接头发生整体屈服模式(GSY) 受缺陷尺寸、母材金属和焊接金属应变硬化能力以及屈服强度失配比等因素的相互作用影响。

在均质板材中断裂应力与缺陷尺寸、缺陷横截面积、板材抗拉强度(TS) 之间的关系式为

$$\sigma_f = \alpha \mathrm{TS}\left(1-\frac{ld}{tB}\right) \tag{4.80}$$

式中 t —— 板厚；

B—— 板宽；

l,d —— 缺陷的长度和深度；

α —— 考虑到应力集中影响的校正因子；

TS —— 母材的抗拉强度；

$\frac{ld}{tB}$ —— 缺陷所占的面积。

式(4.80) 表明断裂应力随缺陷尺寸的增加而减少，如图 4.36 所示。对于整体屈服，最大

缺陷尺寸 a_{gy} 是当断裂应力等于母材屈服强度时的缺陷尺寸。当给定缺陷深度时，根据式(4.80)可以计算出最大缺陷长度为

$$a_{gy}=\frac{tW}{d}\left(1-\frac{\mathrm{YS}}{\alpha\,\mathrm{TS}}\right) \tag{4.81}$$

式中　YS—— 屈服强度。

用 R 代替式(4.81)中的 $\frac{\mathrm{YS}}{\mathrm{TS}}$ 比值，则可以证明 a_{gy} 随着 R 值的增大(应变硬化能力减少)而减少。

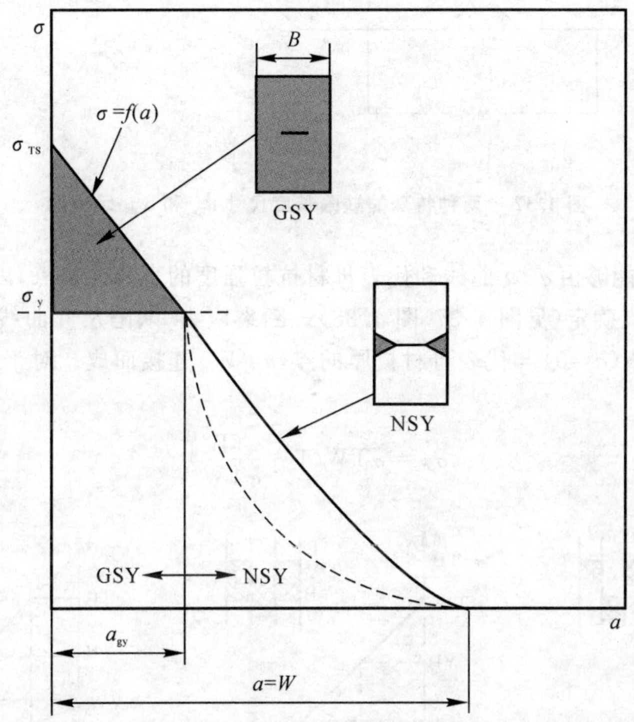

图 4.36　匀质板材当受横向拉伸载荷作用时总应变与裂纹尺寸 a 的关系示意图

如图 4.36 所示，当裂纹尺寸 a 小于容限裂纹尺寸 a_{gy} 时，板材能发生整体屈服(GSY)，此时，裂纹的存在不会对板材的抗断性能产生影响，因此是安全的；当裂纹尺寸 a 大于容限裂纹尺寸 a_{gy} 时，在横向拉伸载荷作用下，裂纹韧带区将发生净截面屈服(NSY)，此时裂纹的存在将影响板材的抗断性能。

在含缺陷焊接接头中发生的屈服模式不同于匀质母材的屈服模式，如图 4.37 所示。由于焊接接头由两种材料组成，焊缝金属裂纹容限尺寸不仅与焊缝金属的屈服强度有关，而且与母材金属的屈服强度以及两者的应变硬化性能相关。图 4.37 还表明两个特殊的缺陷尺寸需要考虑(假定将缺陷简化为贯穿缺陷)。缺陷尺寸 a_{bm} 定义了从母材断裂向焊接金属断裂的转变，而 a_{gy} 定义了从 GSY 向 NSY 的转变。如图 4.37 所示也给出了不同的屈服模式下相应的断裂位置。a_{gy} 的值为缺陷容许评定提供了工程基础，因为当缺陷尺寸小于 a_{gy} 时，母材金属发生屈服。

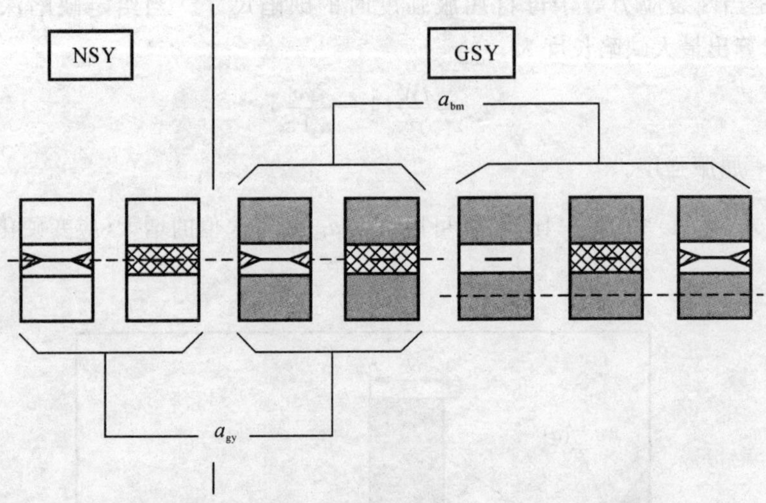

图 4.37 两种特殊的缺陷长度尺寸 a_{gy} 和 a_{bm} 示意图

a_{bm} 和 a_{gy} 的值能够由 σ-a 曲线和代表母材抗拉强度的直线的交点，以及代表焊缝金属屈服强度的直线的交点确定（见图 4.37、图 4.38）。断裂应力-缺陷尺寸曲线是由代表焊缝金属的抗拉强度的点 TW($a=0$) 与代表母材板厚的点($a=W$) 连接而成。对于焊缝金属缺陷，其断裂应力表达式为

$$\sigma_W = \alpha TW(1-\frac{YB}{\alpha TW}) \tag{4.82}$$

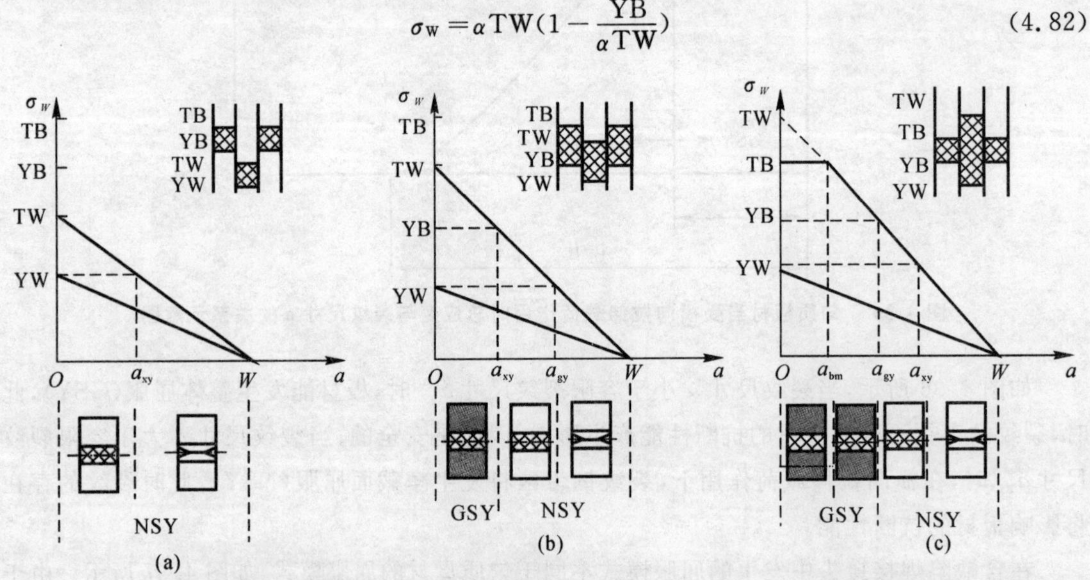

图 4.38 低匹配焊缝金属的焊接缺陷尺寸与断裂应力变量的关系示意图

(a) 组合 A； (b) 组合 B； (c) 组合 C

如果断裂应力等于母材的屈服强度 YB，则发生整体屈服。因此，用母材金属屈服强度 YB 代替式(4.81) 中的 YS，则有

$$a_{gy} = \frac{tW}{d}(1-\frac{YB}{\alpha TW}) \tag{4.83}$$

如果母材的抗拉强度 TB 代替式(4.81) 中的 YS,则得到母材断裂的最大缺陷尺寸 $a_{\rm bm}$ 的值为

$$a_{\rm bm}=\frac{tW}{d}(1-\frac{\rm TB}{\alpha \rm TW}) \tag{4.84}$$

焊缝金属缺陷的存在很大程度上改变了接头的断裂性能。对于每一种基本的焊缝金属和母材金属的组合,都能够建立一条相应的断裂应力与缺陷长度的关系。

3. 材料硬化特性的影响

母材和焊缝的硬化特性也对含裂纹焊接接头的屈服模式及裂纹容限有较大的影响。

(1) 低匹配焊缝金属

在如图 4.38 所示的 A,B,和 C 组合中,焊缝金属的屈服强度低于母材金属的屈服强度。对于确定的焊缝金属屈服强度 YW,组合 A 具有最低的应变硬化能力,在组合 A 中焊缝金属的屈服强度与抗拉强度的差值最小(见图 4.38(a))。在组合 A 的情况下,不可能发生接头整体屈服(GSY)。在 $a=a_{\rm ny}$ 处发生焊缝金属整体屈服(GSY) 向接头 NSY 转变。在组合 B 中(见图 4.38(b)),由于焊缝金属具有较大的应变硬化能力,因此,接头可以发生 GSY。与组合 A 相比,在更长缺陷尺寸的情况下,组合 B 会发生接头 GSY 向焊缝金属 GSY 的转变,焊缝金属 GSY 向接头 NSY 的转变。对于组合 C(见图 4.38(c)),由于有焊缝金属具有高的应变硬化能力,当缺陷长度小于 $a_{\rm bm}$ 时,母材金属会发生断裂。当缺陷尺寸大于 $a_{\rm bm}$ 时,能够得到与组合 B 相同的变形性能。然而,对于更长的缺陷尺寸来说,这些特征变形行为之间的转变关系将会发生改变。

(2) 高匹配焊缝金属

在如图 4.39 所示的 D,E 和 F 组合中,每一种高匹配焊缝金属也都有不同的应变硬化能力与之对应。

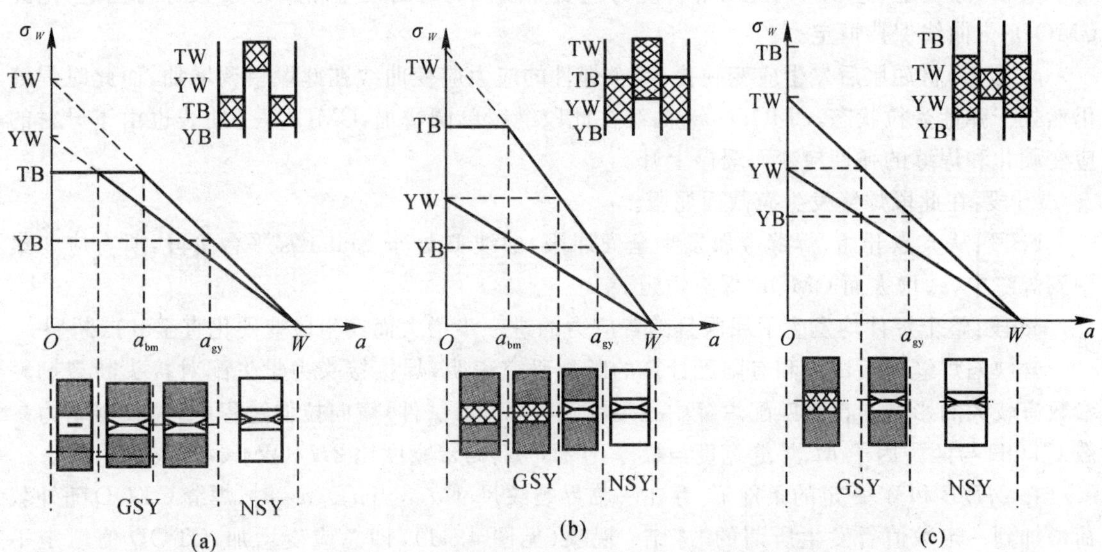

图 4.39　高匹配焊缝金属的焊接缺陷尺寸与断裂应力变量的关系示意图

(a) 组合 D;　(b) 组合 E;　(c) 组合 F

组合D代表强高匹配焊接接头情况。对于短缺陷,接头断裂发生于母材金属,而此时焊缝金属仍保持弹性或弹塑性变形特征。随着缺陷尺寸继续增大将会导致焊缝金属发生净截面屈服(NSY),当缺陷尺寸为 a_{bm} 时,断裂位置将发生变化,在 a_{gy} 处将发生接头 GSY 向 NSY 的转变。根据焊缝金属的应变硬化性能判断,组合 E 和组合 F 不同,它们的焊缝金属屈服强度的绝对值处于相同的水平。组合 E(和 D) 的特征是母材金属和焊接金属都可以发生断裂并且由缺陷长度决定。对于相对长的缺陷则会发生接头 GSY 向接头 NSY 的转变。在组合 F 中,断裂不会发生在母材。当缺陷尺寸小于 a_{gy} 时,则发生 GSY。

从缺陷容许的角度看,如图 4.38、图 4.39 所示说明强度高匹配焊接接头更被希望得到,因为对于相对长的缺陷长度,GSY 更容易得到。除了强度匹配比以外,焊缝金属和母材金属的应变硬化性能对于接头 GSY,是一个很重要的影响因素。高屈强比(低应变硬化) 可以引起接头组合类型发生变化。例如,如果母材的屈服强度不变,提高屈强比将导致组合 E 转变为组合 D。换句话说,对于所有的接头组合,除了组合 A 和组合 C 以外,通过增加接头屈强比也会得到像增加焊缝金属屈服强度水平所得到的相似效果。

4.3.2 失配性对焊缝裂纹张开位移的影响

焊接接头的弹塑性断裂可以和现有的断裂力学分析方法联系起来进行分析,当然要得到定量准确的结果是非常困难的,因为其行为和强度匹配、硬化特性、裂纹尺寸、焊缝尺寸、韧性等众多因素的相互作用有关。Denys 对高匹配焊缝中心裂纹宽板拉伸试件的裂纹嘴张开位移(CMOD) 与应变的关系进行了分析。分析中假设焊件有足够的韧性,能够得到全面屈服,焊缝尺寸一定。 CMOD 与整体应变(e)、焊缝金属应变(e_W) 的关系如图 4.40 所示。

Of 段:CMOD 随应变单调上升。

fg 段:应变进一步增大,此时焊件应力应变曲线因为母材发生屈服在 fg 段保持恒定,因此 CMOD - e 曲线保持恒定。

ga 段:母材屈服后发生应变硬化,整个焊件的应力应变曲线在此段单调增加,而此时焊缝仍然处于弹性受拉状态,CMOD - e_W 曲线在此段继续单调增加,CMOD - e 曲线也由于母材的应变硬化和焊缝的弹性应变而缓慢上升。

ab 段:在此段焊缝发生净截面屈服。

bc 段:从 b 点开始,焊缝金属发生全面屈服,曲线 B 处于 Luder's 平台阶段,所有应变集中到焊缝中,e_W 增大而 CMOD 保持恒定。

cd 段:整个焊件均发生了屈服且随着应力的进一步增大而产生应变硬化直至 d 点断裂。

含缺陷焊缝宽板试验和有限元计算的断裂研究表明,焊接接头力学失配对接头断裂韧度参数有较大的影响。在高匹配焊缝中心裂纹宽板(CCT 试件)横向拉伸过程中,裂纹驱动力参数 CTOD 与匹配因子 M、焊缝宽度与板厚比 $2H/B$、韧带宽度比 $2H/(W-a)$等参数有关。

在 $2H/B$ 和 W 一定的条件下,存在一临界裂纹尺寸 a_{c1},当 $a \leqslant a_{c1}$ 时,焊缝 CTOD 随外载荷增加到一定数值后发生所谓的"冻结" 现象(见图 4.41),即总应变增加,CTOD 值恒定不变。此时塑性变形集中在母材,当母材的形变硬化与焊缝变形能力同步时,CTOD 才开始继续增加,达到其临界值 δ_c,并发生全面屈服断裂,这一现象还与焊缝和母材的硬化特性有关。若 $a > a_{c1}$,则 CTOD 随载荷呈单调增加,变形集中在韧带部分,发生韧带屈服断裂或小范围屈服断裂。如果再深入分析，还存在另外一个裂纹临界尺寸 $a_{c2} < a_{c1}$，若 $a \leqslant a_{c2}$，随着总应变的增加，CTOD 进入“冻结”后将不再“解冻”。CTOD 达不到局部材料的临界值 δ_C，此时接头的断裂行为将由接头的极限载荷决定。在 $a_{c2} < a < a_{c1}$ 范围内，CTOD 将在焊接宽板进入全面屈服后达到其临界值 δ_c。

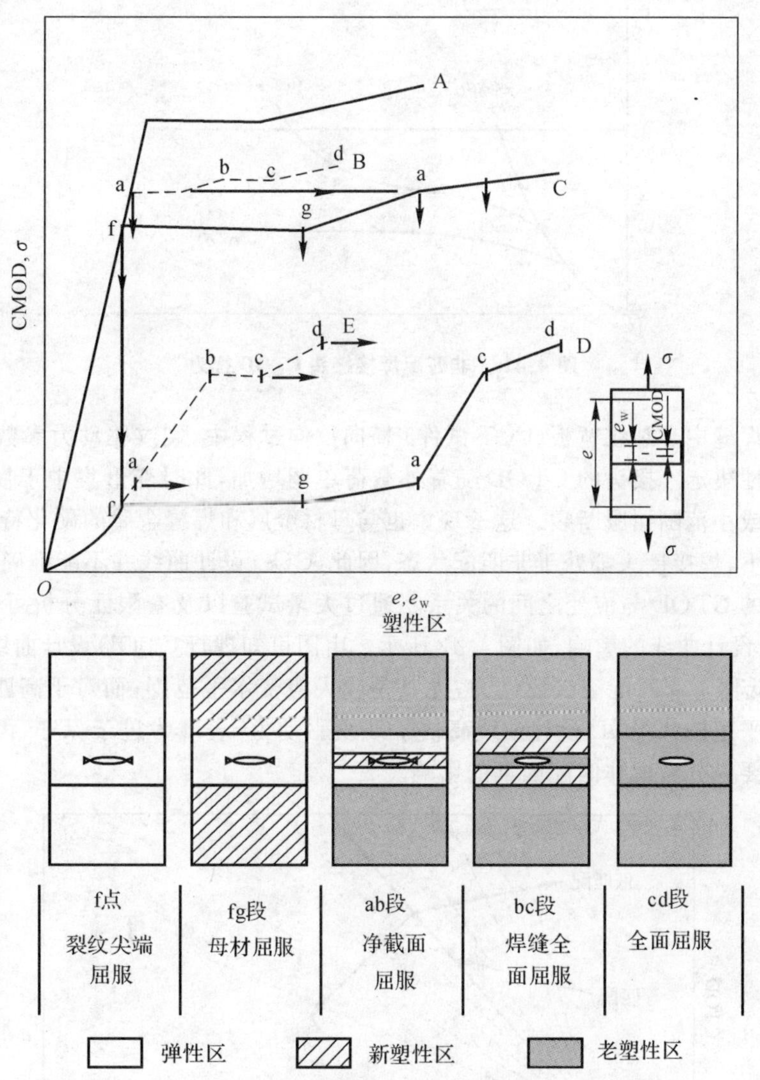

图 4.40　高匹配焊缝中心裂纹宽板拉伸试件的 CMOD 应变关系

A— 无缺陷焊缝金属应力应变曲线；B— 含缺陷焊缝金属应力应变曲线；
C— 焊件应力应变曲线；D—CMOD－e 曲线；E—CMOD－e_W 曲线

从有限元计算的结果可以看出，随着非匹配因子 M 的增大，CTOD－ε 曲线将会降低，如图 4.42 所示，即随着非匹配因子 M 的增加，CTOD 更容易进入永久“冻结”状态。由此可知，在一定的裂纹尺寸范围内，高匹配对焊接裂纹具有屏蔽作用，断裂的发生与否不受裂纹所在区域材料的断裂韧度参数控制。即高匹配接头的断裂受整体极限载荷和焊缝区局部断裂临界条件双重控制。发生何种机制的破坏取决于控制参数。如果 $a \leqslant a_{c2}$，则接头强度由极限载荷决定；如果 $a_{c2} < a < a_{c1}$，断裂的发生是两种控制参数相互竞争的结果；如果 $a > a_{c1}$，断裂的发生取决于焊缝的韧性水平。

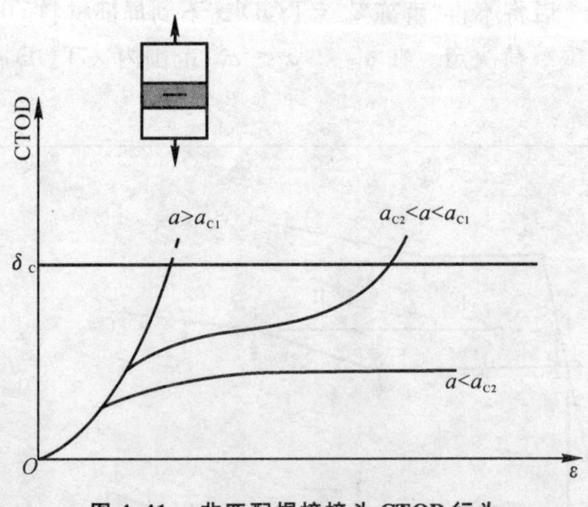

图 4.41 非匹配焊接接头 CTOD 行为

在低匹配焊缝中心裂纹宽板(CCT 试件)横向拉伸过程中,裂纹驱动力参数 COD 由焊缝金属的断裂韧性决定。接头的 CTOD 随着外载荷单调增加,此时变形集中于韧带部分,发生韧带屈服断裂或小范围屈服断裂。这一现象也与母材金属和焊缝金属的硬化特性有关。

通常情况下,焊接接头都处于非匹配状态,因此,COD 设计曲线并不能准确表达焊接接头一定缺陷尺寸的 CTOD 与应变之间的关系。通过大量试验以及有限元分析可以看出匹配因子对于 CTOD 设计曲线的影响,如图 4.42 所示。由图可知现行 CTOD 设计曲线(相当于等匹配情况)明显低估了低匹配裂纹驱动力,尤其是较大应变水平范围;而对于高匹配则相反,即在较大应变水平范围,CTOD 设计曲线高估了裂纹驱动力,表现为过于保守,因此,在焊接接头断裂分析中要充分考虑非匹配因素的影响。

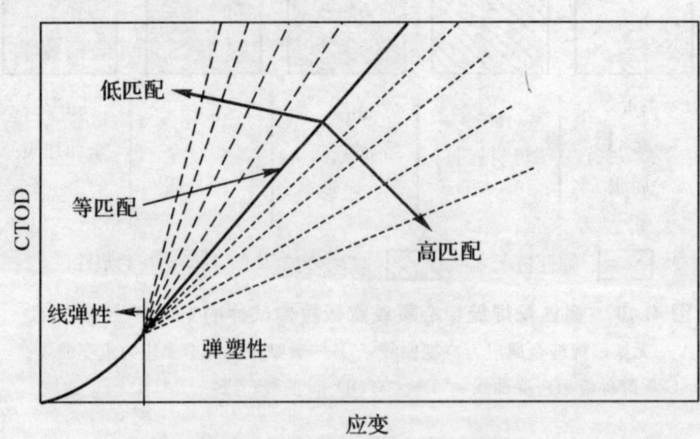

图 4.42 CTOD 与施加应变的关系

非匹配焊接接头熔合区或热影响区裂纹张开位移出现不对称(见图 4.43),类似于界面裂纹不仅产生了与作用力方向一致的张开型位移(Ⅰ 型裂纹),而且还有剪切滑移型位移(Ⅱ 型裂纹),形成了复合型裂纹。这种裂纹一般是向低强度区偏转和扩展,扩展方向取决于焊缝、熔合区或热影响区的强韧性组配状态和受力情况,其断裂判据比均匀材料要复杂。

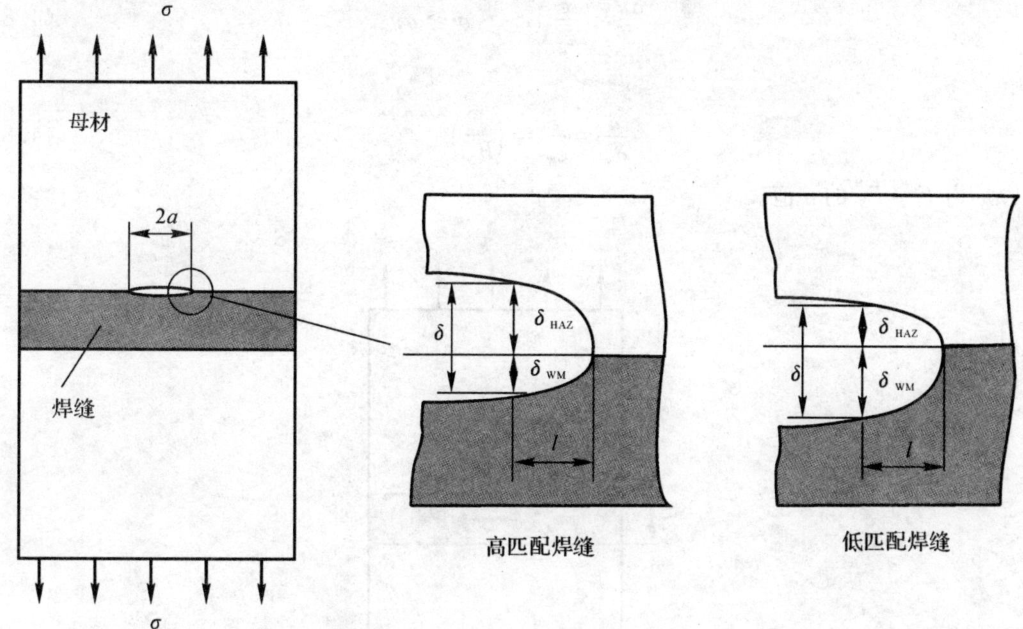

图 4.43　焊接接头熔合区或热影响区的裂纹张开位移

4.3.3　强度非匹配焊接接头断裂分析的工程模型

1. 工程处理模型(ETM)

(1) 基本定义

考虑强度非匹配效应的裂纹驱动力分析的工程处理模型(ETM),根据裂纹尖端张开位移与应变的关系来确定裂纹驱动力[105-107]。根据 ETM 模型,受横向载荷作用的焊接接头(见图 4.44) 裂纹尖端张开位移与应变的关系为

$$\delta \propto f(\varepsilon) \tag{4.85}$$

式中　δ—— 裂纹尖端张开位移(CTOD);

$f(\varepsilon)$—— 应变函数。

当施加载荷 F 小于等于屈服载荷 F_y 时

$$\delta = \frac{K_{\text{eff}}^2}{E\sigma_y} \tag{4.86}$$

式中

$$K_{\text{eff}} = \sigma\sqrt{\pi a_{\text{eff}}} \cdot y(a_{\text{eff}}/W) \tag{4.87}$$

$$a_{\text{eff}} = a + \frac{K^2}{2\pi\sigma_y^2}$$

式中,$Y(a_{\text{eff}}/W)$ 为几何修正因子。

当施加载荷 F 大于屈服载荷 F_y 时,材料的应力应变关系满足幂硬化规律

$$\frac{\sigma}{\sigma_y}=\left[\frac{\varepsilon}{\varepsilon_y}\right]^n \qquad \sigma \geqslant \sigma_y \tag{4.88}$$

则有

$$\frac{\delta}{\delta_y}=\frac{\varepsilon}{\varepsilon_y}=\left(\frac{F}{F_y}\right)^{1/n} \tag{4.89}$$

式中，δ_y 为 $F=F_y$ 的 δ 值。

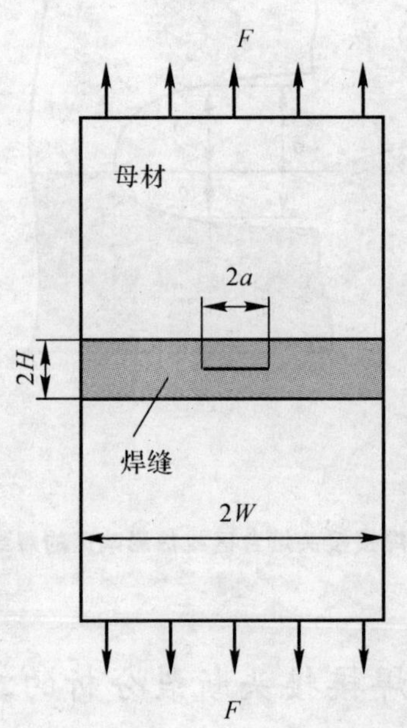

图 4.44 焊缝中心裂纹体几何模型

在分析受横向拉伸载荷下的非匹配接头的裂纹驱动力时，为了能够简化分析过程，通常假设接头由母材和焊缝两部分材料组成，贯穿型裂纹位于焊缝金属中心，不考虑残余应力的影响，施加应变 ε 取自模型远端母材金属，接头的两部分材料的塑性应力应变关系遵守幂硬化规律，即

$$\frac{\sigma_B}{\sigma_{YB}}=\left[\frac{\varepsilon_B}{\varepsilon_{YB}}\right]^{n_B} \quad （母材金属） \tag{4.90}$$

$$\frac{\sigma_W}{\sigma_{YW}}=\left[\frac{\varepsilon_W}{\varepsilon_{YW}}\right]^{n_W} \quad （焊接金属） \tag{4.91}$$

且

$$\sigma_W=\sigma_B=\sigma \tag{4.92}$$

在平面应力条件下，根据载荷范围可对以下情况进行分析：

① 母材金属和焊接金属都只发生弹性变形。

② 母材金属发生塑性变形，而焊接金属仍处于弹性变形（高匹配）。

③ 母材金属发生弹性变形，而焊接金属处于塑性变形（低匹配）。

④ 母材金属和焊接金属都处于完全塑性变形状态。

(2) 高匹配焊缝金属

①$F\leqslant F_{YB}$。根据以上的定义可知，此时母材金属区和焊缝金属区都处于弹性变形状态，即

$$\sigma < \sigma_{YB} < \sigma_{YW}$$

载荷范围的上限为

$$\frac{\varepsilon}{\varepsilon_{YB}} = 1 \tag{4.93}$$

焊接金属的 CTOD 为

$$\delta_W = \frac{K_{W,eff}^2}{E_W \sigma_{YW}} \tag{4.94}$$

设定 $E_W = E_B = E, \sigma_{YW}/\sigma_{YB} = M > 1$，有

$$\delta_W = \frac{\pi a \sigma_{YB}}{E} \cdot \frac{1}{M} \left(\frac{\varepsilon}{\varepsilon_{YB}}\right)^2 \left[1 + \frac{1}{2M^2} \left(\frac{\varepsilon}{\varepsilon_{YB}}\right)^2\right] \tag{4.95}$$

母材金属的 CTOD 值为

$$\delta_B = \frac{\sigma^2 \pi a \left(1 + \frac{\sigma^2}{2\sigma_{YB}^2}\right)}{E_B \sigma_{YB}} \tag{4.96}$$

由式(4.93) 和式(4.94) 可以得出接头韧性匹配比值为

$$\delta_R = \frac{\delta_W}{\delta_B} = \frac{1}{M} \cdot \frac{1 + \frac{\sigma^2}{2\sigma_{YW}^2}}{1 + \frac{\sigma^2}{2\sigma_{YB}^2}} \tag{4.97}$$

又由于母材金属和焊缝金属都处于弹性状态，因此有$\frac{\varepsilon}{\varepsilon_{YB}} = \frac{\sigma}{\sigma_{YB}}$（设定施加应力 σ、应变 ε 为母材远端的应力应变值），代入到式(4.97) 得

$$\delta_R = \frac{\delta_W}{\delta_B} = \frac{1}{M} \times \frac{1 + \frac{1}{2M^2}\left(\frac{\varepsilon}{\varepsilon_{YB}}\right)^2}{1 + 0.5\left(\frac{\varepsilon}{\varepsilon_{YB}}\right)^2} \tag{4.98}$$

δ_R 存在两种极限情况：

a. δ_R 的下限：当 $\varepsilon/\varepsilon_{YB} \to 0$ 时，则式(4.98) 可以简化为

$$\delta_R = \frac{1}{M} < 1 \tag{4.99}$$

b. δ_R 的上限：施加应力达到母材金属的屈服强度 σ_{YB}，即 $\varepsilon/\varepsilon_{YB} \to 1$，则式(4.99) 可以简化为

$$\delta_R = \frac{2M^2 + 1}{3M^3} < \frac{1}{M} < 1 \tag{4.100}$$

② $F_{YW} \geqslant F \geqslant F_{YB}$。在这个范围内，接头的焊缝金属区为弹性变形，母材金属区为塑性变形区，即

$$\sigma_{YW} \geqslant \sigma \geqslant \sigma_{YB}$$

这一载荷范围的应变水平下限为

$$\frac{\varepsilon}{\varepsilon_{YB}} = 1 \tag{4.101}$$

根据式(4.89)，应变水平上限为

$$\frac{\varepsilon}{\varepsilon_{YB}} = M^{1/n_B} \tag{4.102}$$

根据式(4.93)及式(4.94)，则焊缝金属 δ_W 可以表示为

$$\delta_W = \frac{\pi a \sigma_{YB}}{E} \cdot \frac{1}{M} \left(\frac{\varepsilon}{\varepsilon_{YB}}\right)^{2n_B} \left[1 + \frac{0.5}{M^2} \left(\frac{\varepsilon}{\varepsilon_{YB}}\right)^{2n_B}\right] \quad (4.103)$$

母材金属为完全塑性状态下，由 COD 设计曲线得

$$\delta_B = 1.5\pi a \varepsilon_B \quad (4.104)$$

则有

$$\delta_R = \frac{\delta_W}{\delta_B} = \frac{1}{1.5M} \left(\frac{\varepsilon}{\varepsilon_{YB}}\right)^{(2n_B-1)} \left[1 + \frac{0.5}{M^2} \left(\frac{\varepsilon}{\varepsilon_{YB}}\right)^{2n_B}\right] \quad (4.105)$$

由式(4.105)可以得到 δ_R 极限范围：

a. δ_R 的下限：即 $\varepsilon/\varepsilon_{YB}=1$，式(4.105)可由式(4.100)的形式表示，即

$$\delta_R = \frac{2M^2+1}{3M^3} < 1 \quad (4.106)$$

b. δ_R 的上限：将式(4.102)代入式(4.103)，可得

$$\delta_R = M^{(1-1/n_B)} < 1 \quad (4.107)$$

③ $F \geqslant F_{YW} \geqslant F_{YB}$。在此范围内，母材区和焊缝区都发生塑性变形。式(4.89)用于焊缝金属，得

$$\frac{\delta_W}{\delta_{YW}} = \frac{\varepsilon_W}{\varepsilon_{YW}} \quad (4.108)$$

由式(4.90～式(4.92)可知，依据整体应变 $\varepsilon=\varepsilon_B$ 和接头两部分的塑性性能，焊缝金属的应变 ε_W 表示为

$$\varepsilon_W = \varepsilon_{YW} \left(\frac{\varepsilon}{\varepsilon_{YB}}\right)^{n_B/n_W} \left(\frac{\sigma_{YB}}{\sigma_{YW}}\right)^{1/n_W} \quad (4.109)$$

或者，当 $\varepsilon_{YW}=\sigma_{YW}/E_W$，$\varepsilon_{YB}=\sigma/E_B$ 和 $E_W=E_B=E$ 时，则可得

$$\varepsilon_W = \frac{\sigma^{1/n_W}}{\sigma_{YW}^{(1/n_W-1)} \cdot E} \quad (4.110)$$

当 $\sigma=\sigma_{YW}$ 时，类似于式(4.104)有

$$\delta_W = 1.5\pi a \varepsilon_W \quad (4.111)$$

母材金属中裂纹的 CTOD 的值为

$$\delta_B = 1.5\pi a \varepsilon_B \quad (4.112)$$

将式(4.109)代入式(4.111)可以得到焊缝金属裂纹驱动力为

$$\delta_W = \frac{1.5\pi a \sigma_{YB}}{E} M^{(1-1/n_W)} \left(\frac{\varepsilon}{\varepsilon_{YB}}\right)^{n_B/n_W} \quad (4.113)$$

得焊接接头韧性匹配比为

$$\frac{\delta_W}{\delta_B} = \frac{\varepsilon_W}{\varepsilon} \quad (4.114)$$

式中，ε_W 由式(4.110)得到。

将式(4.110)代入式(4.114)可得

$$\delta_R = \frac{\delta_W}{\delta_B} = M^{(1-1/n_W)} \left(\frac{\sigma}{\sigma_{YB}}\right)^{\left(\frac{1}{n_W}-\frac{1}{n_B}\right)} \quad (4.115)$$

根据式(4.92)，可将 δ_R 用应变水平 $\varepsilon/\varepsilon_{YB}$ 表示，即

$$\delta_R = M^{(1-1/n_W)}\left[\frac{\varepsilon}{\varepsilon_{YB}}\right]^{[(n_B/n_W)-1]} \tag{4.116}$$

由此可以得到，在此加载范围的 δ_R 下限为

$$\delta_R = M^{(1-1/n_B)} < 1 \tag{4.117}$$

(3) 低匹配焊缝金属

① $F \leqslant F_{YW}$。由定义可知，母材金属区和焊缝金属区均处于弹性状态，即

$$\sigma < \sigma_{YB} < \sigma_{YW} \tag{4.118}$$

加载范围的上限为

$$\frac{\varepsilon}{\varepsilon_{YW}} = 1 \tag{4.119}$$

由式(4.119) 可得

$$\frac{\varepsilon}{\varepsilon_{YB}} = M \tag{4.120}$$

对于 δ_B，δ_W 和 δ_R，其数学表达式与高匹配的情况相同，唯一的不同是 $M < 1$，而这导致了 $\delta_R > 1$。

② $F_{YB} \geqslant F \geqslant F_{YW}$。由载荷范围的定义可知，此时母材金属区为弹性变形，而焊缝金属区为塑性变形。此时有

$$\sigma_{YB} \geqslant \sigma \geqslant \sigma_{YW} \tag{4.121}$$

此载荷范围的下限由式(4.120) 给出，上限为

$$\frac{\varepsilon}{\varepsilon_{YB}} = 1 \tag{4.122}$$

焊缝金属中的 CTOD 由式(4.113) 给出，其应变硬化规律遵循式(4.91)。母材金属遵循胡克定律，即

$$\varepsilon_B = \frac{\sigma}{E} = \varepsilon \tag{4.123}$$

由式(4.91) 和式(4.123) 可得

$$\varepsilon_W = \varepsilon_{YW}\left(\frac{\varepsilon_B E}{\sigma_{YW}}\right)^{1/n_W} \tag{4.124}$$

以施加应力或应变水平为函数，COD 可以表示为

$$\delta_W = 1.5\pi a \frac{\sigma_{YW}}{E}\left[\frac{\sigma}{\sigma_{YW}}\right]^{1/n_W} \tag{4.125}$$

或

$$\delta_W = 1.5\pi a M^{[1-(1/n_W)]}\frac{\sigma_{YB}}{E}\left(\frac{\varepsilon}{\varepsilon_{YB}}\right)^{1/n_W} \tag{4.126}$$

δ_B 由式(4.96) 计算得到，由此可以得到裂纹驱动比为

$$\delta_R = 1.5M^{[1-(1/n_W)]}\frac{\left(\dfrac{\varepsilon}{\varepsilon_{YB}}\right)^{[(1/n_W)-2]}}{1+0.5\left(\dfrac{\varepsilon}{\varepsilon_{YB}}\right)^2} \tag{4.127}$$

在载荷范围的上限处，δ_R 值为

$$\delta_R = M^{[1-(1/n_W)]} \tag{4.128}$$

③ $F \geqslant F_{YW} \geqslant F_{YB}$。在此范围中，母材区B和焊缝区W发生完全塑性变形。除了M小于1外，其表达式与高匹配焊缝金属部分相同。

如图4.45所示给出了不同匹配性焊接接头的接头韧性匹配比δ_R与应变水平$\varepsilon/\varepsilon_B$的关系曲线。其中，母材金属的应变硬化指数$n_B = 6.5$。焊缝非强度匹配因子$M$分别为0.6，0.8，1.2，1.4，所对应的焊缝金属应变硬化指数为4.21，5.26，8.05，10.07。图中每一种匹配的曲线分三段，每条曲线都有一个最大值δ_{Rmax}。

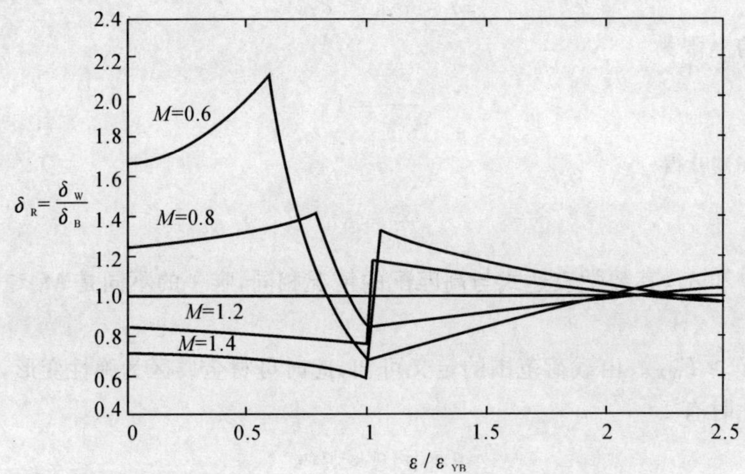

图4.45 强度匹配因子M对接头韧性匹配比δ_R的影响

2. 失配性对极限载荷的影响

焊接接头的极限载荷与焊缝强度非匹配有着直接的关系。在极限条件下，对于深度高匹配或深度低匹配焊缝金属，滑移线场理论提供了完整的求解公式。对于非匹配程度低的情况，极限载荷计算需要借助于有限元数值分析。这里主要讨论焊缝含中心裂纹的平板极限载荷求解方法。

(1) 平面应变

对于含中心裂纹的全母材金属板的极限载荷为

$$F_{YB} = \frac{4}{\sqrt{3}}\sigma_{YB}B(W-a) \tag{4.129}$$

① 高匹配焊接接头。对于接头整体屈服模式，极限载荷为

$$\frac{F_{YM}}{F_{YB}} = \frac{1}{(1-a/W)} \tag{4.130}$$

当塑性变形发生在韧带区时，极限载荷可计算为

$$\frac{F_{YM}}{F_{YB}} = \begin{cases} M, & 0 \leqslant \psi \leqslant \psi_1 \\ \dfrac{24(M-1)}{25}\left(\dfrac{\psi_1}{\psi}\right) + \dfrac{(M+24)}{25}, & \psi_1 \leqslant \psi \end{cases} \tag{4.131}$$

式中，$\psi = (W-a)/H$；$\psi_1 = e^{-(M-1)/5}$，当$M=1$时，$\psi_1 = 1$。

当M，ψ和a/W一定时，由式(4.130)和式(4.131)中得出两个解，选择较小的解作为焊接接头的实际塑性极限载荷。

② 低匹配焊接接头。对于低匹配焊接接头，如果两种材料的屈服强度 σ_{YB}，σ_{YW} 的差异不很大，则使用以下的极限载荷求解式：

$$\frac{F_{YM}}{F_{YB}}=\begin{cases}M, & 0\leqslant\psi\leqslant 1.0\\ 1-(1-M)/\psi, & 1.0\leqslant\psi\end{cases}\tag{4.132}$$

当焊缝塑性变形被限制于焊缝金属中时，极限载荷的求解式为

$$\frac{F_{YM}}{F_{YB}}=\begin{cases}M, & 0\leqslant\psi\leqslant 1.0\\ M[1.0+0.462(\psi-1)^2/\psi-0.044(\psi-1)^3/\psi], & 1.0\leqslant\psi\leqslant 3.6\\ M[2.571-3.254/\psi], & 3.6\leqslant\psi\leqslant 5.0\\ M[1.291+0.125\psi+0.019/\psi], & 5.6\leqslant\psi\end{cases}\tag{4.133}$$

当 M，ψ 和 a/W 一定时，低匹配焊接接头实际极限载荷取式(4.132) 和式(4.133) 所得结果的最小值。

如图 4.46 所示给出了在平面应变条件下，$a/W=0.5$ 时，低匹配和高匹配接头的极限屈服载荷与韧带系数($\psi=(W-a)/H$) 的关系。由图 4.46 可知，随着焊缝韧带尺寸的增加，高匹配和低匹配接头的极限载荷值都将无限接近于全母材金属的极限载荷值。对于高匹配接头，随着焊接缺陷尺寸的减少，接头的极限载荷值将逐渐减少，直至达到母材的极限载荷值；对于低匹配载荷接头，随着焊接缺陷尺寸的减少，接头极限载荷将逐渐增大，最终达到母材金属极限载荷值。

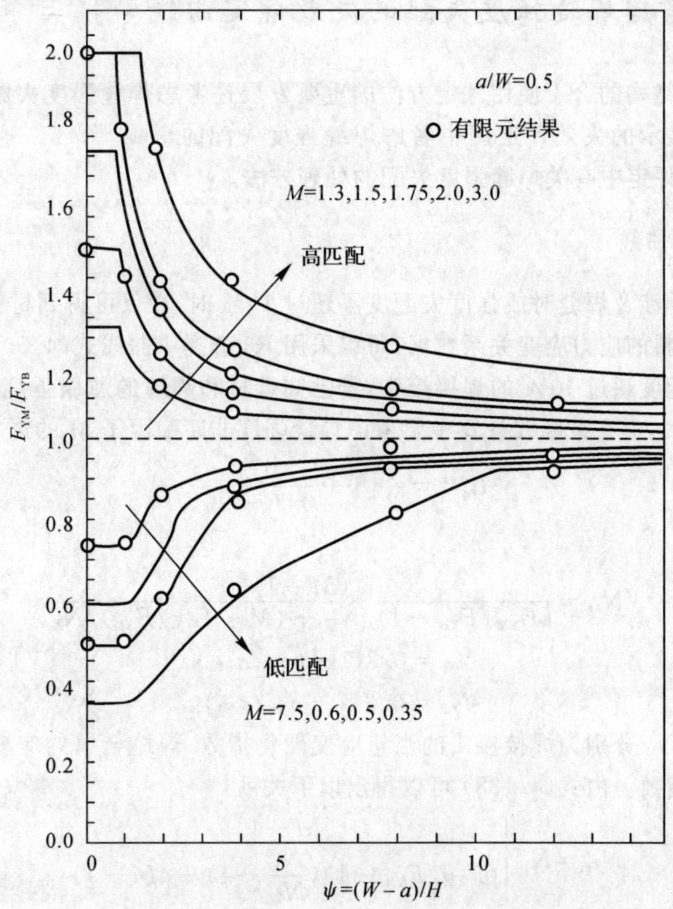

图 4.46　平面应变条件下的焊接接头极限载荷

(2) 平面应力

对于全母材金属板，其极限载荷为

$$F_{YB}=2\sigma_{YB}B(W-a) \tag{4.134}$$

① 高匹配。对于接头整体屈服模式可采用与平面应变相同的计算式(见式(4.129))。

当塑性变形仅发生于韧带区，极限载荷按式(4.130) 计算，其中

$$\psi_1=(1+0.43e^{-5(M-1)})e^{-(M-1)/5}$$

当M,ψ和a/W值一定时，焊接接头的实际极限载荷取上述两种情况计算结果的最小值。

② 低匹配。对于低匹配焊接接头，采用下式求解极限载荷：

$$\frac{F_{YM}}{F_{YB}}=\begin{cases}M, & 0\leqslant\psi\leqslant 1.43\\ 1-1.43(1-M)/\psi, & 1.43\leqslant\psi\end{cases} \tag{4.135}$$

当塑性变形限制于焊接金属时，极限载荷按下式计算

$$\frac{F_{YM}}{F_{YB}}=\begin{cases}M, & 0\leqslant\psi\leqslant 1.43\\ M[1.155-0.2212/\psi], & 1.43\leqslant\psi\end{cases} \tag{4.136}$$

当给定M,ψ和a/W，接头的实际极限载荷取式(4.135) 和式(4.136) 所得结果中的最小值。

4.3.4 考虑焊缝强度失配的失效评定曲线

近年来，焊接结构的合于使用评定方法的重要发展是考虑焊缝强度失配效应。集中体现就是在用双判据表示的失效评定图中考虑焊缝强度失配的影响[108-111]。这里重点介绍应用R6 曲线进行断裂评定中有关焊缝强度失配的处理方法。

1. R6 选择 1 曲线

当评定对象不涉及焊缝时或强度失配度不超过 10% 时，在仅可得到材料的屈服点和抗拉强度，而不具有材料的应力应变关系数据，可以采用 R6 选择 1 曲线式(4.50) 作为评定曲线。

对于强度失配度超过 10% 的焊接接头，若已知母材和焊缝的屈服强度和抗拉强度，仍可采用 R6 - op1 曲线，但在截断线计算中要考虑焊缝强度非匹配因子 M 的影响，即

$$L_r^{max}=\frac{1}{2}[1+\frac{0.3}{0.3-N_M}] \tag{4.137}$$

式中

$$N_M=\frac{(M-1)}{(F_{YM}/F_{YB}-1)/N_W+(M-F_{YM}/F_{YB})/N_B} \tag{4.138}$$

$$N_W=0.3(1-\sigma_{YW}/\sigma_{bW}) \tag{4.139}$$

$$N_B=0.3(1-\sigma_{YB}/\sigma_{bB}) \tag{4.140}$$

式中，N_M，N_W 和 N_B 分别为焊接接头的当量应变硬化指数、焊缝金属的应变硬化指数和母材金属的应变硬化指数。由式(4.138) 可以得出以下关系：

$$N_M=N_B\left[\frac{M-1}{(F_{YM}/F_{YB}-1)(\frac{N_B}{N_W}-1)+(M-1)}\right] \tag{4.141}$$

由式(4.137) 可知，影响截断线位置的因素为极限载荷、母材金属和焊缝金属应变硬化指

数比值以及接头匹配因子 M。在不同的屈服模式下，各因素的影响程度也不同。

2. R6 选择 2 曲线

(1) 已知材料的应力应变关系数据和韧度值

评定对象不涉及焊缝时或焊缝失配度不超过 10% 的评定曲线采用式(4.50)。当焊缝失配度超过 10% 时，式(4.52) 中的 σ_{ref}，ε_{ref} 和 L_r 值的计算均应采用母材金属与焊接金属组成的含缺陷构件的当量 $\sigma_e - \varepsilon^p$ 关系曲线，该曲线与母材 $\sigma_B - \varepsilon_B$ 曲线、焊缝的 $\sigma_W - \varepsilon_W$ 曲线、匹配因子 M，F_{YM} 及 F_{YB} 有关，可以表示为

$$\sigma_e(\varepsilon^p) = \frac{(F_{YM}/F_{YB} - 1)\sigma_W(\varepsilon^p) + (M - F_{YM}/F_{YB})\sigma_B(\varepsilon^p)}{M - 1} \tag{4.142}$$

或

$$\sigma_e(\varepsilon^p) = \sigma_B(\varepsilon^p)\left[1 + \frac{(F_{YM}/F_{YB} - 1)(M(\varepsilon^p) - 1)}{M - 1}\right] \tag{4.143}$$

式中的焊缝强度非匹配因子 $M(\varepsilon^p)$ 是在不同塑性应变量 ε^p 的非匹配因子(见式 2.12)。式(4.142) 和式(4.143) 中的 F_{YM}/F_{YB} 值也应该是 $M(\varepsilon^p)$ 下的值。这时当量屈服应力 σ_{Ye}、当量流变应力 $\overline{\sigma_e}$ 及 $L_{max\,r}$ 分别定义为

$$\sigma_{Ye} = \frac{F_{YM}}{F_{YB}}\sigma_{YB} \tag{4.144}$$

$$\overline{\sigma_e} = \frac{F_{YM}(\overline{\varepsilon^p})}{F_{YB}}\sigma_{YB}(\overline{\varepsilon^p}) \tag{4.145}$$

$$L_{max\,r} = \frac{\overline{\sigma_e}}{\sigma_{Ye}} \tag{4.146}$$

这里 $\overline{\sigma_e}$ 为当量 $\sigma_e - \varepsilon^p$ 曲线的屈服强度 σ_{Ye} 和抗拉强度 σ_{be} 的平均值。$\overline{\varepsilon^p}$ 为两种材料流变应力相应的两个塑性应变中较低者的值。$F_{YM}(\overline{\varepsilon^p})$ 及 $\sigma_{YB}(\overline{\varepsilon^p})$ 是与 $\overline{\varepsilon^p}$ 相应的流变应力计算的 F_{YB} 及 σ_{YB} 值。由式(4.145) 可知，截断线的位置主要是受当量流变应力和当量屈服应力的影响的。由上面的分析可以知道 F_{YM}/F_{YB} 值受匹配因子 M 以及焊缝韧带参数 ψ 的影响，因此截断线的位置与当量流动应力、匹配因子 M 以及焊缝韧带参数 ψ 等因素相关。

(2) 已知材料的屈服强度、拉伸强度和弹性模量

① 评定对象不涉及焊缝时或焊缝基本匹配的情况。当评定对象不涉及焊缝时或强度非匹配程度不超过 10% 时，存在两种近似的 R6 - op2 曲线形式。

a. 无屈服平台材料的近似 R6 - op2 曲线。无屈服平台材料的失效评定曲线分 3 段表示。在 $L_r < 1$ 的范围内，有

$$f_2^{cr}(L_r) = (1 + 0.5L_r^2)^{-\frac{1}{2}}[0.3 + 0.7\exp(-\mu L_r^6)] \tag{4.147}$$

在 $1 < L_r < L_r^{max}$ 的范围内，有

$$f_2^{cr}(L_r) = f_2^{cr}(1)L_r^{(N-1)/2N} \tag{4.148}$$

其中，μ 值可用下式求得，即

$$\mu = \min[0.001(E/\sigma_y), 0.6] \tag{4.149}$$

$f_2^{cr}(1)$ 为按式(4.147) 在 $L_r = 1$ 时的值。N 为材料应力塑性应变关系用幂函数表示时的

指数，可用下式近似估算，即

$$N = 0.3[1 - \sigma_y/\sigma_b] \tag{4.150}$$

b. 有屈服平台材料的近似近似 R6－op2。在 $L_r < 1$ 处，有

$$f_2^{cr}(L_r) = (1 + 0.5L_r^2)^{-\frac{1}{2}} \tag{4.151}$$

在 $L_r = 1$ 处，有

$$f_2^{cr}(1) = (\lambda + 1/2\lambda)^{-1/2} \tag{4.152}$$

其中

$$\lambda = 1 + E\Delta\varepsilon/\sigma_y \tag{4.153}$$

$$\Delta\varepsilon = 0.0375(1 - \sigma_y/1000) \tag{4.154}$$

在 $1 < L_r < L_r^{max}$ 的范围内，有

$$f_2^{cr}(L_r) = f_2^{cr}(1)L_r^{(N-1)/2N} \tag{4.155}$$

② 焊缝强度非匹配的影响。当评定对象焊缝非匹配程度超过 10% 时，则必须知道母材和焊接金属两者的拉伸力学性能，因而分 3 种情况。

a. 母材及焊缝两种材料均无屈服平台时（第 1 种情况），仍使用式(4.147) 和式(4.148)，但其中的 μ 值和 N 值应改用非匹配时的值 μ_M 和 N_M，即

$$f(L_r) = (1 + 0.5L_r^2)^{-1/2}[0.3 + 0.7\exp(-0.6\mu_M L_r^6)] \qquad L_r \leqslant 1 \tag{4.156}$$

$$f(L_r) = f(1)L_r^{(N_M-1)/2N_M} \qquad 1 < L_r \leqslant L_{rmax}$$

$$f(L_r) = 0 \qquad L_r > L_r^{max}$$

其中，μ_M取决于母材金属的 μ_B、焊缝金属的 μ_W、不匹配焊接接头的极限屈服载荷 F_{YM} 以及母材金属的极限屈服载荷 F_{YB}，即

$$\mu_M = \min\left[\frac{(M-1)}{(F_{YM}/F_{YB} - 1)/\mu_W + (M - F_{YM}/F_{YB})/\mu_B}, 0.6\right] \tag{4.157}$$

式中

$$\mu_W = \min\left[0.001\frac{E_W}{\sigma_{YW}}, 0.6\right] \tag{4.158}$$

$$\mu_B = \min\left[0.001\frac{E_B}{\sigma_{YB}}, 0.6\right] \tag{4.159}$$

截断线为式(4.137)。

由此可知，匹配因子 M 通过影响 N_M 和 μ_M，从而影响失效评定曲线的变化。

b. 焊缝及母材均具有屈服平台时（第 2 种情况），仍可应用式(4.151)、式(4.152)、式(4.155)，但式(4.152) 中的 λ 应用 λ_M代替，式(4.155) 中的 N 用 N_M 代替，即

$$f(L_r) = (1 + 0.5L_r^2)^{-1/2} \qquad L_r < 1 \tag{4.160}$$

$$L_r = 1 \qquad f(1^-) < f(L_r) < f(1^+)$$

$$f(L_r) = f(1^+)L_r^{(N_M-1)/2N_M} \qquad 1 < L_r \leqslant L_r^{max}$$

$$f(L_r) = 0 \qquad L_r > L_r^{max}$$

其中 $f(1^-)$ 是按式(4.160) 计算的 $L_r = 1$ 时的 $f(L_r)$。

$$f(1^+) = (\lambda_M + 1/2\lambda_M)^{0.5}$$

$$\lambda_M = \frac{(F_{YM}/F_{YB} - 1)\lambda_W + (M - F_{YM}/F_{YB})\lambda_B}{(M-1)} \tag{4.161}$$

式中

$$\lambda_W = 1 + 0.0375\left(\frac{E_W}{\sigma_{YW}}\right)\left(1 - \frac{\sigma_{YW}}{1000}\right) \tag{4.162}$$

$$\lambda_B = 1 + 0.0375\left(\frac{E_B}{\sigma_{YB}}\right)\left(1 - \frac{\sigma_{YB}}{1000}\right) \tag{4.163}$$

截断线仍按式(4.146)计算。

由式(4.161)可得

$$\lambda_M = \left[1 - \frac{(F_{YM}/F_{YB} - 1)(\lambda_W/\lambda_B - 1)}{M-1}\right] \tag{4.164}$$

在高匹配焊接接头中，当 $\lambda_W/\lambda_B = 1$ 时，M 对 λ_M 无影响；当 $\lambda_W/\lambda_B > 1$ 时，M 增大则失效评定曲线将上移，安全区扩大，否则相反；当 $\lambda_W/\lambda_B < 1$ 时，随着 M 值的增加，失效评定曲线将下移，因而安全区减小。

c. 焊缝或母材之一具有屈服平台时(第 3 种情况)，当 $L_r < 1$ 时可以采用第 1 种情况的失效评定曲线，只是在计算 μ_M 时不计有长屈服平台材料的 μ 值。例如，母材具有屈服平台，则式(4.157)改为

$$\mu_M = \min\left[\frac{(M-1)}{(F_{YM}/F_{YB} - 1)/\mu_W}, 0.6\right] \tag{4.165}$$

当 $L_r = 1$ 时按第 2 种情况具有屈服平台材料时的办法保守地取得较低的 $f(1)$ 值，将无屈服平台材料的 λ 取为 0。例如，母材具有屈服平台，$f(1)$ 计算时所用的计算式 λ_M 式(4.161)改为

$$\lambda_M = \frac{(M - F_{YM}/F_{YB})\lambda_B}{(M-1)} \tag{4.166}$$

式中，λ_B 按式(4.163)计算。当 $L_r > 1$ 时与第 2 种情况的处理相同。

3. R6 选择 3 曲线

应用选择 3 曲线评定时要求已知材料应力应变关系曲线以计算 J 积分，可以是没有焊缝的结构，也可以是强度非匹配的焊接接头(这时要求焊缝及母材的应力应变关系都已知)，需要进行严格的有限元计算。

4.4　焊接结构的断裂控制

4.4.1　概述

焊接结构在制造及运行过程中不可避免地存在或出现各种各样的缺陷、材料组织性能劣化，以及外力损伤等对结构使用性能构成影响的因素，特别是随着结构服役时间的延长，各种损伤因素的累积导致破坏概率上升。断裂控制是焊接结构完整性的关键，是焊接结构合于使用的基础。焊接结构的断裂控制主要研究各种因素对焊接结构强度、耐久性和损伤容限等性能的影响，从而对影响焊接结构完整性的各种因素进行综合识别，科学评价焊接结构潜在失效

的可能性,实现对焊接结构的完整性管理,以保证焊接结构的合于使用。

焊接结构的整体性为设计制造合理的结构提供了可能性。但是,如果焊接结构一旦发生开裂,裂纹很容易由一个构件扩展到另一构件,继而扩展到结构的整体,造成结构整体破坏。然而对于铆接结构则不易发生整体破坏,因为铆接接头具有阻止裂纹跨越构件扩展的特点,即扩展中的裂纹可能会终止,从而就有可能避免灾难性的脆性破坏。因此,在许多大型焊接结构中,有时仍保留着少量的铆接接头,其道理就在于此。

焊接结构的断裂包括裂纹起裂、稳态扩展和失稳断裂过程,控制焊接结构断裂的基本方法与此相对应,即首先是阻止裂纹起裂(起裂控制),其次是设法对失稳扩展的裂纹进行止裂(止裂控制),建立焊接结构断裂的第二道防线。其断裂控制的原则主要包括 3 个方面:

① 材料(包括焊缝)应具有足够的韧性以保证焊接结构在使用条件下的裂纹容限,以抵抗裂纹的起裂 —— 抗开裂能力;

② 如果焊接结构发生破坏,其断裂性质应为延性,不允许发生脆性破坏;

③ 一旦裂纹起裂,焊接结构要具有足够的能力吸收断裂能量以阻止延性裂纹的扩展 —— 对裂纹扩展的止裂能力。

控制裂纹的开裂(起裂)与扩展是焊接结构断裂控制的基本准则,分别称为防止裂纹产生准则(开裂控制)和止裂准则(扩展控制)。控制焊接结构断裂的主要因素有三个方面:

① 材料在一定的工作温度、加载速率和板厚条件下的断裂韧度;

② 结构断裂薄弱部位的裂纹和缺陷尺寸;

③ 包括工作应力、应力集中、残余应力和温度应力在内的拉应力水平。

根据断裂力学原理,当上述 3 方面因素的特定组合达到临界状态时,结构就会发生断裂破坏。

4.4.2 裂纹起裂控制

1. 脆性起裂控制

脆性断裂具有突然发生的特点,裂纹一旦产生,就迅速扩展,直至断裂。脆性裂纹扩展的止裂是很困难的,因此,脆性断裂控制的重点是起裂控制。防止焊接结构发生脆性断裂的方法主要有转变温度方法和断裂力学方法。

为了防止焊接结构发生脆性断裂事故,转变温度方法要求焊接结构的工作温度应高于韧性-脆性转变温度。但是,转变温度方法不能判定裂纹是否扩展问题,研究裂纹的扩展行为需要采用断裂力学方法。

为了防止焊接结构的脆性断裂,有关规范推荐采用线弹性断裂力学判据[112],当 $K_{\mathrm{I}} < K_{\mathrm{IR}}$ 时,裂纹不发生扩展。其中,K_{IR} 称为参考应力强度因子,是 K_{IC},K_{Id} 和 K_{Ia} 数据的下包络线(见图 4.47),可近似表示为

$$K_{\mathrm{IR}} = 29.43 + 1.344\exp\left[0.0261(T - \mathrm{RT}_{\mathrm{NDT}} + 89)\right] \tag{4.167}$$

式中,T 为工作环境温度;$\mathrm{RT}_{\mathrm{NDT}}$ 是参考的无塑性温度。

含裂纹构件的脆性起裂可以采用失效评定曲线进行分析。如图 4.48 所示，含裂纹构件的评定点在失效评定曲线内侧的裂纹就不会发生起裂，OA 线与评定曲线的交点 B 即为起裂的临界状态。比值 FL＝OB/OA 称为载荷因数（以载荷表示的安全系数，又称保留因数），它说明构件距离起裂状态的安全裕度。

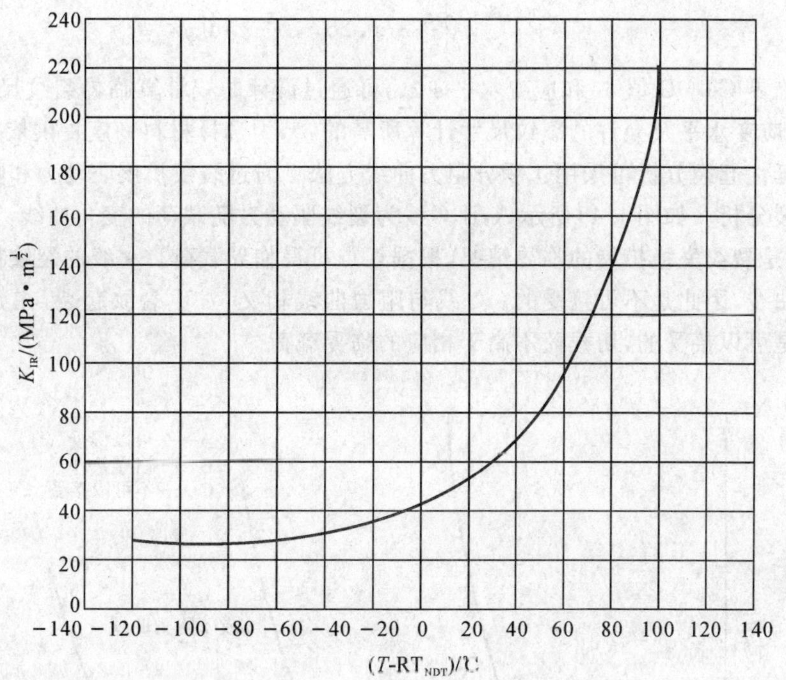

图 4.47　K_{IR} 与 $T-RT_{NDT}$ 的关系

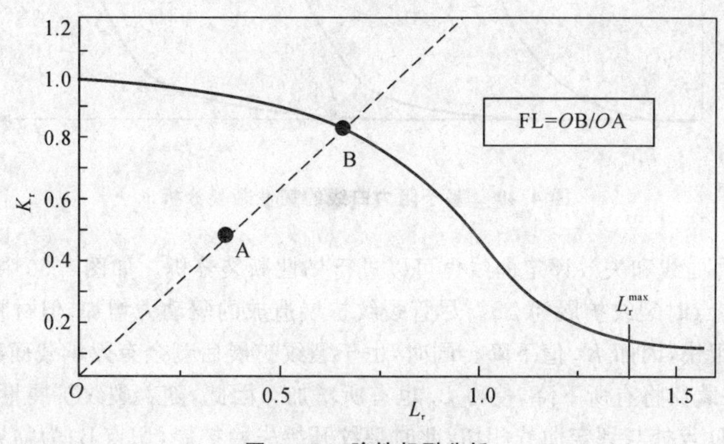

图 4.48　脆性起裂分析

2. 延性起裂控制

延性起裂控制是以控制裂纹尺寸不达到临界尺寸，进而不产生失稳扩展为目的的。通常采用延性起裂 CTOD 或 J 积分判据，但是，在大范围屈服条件下，建立 CTOD 或 J 积分与应力、裂纹尺寸以及构件几何等参数的关系是非常困难的。Burdekin 和 Stone 在大量试验数据的基础上，提出了方便工程应用的设计曲线[113]，即

$$\Phi=\frac{\delta}{2\pi\varepsilon_s a}=\begin{cases}\left(\dfrac{\varepsilon}{\varepsilon_s}\right)^2, & \dfrac{\varepsilon}{\varepsilon_s}\leqslant 0.5\\ \dfrac{\varepsilon}{\varepsilon_s}-0.25, & \dfrac{\varepsilon}{\varepsilon_s}>0.5\end{cases}\tag{4.168}$$

若获得临界 CTOD 值 δ_c 和应变水平 $\varepsilon/\varepsilon_s$，可通过设计曲线计算临界裂纹尺寸，确定裂纹容限；或根据应变水平及允许的裂纹尺寸计算所需的 δ_c，为选择材料韧度提供依据。

详细的延性起裂分析可采用 J 积分阻力曲线方法。通过裂纹扩展驱动力和阻力曲线可以进行韧性撕裂分析。如图 4.49 所示 A,B,C 线为裂纹驱动力随载荷的变化曲线，其中 B 线与阻力曲线相切，是裂纹失稳扩展的临界情况，根据切点可得临界载荷。A 线的裂纹扩展驱动力始终高于阻力曲线，因此是不可接受的。C 线与阻力曲线相交，发生裂纹起裂，在允许的裂纹扩展量范围内是可以接受的，切载荷不高于相应的临界载荷。

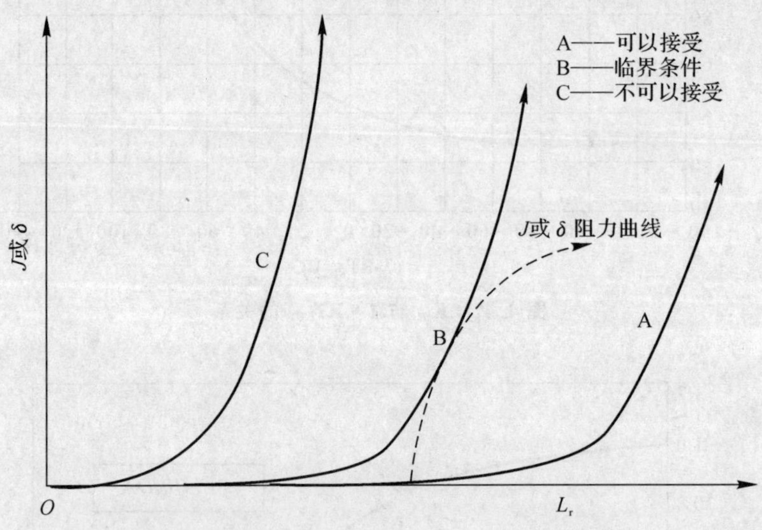

图 4.49　基于阻力曲线的韧性撕裂分析

应用 J_R 阻力曲线和失效评定曲线也可以进行韧性撕裂分析。如图 4.50 中 B 点为起裂点，当载荷增加至 C 点时裂纹扩展为 Δa。尽管裂纹扩展造成的驱动力增加，但材料的扩展阻力也增加，而且增加很快，因而 K_r 值下降。同时，由于裂纹扩展后剩余有效承载面积（韧带）减小，其塑性失稳极限载荷将有所下降，使得 L_r 也有所增加。因此，随着裂纹扩展量的增加，评定点沿 CC′ 移动，在 D 点处与评定曲线相切，此时裂纹开始失稳扩展，切点 B_1 为临界失稳点。曲线段 BB_1 为裂纹稳态扩展区间，对应 B_1 点即可确定相应的失稳载荷。如果裂纹扩展曲线与评定曲线相交（EE′ 线）则只发生起裂和稳定扩展而不会发生失稳扩展，这是可以接受的。当载荷增加至 F 点后，评定点沿 FF′ 线在失效区变化，裂纹处于失稳扩展状态，此时是不能接受的。

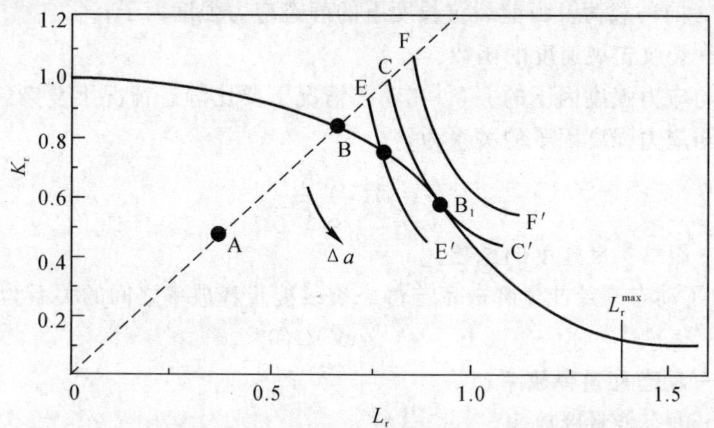

图 4.50　基于失效评定图的韧性撕裂分析

4.4.3　动态裂纹扩展与止裂控制

1. 动态裂纹扩展

动态裂纹扩展通常有两类情况，其一是含静止裂纹的结构承受迅速变化的动载荷作用引起的裂纹扩展；其二是在静载荷或缓慢变化的载荷作用下的裂纹快速扩展。在线弹性材料特性的范围内，第一类问题中的裂纹起裂准则为

$$K_{\mathrm{I}} = K_{\mathrm{Id}} \tag{4.169}$$

式中　K_{I} —— 动载荷下的应力强度因子；

K_{Id} —— 取决于加载速率和温度的材料特性参数，可称为动态应力强度因子。

相对而言，第一类问题较容易解决，第二类问题涉及裂纹扩展速度及止裂问题。下文将重点讨论这些问题。

根据能量平衡原理，在裂纹失稳扩展开始以后，由于裂纹扩展驱动力G大于裂纹扩展阻力R，多余的能量$G-R$将转化为裂纹快速扩展时裂纹扩展路径两侧材料运动的动能。因此，$G-R$的大小决定了裂纹扩展速度的大小。裂纹扩展到长度a时的总剩余能量可用图 4.51 的斜线区来近似计算。如果裂纹扩展在恒应力下进行，G与裂纹扩展速度无关，且材料的裂纹扩展阻力R为常值，裂纹扩展速度可以表示为[114]

$$V = 0.38C_0\left(1 - \frac{a_c}{a}\right) \tag{4.170}$$

式中，$C_0 = \sqrt{E/\rho}$ 为弹性波的一维传播速度，即声速。

由式(4.170)可以看出，裂纹扩展速度有一个极限值，即当$a_c/a \to 0$时，$V = 0.38C_0$。实验证明，裂纹扩展速度确有一个极限值，但所测得的极限值比理论极限值要小。例如，钢材在低温下发生脆性断裂，其裂纹扩展速度可达1 000 ～ 1 400 m/s，$V/C_0 = 0.20 \sim 0.28$。

实际上，当裂纹快速扩展时，应力强度因子与瞬时裂纹扩展速度有关，即

$$K(V) = k(V)K(0) \tag{4.171}$$

式中　$K(V)$—— 动态应力强度因子；

$K(0)$—— 同一载荷及当前裂纹长度下的静态应力强度因子；

$k(V)$—— 裂纹扩展速度的函数。

能量释放率与应力强度因子的关系，在动态情况下要比静态情况下复杂。Craggs 得到了瞬时能量释放率与应力强度因子的关系为

$$G = A(V)\frac{K^2}{E'} \tag{4.172}$$

式中 $A(V)$—— 裂纹扩展速度的函数。

Freund 导出了动态裂纹能量释放率与静态裂纹能量释放率之间的关系为

$$G(V) = g(V)G(0) \tag{4.173}$$

式中 $G(V)$—— 动态能量释放率；

$G(0)$—— 静态能量释放率；

$g(V)$—— 裂纹扩展速度的函数。

2. 裂纹止裂的基本原理

事实上，并非在所有的情况下都能对起裂过程实施有效的控制，因而止裂控制成为必需。止裂控制和起裂控制不同，它不以消除裂纹失稳扩展为目标，承认裂纹发生失稳扩展的可能，并允许裂纹出现快速扩展，但要求裂纹扩展在严重损坏结构安全之间能被已知，避免灾难性事故的发生。

裂纹止裂和动态裂纹扩展一样，也可以应用能量平衡进行分析。最初人们把裂纹止裂问题看做能量率平衡，如果 G 稍微降低到 R 以下，裂纹止裂。如果 R 为常数，情况确实如此。然而，对有些材料，R 并非常数，而是取决于裂纹扩展速度。对于应变速率敏感的材料而言，屈服强度随应变速率增加而增大。较高的屈服强度将降低裂纹尖端塑性变形量，使 R 降低。如图 4.51 所示为平面应力状态下裂纹止裂的能量平衡原理。

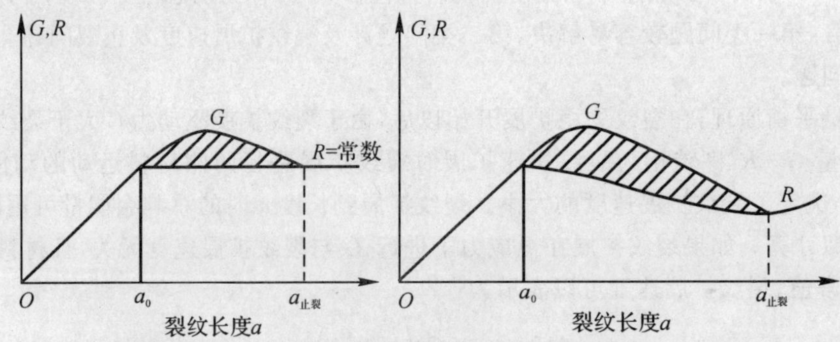

图 4.51 平面应力状态下裂纹止裂的能量平衡

实际上能量平衡判据是一种过于简化的判据。如果失稳以后的剩余能量被转化为动能，并用于裂纹扩展，对于应变速率敏感的材料，当逼近止裂点时 R 将增加。这是因为动能的降低将伴随裂纹扩展速度降低的缘故，也就是具有低的应变速率以及在裂纹前沿具有较低的屈服强度。

如图 4.52 所示为平面应变状态下裂纹止裂的能量平衡。当止裂时 G 不是材料的常数，而是取决于随裂纹长度和速度而变化的 G 和 R 之间的变量。也就是说，即使对相同的最大 G 值

和常数R而言,在不同初始裂纹长度下,止裂时的G值显然并不相同。材料断裂阻力R的增加是不容易达到的,一个有实际意义的可能是选定结构的断面尺寸,从而使失稳伴随着从平面应变到平面应力状态的转变,形成快速上升的R曲线,即使G继续增大也能使裂纹迅速止裂。

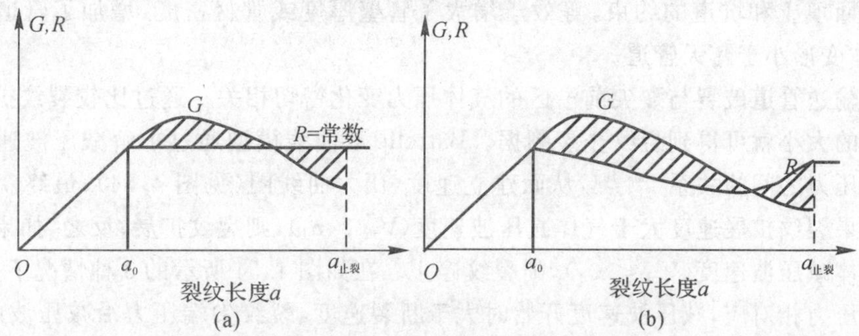

图 4.52 平面应变状态下裂纹止裂的能量平衡

(a)R对裂纹速度不敏感; (b)R对裂纹速度敏感

裂纹失稳扩展的止裂对天然气管道尤为重要。因为气体管道不同于液体管道,对于液体管道,如果管道开裂,管道中的压力将立即下降,进而引起作用在管壁上载荷的降低,并导致裂纹扩展驱动力的降低,使扩展中的裂纹迅速止裂。天然气管道断裂与裂尖前沿区的气体压力变化密切相关。当气体管道出现裂纹时,在裂尖前沿形成减压波。如果断裂速度大于减压波速度,即裂尖总处于减压波前端,此时裂尖所受压力为管道运行压力,裂纹扩展的驱动力大,裂纹将迅速扩展,导致止裂困难。反之,由于裂纹尖端的压力处于急速降低状态中,裂尖获得的驱动力相应减小,裂纹将在扩展一定距离后停止。

在天然气管道裂纹失稳扩展过程中,在裂尖后部,由于鼓胀效应,管壁向外翻开,管内压缩气体迅速向破裂开口处溢出,并在翻开管壁上形成一定的压力,为裂纹扩展提供动力。当裂纹发生长距离扩展时,在内压及裂尖减压行为的作用下,管壁将发生严重的波浪形翻边变形(见图 4.53(a))。开裂管壁存在明显的塑性变形和减薄(见图 4.53(b))。

(a)

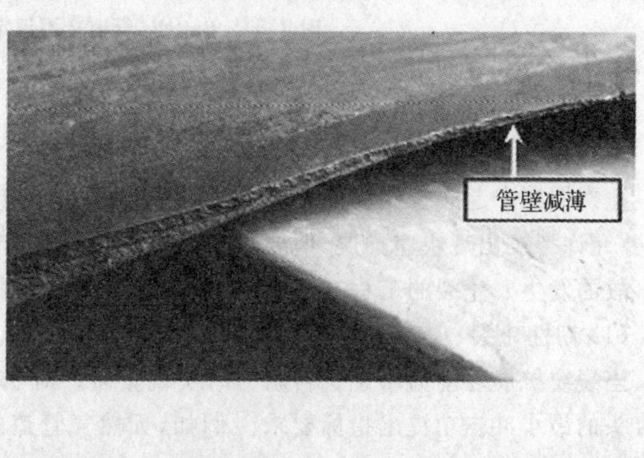

(b)

图 4.53 天然气管道破裂及变形特征

当天然气管道断裂时，管内气体在压力作用下外泄，并对断口管壁做功，加上管道断裂时释放出的弹性应变能，共同构成裂纹扩展驱动力。同时裂纹形成新的断裂表面、管壁产生大的变形，以及管壁由静止状态到形成具有一定速度的翻边等过程都需要消耗能量，这些因素构成断裂阻力。回填土和坑道的约束，等效于增大了管壁厚度或管材密度，增加了管道的承压能力，使得整体变形小于露天管道。

天然气输送管道破裂与裂尖前沿区的气体压力变化密切相关。通过比较裂纹扩展速度和减压波速度的大小就可得到裂纹止裂判据。Battelle 双曲线模型通过求解减压波速度及断裂速率与气体压力之间的关系[115-116]，从而建立速度-压力曲线图（见图 4.54），最终获得断裂临界条件。如果裂纹扩展速度大于气体减压波速度（$V_m > v_d$），则裂纹扩展；反之，如果裂纹扩展速度小于气体减压波速度（$V_m < v_d$），则裂纹停止。在如图 4.54 所示的 3 种情况下，假设初始条件与工作压力相对应，减压波速度开始时大于断裂速度，裂纹尖端压力沿减压波曲线降低，同时裂纹扩展相应减速。如果为断裂速度曲线 1 所示出现相交，裂纹将继续扩展。如果二者没有相交，如断裂速度曲线 3，减压波速度总是高于断裂速度，持续降低的压力最终使裂尖压力低于止裂压力，则很快止裂。如果断裂速度曲线 2 与减压曲线相切，那么裂纹处于扩展和止裂之间，此时对应的韧性就是最小止裂韧性。

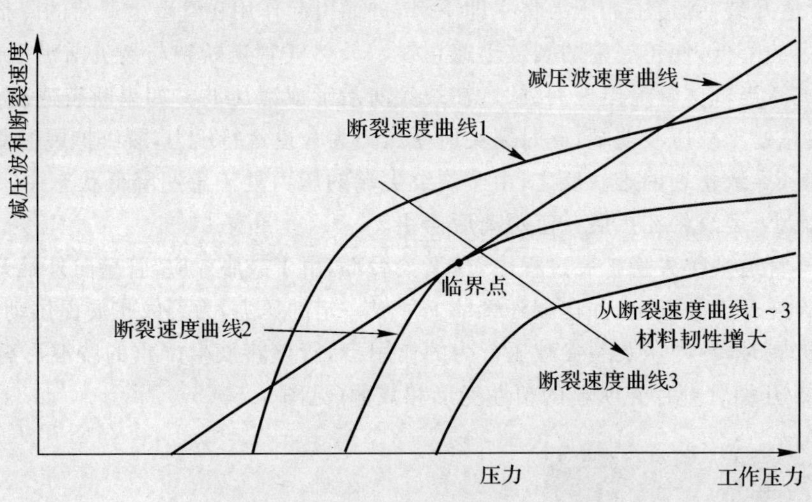

图 4.54 Battelle 管道止裂评定示意图

3. 止裂控制

止裂控制和起裂控制不同，它不以消除裂纹失稳扩展为目标，承认裂纹发生失稳扩展的可能，并允许裂纹出现快速扩展，但要求裂纹扩展在严重损坏结构安全之间能被已知，避免灾难性事故的发生。止裂的工程方法有两种，其一是韧性止裂，其二是结构性止裂。

(1) 韧性止裂

当裂纹扩展驱动力小于材料阻力时实现止裂。对于当前高强韧性材料，多是对母材及焊接接头的最小冲击功提出指标要求。例如，天然气管道的止裂控制就是在 Battelle 双曲线模型预测结果统计拟合的基础上，建立的管材及焊接接头最小冲击功 A_{KV} 和环向应力、直径和壁厚的关系为

$$A_{KV} = 3.57 \times 10^5 \sigma_H^2 (Rt)^{1/3} \tag{4.174}$$

式中　A_{KV} —— 止裂所需最低夏比冲击值(J)；

σ_H —— 环向应力(MPa)，$\sigma_H = PR/t$；

P —— 全尺寸爆破试验管道内压(MPa)。

在相同应力水平下，材料的 A_{KV} 越高越容易止裂；在相同应力水平、A_{KV} 下，直径、壁厚、钢材等级增加不利于止裂；当管道直径、壁厚、钢材等级一定时，止裂只能通过提高 A_{KV} 达到。由于夏比冲击值在工程条件下易于获得，因而式(4.125)广泛用于管道止裂标准制定中。

但是，标准试样冲击实验无法全面反映结构壁厚及约束和载荷的实际情况。为了计算分析结构的延性断裂过程，近年来又将裂纹角张开位移(CTOA)参数用于结构的断裂控制[87-97,36]。例如，管道断裂(见图 4.55)研究中采用CTOA作为断裂控制参数能够对管道的断裂过程进行分析及预测。

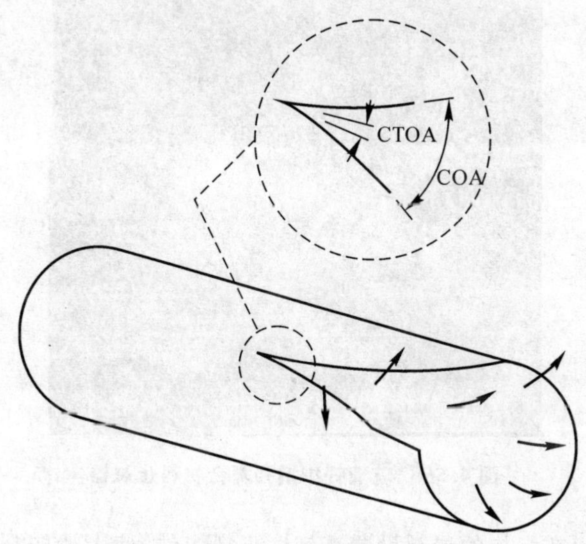

图 4.55　管道延性断裂和 CTOA 示意图

一般而言，在给定结构和载荷条件下，$(\mathrm{CTOA})_C$ 越高，即裂纹的延性扩展驱阻力越大，有利于止裂，裂纹扩展的长度也就越短。因此，从韧性止裂的角度出发，需要较高的 $(\mathrm{CTOA})_C$。但过高的 $(\mathrm{CTOA})_C$ 是不现实的，这就需要从结构方面降低裂纹扩展驱动力 CTOA，使其满足止裂的条件，以控制裂纹扩展的长度。被止裂的裂纹延性扩展长度称为止裂长度，根据结构断裂控制设计提出的止裂长度，可以确定所需的 $(\mathrm{CTOA})_C$，进而对断裂过程实行控制。

参考文献[117]应用断裂分析软件 PFRAC 对管道延性裂纹扩展过程进行了数值计算，建立了最大裂纹角张开位移 $(\mathrm{CTOA})_{max}$ 与管道几何尺寸和运行压力(通过环向应力表示)的关系为

$$(\mathrm{CTOA})_{max} = C\left(\frac{\sigma_H}{E}\right)^m \left(\frac{\sigma_H}{\sigma_f}\right)^n \left(\frac{D}{t}\right)^q \tag{4.175}$$

当输送介质为甲烷时，式中的常数 $C = 106^\circ$，$m = 0.752$，$n = 0.778$，$q = 0.65$。为了实现对延性裂纹扩展的控制，要求管材和焊缝的临界值 $(\mathrm{CTOA})_C$ 要大于按式(4.175)计算最大裂纹角张开位移 $(\mathrm{CTOA})_{max}$。

(2) 结构性止裂

要防止结构大范围断裂现象的发生，除了采用具有相应抵抗裂纹扩展驱动力的材料，还有一种方法是采用结构性止裂措施[118]，以达到尽可能使裂纹快速停止、扩展距离最小的目的。例如，管道结构性止裂措施可以在高风险段安装止裂器，以增大管道的断裂抗力和裂纹扩展阻力。近年来发展了复合材料柔性缠绕止裂带，为管道的断裂控制提供了有效手段。如图 4.56 所示为采用玻璃钎维增强复合材料止裂带对管道进行结构止裂控制。

图 4.56　玻璃钎维增强复合材料止裂器

结构性止裂还可以在结构的局部设置高韧性止裂构件，使大量的裂纹扩展在结构破坏前被制止。例如，在船体甲板或船底壳板设置止裂钢板（见图 4.57）；在管道线路上每隔一定距离插入高韧性管段（或加大壁厚），如果高韧性管道的断裂抗力足以抵消裂纹扩展时所需的能量，那么，裂纹就将在高韧性管段停止。

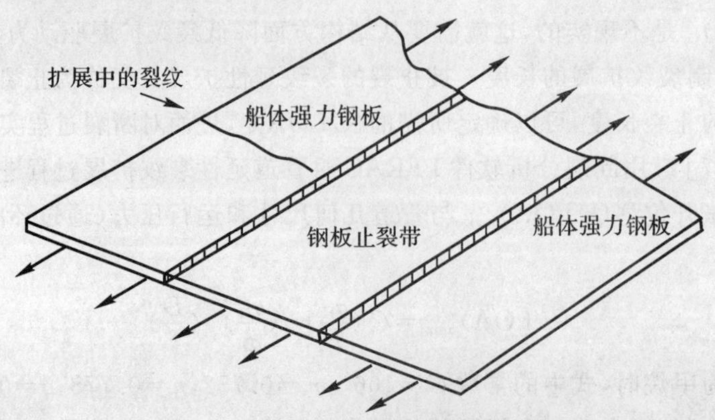

图 4.57　船体甲板或船底壳设置的止裂钢板

第5章 焊接结构的疲劳强度

疲劳断裂是金属结构失效的一种主要形式。大量统计资料表明，在金属结构失效中，约80%以上是由疲劳引起的。焊接结构的疲劳断裂往往是由于焊接接头细节部位的疲劳累积损伤所导致的，因此，焊接接头的疲劳强度是焊接结构抗疲劳性能的基本保证。

5.1 焊接接头的疲劳及影响因素

5.1.1 焊接接头疲劳的基本概念

1. 焊接接头的疲劳特征

疲劳是材料在循环应力或应变的反复作用下所发生的性能变化，是一种损伤累积的过程。经过足够次数的循环应力或应变作用后，焊接结构局部就会产生疲劳裂纹或断裂。

疲劳与脆性断裂相比较，二者断裂时的形变都很小，但疲劳断裂需要多次加载，而脆性断裂一般不需要多次加载；结构脆性断裂是瞬时完成的，而疲劳裂纹的扩展较缓慢，须经历一段时间甚至很长时间才发生破坏。对于脆性断裂而言，温度的影响是及其重要的，随着温度的降低，脆性断裂的危险性迅速增加，但材料的疲劳强度变化不显著。

金属结构的疲劳抗力取决于本身材料、构件的形状、尺寸、表面状态和服役条件。任何材料的疲劳断裂过程都经历裂纹萌生、稳定扩展和失稳扩展(即瞬时断裂)3个阶段。

焊接结构的疲劳破坏往往起源于焊接接头的应力集中区，因此，焊接结构的疲劳实际上是焊接接头细节部位的疲劳[3,16,119-121]。焊接接头中通常存在未焊透、夹渣、咬边、裂纹等焊接缺陷，这种"先天"的疲劳裂纹源，可直接越过疲劳裂纹萌生阶段，缩短断裂的进程。焊接接头处存在着严重的应力集中和较高的焊接残余应力，都会使焊接结构更易产生疲劳裂纹(见图5.1)，导致疲劳断裂。

实际焊接接头的轮廓参数沿焊缝长度方向是随机变化的，由此产生的应力集中也是随机变化的(见图1.34)，这种随机性导致疲劳裂纹萌生也具有随机特性(见图5.2)。因此，在焊接接头疲劳过程中，可能同时或先后在沿焊趾长度方向上萌生多个疲劳裂纹，这些小裂纹的扩展使相邻裂纹合并成为较长裂纹，较长裂纹进一步扩展与合并成为长而浅的焊趾疲劳裂纹。

2. 应力疲劳与应变疲劳

从微观上看，疲劳裂纹的萌生都与局部微观塑性有关，但从宏观上看，在循环应力水平较低时，弹性应变起主导作用，此时疲劳寿命较长，称为应力疲劳或高周疲劳；在循环应力水平较高时，塑性应变起主导作用，此时疲劳寿命较短，称为应变疲劳或低周疲劳，其疲劳寿命一般低

于 5×10^4 次。

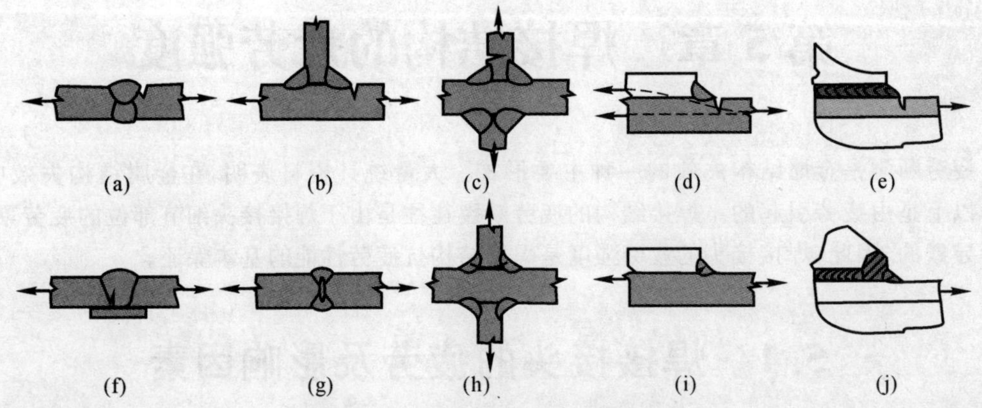

图 5.1 焊接接头疲劳裂纹萌生位置

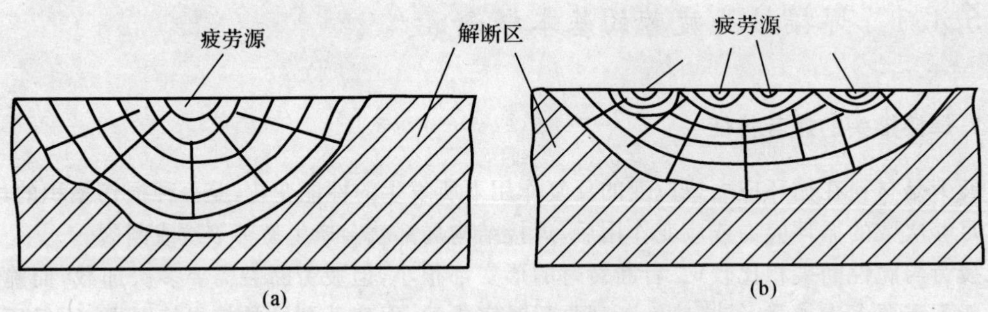

图 5.2 疲劳断口示意图

(a) 平板疲劳断口；(b) 焊接接头焊趾区的疲劳断口

(1) 应力疲劳

在应力疲劳过程中，循环塑性应变为零或者远小于弹性应变，载荷历程以及疲劳损伤由循环应力控制。循环应力的类型主要有拉-拉、拉-压、压-压等形式，应力与时间的关系一般为正弦波或随机载荷，如图 5.3 所示。应力的每一个变化周期，称为一个应力循环。在应力循环中，有最大应力 S_{max}、最小应力 S_{min}、应力范围 S 和平均应力 S_m，应力幅值 S_a 是应力循环中的变化分量。应力循环的性质由平均应力和应力幅值来决定，应力循环的不对称特点由应力比 $R=S_{min}/S_{max}$ 表示，称为应力循环特征。

应力循环参数之间的关系如下：

$$S=S_{max}-S_{min} \tag{5.1a}$$

$$S_a=\frac{S_{max}-S_{min}}{2} \tag{5.1b}$$

$$S_m=\frac{S_{max}+S_{min}}{2} \tag{5.1c}$$

$$S_{max}=S_m+S_a \tag{5.1d}$$

$$S_{min}=S_m-S_a \tag{5.1e}$$

在疲劳循环载荷中，应力比 R 的变化范围为 $-\infty\sim1$。当 $S_{min}=-S_{max}$ 时，$R=-1$，称为

对称交变载荷；当 $S_{min}=0$ 时，$R=0$，称为脉动拉伸载荷；当 $S_{max}=0$ 时，$R=-\infty$，称为脉动压缩载荷。其他应力比的疲劳载荷一般统称为非对称循环。

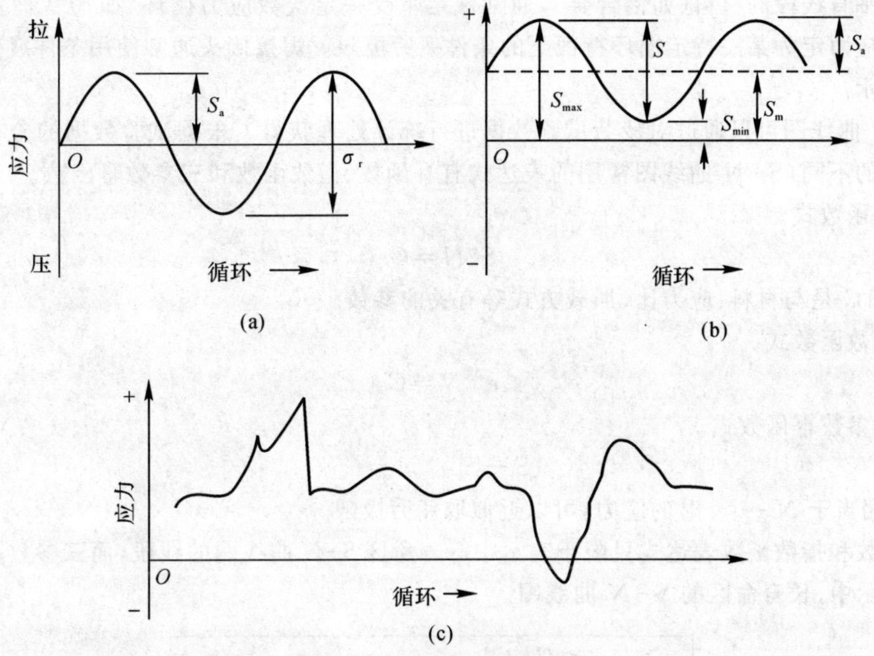

图 5.3　典型疲劳循环载荷

在给定平均应力、最小应力或应力比的情况下，应力范围、应力幅度（或最大应力）与疲劳破坏时的循环次数的关系（应力-寿命曲线）称为 S-N 曲线图。如图 5.4 所示是钢与铝合金光滑试件的 S-N 曲线图，从图中可以看出，当 N 值达到一定数值后，钢的 S-N 曲线图就趋于水平，但铝合金的 S-N 曲线图则没有明显的水平直线段。

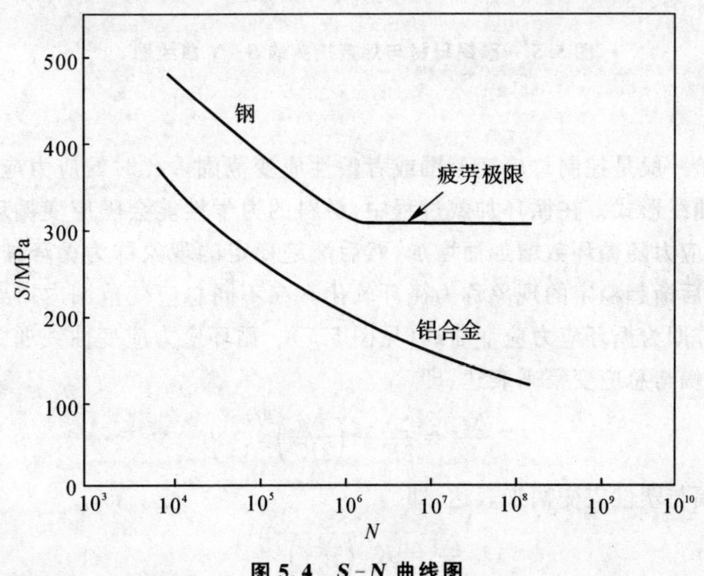

图 5.4　S-N 曲线图

对于钢而言，$S-N$ 曲线图的水平直线对应的最大应力为疲劳极限。通常，当 $R=-1$ 时，疲劳极限的数值最小，此时对应的最大应力就是应力幅值，用 S_{-1} 表示。对于 $S-N$ 曲线图没有明显水平直线段的材料（如铝合金），通常规定承受一定次数应力循环（如10^7）而不发生破坏的最大应力定为某一特定循环特征下的条件疲劳极限。焊接接头通常使用条件疲劳极限如图 5.5 所示。

$S-N$ 曲线图可以通过对疲劳试验数据进行统计处理获得。根据试验数据的分布规律和拟合方法的不同，$S-N$ 曲线图常用的表达式有幂函数、指数函数和三参数幂函数。

① 幂函数式。

$$S^m N = C \tag{5.2}$$

式中，m 和 C 是与材料、应力比、加载方式等有关的参数。

② 指数函数式。

$$e^{mS} N = C \tag{5.3}$$

③ 三参数幂函数式。

$$(S-S_0)^m N = C \tag{5.4}$$

式中，S_0 相当于 $N\to\infty$ 时的应力，可以近似取疲劳极限。

幂函数和指数函数表达式只限于表示中等寿命区 $S-N$ 曲线图的线段，而三参数幂函数表达式可表示中、长寿命区的 $S-N$ 曲线图。

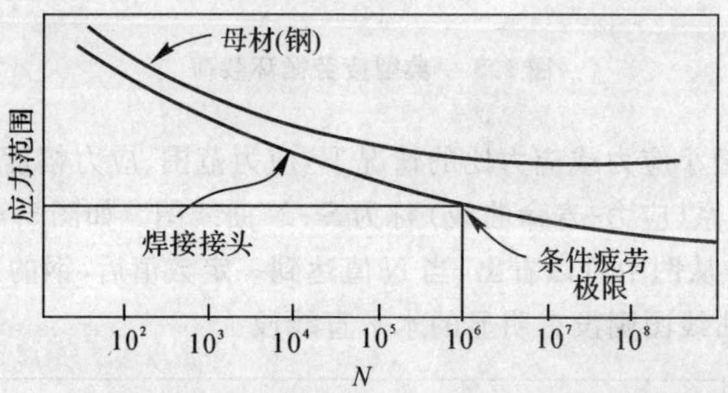

图 5.5 碳钢母材与焊接接头的 $S-N$ 曲线图

(2) 应变疲劳

应变疲劳试验一般是控制总应变范围或者塑性应变范围。此时的应力应变关系如图5.6所示的环形滞后曲线形式。在循环加载过程中，材料的力学性能会随应变循环而改变。当控制应变恒定时，其应力随循环数增加而增加，然后渐趋稳定的现象称为循环硬化；应力随循环数增加而降低，然后渐趋稳定的现象称为循环软化。在不同总应变范围内得到的一系列稳定滞后回线顶点轨迹即为循环应力应变曲线（见图 5.7）。循环应力应变曲线通常有两种表达形式，一种是以应力幅与总应变幅来表达，即

$$\frac{\Delta\varepsilon_t}{2} = \frac{\Delta\sigma}{2E} + \left(\frac{\Delta\sigma}{2K'}\right)^{1/n'} \tag{5.5}$$

另一种是以应力幅与塑性应变幅来表达，即

$$\frac{\Delta\sigma}{2} = K'\left(\frac{\Delta\varepsilon_p}{2}\right)^{n'} \tag{5.6}$$

式中　K'—— 循环强化系数；

n'—— 循环应变硬化指数。

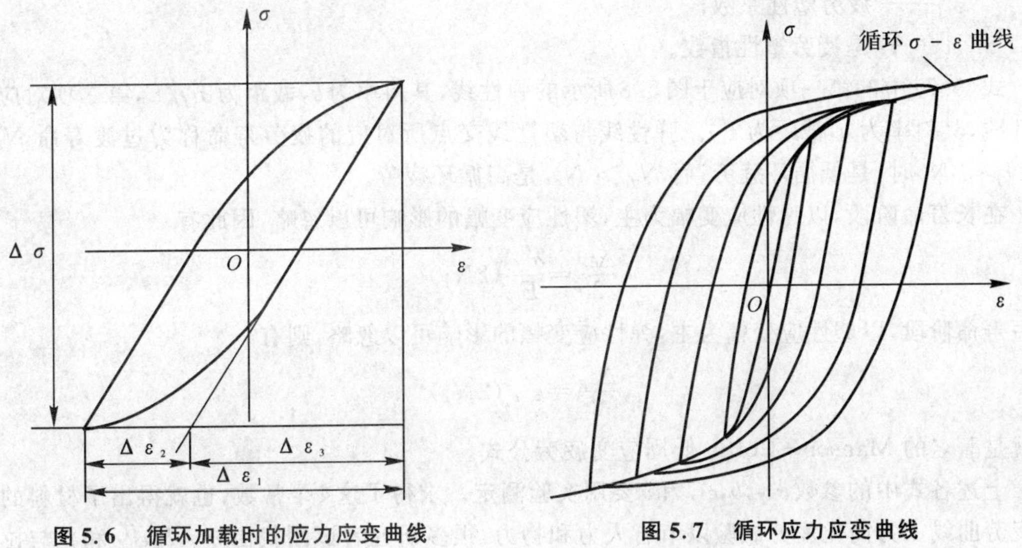

图 5.6　循环加载时的应力应变曲线　　图 5.7　循环应力应变曲线

在给定的 $\Delta\epsilon$ 或 $\Delta\epsilon_p$ 下，测定疲劳寿命 N_f，将应变疲劳实验数据在双对数坐标系上作图，即得应变疲劳寿命曲线，如图 5.8 所示。

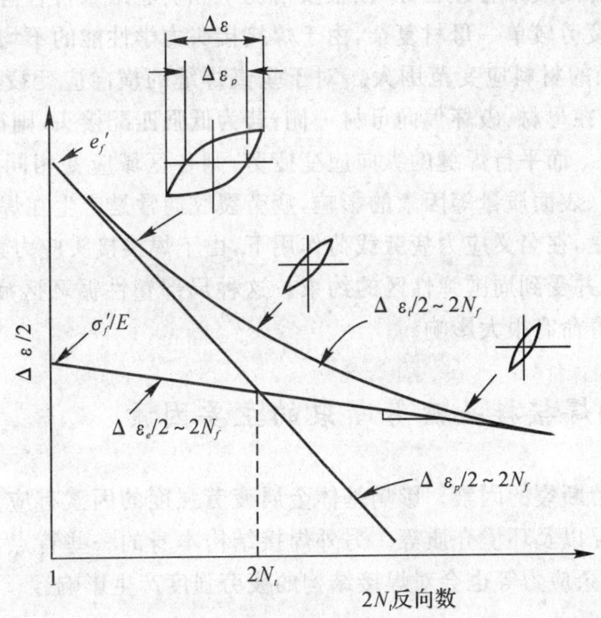

图 5.8　应变疲劳寿命曲线

Manson 和 Coffin 分析总结了应变疲劳的实验结果，给出下列应变疲劳寿命公式[122-123]：

$$\frac{\Delta\varepsilon_t}{2}=\frac{\sigma'_f}{E}(2N_f)^b+\varepsilon'_f(2N_f)^c \tag{5.7}$$

式中　σ'_f—— 疲劳强度系数；

b —— 疲劳强度指数；

ε'_f—— 疲劳塑性系数；

c —— 是疲劳塑性指数。

式(5.7)中的第一项对应于图5.8所示的弹性线，其斜率为b，截距为σ'_f/E，第二项对应于塑性线，其斜率为c，截距为ε'_f。弹性线与塑性线交点所对应的疲劳寿命称为过渡寿命N_t。当$N_f < N_t$时，是低循环疲劳；而$N_f > N_t$，是高循环疲劳。

在长寿命阶段，以弹性应变幅为主，塑性应变幅的影响可以忽略，因此有

$$\frac{\Delta\varepsilon_e}{2}=\frac{\sigma'_f}{E}(2N_f)^b$$

在短寿命阶段，以塑性应变幅为主，弹性应变幅的影响可以忽略，则有

$$\frac{\Delta\varepsilon_p}{2}=\varepsilon'_f(2N_f)^c$$

这就是著名的Manson－Coffin低周应变疲劳公式。

上述各式中的参数σ'_f，b，ε'_f和c要用实验测定。求得了这4个常数，也就得出了材料的应变疲劳曲线。为简化疲劳试验以节省人力和物力，很多研究者试图找出σ'_f，b，ε'_f和c与拉伸性能间的关系。Manson总结了近30种具有不同性能材料的实验数据后给出$\sigma'_f=3.5\sigma_b$，$b=-0.12$，$\varepsilon'_f=\varepsilon_f=\ln(1-1/\psi)$，$c=-0.6$，因此，只要测定了抗拉强度和断裂延性，即可求得材料的应变疲劳寿命曲线。这种预测应变疲劳寿命曲线的方法，称为通用斜率法。显然，用这种方法预测的应变疲劳曲线带有经验性，在很多情况下和实验结果符合得不是很好。

焊接接头的应变疲劳较单一母材复杂，由于焊接接头力学性能的不均匀性，各区域的应变循环特性不同，低强区的材料应变范围大。对于垂直焊缝的横向应变疲劳，若为高强匹配接头，循环塑性应变集中在母材，破坏偏向母材一侧；若为低强匹配接头，则循环塑性应变集中在焊缝，破坏发生在焊缝。而平行焊缝的纵向应变疲劳，则各区域应变相同，由于焊缝性能一般低于母材，再加上缺陷、表面质量等因素的影响，疲劳裂纹通常是产生在焊缝区的。

最为普遍的情况是，在名义应力疲劳载荷作用下，由于焊接接头应力集中区缺口效应而发生微区循环塑性变形，并受到周围弹性区的约束。这种局部塑性循环区疲劳裂纹萌生与早期扩展对于接头的疲劳寿命有很大影响。

5.1.2 影响焊接接头疲劳断裂的主要因素

影响焊接结构疲劳断裂的因素。影响基体金属疲劳强度的因素有应力集中、截面形状尺寸、表面状态、加载情况以及环境介质等。另外焊接结构本身的一些特点，如接头材料组织性能变化、焊接缺陷和残余应力等也会对焊接结构的疲劳强度产生影响。

1. 应力集中的影响

焊接结构的疲劳强度由于应力集中程度的不同而有很大的差异(见图5.9～5.11)。焊接结构的应力集中包括焊接接头区焊趾、焊根、焊接缺陷引起的应力集中和结构截面突变造成的结构应力集中。若在结构截面突变处有焊接接头，则其应力集中更为严重，最容易产生疲劳裂纹(见图5.12)。

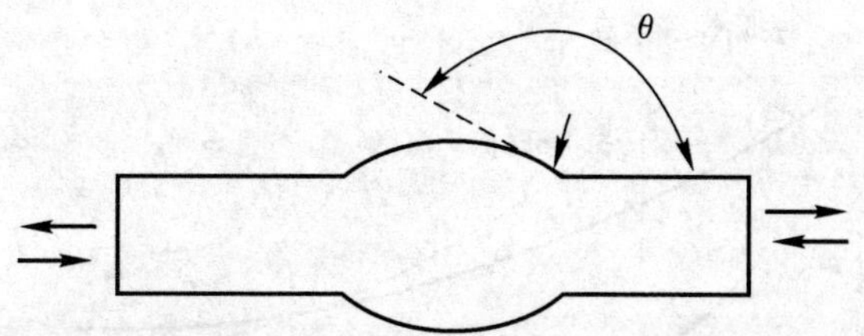

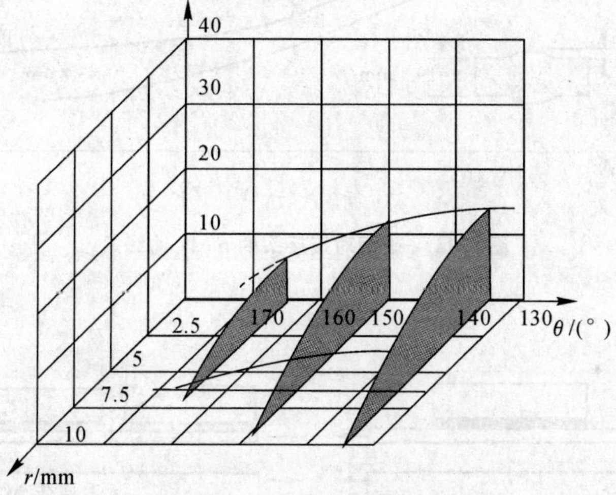

图5.9　过渡角及圆弧半径对对接接头疲劳强度的影响

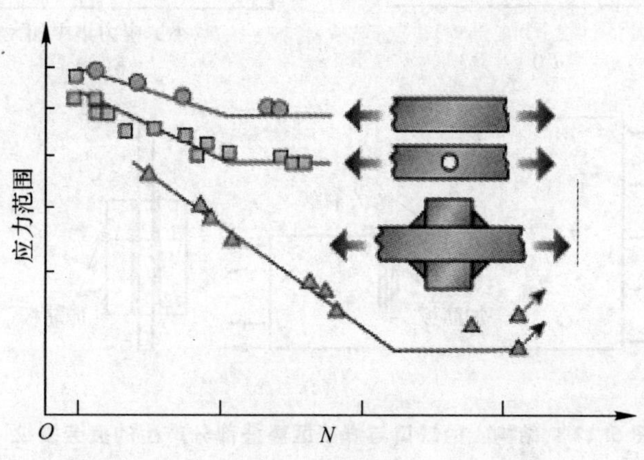

图5.10　应力集中对构件疲劳寿命的影响

应力集中对疲劳强度的影响可以用疲劳缺口系数 K_f 来衡量。K_f 定义为无缺口试件疲劳强度 σ_A（应力幅）与缺口试件疲劳强度 σ_{AK}（应力幅）的比值，即

$$K_f=\frac{\sigma_A}{\sigma_{AK}} \tag{5.8}$$

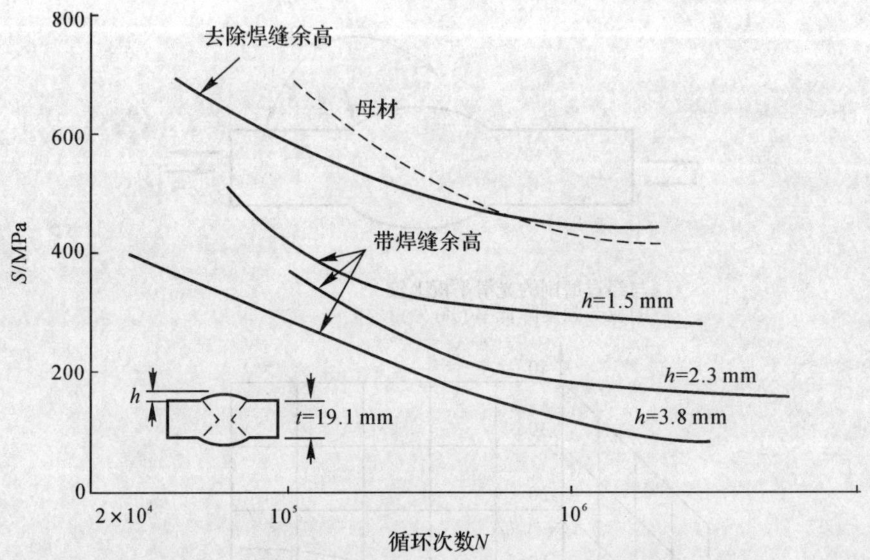

图 5.11 碳钢对接接头的 $S-N$ 曲线

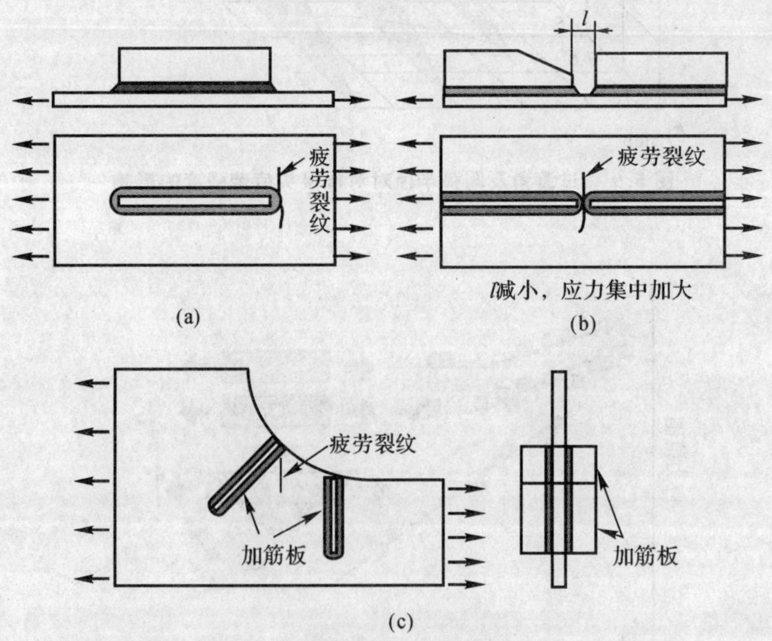

图 5.12 结构上的缺口与焊接区重叠部分产生的疲劳裂纹

疲劳缺口系数 K_f 一般小于理论应力集中因数 K_t，这是由于缺口应力集中区的循环塑性应变使峰值应力降低的结果，如图 5.13 所示。

为了表征应力集中对材料疲劳强度的影响，定义疲劳缺口敏感系数为

$$q=\frac{K_f-1}{K_t-1} \tag{5.9}$$

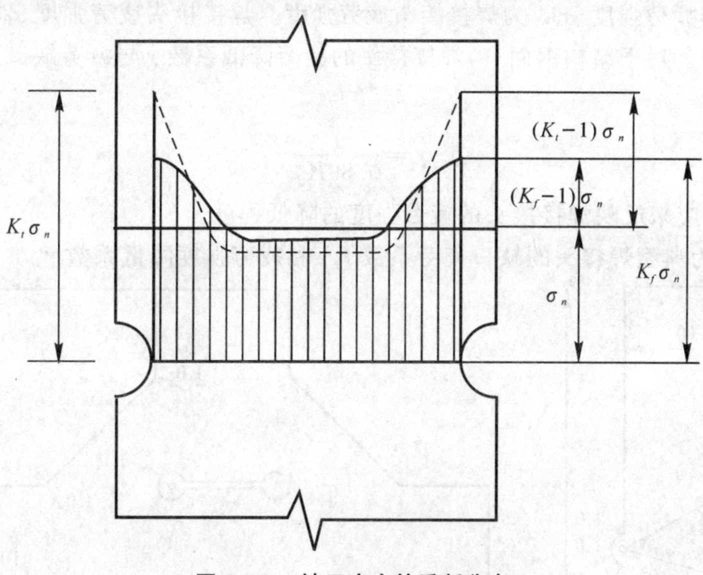

图 5.13　缺口应力的重新分布

疲劳缺口敏感系数首先取决于材料性质。一般来说，材料的强度提高时 q 增大，晶粒度和材料性质的不均匀性增大时 q 减小。不均匀性增大使 q 减小的原因，是因为材质的不均匀相当于内在的应力集中，在没有外加的应力集中时它已经存在，因此减少了材料对外加应力集中的敏感性。此外，疲劳缺口敏感系数还与缺口的曲率半径有关，因此，q 并不是材料常数。疲劳缺口敏感系数 q 可用 Neuber 公式计算，即

$$q=\frac{1}{1+\sqrt{\frac{A}{r}}} \tag{5.10}$$

或 Peterson 公式计算，即

$$q=\frac{1}{1+\frac{a}{r}} \tag{5.11}$$

式中　r —— 缺口半径；

A—— 与材料有关的参数；

a —— 与材料有关的参数，可用下式计算

$$a=0.025\,4\left(\frac{2\,068}{\sigma_b}\right)^{1.8} \tag{5.12}$$

对于焊接接头的焊趾和焊根所形成的缺口效应(见图 5.14)，可取一虚拟的曲率半径 r，如 $r=1$ mm。通过式(5.10)可计算疲劳缺口敏感系数 q，应用实验测定或数值计算可得应力集中因数 K_t，代入式(5.9)可得焊接接头的疲劳缺口系数 K_f。表 5.1 所示为不同加载形式下典型焊接接头的疲劳缺口系数。

焊接接头区存在应力集中，即所谓的缺口效应。通常可用疲劳强度降低系数 γ 来描述焊接接头的疲劳强度特性[14]，即

$$\gamma=\frac{\sigma_{PW}}{\sigma_P} \tag{5.13}$$

式中，σ_P 为母材的疲劳强度；σ_{PW} 为焊接接头疲劳强度。焊接接头疲劳强度 σ_{PW} 一般取条件疲劳极限(见图5.5)。对于结构钢而言，焊接接头的疲劳降低系数 γ 与疲劳缺口系数 K_f 成反比，即

$$\gamma = \frac{1}{0.89K_f} \tag{5.14}$$

因此，可用缺口效应来反映焊接接头的疲劳强度的降低程度。

表5.1所示为典型焊接头的缺口疲劳系数 K_f 和疲劳强度降低系数 γ。

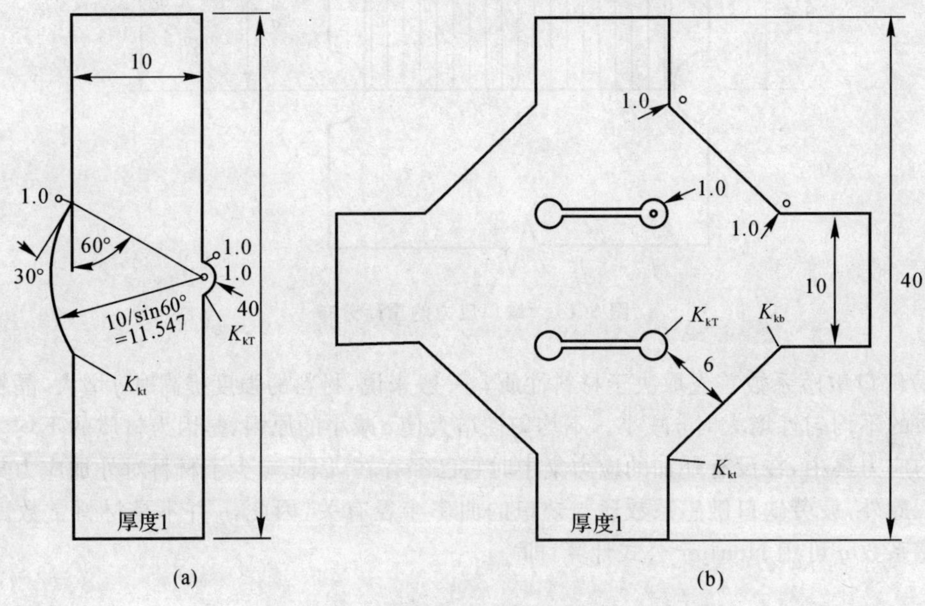

图5.14　考虑微观结构约束效应的虚拟缺口曲率半径

(a) 对接接头；(b) 十字接头

表5.1　典型焊接接头的疲劳强度

焊接接头(结构钢)	缺口疲劳系数 K_f(裂纹萌生部位)	整体疲劳强度 /MPa ($P_f = 0.1, 0.5, 0.9$)			疲劳强度降低系数 γ
对接接头	1.89(焊趾)	61	78	99	0.595
横向筋板接头	2.45(焊趾)	52	69	91	0.459
K形焊缝十字接头	2.50(焊趾)	54	67	83	0.449
盖板搭接接头	3.12(焊趾)	47	55	62	0.36
角焊缝十字接头	4.03(焊缝根部)	32	43	57	0.279

焊接接头焊趾与焊根的疲劳缺口系数 K_{ft} 和 K_{fr} 通常有较大差别(见图 5.15),因而减少较大 K_f 值的措施,对焊接接头形状优化,提高疲劳强度是很有意义的。

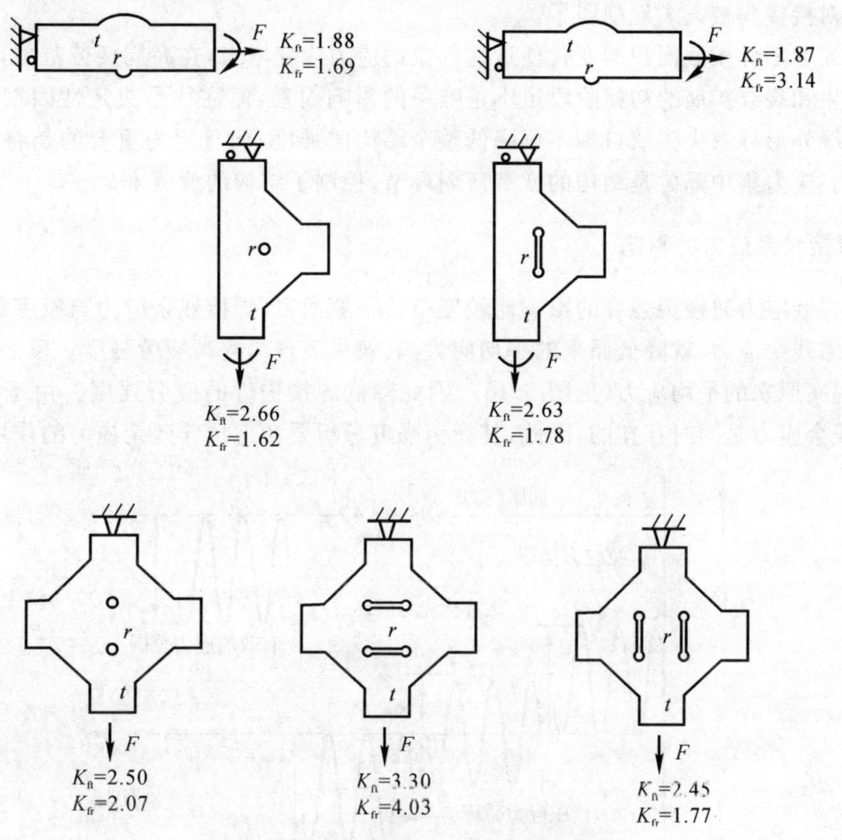

图 5.15　典型焊接接头的疲劳缺口系数

由于对接焊缝形状变化不大,因此,它的应力集中比其他形式接头要小,但是过大的加厚高和过大的母材与焊缝的过渡角以及焊趾圆弧半径都会增加应力集中,使接头的疲劳强度降低。从图 5.11 可以看出,受单向拉伸的对接接头焊缝余高对疲劳强度是很不利的。若对焊缝表面进行机械加工,应力集中程度将大大减少,对接接头的疲劳强度也相应提高。

对接接头的不等厚和错位,以及角变形都会产生结构性应力集中,对接头的疲劳强度都有不同程度的影响。对于板厚差异大的对接应采取过渡对接的形式。

T 型与十字接头的应力集中因数要比对接接头的高,因此 T 型与十字接头的疲劳强度远低于对接接头的疲劳强度。单向拉伸的 T 型接头采用双面焊缝为好,单面焊缝是不可取的。单向拉伸十字接头有间隙的角焊缝根部特别容易引起破坏,减小焊缝根部间隙长度或将工作焊缝转换为联系焊缝,可降低焊根的疲劳缺口系数。

试验结果表明,搭接接头的疲劳强度是很低的。有侧面焊缝的搭接接头疲劳强度仅为基本金属的 34%。焊脚为 1∶1 的正面角焊缝的搭接接头为基本金属的 40%。正面角焊缝为 1∶2 的搭接接头应力集中稍有降低,因而其疲劳强度有所提高,但是这种措施的效果不大。即使对焊缝向基本金属过渡区进行表面机械加工,也不能显著地提高接头的疲劳强度。只有当盖板的厚度比按强度条件所要求的增加 1 倍,才能达到基本金属的疲劳强度。但是在这种情况下,已经丧失了搭接接头简单易行的优点,因此不宜采用这种措施。采用所谓“加强”盖板的对接接头是极不合理的,在这种情况下,接头的疲劳强度由搭接区决定,使得原来疲劳强度较高的对接接头被大大地削弱了。

缺口或者零件横截面积的变化使这些部位的应力应变增大,在高周疲劳范围,缺口应力对于裂纹萌生和裂纹扩展的初始阶段虽不是唯一的影响因素,但往往是决定性因素。在焊接结构中若焊缝外形导致尖锐缺口则不仅降低整个结构的强度,而且更为重要的是将引起强烈的应力集中。应力集中部位是结构的疲劳薄弱环节,控制了结构的疲劳寿命。

2. 焊接残余应力的影响

焊接残余应力对疲劳强度的影响比较复杂。一般而言,焊接残余应力与疲劳载荷相叠加,如果是压缩残余应力,就降低原来的平均应力,其效果表现为提高疲劳强度。反之若是残余拉应力,就提高原来的平均应力(见图 5.16),因此降低焊接构件的疲劳强度。由于焊接构件中的拉、压残余应力是同时存在的,因此,其疲劳强度分析要考虑拉伸残余应力的作用。

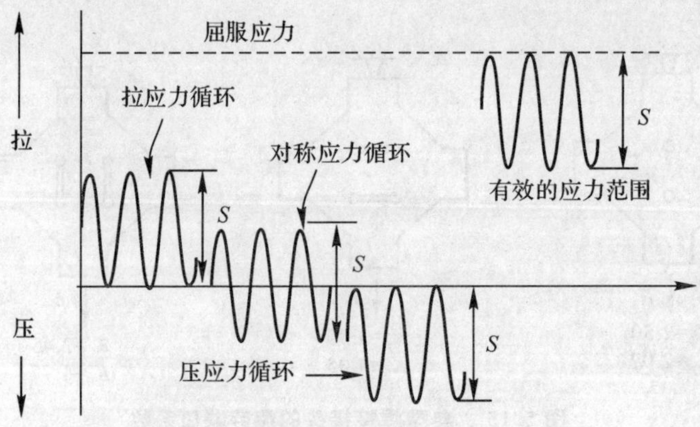

图 5.16 残余应力对应力循环的作用

焊接残余应力分布对疲劳强度的影响如图 5.17 所示。若焊接残余应力与疲劳载荷叠加后在材料表面形成压缩应力,则有利于提高构件的疲劳强度。焊接残余应力与疲劳载荷叠加后在材料表面形成拉伸应力,则不利于构件的疲劳强度。

残余应力在交变载荷的作用过程中会逐渐衰减,这是因为在循环应力的条件下材料的屈服点比单调应力低,容易产生屈服和应力的重分布,使原来的残余应力峰值减小并趋于均匀化,残余应力的影响也就随之减弱。

在高温环境下,焊件的残余应力会发生松弛,材料的组织性能也会变化,这些因素的交叉作用,使得残余应力的影响常常可以忽略。在这种情况下,应注意温度变化引起的热应力疲劳所产生的影响。

3. 焊接缺陷的影响

焊接缺陷对疲劳强度的影响是与缺陷的种类、尺寸、方向和位置有关的。即使缺陷率相同,片状缺陷(如裂纹、未熔合、未焊透等)比带圆角的缺陷(如气孔等)的影响大;表面缺陷比内部缺陷的影响大;与作用力表面垂直的片状缺陷比其他方向的影响大;位于残余拉应力场内的缺陷比残余压应力场内的影响大;位于应力集中区的缺陷(如焊趾处裂纹)比均匀应力区的缺陷大。

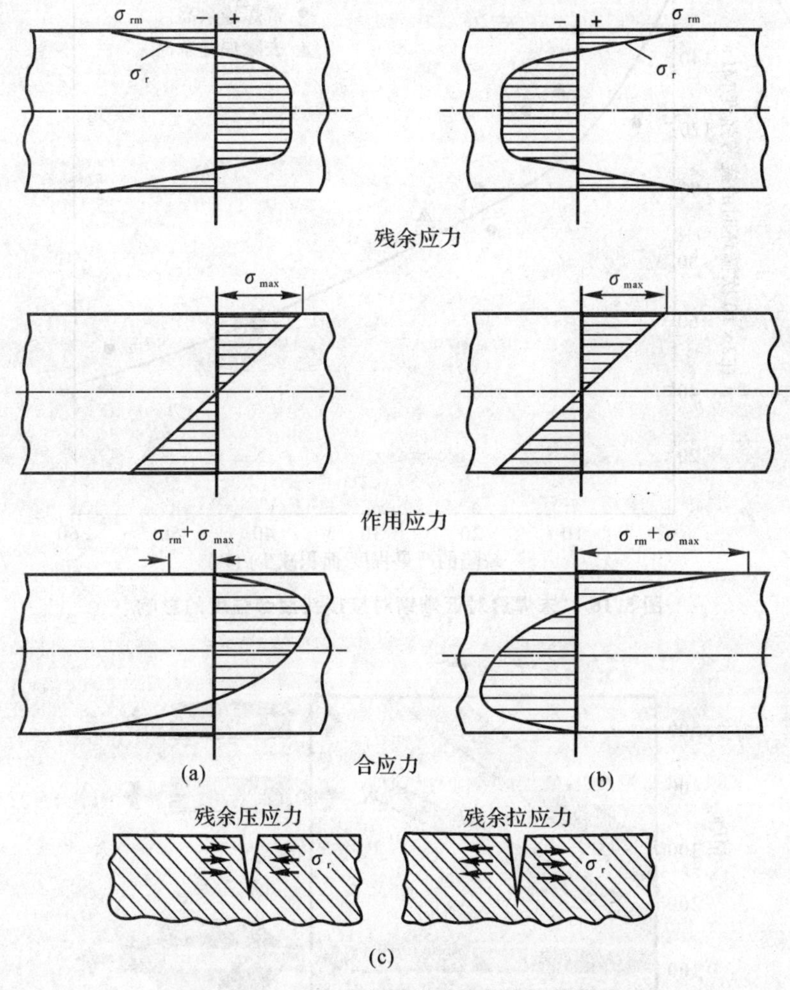

图 5.17　残余应力及其对疲劳强度的影响

如图 5.18 所示是未焊透对低碳钢对接接头疲劳强度的影响[18]。随着缺陷严重程度的增加,焊接接头的疲劳强度显著降低。

4. 焊接接头组织性能对疲劳强度的影响

在常温和空气介质条件下的疲劳试验研究表明,基本材料的疲劳强度与抗拉强度之间有比较好的相关性。例如,对于抗拉强度小于 1 400 MPa 的碳钢和合金钢,光滑试样的疲劳极限 σ_{-1} 与抗拉强度 σ_b 之间的关系可以表示为

$$\sigma_{-1}=0.46\sigma_b \tag{5.15}$$

焊接接头的组织性能具有很大的不均匀性,疲劳断裂发生在疲劳损伤集中的部位,即使是光滑试样,其断裂可能发生在母材,也可能发生在焊缝、熔合区或热影响区。因此,焊接接头的疲劳强度与母材本身的抗拉强度不存在类似式(5.15)的关系,如图 5.19 所示。

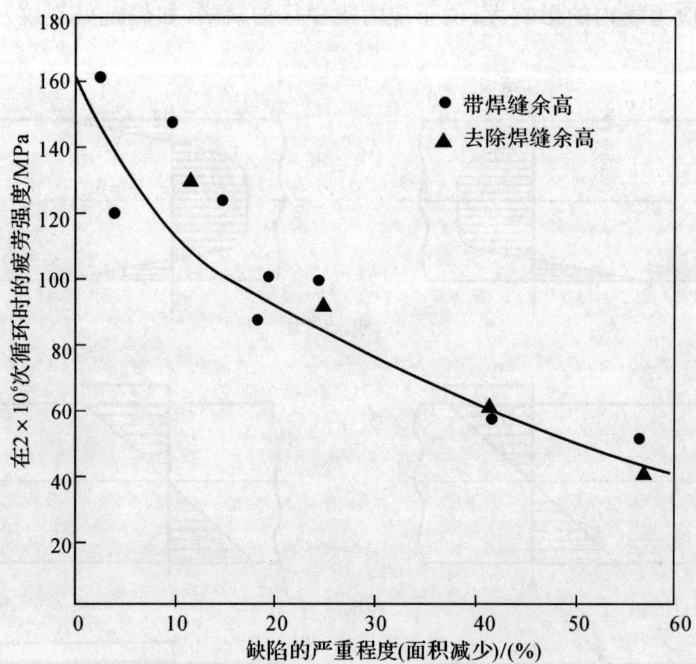

图 5.18 未焊透对低碳钢对接接头疲劳强度的影响

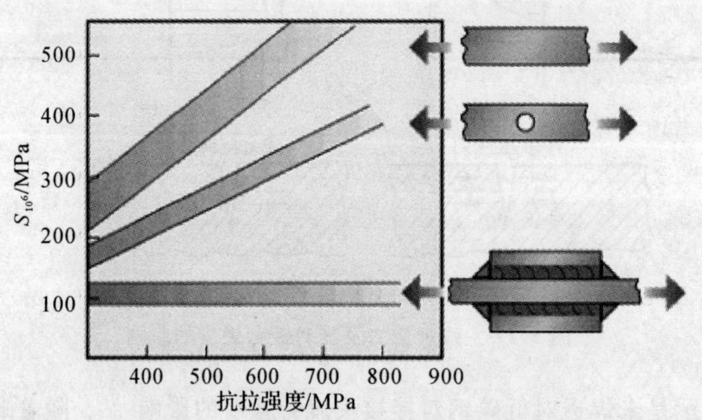

图 5.19 疲劳强度与材料抗拉强度的关系

有关试验结果表明，抗拉强度在 438 ～ 753 MPa 之间的钢材焊接接头，疲劳寿命大于10^5时的疲劳强度无显著差异，只有疲劳寿命小于10^5时，高强材料接头的疲劳强度高于低强材料接头的疲劳强度。一般而言，钢焊接接头接近焊缝区组织性能的变化对接头的疲劳强度影响较小。因此，在焊接钢结构疲劳设计规范中，对于相同的构造细节，不同强度级别的钢材均采用相同的疲劳设计曲线。

5. 尺寸的影响

人们在疲劳强度试验中早就注意到了试样尺寸越大疲劳强度就越低这一现象。标准试样的直径通常在 6 ～ 10 mm，它通常比实际零部件的尺寸小，因此疲劳尺寸系数在疲劳分析中必须加以考虑。

导致大小试样疲劳强度有差别的主要原因有两个方面：

① 对处于均匀应力场的试样，大尺寸试样比小尺寸试样含有更多的疲劳损伤源；

② 对处于非均匀应力场中的试样，大尺寸试样疲劳损伤区中的应力比小尺寸试样更加严重。

显然前者属于统计的范畴，后者则属于传统宏观力学的范畴。

焊接构件的厚度对焊趾应力集中有较大的影响（见图 5.20）。如图 5.21 所示为板厚对角焊缝焊趾区应力梯度的影响。在同样裂纹深度和峰值应力的条件下，虽然薄板的应力梯度大于厚板的应力梯度，但是，在裂纹深处的应力存在较大差异（$\sigma_2 > \sigma_1$），由此造成裂纹在厚板中更容易扩展。

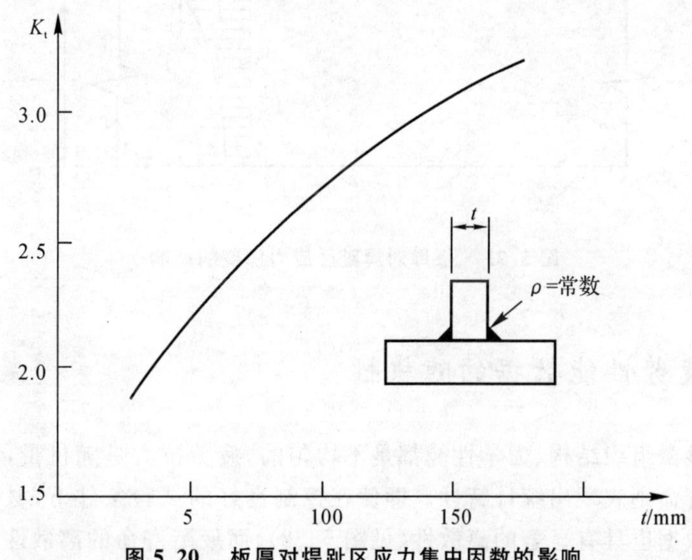

图 5.20　板厚对焊趾区应力集中因数的影响

在评定焊接构件的疲劳强度时，不可能对所有厚度的结构都进行疲劳试验，通常都是根据已知厚度构件的疲劳强度推算其他厚度构件的疲劳强度。例如，当应用 S-N 曲线进行疲劳评定时，若已知厚度为 t_0 构件的疲劳强度为 S_0，拟评定构件厚度为 t，其疲劳强度为 S 可以表示为

$$\frac{S}{S_0} = \left(\frac{t_0}{t}\right)^n$$

式中，n 为厚度修正参数，焊接状态下的焊缝 n 值一般取 0.33，修整后的焊缝 n 值取 0.20。

6. 载荷的影响

绝大多数材料的疲劳强度是由标准试样在对称循环正弦波加载情况下得到的，而实际零部件所受到的载荷是十分复杂的。不同载荷情况对疲劳强度的主要影响包括载荷类型的影响、加载频率的影响、平均应力的影响、载荷波形的影响、载荷中间停歇和持续的影响等。

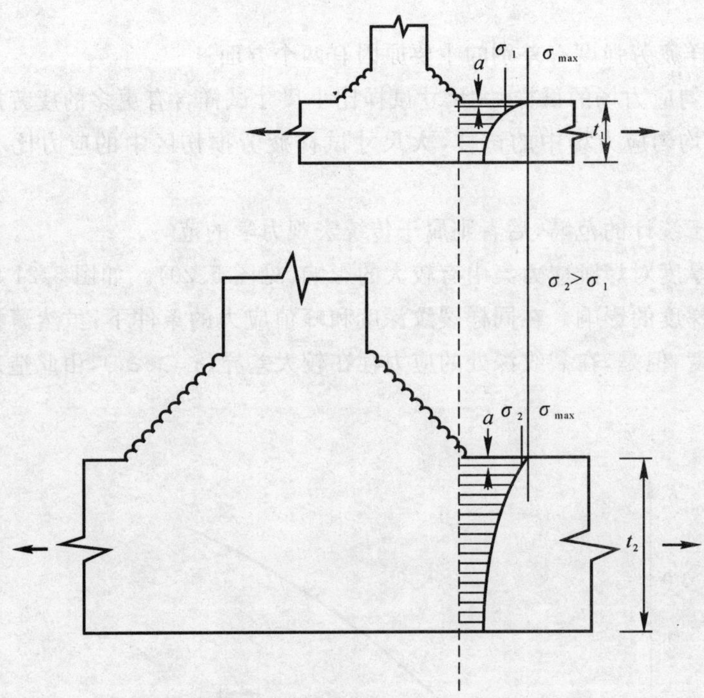

图 5.21 板厚对焊趾区应力梯度的影响

5.1.3 疲劳性能数据的随机性

实际材料的显微组织结构、力学性能都是不均匀的，疲劳抗力是随机量，疲劳裂纹萌生和扩展速率及疲劳寿命则表现出统计特性。即使在控制良好的试验条件下，材料的疲劳强度和疲劳寿命的试验数据也具有显著的离散性(见图 5.22)，而疲劳寿命的离散性又远比疲劳强度的离散性大。例如，应力水平的 3% 误差，可使疲劳寿命有 60% 的误差。应力水平越高，疲劳寿命的离散性越小；应力水平越接近于疲劳极限，疲劳寿命的离散性越大。

由于疲劳试验数据的离散性，试样的疲劳寿命和应力水平之间的关系并不是一一对应的单值关系，而是与破坏概率 P 有密切关系(见图 5.23)。前述的 $S-N$ 曲线只能代表中值疲劳寿命和应力水平之间的关系。要想全面表达各种破坏概率下的疲劳寿命和应力水平之间的关系，必须使用 $P-S-N$ 曲线。

疲劳性能的离散性，可以用概率密度曲线来描述(见图 5.24)。一般认为，当寿命恒定时，材料的疲劳强度服从正态分布和对数正态分布。当应力恒定时，在 $N < 10^6$ 的循环下，疲劳寿命服从对数分布和威布尔分布；在 $N > 10^6$ 循环下，疲劳寿命服从威布尔分布。

利用对数正态分布或威布尔分布可以求出不同应力水平下的 $P-N$ 数据，将不同破坏概率下的数据点分别相连，即可得出一组 $S-N$ 曲线，其中的每一条曲线，分别代表某一不同的破坏概率下的应力-寿命关系。这种以应力为纵坐标，以破坏概率 P 的疲劳寿命为横坐标，所绘出的一组破坏概率-应力-寿命曲线，称为 $P-S-N$ 曲线(见图 5.25)。当进行疲劳设计时，可根据所限定的破坏概率 P，利用与其对应的 $S-N$ 曲线进行设计。

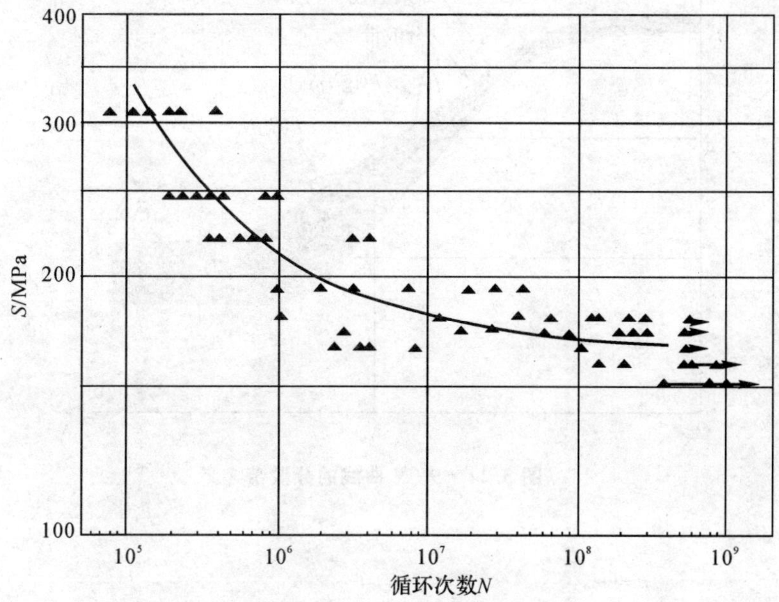

图 5.22　疲劳试验数据的分散性

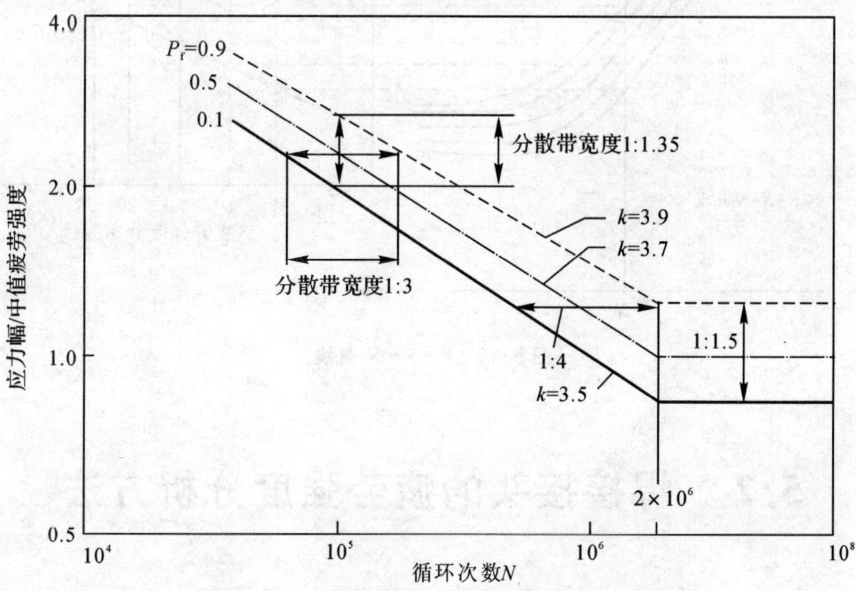

图 5.23　结构钢焊接接头无量纲 $S-N$ 曲线

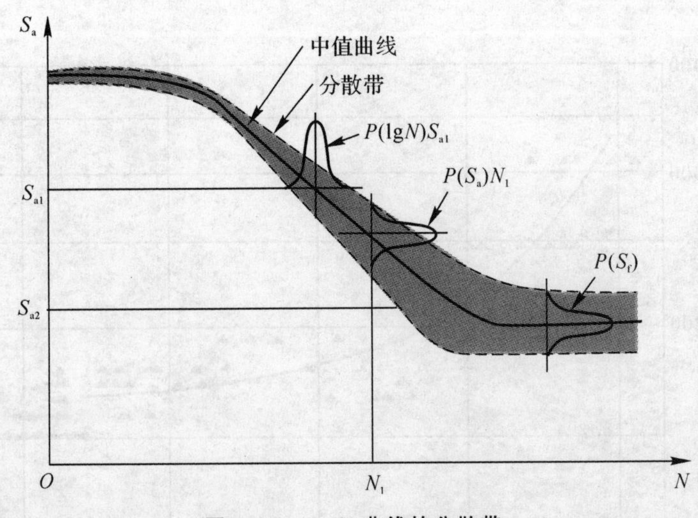

图 5.24 *S*-*N* 曲线的分散带

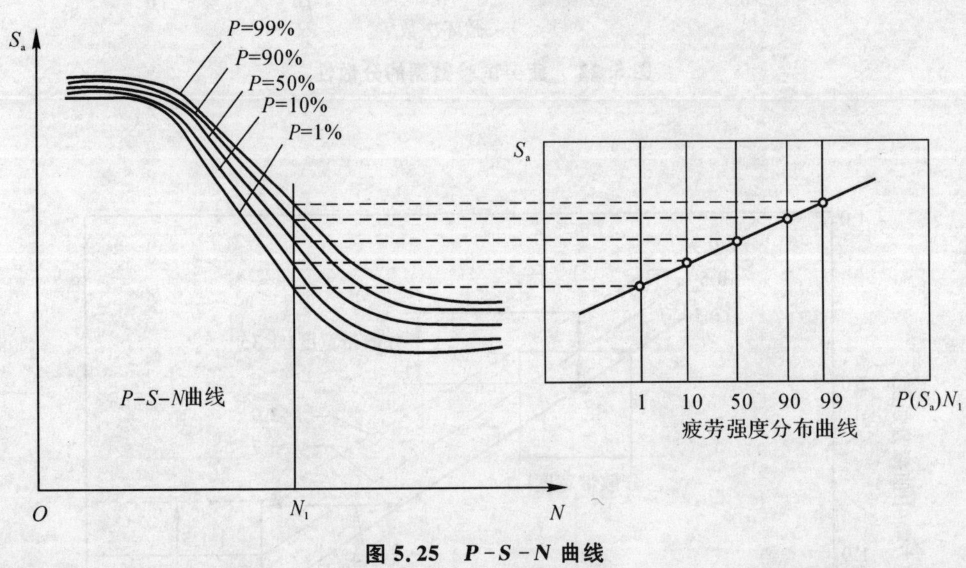

图 5.25 *P*-*S*-*N* 曲线

5.2 焊接接头的疲劳强度分析方法

5.2.1 概述

焊接接头的疲劳裂纹萌生取决于焊趾或焊根等应力集中区的局部缺口应力状态，疲劳裂纹扩展受控于裂纹（包括缺口效应在内）的局部应力强度因子。发生在焊趾或焊根处的疲劳裂纹多数都会进入到热影响区或母材，且焊趾与焊根处同时存在缺口效应和不均匀性。在焊接接头疲劳损伤中，局部最大应力起着主导作用，因此，焊接接头和焊接结构的疲劳强度的工程分析方法有4个不同的层次[3,16,19]，即名义应力评定方法、结构应力评定方法、局部应力应变评定方法和断裂力学评定方法。

名义应力评定方法是根据结构细节的$S-N$曲线进行疲劳强度设计的，包括无限寿命和有限寿命设计两种方法。无限寿命设计方法使用的是$S-N$曲线的水平部分，亦即疲劳极限；而有限寿命设计方法使用的是$S-N$曲线的斜线部分，亦即有限寿命部分。无限寿命设计时的设计应力要低于疲劳极限，比设计应力低的低应力对构件的疲劳强度没有影响。而有限寿命设计应力一般都高于疲劳极限，这时需要按照一定的累积损伤理论来估算总的疲劳损伤，因此，有限寿命设计要解决的首要问题是确定恒幅载荷作用下各类结构细节的$S-N$曲线。

结构应力分析方法要求除名义应力外还应确定焊接结构(受外载荷作用但无缺口效应)中的(非均匀)应力分布情况，为此需要对结构中的应力进行详细计算。一般而言，热点应力只有在结构应力集中较大的情况下才适合作为疲劳强度评定参数，例如，热点应力集中因数达10～20的管节点结构。热点法的两个关键问题是如何计算焊接结构接头处的几何应力，即怎样获得热点应力和怎样获得该热点所对应的$S-N$曲线。

缺口应力评定方法和断裂力学评定方法又称为局部法，这种分析方法是名义应力和结构应力评定方法的发展和延伸。比较而言，名义应力法又称为整体法，而结构应力法是整体法与局部法之间的过渡。这种方法的基本原理认为焊接接头的疲劳破坏都是从应力集中处的最大应力处开始的，局部循环载荷是疲劳裂纹萌生和扩展的先决条件，只要局部循环参数相同，就具有相同的疲劳性能。这样采用应力集中区域应力场的局部参数作为疲劳断裂的控制参数，建立具有普遍适用性的局部参数与循环次数之间的关系。

如图5.26所示为结构疲劳强度评定的整体法和局部法的递进关系。本节重点介绍名义应力评定方法、结构应力评定方法、局部应力应变评定方法，而断裂力学方法将在下节专门介绍。

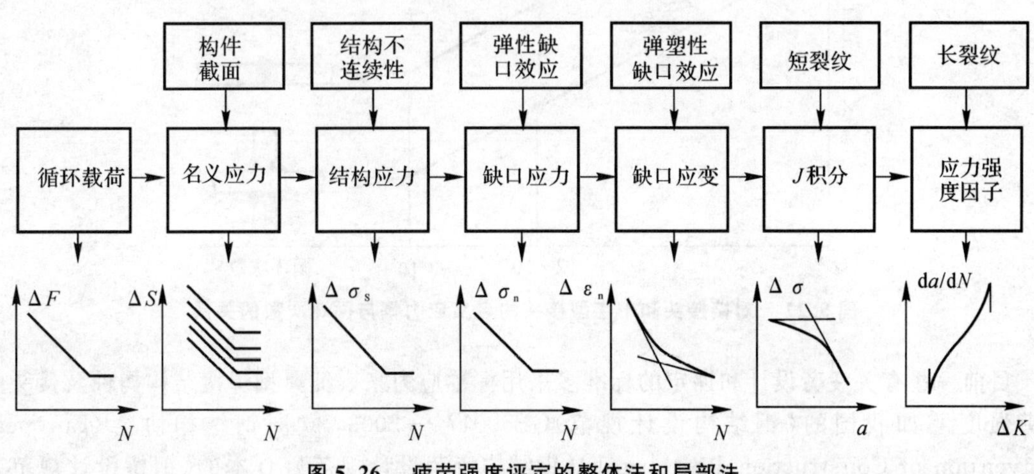

图5.26　疲劳强度评定的整体法和局部法

随着疲劳研究的不断深入，疲劳设计与分析方法也得到发展。从疲劳持久极限和应力强度因子门槛值控制的无限寿命设计到利用$S-N$曲线、$\varepsilon-N$曲线和Miner理论进行的有限寿命设计，从裂纹萌生寿命评估到考虑疲劳裂纹扩展，通过综合控制初始缺陷尺寸、剩余强度及检查周期的损伤容限设计和耐久性经济寿命分析，使疲劳强度分析与寿命预测的能力不断提高。对于具体焊接构件而言，不同的疲劳设计与分析方法之间并不是相互取代的关系，而是相互补充的，以满足不同工况的要求。

5.2.2 名义应力评定方法

1. 名义应力评定方法基本原理

大量试验结果表明，影响焊接接头疲劳强度的主要因素是应力范围和结构构造细节，当然材料性质和焊接质量也有较大影响，而载荷循环特性的影响较小。因此，以名义应力为基础的焊接结构的疲劳设计规范大多采用应力范围和结构细节分类进行疲劳强度设计，要求焊接结构中因疲劳载荷引起的应力范围 $\Delta\sigma$ 不得超过规定的疲劳许用应力范围[S]，即

$$\Delta\sigma \leqslant [S] \tag{5.16}$$

焊接构件的疲劳许用应力范围是根据疲劳强度试验结果并考虑一定的安全系数来确定的，现行的焊接构件疲劳强度设计标准中一般规定未消除应力的焊接件许用应力范围不再考虑平均应力的影响，但许用应力范围的最大值不得高于静载许用应力。

如图 5.27 所示为对接接头和十字型接头的名义应力幅与循环次数的关系，表明对接接头和十字型接头具有不同的疲劳质量等级或疲劳许用应力，有关焊接接头的疲劳质量分级将在下节进行详细介绍。

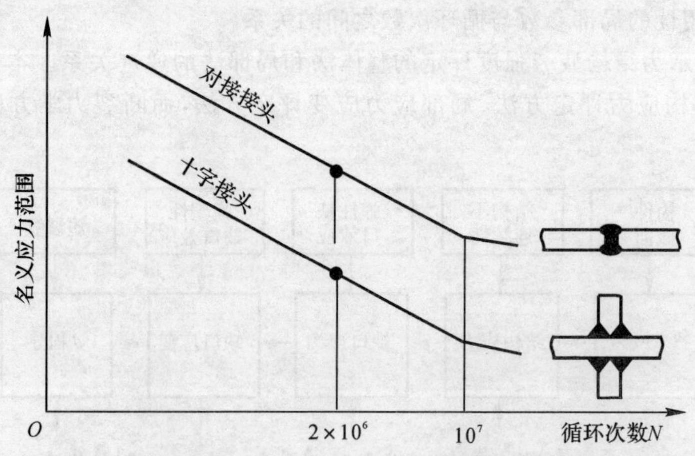

图 5.27 对接接头和十字型接头的名义应力幅与循环次数的关系

目前一些有关疲劳设计和评定的标准多采用标称应力来表征典型焊接结构构件及接头的疲劳强度。如我国的《钢结构设计规范》GB50017 — 2003，欧洲钢结构协会（European Convention for Constructional Steelwork)《钢结构疲劳设计规范》，日本的《钢桥设计规范》，美国《铁路桥梁以及高速公路设计规范》和作为许多标准依据的国际焊接学会的《循环加载焊接钢结构的设计规范 ⅡWDOC-639-81》等。这些规范均依据焊接接头细节特征对其疲劳强度进行分类，形成了焊接接头疲劳质量分级方法，为评定各类焊接接头疲劳强度的工程评定提

供了方便。

焊接接头的疲劳质量与接头的几何形状相关。焊缝的存在降低了接头的疲劳质量，其本质是接头区存在应力集中，即所谓的缺口效应。疲劳缺口效应越大，焊接接头的疲劳强度越小，从而导致焊接接头的疲劳质量越低。

根据疲劳缺口系数 K_f 可以把缺口分为不同的缺口等级，不同的缺口等级对应于不同的 $S-N$ 曲线和工作寿命曲线。缺口处的应力集中越严重则其疲劳寿命也就较低，对应的疲劳质量等级就越低。

根据焊接接头的缺口效应，各类设计标准均对焊接接头的缺口等级进行了分类。如德国有关标准 DIN15018 将焊接接头缺口效应分为 5 级(K0 ~ K4)，见表 5.2。

表 5.2　焊接接头缺口等级

缺口等级 K0 轻微缺口效应	缺口等级 K1 中弱缺口效应	缺口等级 K2 中度缺口效应	缺口等级 K3 强烈缺口效应	缺口等级 K4 极强缺口效应
		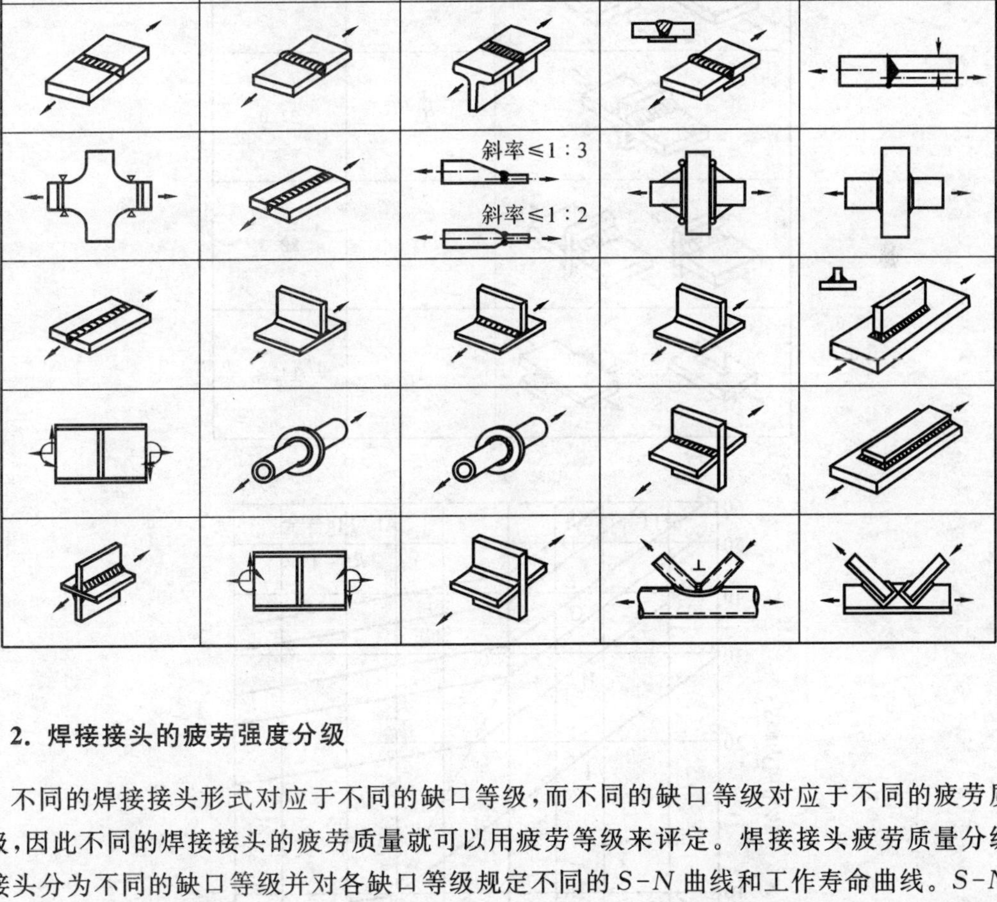 斜率≤1 : 3 斜率≤1 : 2		

2. 焊接接头的疲劳强度分级

不同的焊接接头形式对应于不同的缺口等级，而不同的缺口等级对应于不同的疲劳质量等级，因此不同的焊接接头的疲劳质量就可以用疲劳等级来评定。焊接接头疲劳质量分级是将接头分为不同的缺口等级并对各缺口等级规定不同的 $S-N$ 曲线和工作寿命曲线。$S-N$ 曲线和工作寿命曲线通常是关于应力水平和循环次数的线性曲线，焊接接头在按其几何形状、焊缝种类、加载形式及制造等级分类后便可归于一组许用应力或持久应力值不同的标准 $S-N$ 曲线和工作寿命曲线。

如表 5.3 所示为许用应力与焊接接头缺口等级的关系，从表中可以看出，不同的焊接接头形式对应于不同的缺口等级，缺口等级越低，其对应的 $S-N$ 曲线的位置也越低(见图 5.28)，也就表示这种焊接接头的疲劳寿命越低。目前国际上常用的焊接接头的疲劳设计规范就是按照缺口等级来分级的。

表 5.3 焊接接头形式与缺口等级

焊接接头形式	缺口等级	$S_{2\times10^6}$ /MPa
	C	43.0
	D	38.0
	E	31.0
	G	27.0
	H	22.3
	I	14.5

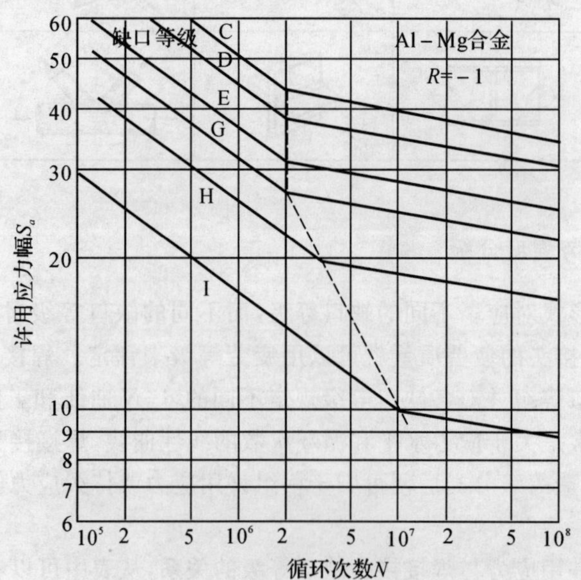

图 5.28 Al-Mg 合金焊接接头的缺口等级

目前，国际上有关焊接接头的疲劳强度设计大多采用质量等级 $S-N$ 曲线确定焊接接头的疲劳质量。国际焊接学会第 ⅩⅢ 委员会提出的有关《焊接结构和构件疲劳设计推荐标准》将焊接接头的疲劳设计要求或内在疲劳强度用多条 $S-N$ 曲线来分级，所有级别的 $S-N$ 曲线在双对数坐标系中互相平行，各疲劳曲线具有 97.7% 的存活率（或 0.3% 的破坏概率）。

结构钢焊接接头的标准 $S-N$ 曲线的应力幅和循环次数的关系为

$$S^m N = C \tag{5.17}$$

式中，FAT160 线的 $m=5$，其余 FAT 线的 $m=3$，C 为常数（见表 5.4）。

铝合金焊接接头由于没有明显的疲劳极限，其 $S-N$ 曲线由折线组成，拐点处 $N=10^7$。当 $N \leqslant 10^7$ 时，m 值与结构钢的相同；当 $N > 10^7$ 时，$m=22$。

质量等级根据疲劳寿命为 2×10^6 所对应的应力幅 $S_{2\times10^6}$ 来确定（见表 5.4）。例如，FAT125 线表示疲劳寿命为 2×10^6 所对应的疲劳强度 $S_{2\times10^6}=125$ MPa。疲劳质量等级分别对应不同的结构细节。如表 5.5 所示给出了部分结构细节所对应的疲劳质量等级[124]。

表 5.4　疲劳质量等级

质量等级 FAT	常数 C ($N\leqslant10^7$)	应力幅 $S_{2\times10^6}$ / MPa	拐点应力幅 S_{10^7} / MPa
160	2.097×10^{17}	160	116
125	3.906×10^{12}	125	73.1
112	2.810×10^{12}	112	65.5
100	2.000×10^{12}	100	58.5
90	1.458×10^{12}	90	52.7
80	1.024×10^{12}	80	46.8
71	7.158×10^{11}	71	41.5
63	5.001×10^{11}	63	36.9
56	3.512×10^{11}	56	32.8
50	2.500×10^{11}	50	29.3
45	1.823×10^{11}	45	26.3
40	1.280×10^{11}	40	23.4
36	9.331×10^{10}	36	21.1
32	6.554×10^{10}	32	18.7
28	4.390×10^{10}	28	16.4
25	3.125×10^{10}	25	14.6
22	2.130×10^{10}	22	12.9
20	1.600×10^{10}	20	11.7
18	1.166×10^{10}	18	10.5
16	8.192×10^{9}	16	9.4
14	5.488×10^{9}	14	8.2
12	3.456×10^{9}	12	7.0

表 5.5 焊接接头的分类

序号	结构细节	说明	FAT
1	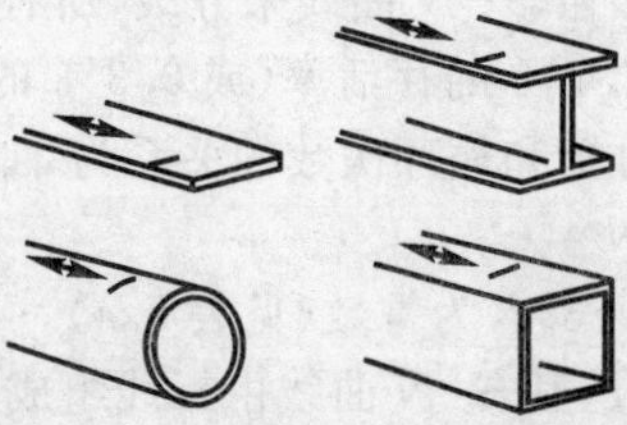	轧制或挤压型材，边缘经机械加工；无缝管 $m=5$	160
2		对接接头磨平，100％NDT	125
3		工厂内以平焊位置施焊的横向对接焊缝，NDT	100
4		不符合序号 2 要求的横向对接焊缝，NDT	80
5		带垫板的横向对接焊缝(应力范围按母材计算，不考虑垫板影响)	71
6	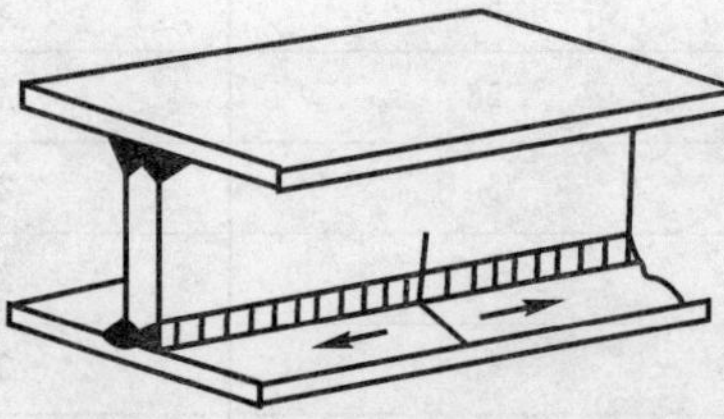	纵向连续对接焊缝自动焊，焊缝无停/始焊处(应力范围按靠近焊缝的翼板计算)	125
7	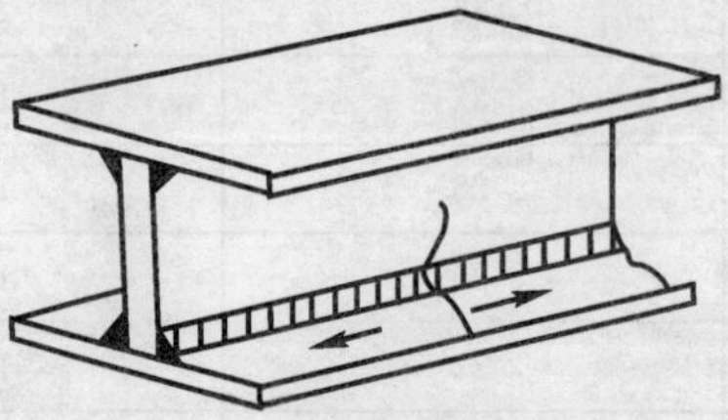	纵向连续角焊缝，自动焊接缝无停/始焊处(应力范围按靠近焊缝的翼板计算)	112
8	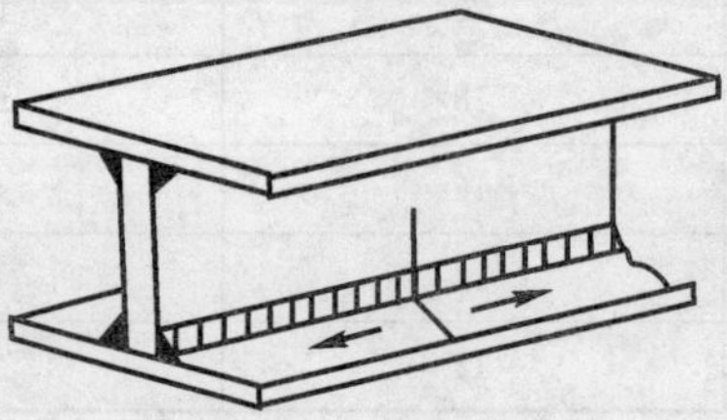	纵向连续对接或角焊接有停/始焊处(应力范围按靠近焊缝的翼板计算)	100

续 表

序号	结构细节	说明	FAT
9	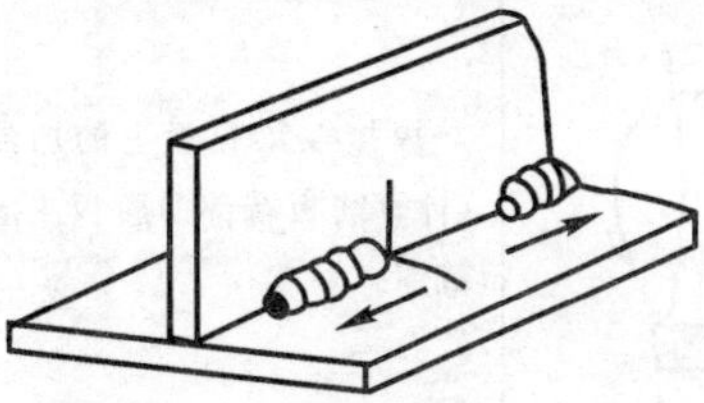	纵向断续角焊缝(应力范围按靠近焊缝的翼板计算)	80
10	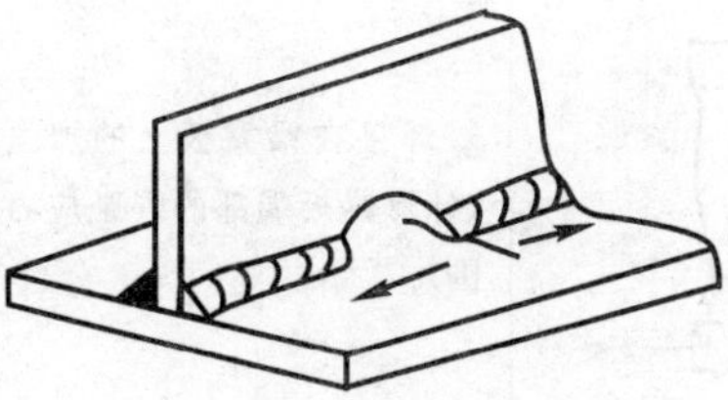	纵向对接、角接或以半圆孔隔开的断续角焊缝(应力范围按靠近焊缝的翼板计算)	71
11	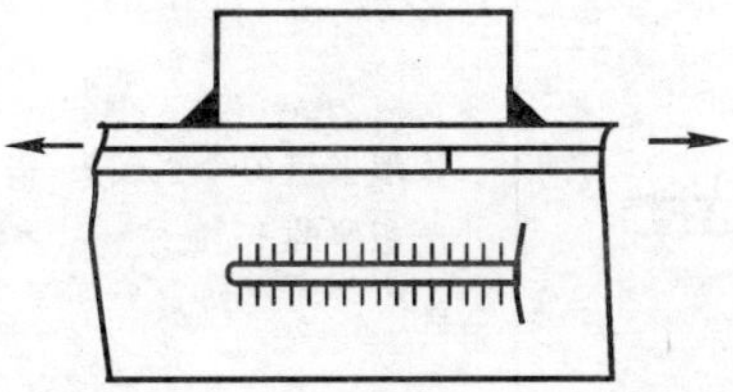	纵向角焊附加连接件 ＜150mm ＞150mm 靠近端部	 71 63 50
12	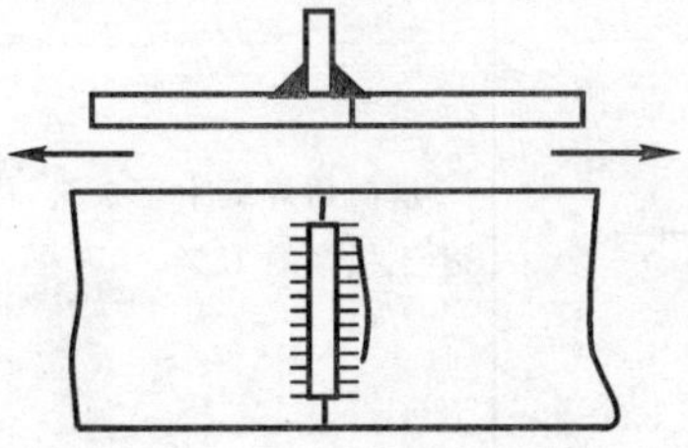	横向角焊附加连接件	80
13	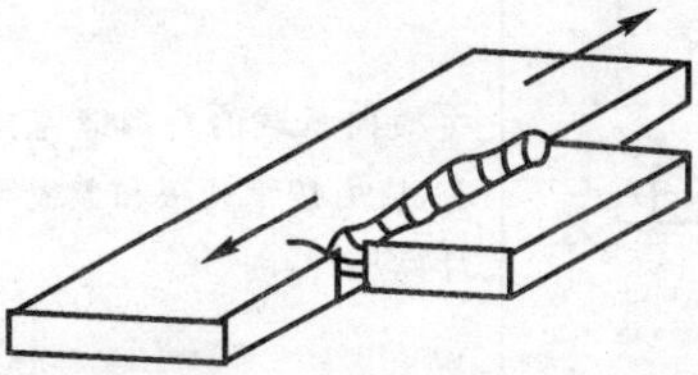	在板边缘焊接的节点板	50
14	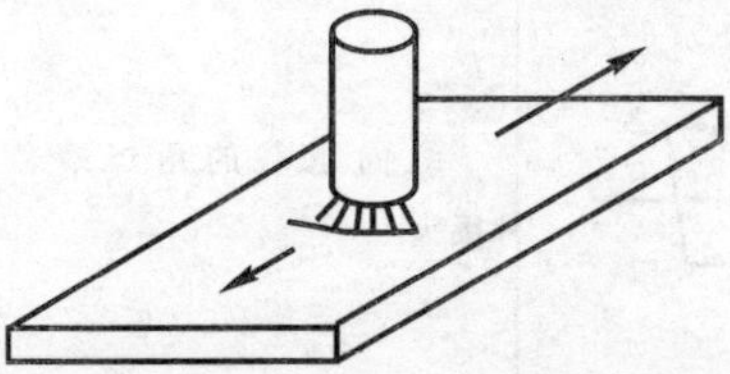	凸焊剪切连接件	80

续 表

序号	结构细节	说明	FAT
15	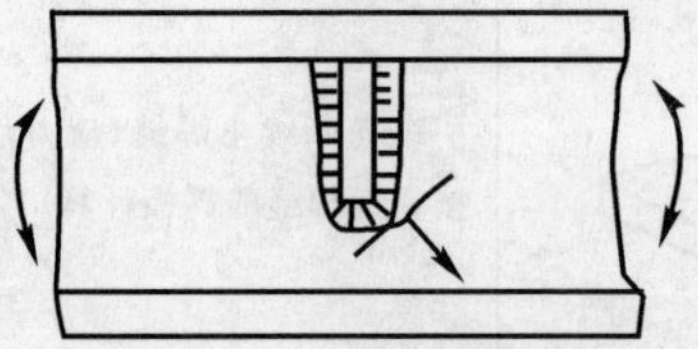	焊接在梁腹板上的加强筋(计算筋板端部的腹板主应力范围)	80
16	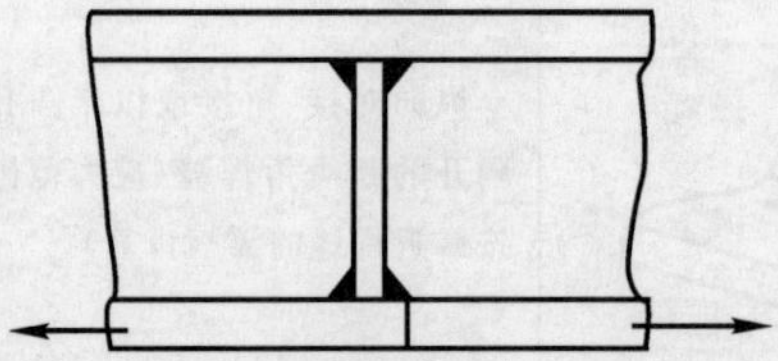	焊接在梁翼板上的加强筋(计算翼板端部的焊趾应力范围)	80
17	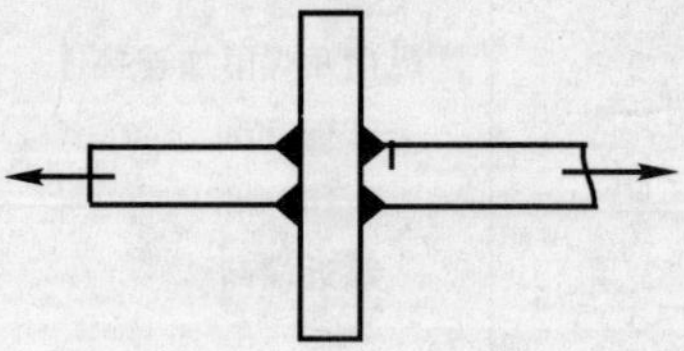	K形坡口的十字接头,错边小于板厚的15%	71
18	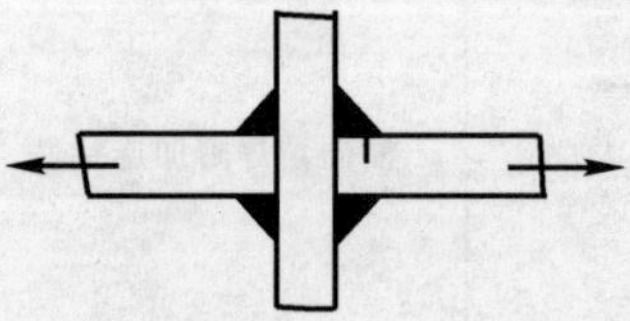	横向角焊缝十字接头,错边小于板厚的15%	63
19	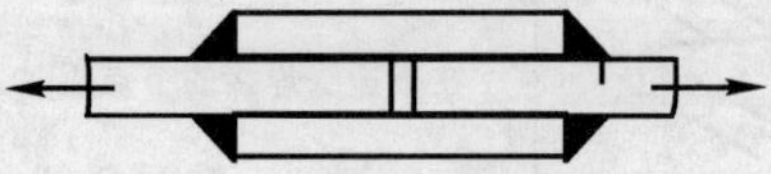	横向承载的角焊缝盖板接头(应力按承载板和盖板等宽计算)	71
20	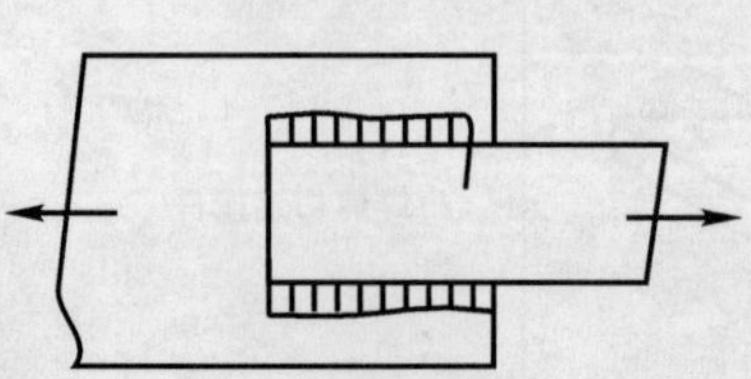	纵向承载的角焊缝盖板接头	50

续表

序号	结构细节	说明	FAT
21	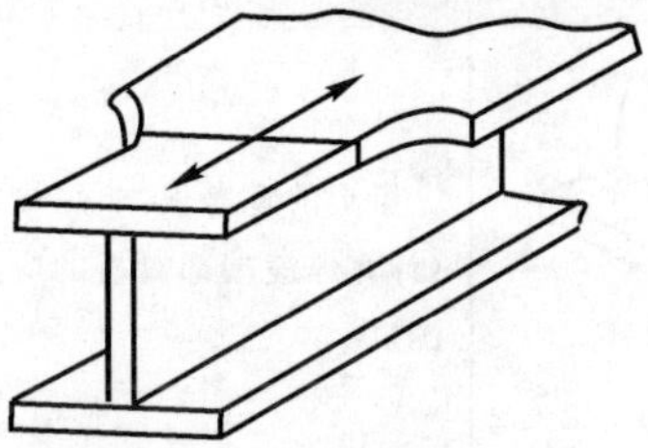	磨平的直线或圆弧过渡的翼板拼接，NDP	112
22	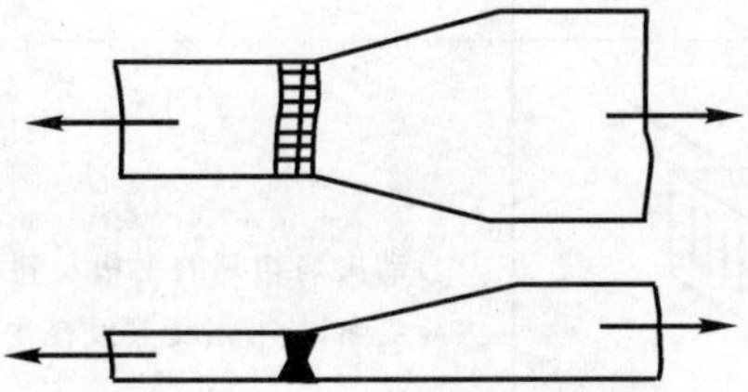	平滑过渡的不同宽度和厚度的横向对接焊缝： 与序号 2 类型相同 与序号 3 类型相同	 100 80
23	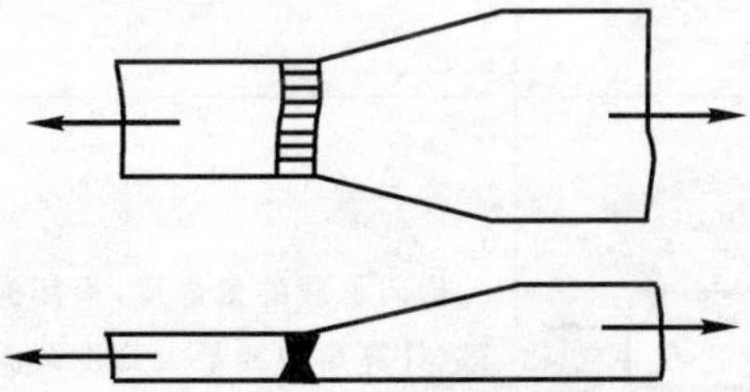	横向对接焊缝，平滑过渡，磨平，NDT	112
24	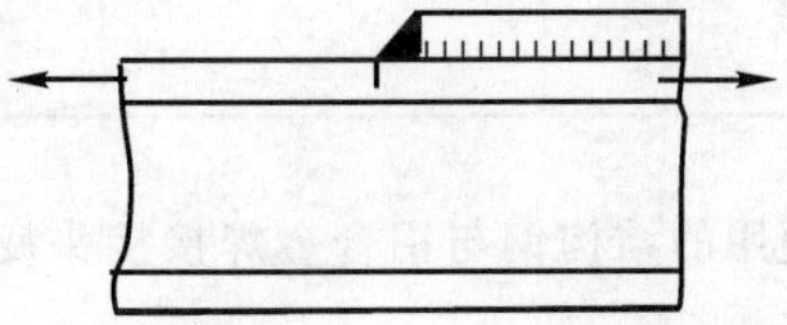	板梁上的盖板，焊接端部（计算端部焊缝翼板侧焊趾应力范围）	50
25	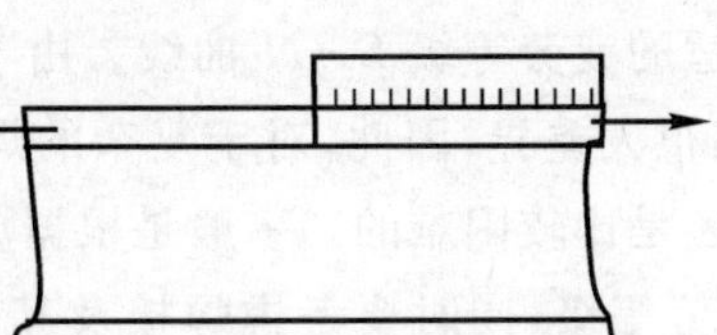	板梁上的盖板，非焊接端部（计算焊缝端部翼板的应力范围）	50
26	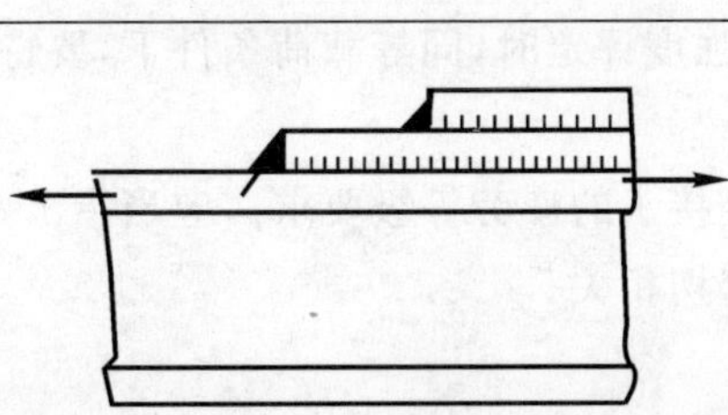	梁上的多层盖板，焊接端部（计算端部焊缝翼板侧焊趾应力范围）	50

续表

序号	结构细节	说明	FAT
27	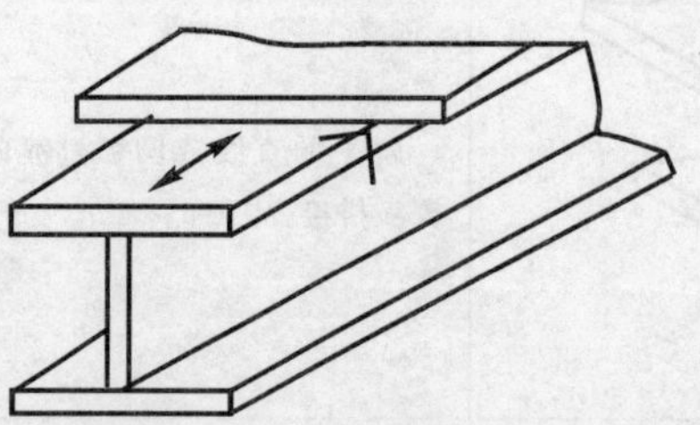	梁上的宽盖板,非焊接端部(计算焊缝端部翼板的应力范围)	50
28	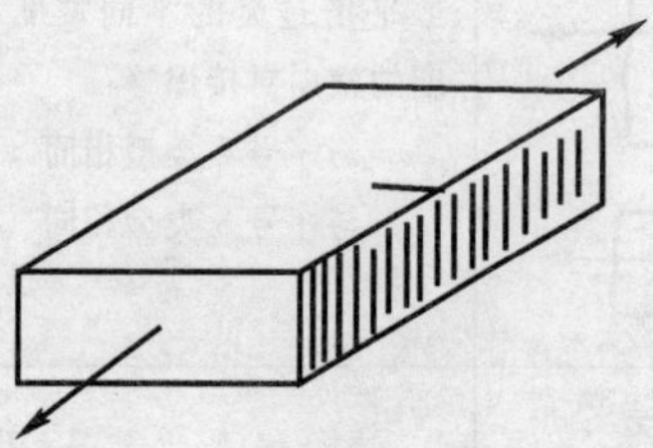	自动火焰切割的平板材料,去除尖角,检查后无裂纹存在	125
29	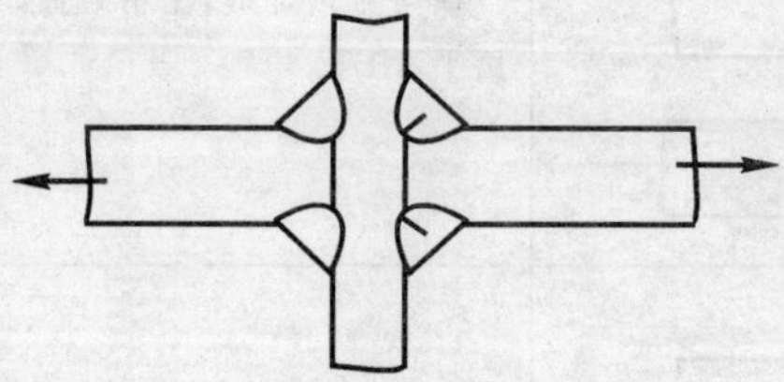	横向承载的角焊缝,根部失效(计算角焊缝最大高度截面的应力范围)	45

如图 5.29 所示为国际焊接学会推荐使用的结构钢与铝合金焊接接头疲劳质量等级标准 $S-N$ 曲线。

当采用名义应力方法评定焊接结构的疲劳强度时,应根据表 5.5 给出的一般原则和结构节点的形式、受力方向和焊接工艺,选取合适的疲劳等级 $S-N$ 曲线。由于各种结构设计标准不同,不同结构采用的焊接接头形式也存在很大差异,因此,对于复杂的焊接结构确定某一具体焊接接头究竟应该归于哪一个疲劳等级还是比较困难的。一般是根据疲劳危险区的主应力方向并结合该区域焊接接头的形式选择疲劳等级,同时要考虑焊接及其他处理工艺的影响。在设计阶段,结构中疲劳强度要求不高的区域可以选择较低级别的接头,疲劳强度要求高的区域就要选择较高级别的接头。当进行疲劳强度评定时,同等载荷条件下,要特别注意分析低级别接头的疲劳损伤。

如图 5.30 所示为箱型焊接梁局部焊接接头的疲劳等级要求。应当指出,疲劳等级的确定不是固定的,其结果与设计标准和设计者密切相关。

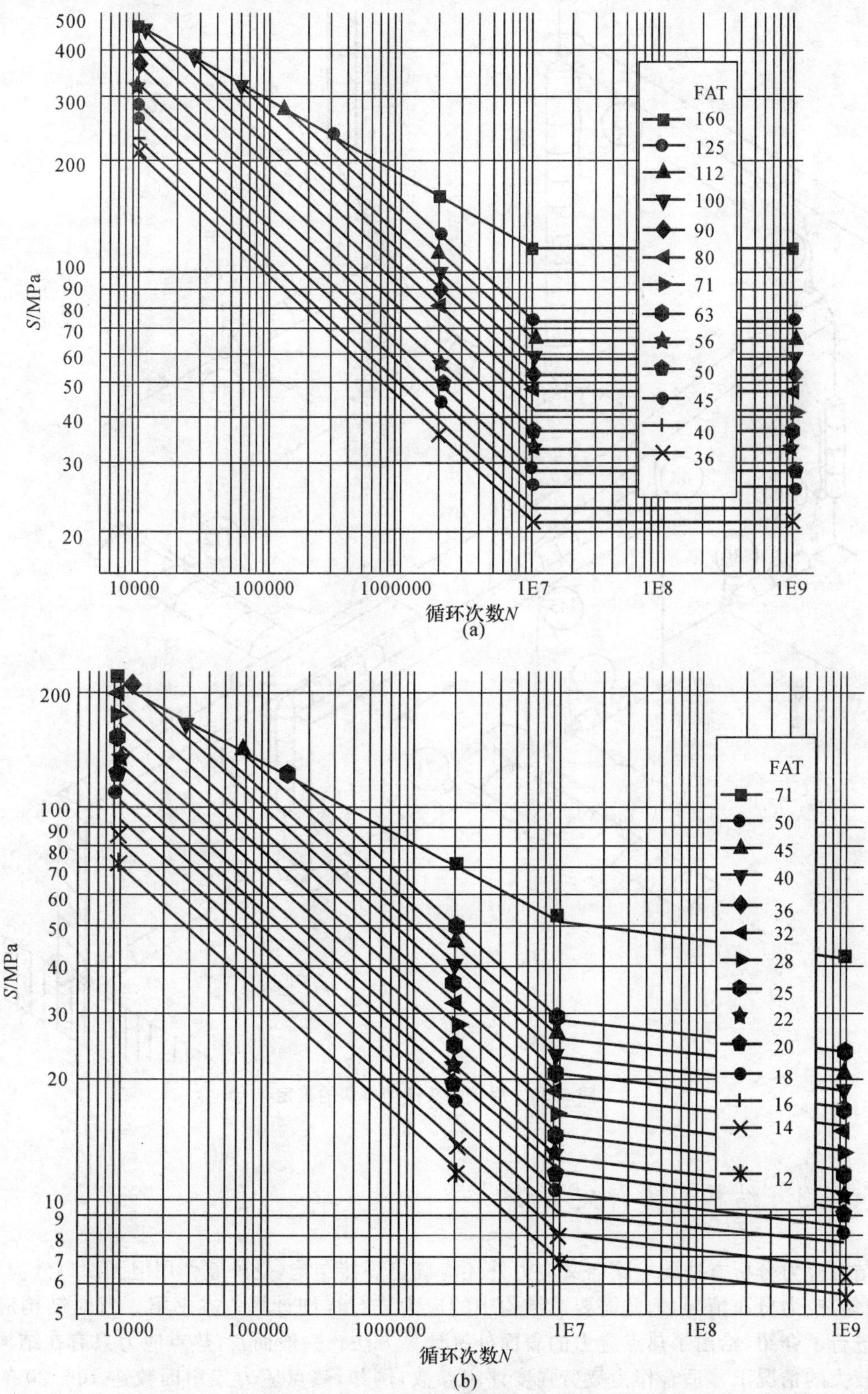

图 5.29　结构钢与铝合金焊接接头疲劳质量等级 $S-N$ 曲线

(a)结构钢；(b)铝合金

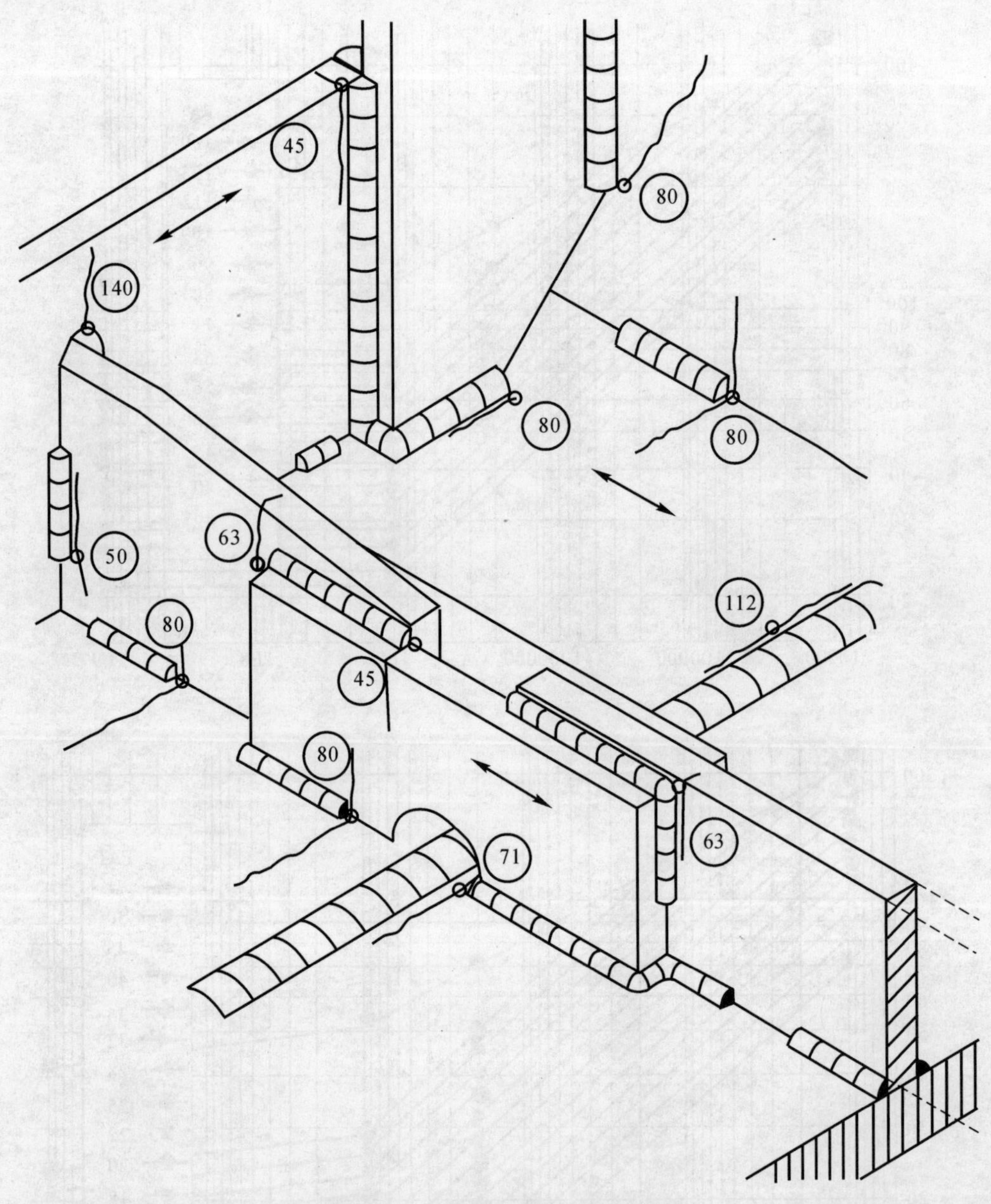

图 5.30 焊接接头疲劳等级的确定

5.2.3 结构应力评定方法

结构应力分析方法要求除名义应力外还应确定焊接结构(受外载作用但无缺口效应)中的(非均匀)应力分布情况,为此需要对结构中的应力进行详细计算。本书第 1 章对结构应力的计算进行了介绍,给出了热点应力的表面外推计算方法。一般而言,热点应力只有在结构应力集中较大的情况下才适合作为疲劳强度评定参数,例如,热点应力集中因数达 10～20 的管节点结构。在结构应力不是很大的情况下,可采用厚度方向的应力分布线性化方法计算结构应力[125-127]。如图 5.31 所示,当分析结构应力时,可将厚度方向上的缺口应力分离,即为

$$\sigma_s = \sigma_m + \sigma_b \tag{5.18}$$

式中　σ_s—— 结构应力；

σ_m—— 薄膜应力；

σ_b—— 弯曲应力。

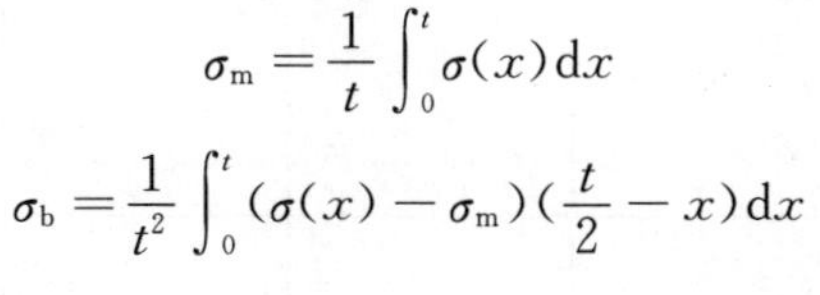

$$\sigma_m = \frac{1}{t}\int_0^t \sigma(x)\,dx$$

$$\sigma_b = \frac{1}{t^2}\int_0^t (\sigma(x) - \sigma_m)(\frac{t}{2} - x)\,dx$$

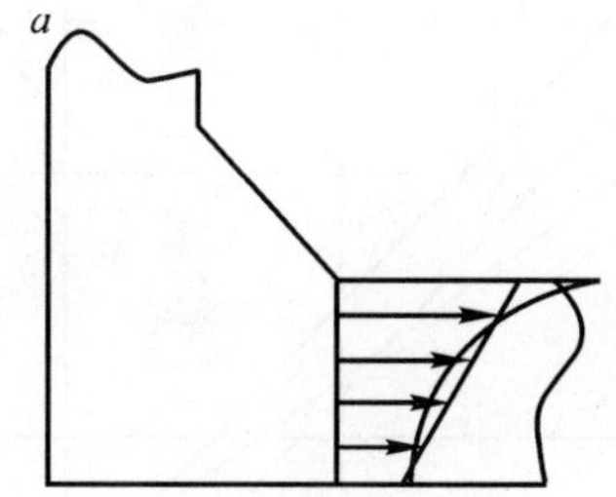

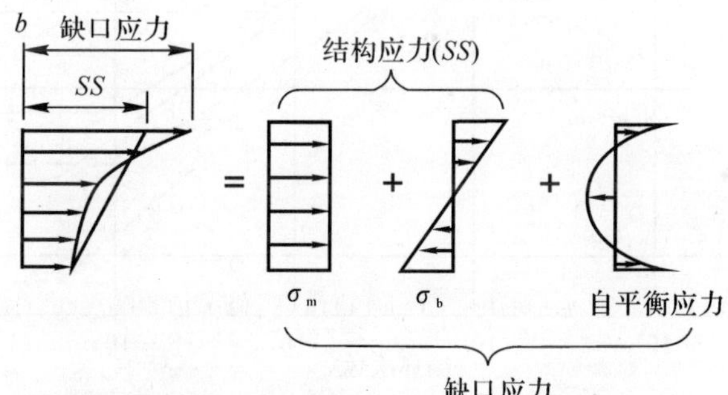

图 5.31　焊趾区结构应力的分解

采用名义应力来进行疲劳校核依赖于节点的结构形式，需要根据不同的节点，采用不同的 $S-N$ 曲线。对于形状复杂难以明确地定义名义应力的焊接接头，其疲劳寿命发散性很大，很难建立精确的 $S-N$ 曲线。采用结构应力或热点应力进行疲劳分析要建立不同结构细节"共用"的 $S-N$ 曲线（$S_{hs}-N$ 曲线）。如图 5.32 所示是各国有关标准给出的管节点热点应力 $S_{hs}-N$ 曲线[128]。

对于给定的材料，只要结构细节的热点应力相同，其疲劳强度就相当，不同热点应力的结构细节疲劳强度之间具有比例关系。若已知某结构细节的热点应力（称为参考热点应力 $\sigma_{hs,ref}$）及疲劳等级（参考疲劳等级 FAT_{ref}），拟评定结构细节的疲劳等级 FAT_{assess} 为

$$FAT_{assess} = \frac{\sigma_{hs,ref}}{\sigma_{hs,assess}} FAT_{ref}$$

式中，$\sigma_{hs,assess}$ 为拟评定结构细节的热点应力，可采用前述的计算方法进行计算。这样就克服了名义应力法的不足，为各类结构细节的疲劳强度分析提供了方便。

结构应力或热点应力的评定结果依赖于分析方法，这是该结构应力评定方法应用中存在的问题之一。为了克服这一问题，美国 Battelle 研究所的科研人员发展了"网格不敏感"结构应力计算方法，考虑应力集中、厚度、载荷等因素对焊接疲劳寿命的影响，提出了等效结构应力

幅参数,对比分析了数千个焊接件疲劳试验数据,将基于名义应力的焊接接头疲劳等级 $S-N$ 曲线组压缩成一个单一的基于等效结构应力的主 $S-N$ 曲线[12]。

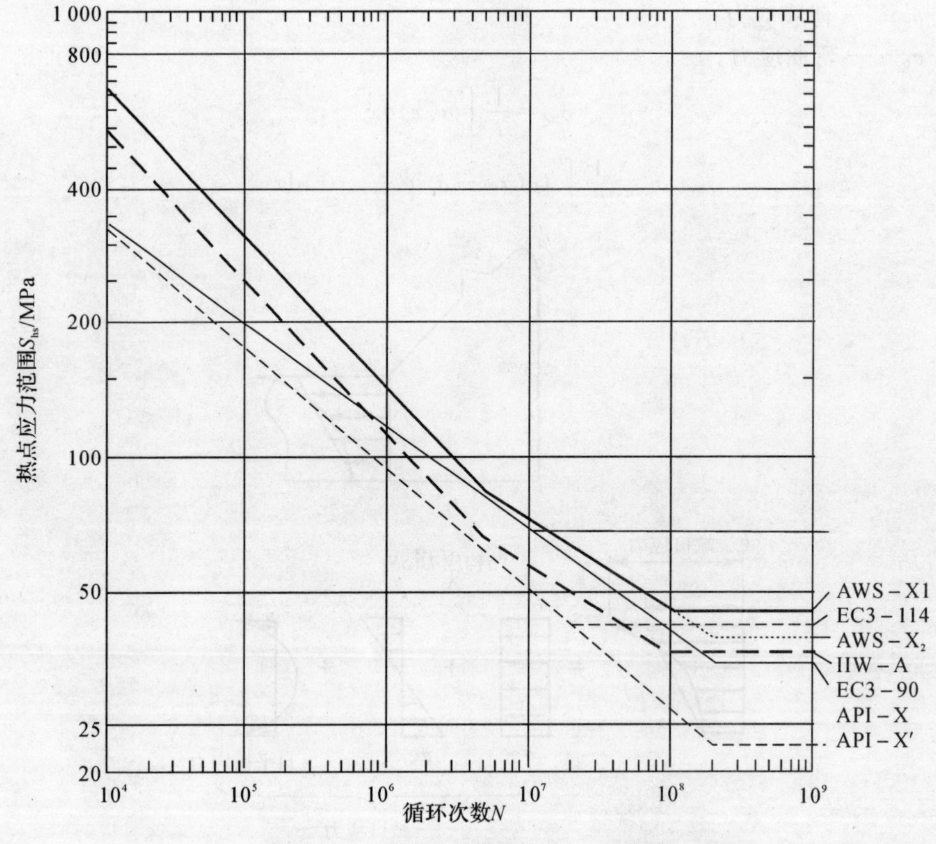

图 5.32 管节点热点应力 $S_{hs}-N$ 曲线

应当指出,许多情况下决定焊接构件疲劳强度的因素不完全是结构应力而是缺口应力,而结构应力分析时却将缺口应力分离,因此,结构应力评定不能全面反映接头细节的疲劳行为,详细的疲劳分析还需要辅之以缺口应力分析。此外,结构应力方法目前仅仅局限于焊接接头焊趾的疲劳强度评估,尚不适用于裂纹起始于焊根或未焊透等处的疲劳分析。

5.2.4 局部应力应变评定方法

局部应力应变评定方法和断裂力学评定方法又称为局部法[3,16],这种分析方法是名义应力和结构应力评定方法的发展和延伸。局部法认为焊接接头的疲劳破坏都是从应力集中处的最大应力处开始的,局部应力应变循环载荷是疲劳裂纹萌生和扩展的先决条件,只要局部应力应变循环参数相同,就具有相同的疲劳性能。目前,已发展了多种局部应力应变的表示方法,这里仅介绍常用的缺口应力和缺口应力应变评定方法。

1. 缺口应力评定方法

在高周疲劳范围,缺口应力对于裂纹萌生和裂纹扩展的初始阶段虽不是唯一的影响因素,但往往是决定性因素[14]（见图 5.33）。在焊接结构中若焊缝外形导致尖锐缺口则不仅降低整个结构的强度，而且更为重要的是它将引起强烈的应力集中，后者一般用弹性应力集中因数 K_t 表示。

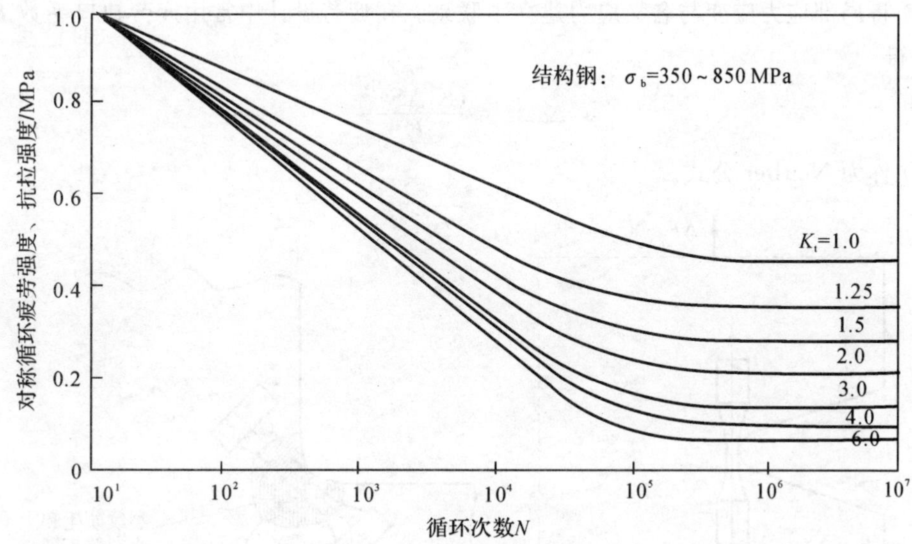

图 5.33　不同缺口效应时结构钢的 $S-N$ 曲线

应力集中因数 K_t 定义为最大弹性缺口应力 $\sigma_{k\,max}$ 与名义应力 σ_n 的比值，即

$$K_t = \frac{\sigma_{k\,max}}{\sigma_n} \tag{5.19}$$

将无缺口试件疲劳强度 σ_A（应力幅）与缺口试件疲劳强度 σ_{AK}（应力幅）的比值定义为疲劳缺口系数 K_f，则

$$K_f = \frac{\sigma_A}{\sigma_{AK}} \tag{5.20}$$

2. 非线性局部应力应变分析法

研究表明，决定构件疲劳强度和寿命的是应变集中或应力集中区的最大局部弹塑性应力应变。因而，有应力集中的构件疲劳寿命可以使用局部弹塑性应力应变相同的光滑试样（见图 5.34）的 $\varepsilon-N$（低周疲劳）曲线进行计算，也可以使用局部弹塑性应力应变相等的试样进行疲劳试验来模拟。根据这一方法，只要知道构件应变集中区的局部弹塑性应力应变和材料疲劳试验数据，就可以估算构件的裂纹形成寿命，再应用断裂力学方法计算裂纹扩展寿命，就可以得到总寿命。这就为研究各种缺口条件下的焊接接头的疲劳强度提供了方便。

应用局部应力应变法估算疲劳寿命需要对应力集中引起的局部应变进行分析。局部应变可根据第 1 章中的 Neuber 法进行计算。将 K_σ 与 K_ε 可分别用名义应力范围 ΔS 和应变范围 Δe、局部应力范围 $\Delta\sigma$ 和局部应变范围 $\Delta\varepsilon$ 表示为

$$K_\sigma = \frac{\Delta\sigma}{\Delta S} \tag{5.21}$$

$$K_\varepsilon = \frac{\Delta\varepsilon}{\Delta e} \tag{5.22}$$

又 $\Delta S = E\Delta\varepsilon$，可得

$$K_t \Delta S = (\Delta\sigma\Delta\varepsilon E)^{1/2} \tag{5.23}$$

式(5.23) 将局部应力应变与名义应力建立了联系。在疲劳设计中常用疲劳缺口系数 K_f 代替 K_t，从而得

$$\Delta\sigma\Delta\varepsilon = \frac{(K_f \Delta S)^2}{E} \tag{5.24}$$

式(5.24) 称为 Neuber 公式。

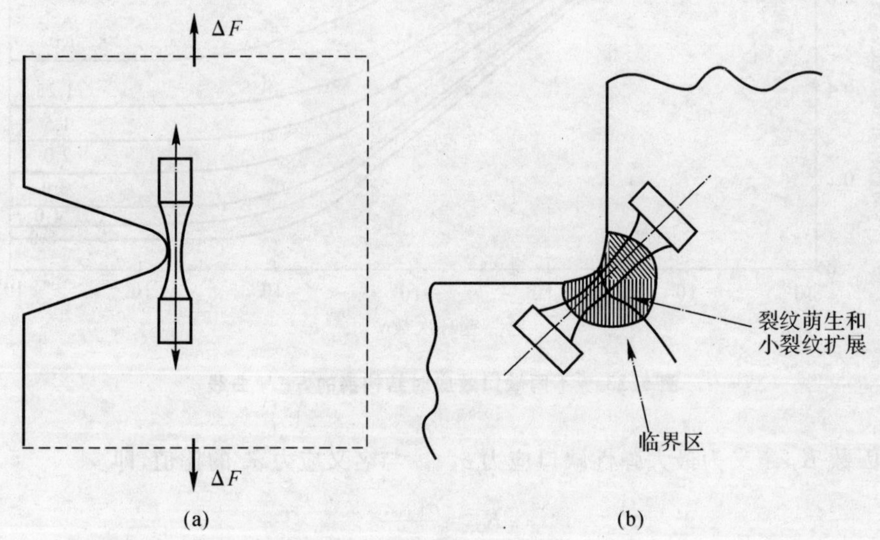

图 5.34　局部应力应变法

对于给定的名义应力范围 ΔS，式(5.24) 的右端为一常数，$\Delta\sigma$ 对 $\Delta\varepsilon$ 的变化是一条双曲线，同时由于 $\Delta\sigma$ 对 $\Delta\varepsilon$ 的变化又受到循环稳定的应力应变迟滞回线的制约，在这种情况下，将式(5.24) 与式(5.5) 或式(5.6) 联立求解，即得 $\Delta\varepsilon$ 以及 $\Delta\varepsilon_p$ 和 $\Delta\varepsilon_e$ 之值，这一求解过程如图5.35 所示。将这些值代入式(5.7)，得出 N_f 之值，即零件的裂纹形成寿命。若零件受到变幅载荷，则对每一个名义应力幅要进行一次计算，然后按累积损伤原理得出构件的裂纹形成寿命。

应当指出，含缺口构件的疲劳强度不仅取决于缺口局部最大应力应变，而且还与缺口根部有限体积内的整体应力水平(即局部应力梯度) 有关。这一有限体积又称为局部应力影响区或疲劳过程区，将该区内的平均应力水平作为控制疲劳行为的局部参数，当这种平均应力达到临界值时则发生疲劳失效。为简化计算过程，通常采用距离缺口端给定临界距离或面积上的平均应力值表示局部参数，即所谓临界距离法(Critical Distance Method)[129-130]。计算应力的方法包括点法、线法和面法(见图 5.36)。

焊接接头应力集中区的缺口效应也可以采用临界距离法进行分析。如图 5.37 所示，可通过有限元分析求得焊趾或焊根处的应力场，然后利用面积法求局部平均应力进行疲劳评定。临界距离参数的确定是这种评定方法的关键，感兴趣的读者可参阅有关文献。采用这种方法进行焊接接头的疲劳分析需要较复杂的计算或测试，在实际应用和数据积累方面尚需要进一步加强。

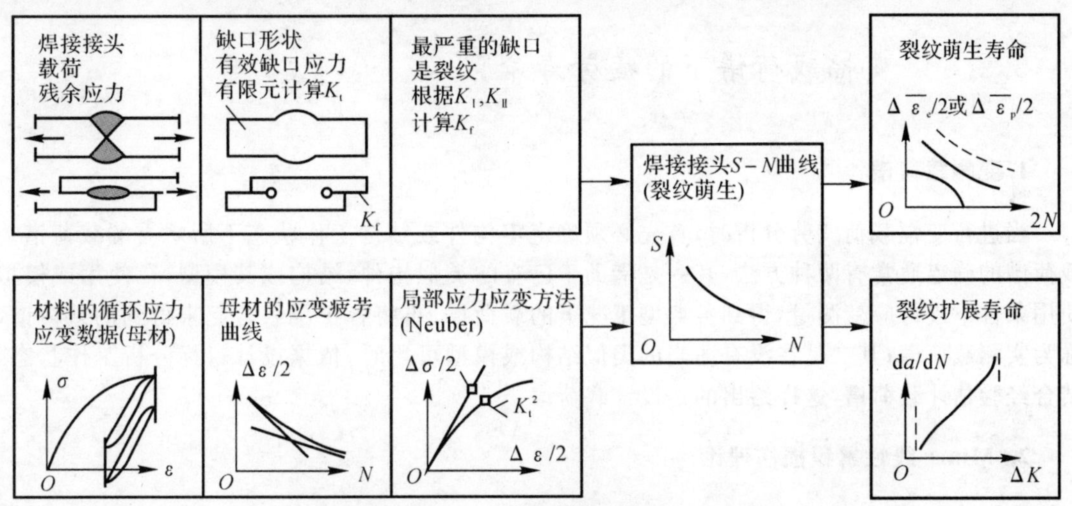

图 5.35　局部应力应变法在焊接接头疲劳分析中的应用

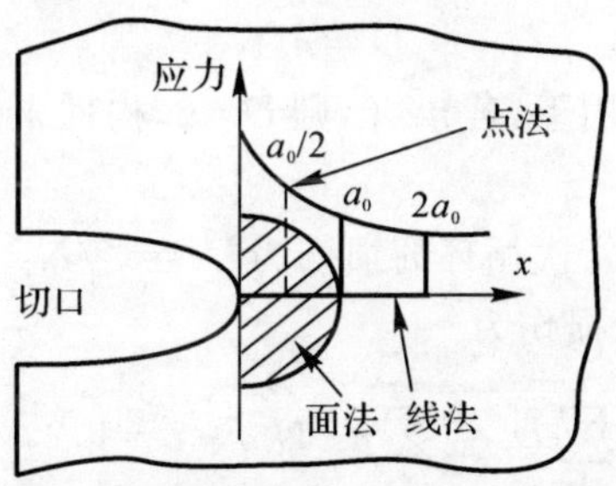

图 5.36　缺口端部平均应力计算的临界距离法

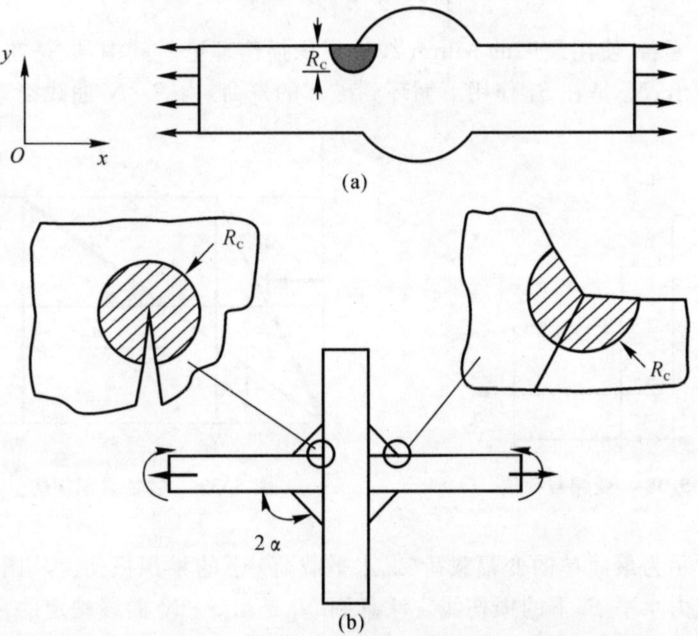

图 5.37　焊接接头应力集中区局部平均应力计算模型

(a) 对接接头；(b) 十字接头

5.2.5 变幅载荷谱下的疲劳寿命

1. 变幅载荷谱

当进行变幅载荷疲劳分析时，首先必须确定零构件或结构工作状态下所承受的载荷谱。载荷谱的确定通常有两种方法：其一是借助于已有的类似构件、结构或其模型，在使用或模拟使用条件下进行应变测量，得到各典型工况下的载荷谱，再将各工况组合起来得到的载荷谱，称为实测载荷谱；其二是在没有适当的类似结构或模型可用时，依据设计目标分析工作状态，结合经验估计载荷谱，这样给出的是设计载荷谱。

2. Miner 线性累积损伤理论

由变幅载荷谱可以得到如图 5.38 所示的载荷 S-循环次数 n 图。如果构件在某恒幅应力水平 S 作用下，循环至破坏的寿命为 N，则可定义其在经受 n 次循环时的损伤为

$$D=n/N \tag{5.25}$$

显然，在恒幅应力水平 S 作用下，若 $n=0$，则 $D=0$，构件未受疲劳损伤；若 $n=N$，则 $D=1$，构件发生疲劳破坏。

构件在应力水平 S_i 下作用 n_i 次循环的损伤为 $D_i=n_i/N_i$。若在 k 个应力水平 S_i 作用下，各经受 n_i 次循环，则可定义其总损伤为

$$D=\sum_1^k D_i=\sum n_i/N_i,\quad i=1,2,\cdots,k \tag{5.26}$$

破坏准则为

$$D=\sum n_i/N_i=1 \tag{5.27}$$

这就是最简单、最著名、使用最广的 Miner 线性累积损伤理论。其中，n_i 是在 S_i 作用下的循环次数，由载荷谱给出；N_i 是在 S_i 作用下循环到破坏的寿命，由 $S-N$ 曲线确定。

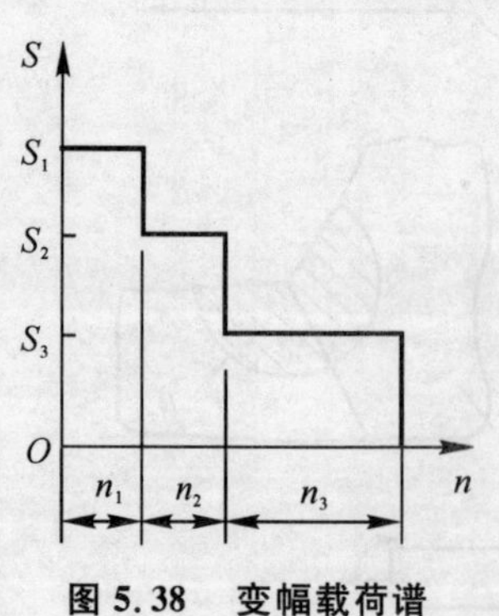

图 5.38 变幅载荷谱

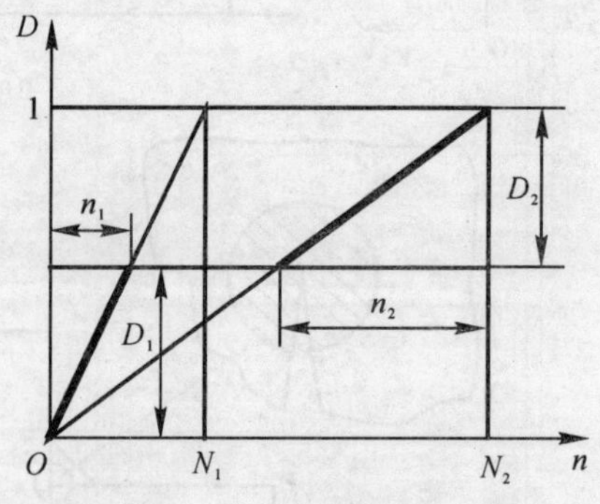

图 5.39 线性累积损伤

如图 5.39 所示为最简单的变幅载荷(二水平载荷)下的累积损伤。从图中坐标原点出发的射线，是给定应力水平 S_i 下的损伤线。注意到 N_i 是由 $S-N$ 曲线确定的常数，则损伤 D 与载荷作用次数 n 的关系由式(5.25)的线性关系描述。因此，上述 Miner 累积损伤理论是线性的。图中，构件在应力水平 S_1 下经受 n_1 次循环后的损伤为 D_1，再在应力水平 S_2 下经受 n_2 次

循环，损伤为 D_2，如果总损伤 $D=D_1+D_2=1$，则构件发生疲劳破坏。

由式(5.26) 还可看到，Miner 累积损伤，是与载荷 S_i 的作用先后次序无关的。

根据式(5.17) 有

$$S_i^3 N_i = C$$

与式(5.27) 联立可得

$$\sum n_i S_i^3 = C \tag{5.28}$$

设 S 为 10^5 次循环条件下的焊接接头疲劳强度，对于特定疲劳质量等级的 $S-N$ 曲线有 $10^5 S^3 = C$，结合式(5.28) 则有

$$S = \left(\frac{\sum n_i S_i^3}{10^5}\right)^{\frac{1}{3}} \tag{5.29}$$

这样就将变幅载荷的疲劳强度转化为等效的恒幅疲劳强度，根据 S 值可确定相应的疲劳质量等级要求。以上转化中用 10^5 次循环作为寿命指标是任意选取的，也可以用其他数值。$S-N$ 曲线中的指数 $m=3$，也可以采用实际实验值。

当低于常幅疲劳极限 S_{10^7} 的应力范围造成的损伤不可忽略时，国际焊接学会(IIW) 建议按照如图 5.40 所示方法对 $S-N$ 曲线进行修正。将 $S-N$ 曲线从常幅疲劳极限点开始按斜率 $m'=5$ 延伸至 10^8 次应力循环点之后为水平截止线。10^8 次应力循环对应的疲劳强度为截止限 S_{10^8}，低于截止限的应力范围等级造成的疲劳损伤略去不计。$S-N$ 曲线经修正后，其损伤比为

$$\frac{n_i}{N_i} = \begin{cases} \dfrac{n_i\ (\Delta\sigma_i)^3}{C}, & \Delta\sigma_i \geqslant S_{5\times 10^6} \\ \dfrac{n_i\ (\Delta\sigma_i)^5}{C}, & S_{10^8} \leqslant \Delta\sigma_i \leqslant S_{5\times 10^6} \end{cases}$$

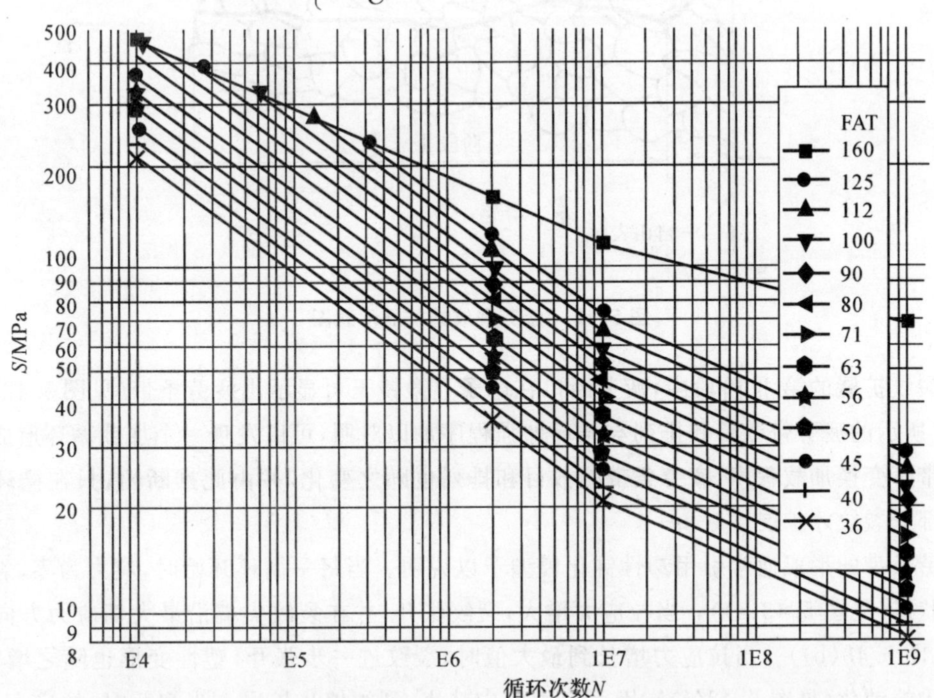

图 5.40　用于累积损伤计算的结构钢焊接接头疲劳质量等级 $S-N$ 曲线

5.3 焊接接头的疲劳裂纹扩展分析

5.3.1 疲劳裂纹扩展行为

1. 疲劳裂纹扩展

疲劳裂纹的扩展可以分为两个阶段，即第 Ⅰ 阶段裂纹扩展和第 Ⅱ 阶段裂纹扩展(见图5.41)。当第 Ⅰ 阶段裂纹扩展时，在滑移带上萌生的疲劳裂纹首先沿着与拉应力成45°角的滑移面扩展。在微裂纹扩展到几个晶粒或几十个晶粒的深度后，裂纹的扩展方向开始由与应力成45°角的方向逐渐转向与拉伸应力相垂直的方向。这就是第 Ⅱ 阶段的裂纹扩展。裂纹从与主应力成45°方向逐渐转向与主应力垂直方向扩展，成为宏观疲劳裂纹直至失稳和断裂。在带切口试件中，可能不出现裂纹扩展的第 Ⅰ 阶段。

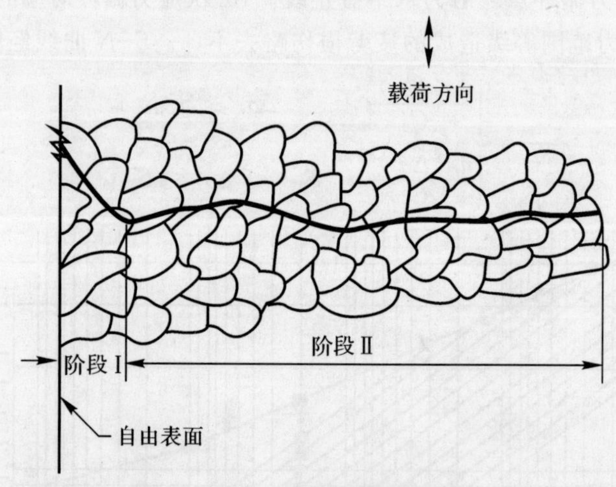

图 5.41 疲劳裂纹的扩展示意图

在裂纹扩展的第 Ⅱ 阶段中，疲劳断口在电子显微镜下可显示出疲劳条带(见图5.42)。将图5.42所示的疲劳带数目和排列与循环加强程序加以对照，可以发现一个加载循环形成一个疲劳条带。变换加载程序，疲劳条带的数目和排列也随之变化，并由此推断出，只在循环加载的拉伸部分裂纹才扩展。

疲劳条带的形成通常引用塑性钝化模型予以说明。当每一循环开始时，应力为零，裂纹处于闭合状态(见图5.43(a))。当拉应力增大，裂纹张开，并在裂纹尖端沿最大切应力方向产生滑移(见图5.43(b))。当拉应力增长到最大值时，裂纹进一步张开，塑性变形也随之增大，使得裂纹尖端钝化(见图5.43(c))，因而应力集中减小，裂纹停止扩展。当卸载时，拉应力减小，裂纹逐渐闭合，裂纹尖端滑移方向改变(图 5.43(d))。当应力变为压应力时，裂纹闭合，裂纹尖端锐化，又恢复到原先的状态(见图 5.43(e))。由此可见，每加载一次，裂纹向前扩展一段距离，这就是裂纹扩展速率 da/dN，同时在断口上留下一疲劳条带，而且裂纹扩展是在拉伸加载时进行的。在这些方面，裂纹扩展的塑性钝化模型与实验观测结果相符。

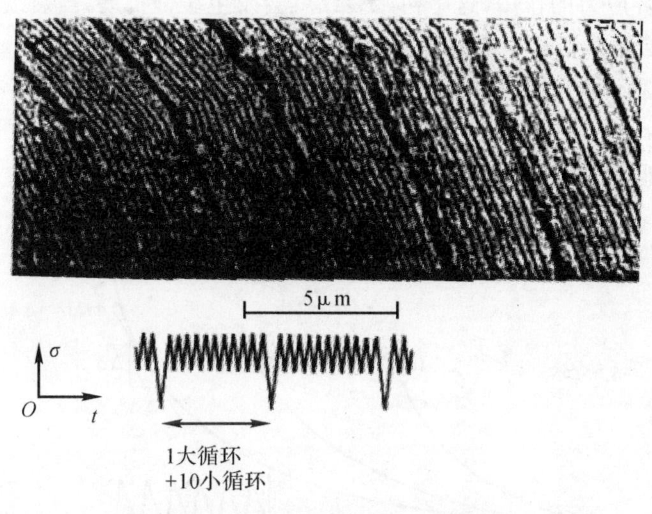

图 5.42　疲劳裂纹断面剖面图

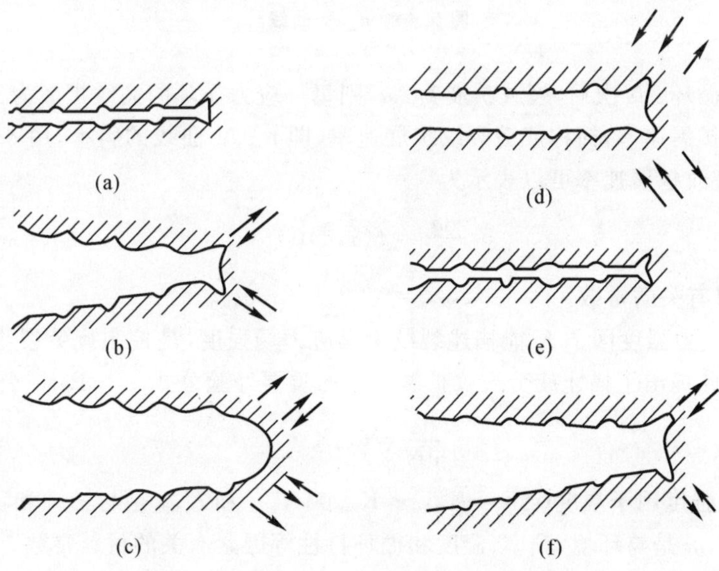

图 5.43　疲劳裂纹扩展示意图

2. 疲劳裂纹扩展速率

根据断裂力学理论，一个含有初始裂纹（长度为 a_0）的构件，当承受静载荷时，只有当应力水平达到临界应力 σ_c 时，亦即裂纹尖端的应力强度因子达到临界值 K_{IC}（或 K_C）时，才会发生失稳破坏。如果静载荷作用下的应力 $\sigma < \sigma_c$，则构件不会发生破坏。但是，如果构件承受一个具有一定幅值的循环应力的作用，这个初始裂纹就会发生缓慢扩展，当裂纹长度达到临界裂纹长度 a_c 时，构件就会发生破坏。裂纹在循环应力作用下，由初始裂纹长度 a_0 扩展到临界裂纹长度 a_c 的这一段过程，称为疲劳裂纹的亚临界扩展。采用带裂纹的试样，在给定载荷条件下进行恒幅疲劳试验，记录裂纹扩展过程中的裂纹尺寸 a 和循环次数 N，即可得到如图 5.44 所示的 $a-N$ 曲线。如图 5.44 所示给出了 3 种载荷条件下的 $a-N$ 曲线。

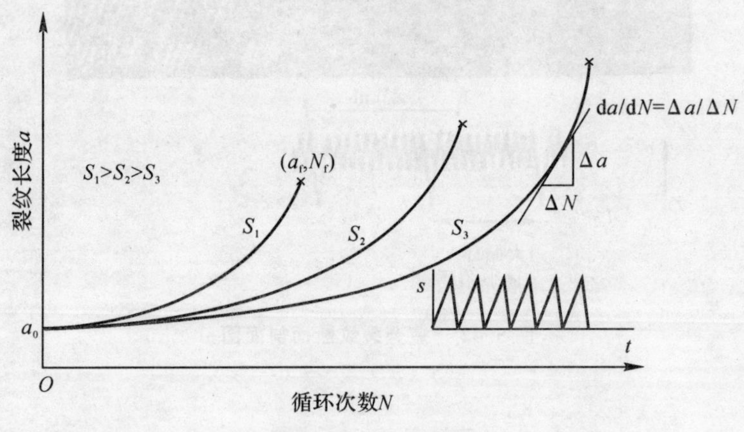

图 5.44 $a-N$ 曲线

如果在应力循环 ΔN 次后，裂纹扩展为 Δa，则每一应力循环的裂纹扩展为 $\Delta a/\Delta N$，这称为疲劳裂纹亚临界扩展速率，简称疲劳裂纹扩展速率，即 $a-N$ 曲线的斜率，用 $\mathrm{d}a/\mathrm{d}N$ 表示。一般情况下，疲劳裂纹扩展速率可以表示为

$$\frac{\mathrm{d}a}{\mathrm{d}N}=f(\sigma,a,C) \tag{5.30}$$

式中，C 为与材料有关的常数。

Paris 指出，应力强度因子 K 能描述裂纹尖端应力场强度，是控制疲劳裂纹扩展速率的主要力学参数。据此提出了描述疲劳裂纹扩展速率的重要经验公式——Paris 公式，即

$$\frac{\mathrm{d}a}{\mathrm{d}N}=C\Delta K^m \tag{5.31}$$

式中，ΔK 为应力强度因子幅度（$\Delta K=K_{\max}-K_{\min}$），$K_{\max}$ 和 $K_{\min}$ 是与 $\sigma_{\max}$ 和 $\sigma_{\min}$ 分别对应的应力强度因子；C，m 是与环境、频率、温度和循环特性等因素有关的材料常数。

如将疲劳裂纹扩展速率 $\mathrm{d}a/\mathrm{d}N$ 与裂纹尖端应力强度因子幅度 ΔK 描绘在双对数坐标系中，则完整的 $\lg(\mathrm{d}a/\mathrm{d}N)-\lg\Delta K$ 曲线如图 5.45 所示，曲线可分为低、中、高速率 3 个区域，对应疲劳裂纹扩展的 3 个阶段，其上边界为 K_{IC} 或 K_C（平面应变或平面应力断裂韧度），下边界为裂纹扩展门槛应力强度因子 ΔK_{th}。在第 I 阶段，随着应力强度因子幅度 ΔK 的降低，裂纹扩展速率迅速下降。当 ΔK 为门槛值 ΔK_{th} 时，裂纹扩展速率趋近于零。若 $\Delta K<\Delta K_{th}$，可以认为疲

劳裂纹不会扩展。

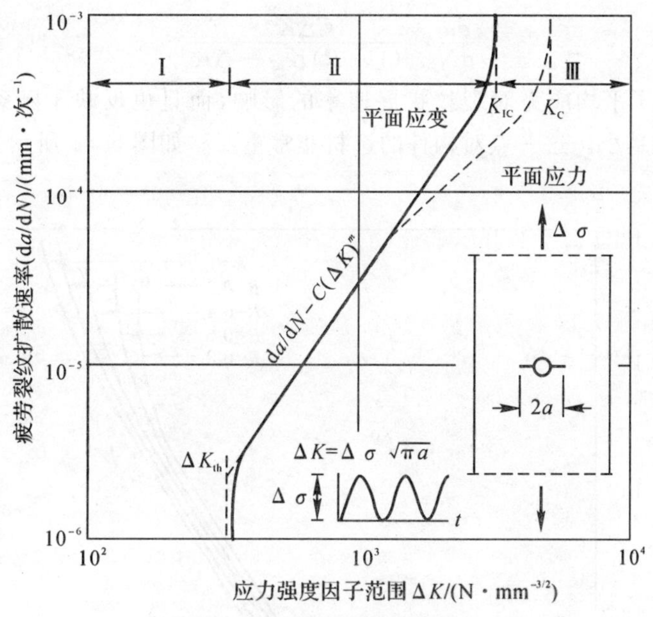

图 5.45　$da/dN-\Delta K$ 关系

当裂纹扩展从第 Ⅰ 阶段向第 Ⅱ 阶段过渡时，裂纹扩展方向沿与最大拉应力相垂直的方向扩展，此时即进入了扩展的第 Ⅱ 阶段(裂纹稳定扩展阶段)。在低周疲劳的情况下，或表面有缺口、应力集中较大的情况下，第 Ⅰ 阶段可不出现，裂纹形核后直接进入扩展的第 Ⅱ 阶段。

第 Ⅲ 阶段的裂纹扩展迅速增大而发生断裂。断裂的发生由 K_{IC} 或 K_C 控制。

大量的试验证实，Paris 公式在一定的疲劳裂纹扩展速率范围内适用，对于大多数金属材料，该范围为 $10^{-5} \sim 10^{-3}$ mm/ 周。对韧性材料来说，材料的组织状态对 da/dN 的影响不大，不论高、中、低强度级别的钢，其 m 值相近；合金在不同热处理条件下其 C,m 值变化不大。试验还证明：疲劳裂纹在第 Ⅱ 阶段中的速率不受试样几何形状及加载方法的影响，直接受交变应力下裂纹前端应力强度因子幅度 ΔK 的控制。随 ΔK 的增大，裂纹扩展速率加快。裂纹一般穿晶扩展，对应每一循环应力下裂纹前进的距离为 10^{-6} mm 数量级。断口典型的微观特征 —— 疲劳裂纹 —— 主要在这一阶段形成。与疲劳裂纹形核阶段寿命(亦称无裂纹寿命)相比，占总寿命 90% 的裂纹扩展阶段寿命是主要的，而其中亚临界扩展的第 Ⅱ 阶段又占最大比例，因而此阶段的裂纹扩展速率，就成了估算构件疲劳寿命的主要依据。脆性材料的第 Ⅱ 阶段较短，da/dN 要受组织状态的影响，裂纹可呈跳跃式扩展。对于脆性很大的材料，甚至无稳定扩展的第 Ⅱ 阶段而直接由第 Ⅰ 阶段进入失稳扩展的第 Ⅲ 阶段，直至断裂。

研究表明，当 ΔK 及最大应力强度因子 K_{max} 较低时，其扩展速率由 ΔK 单值地决定，K_{max} 对疲劳裂纹的扩展基本上没有影响；当 K_{max} 接近材料的断裂韧度，如 $K_{max} \geqslant (0.5 \sim 0.7)K_C$(或 K_{IC})，K_{max} 的作用相对增大，Paris 公式往往低估了裂纹的扩展速率。此时的 da/dN 需要由 ΔK 和 K_{max} 两个参数来描述。此外，对于 K_{IC} 较低的脆性材料，K_{IC} 对裂纹扩展

的第 Ⅱ 阶段也有影响。为了反映 K_{max},K_{IC} 和 ΔK 对疲劳裂纹扩展行为的影响,Forman 提出了如下表达式:

$$\frac{da}{dN}=\frac{C\Delta K^{m}}{(1-R)K_{IC}-\Delta K} \tag{5.32}$$

式(5.32) 不仅考虑了平均应力对裂纹扩展速率的影响,而且也反映了断裂韧度的影响。即 K_{IC} 越高,da/dN 值越小。这一点对构件的选材非常重要。如图 5.46 所示为平均应力对裂纹扩展速率的影响。

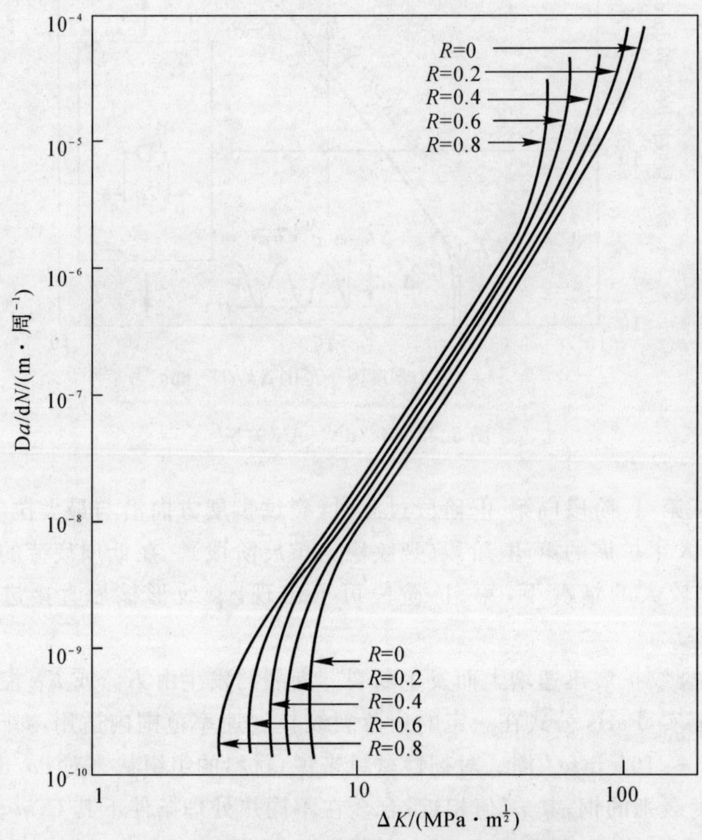

图 5.46　平均应力对裂纹扩展速率的影响

根据疲劳裂纹扩展速率公式可对构件的疲劳裂纹扩展寿命进行估算。例如,在等幅循环载荷作用下,可对 Paris 公式直接求定积分,得

$$N=N_f-N_0=\int_{N_0}^{N_f}\mathrm{d}N=\int_{a_0}^{a_c}\frac{\mathrm{d}a}{C\,(\Delta K)^{m}} \tag{5.33}$$

式中,N_0 为裂纹扩展至 a_0 时的循环次数(若 a_0 为初始裂纹长度,则 $N_0=0$);N_f 为裂纹扩展至临界长度 a_c 时的应力循环次数。

对于无限大板含中心穿透裂纹的情况,$\Delta K=\Delta\sigma\sqrt{\pi a}$,代入式(5.33) 积分后,得到疲劳裂纹扩展寿命为

$$N=N_f-N_0=\frac{1}{C}\,\frac{2}{m-2}\,\frac{a_c}{(\Delta\sigma\sqrt{\pi a_0})^{m}}\left[\left(\frac{a_c}{a_0}\right)^{\frac{m}{2}-1}-1\right]\qquad(m\neq 2) \tag{5.34a}$$

$$N = N_f - N_0 = \frac{1}{C\left(\Delta\sigma\sqrt{\pi a_0}\right)^2}\ln\frac{a_c}{a_0} \qquad (m=2) \tag{5.34b}$$

3. 疲劳裂纹扩展参数

(1) 初始裂纹尺寸

一般认为，当在构件中检测到裂纹状缺陷（如 0.25 mm 深以上的表面裂纹等）时，可用断裂力学方法评定缺陷的行为。对于焊接接头应力集中区的疲劳裂纹扩展来说，缺口效应本身就意味着存在原始缺陷，在疲劳载荷作用下很容易扩展。在疲劳裂纹扩展寿命分析中，初始裂纹尺寸的选取与材料类型有关，如铝合金的初始裂纹尺寸一般假设为 $a_0 = 0.01 \sim 0.05$ mm，钢材的初始裂纹尺寸一般假设为 $a_0 = 0.1 \sim 0.5$ mm。表面裂纹则一般假设为深宽比 $a/c = 0.1 \sim 0.5$ 的半椭圆裂纹。

(2) 材料参数

Paris 公式中的参数 C 和 m 值通过标准的试验方法获得。焊接接头各区域的组织性能各异，其 C 和 m 值应分别通过试验测定。表面裂纹在板厚方向上的扩展和在板面方向上扩展的参数 C 和 m 将有所不同。一般而言，同种金属材料的不同组织状态下的 C 和 m 值只在一定范围内波动。例如，在 $\mathrm{d}a/\mathrm{d}N$ 和 ΔK 的单位分别为 mm/周和 $\mathrm{N/mm^{3/2}}$ 条件下，结构钢的 C 和 m 的取值范围为

$$m = 2.0 \sim 3.6, \quad C = 0.9 \sim 3.0 \times 10^{-13}$$

C 与 m 之间具有相关性，即

$$C = \frac{1.315 \times 10^{-4}}{895.4^m} \tag{5.35}$$

为方便计算，结构钢及焊接接头的 m 值常取 3 或 4。

将式(5.33) 代入式(5.31) 可得

$$\frac{\mathrm{d}a}{\mathrm{d}N} = 1.315 \times 10^{-4}\left(\frac{\Delta K}{895.4}\right)^m \tag{5.36}$$

由此可见，所有的结构钢的 $\mathrm{d}a/\mathrm{d}N - \Delta K$ 的关系在 $\Delta K = 895.4\,\mathrm{N/mm^{3/2}}$，$\mathrm{d}a/\mathrm{d}N = 1.315 \times 10^{-4}$ mm/周这一点相交（见图 5.47），且 m 值越高，疲劳裂纹扩展速率越低。

疲劳裂纹扩展的应力强度因子门槛值 ΔK_{th} 与环境和平均应力（或应力比）有关，一般关系为

$$\Delta K_{\mathrm{th}} = \alpha + \beta(1-R)^q \tag{5.37}$$

式中 α，β 是与环境有关的常数；q 是与平均应力有关的常数。对于结构钢有如下关系：

$$\Delta K_{\mathrm{th}} = 240 - 173R \tag{5.38}$$

如果将不同材料的裂纹扩展速率 $\mathrm{d}a/\mathrm{d}N$ 数据与 $\Delta K/E$ 为基础绘图，则 $\mathrm{d}a/\mathrm{d}N - \Delta K/E$ 将会重合在一起。这样就可以根据钢材的疲劳裂纹扩展速率，确定其他材料的疲劳裂纹扩展速率或门槛值 ΔK_{th}。

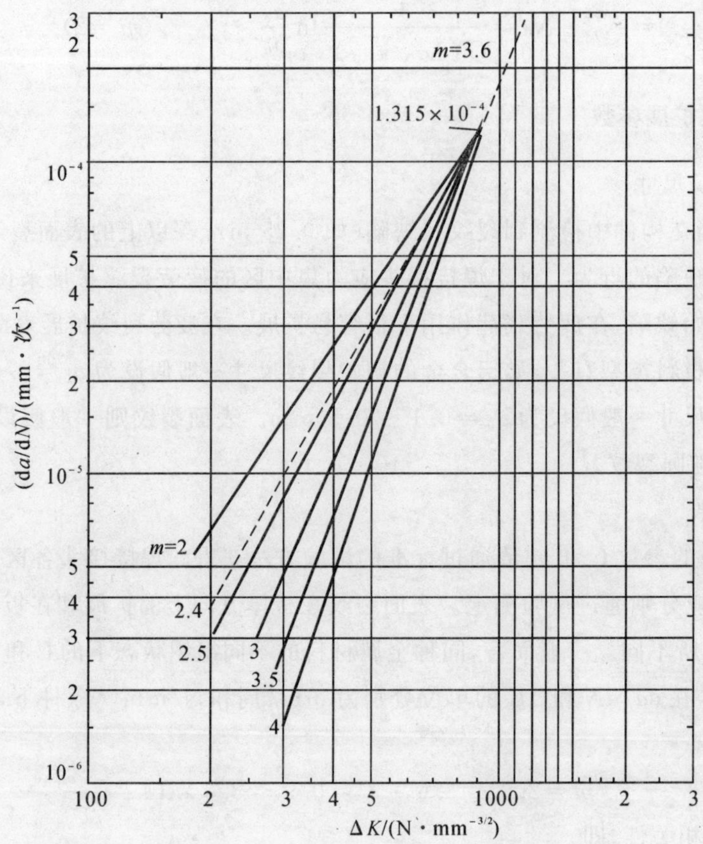

图 5.47 m 对疲劳裂纹扩展速率的影响

4. 变幅载荷谱下的疲劳裂纹扩展

假设构件的初始裂纹尺寸为 a_0，在应力水平 $\Delta\sigma_1, \Delta\sigma_2, \cdots, \Delta\sigma_f$ 作用下分别经历了 n_1，$n_2, \cdots, n_f$ 次循环后扩展到临界裂纹尺寸 a_c。

如图 5.48 所示，若在 $\Delta\sigma_1$ 作用下循环 n_1 次后，裂纹尺寸从 a_0 扩展到 a_1，则由式(5.33)得

$$\Delta\sigma_1^m n_1 = \int_{a_0}^{a_1} \frac{\mathrm{d}a}{\varphi(a)}$$

在 $\Delta\sigma_1$ 作用下，裂纹尺寸从 a_0 扩展到定义破坏的尺寸 a_c，则有

$$\Delta\sigma_1^m N_1 = \int_{a_0}^{a_c} \frac{\mathrm{d}a}{\varphi(a)}$$

式中，N_1 为在 $\Delta\sigma_1$ 作用下一直扩展到破坏的裂纹扩展寿命。

再在 $\Delta\sigma_2$ 作用下循环 n_2 次后，裂纹尺寸从 a_1 扩展到 a_2，则有

$$\Delta\sigma_2^m n_2 = \int_{a_1}^{a_2} \frac{\mathrm{d}a}{\varphi(a)}$$

在 $\Delta\sigma_2$ 作用下裂纹尺寸从 a_0 扩展到 a_c，则有

$$\Delta\sigma_2^m N_2 = \int_{a_0}^{a_c} \frac{\mathrm{d}a}{\varphi(a)}$$

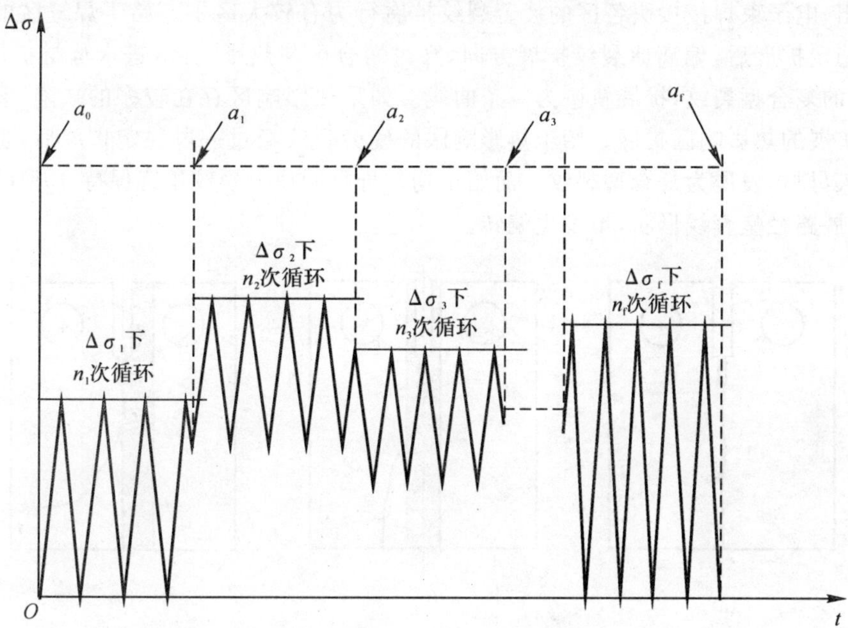

图 5.48　变幅载荷谱下的疲劳裂纹扩展

同样地，若在 $\Delta\sigma_i$ 作用下循环 n_i 次后，裂纹从 a_{i-1} 扩展到 a_i，则有

$$\Delta\sigma_i^m n_i = \int_{a_{i-1}}^{a_i} \frac{\mathrm{d}a}{\varphi(a)}$$

在 $\Delta\sigma_i$ 作用下裂纹尺寸从 a_0 扩展到 a_c，则有

$$\Delta\sigma_i^m N_i = \int_{a_0}^{a_c} \frac{\mathrm{d}a}{\varphi(a)}$$

在 $\Delta\sigma_i$ 作用下的循环次数 n_i 与在 $\Delta\sigma_i$ 作用下的裂纹扩展寿命 N_i 之比 n_i/N_i，即是在 $\Delta\sigma_i$ 作用下循环 n_i 次的损伤。在 k 个应力水平作用下的总损伤为

$$D = \sum_1^k D_i = \left[\sum_1^k \int_{a_{i-1}}^{a_i} \frac{\mathrm{d}a}{\varphi(a)}\right] \Big/ \int_{a_0}^{a_c} \frac{\mathrm{d}a}{\varphi(a)}$$

破坏准则为

$$D = \sum_1^{k=f} D_i = \left[\sum_1^{k=f} \int_{a_{i-1}}^{a_i} \frac{\mathrm{d}a}{\varphi(a)}\right] \Big/ \int_{a_0}^{a_c} \frac{\mathrm{d}a}{\varphi(a)} = 1$$

此即变幅载荷谱疲劳裂纹扩展的 Miner 累积损伤分析模型。若不计加载次序影响，Miner 理论也可用于裂纹扩展阶段。

5.3.2　力学失配对疲劳裂纹扩展的影响

1. 力学失配对疲劳裂纹扩展方向的影响

力学性能不均匀性对外载荷所引起的接头区裂纹扩展驱动力和扩展方向有较大影响。如图 5.49 所示分别为电子束焊接接头的母材、焊缝和热影响区的疲劳裂纹扩展情况[131-132]。由图可以看出，电子束焊接接头各区的疲劳裂纹扩展行为有较大区别。始于焊缝区的疲劳裂纹经过一段稳定扩展后，偏离原裂纹扩展方向，穿过熔合区与热影响区，进入母材扩展，形成 Ⅰ 型和 Ⅱ 型的复合型裂纹，扩展轨迹为一条曲线。如果热影响区存在较多的缺陷，裂纹可能沿着有利于扩展的热影响区扩展。始于热影响区的疲劳裂纹经过一段稳定扩展后，也偏离原扩展方向进入母材，发展为复合型裂纹。而始于均匀母材的疲劳裂纹始终保持 Ⅰ 型（张开型）扩展，裂纹扩展路径呈直线形状，不发生偏转。

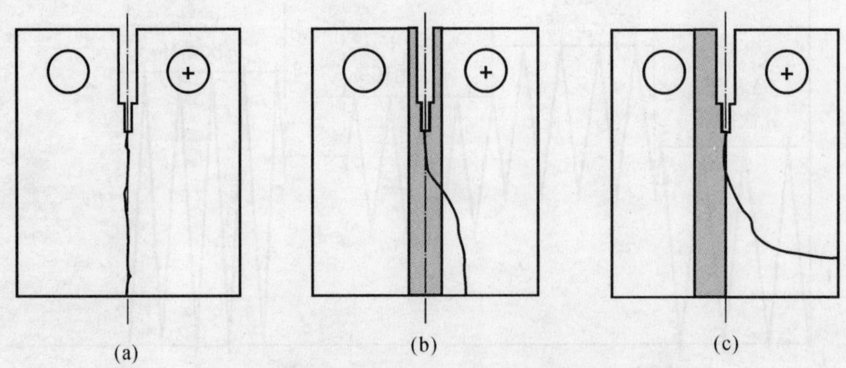

图 5.49　电子束焊接接头疲劳裂纹扩展示意图

(a) 基体；（b）焊缝；（c）热影响区

造成裂纹扩展路径偏转的主要原因是焊接接头为一个力学不均匀体。疲劳裂纹尖端有一个局部塑性区（见图 5.50(a)），疲劳裂纹扩展过程的实质是裂纹不断穿过其尖端塑性区的过程。对材料力学性质不同的界面裂纹进行的弹塑性分析表明，由于界面两侧的材料屈服应力不同，裂纹尖端塑性区的形状是不对称的，塑性区偏向流变抗力低的软材料一侧。根据疲劳裂纹扩展的微观机理，在裂纹扩展的第 Ⅱ 阶段，加载过程中裂纹张开和钝化发生在裂纹尖端两边的流变带上，由于焊缝中心与母材之间过渡区的组织和成分不均匀，界面区裂纹尖端一侧较硬，滑移受到约束，而软侧滑移得以优先发生；卸载过程中相应的逆向滑移在裂纹尖端两侧也不能等量发生，结果在裂纹尖端形成不对称的流变带，于是新的裂纹面发生偏转，裂纹扩展随之偏离原裂纹方向进入软区。

一般而言，在高匹配情况下，焊缝中心至母材的过渡区间，其材料的塑性变形能力梯度提高，焊缝为硬区，热影响区次之，母材为软区。因此，可以认为位于接头界面区的疲劳裂纹尖端塑性区形状如图 5.50(b) 所示，塑性变形局部化易向软区的母材一侧发展，始于焊缝区和热影响区的裂纹先直线扩展一段距离，随后向母材一侧偏转。尤其是电子束焊等高能束流焊接接头的焊缝区和热影响区很窄，不均匀性的梯度变化更加严重，焊缝区和热影响区可以看成是两种材料特性的夹层界面，致使焊接区裂纹扩展方向具有更大的不稳定性。

疲劳裂纹在焊接区发生偏转后进入母材，外加载荷仍为 Ⅰ 型载荷，Ⅰ 型裂纹扩展占主导，最后还要发生从复合型裂纹再转化为 Ⅰ 型裂纹（见图 5.49(b)）。当试件或构件的净截面较小时，也会发生剪切失稳断裂。对于材料成分和组织均匀的母材，在外加应力作用下裂纹前沿形成对称的流变带，从而形成新的对称裂纹面，裂纹沿垂直于载荷作用线的方向直线扩展。

在实际的复合型裂纹扩展过程中，偏转角是随着应力强度因子幅 ΔK 的增加而变化的。在裂纹扩展初期，ΔK 较小，裂纹扩展慢，裂纹呈 Ⅰ 型直线扩展；在中速扩展区，偏转角 θ 随着

ΔK 的增加而增大，裂纹扩展的每一步都要改变方向，因此，扩展轨迹为一曲线，此阶段以有效应力强度因子表示，具有与均匀材料第 Ⅱ 阶段类似的扩展规律。由于试样仅受到远场 Ⅰ 型载荷作用，在裂纹偏转扩展过程中，K_{I} 和 K_{II} 由远场应力在裂纹扩展方向上的分量引起，在裂纹扩展很小一段距离以后，裂纹以只相当于纯 Ⅰ 型裂纹情况扩展，扩展方向逐渐转向与外载方向垂直。

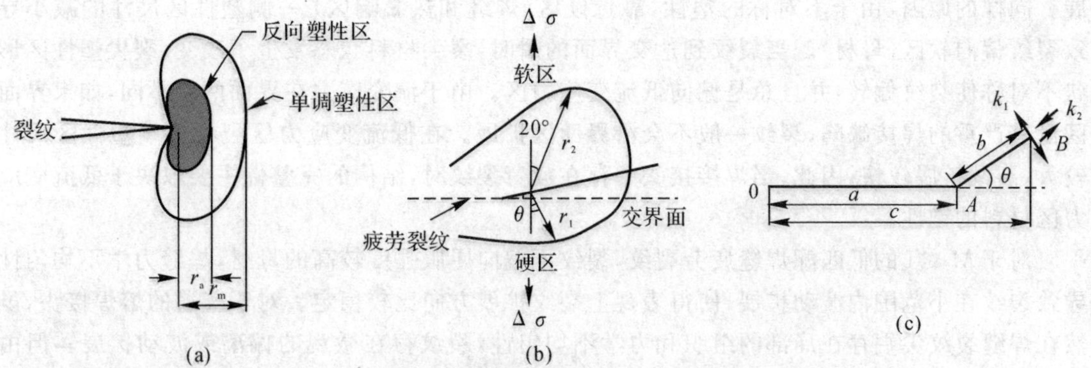

图 5.50　裂纹尖端塑性区与裂纹偏转

(a) 裂纹尖端塑性区；(b) 裂纹偏转示意图；(c) 转折裂纹

Rice 分析了交变载荷裂纹尖端塑性区[133]，指出在疲劳裂纹尖端存在两个不同的塑性区，其一是最大应力对应的单调塑性区 r_m，其二是应力幅所对应的逆向塑性区 r_c（当逆向加载时造成裂纹尖端前方压缩屈服而形成的一个尺寸较小的循环塑性区）。在均匀材料中，疲劳裂纹尖端塑性区的尺寸表示为

$$r_m=\frac{1}{6\pi}\left(\frac{K}{\sigma_y}\right)^2,\quad r_c=\frac{1}{4}r_m$$

对于非均匀材料裂纹体，由于裂尖显微组织的不均匀性以及材料变形和应变硬化行为等因素的影响，裂纹尖端的应力应变分布不同于均匀材料，使得裂纹不符合简单的钝化-锐化扩展过程。裂纹扩展路径除与应力强度因子和流变抗力有关外，主要与裂纹尖端塑性区形状的不对称程度有关。如果用角度 θ 表示裂纹扩展的偏转角，则焊接接头疲劳裂纹尖端的塑性区尺寸为

焊缝：$r_w^\theta=\alpha^\theta\left(\dfrac{K_{\max}}{\sigma_y^w}\right)^2$

HAZ：$r_H^\theta=\alpha^\theta\left(\dfrac{K_{\max}}{\sigma_y^H}\right)^2$

母材：$r_B^\theta=\alpha^\theta\left(\dfrac{K_{\max}}{\sigma_y^B}\right)^2$

式中　α^θ —— 形状系数；

$K_{\max}$ —— 最大应力强度因子；

$\sigma_y^w,\sigma_y^H,\sigma_y^B$ —— 分别为焊缝、热影响区和母材金属的屈服强度。

定义 1 区和 2 区界面裂纹在 θ 角方向上裂纹尖端塑性区的不对称度为

$$\eta_{12}^\theta=\frac{r_1^\theta}{r_2^\theta}\tag{5.39}$$

η_{12}^{θ} 越小，裂纹尖端塑性区的不对称度越大，其后续裂纹偏转角 θ 也就越大。疲劳裂纹扩展强烈地受裂纹尖端前沿的塑性区尺寸和形状影响，随着塑性区尺寸的减小，裂尖每次循环产生的剪切位移量减小，从而使裂纹张开位移也减小，这些因素都会导致裂纹扩展速率减小。在交变载荷和最大应力作用下，硬区的焊缝和热影响区由于限制了裂尖塑性区尺寸而使裂纹扩展速率减小，远离接头区的母材由于材料均匀，塑性区尺寸较大，疲劳裂纹以稳定的速率扩展。同样的原因，由于不对称的塑性，靠近硬区(焊缝和热影响区)一侧塑性区尺寸的减小导致裂纹偏向软区(母材)。当裂纹到达交界面的瞬时，裂尖材料状态发生了改变，裂尖塑性区形状不对称使裂纹偏转，并且总是偏向低流变应力区。由于流变应力在界面两侧不同，如果界面区没有严重的焊接缺陷，裂纹一般不会沿界面区扩展。在低流变应力区裂纹尖端塑性区尺寸较大，裂纹扩展较快，因此，当焊接接头中存在疲劳裂纹时，结构的完整性主要取决于低流变应力区材料的韧性。

对于 $M<1$ 的低匹配焊缝疲劳裂纹，裂纹不偏向屈服强度较高的母材，焊缝力学不均匀性导致裂纹在小范围内波动扩展，使得表观上裂纹扩展方向比较稳定。对于普通的熔焊接头，虽然在焊缝裂纹尖端存在局部的组织和力学不均匀性，裂纹存在微观的偏离或波动扩展。但由于焊缝较宽，焊缝区力学性能不均匀性变化梯度小，焊缝裂纹扩展方向受力学失配的影响要有所缓和。而位于熔合区或热影响区的裂纹扩展方向同样具有较大的不稳定性，其焊接区的裂纹扩展速率同样与力学失配度有关。因此，焊接接头的疲劳裂纹扩展分析必须综合考虑焊缝力学失配效应。

2. 力学失配对疲劳裂纹扩展速率的影响

力学失配对焊接区局部裂纹扩展驱动力有较大影响，从而影响疲劳裂纹扩展速率。力学失配主要有两方面影响焊接区疲劳裂纹扩展速率：其一是在高匹配情况下，力学失配效应使得对焊接区的裂纹产生一定的屏蔽作用，从而形成对焊缝的保护，降低疲劳裂纹扩展速率，但如果焊接区有较大的应力应变集中，则另当别论；其二是裂纹在不均匀的焊缝区发生偏转形成混合型扩展后，远场载荷未变，而 Ⅰ 型裂纹扩展驱动力 K_{I} 降低，此外，裂纹偏转后接触面积增大，使裂纹闭合效应增大，有效应力强度因子下降，从而导致疲劳裂纹扩展速率降低。

为分析方便，记接头母材名义应力强度因子为 K_{IB}(未考虑焊缝失配效应或纯母材的情况)，焊缝区局部应力强度因子为 K_{IW}。

如果接头几何裂纹尺寸与载荷条件相同，在不考虑焊缝失配的情况下，$K_{\mathrm{IW}}=K_{\mathrm{IB}}$，这种处理势必低估或高估了焊缝区的裂纹驱动力，此时可以考虑采用塑性区修正的方法估计其有效应力强度因子，即

$$K_{\mathrm{IB}}=Y\sigma\sqrt{\pi a}\Big/\sqrt{1-\frac{\pi}{2}\left(\frac{\sigma}{\sigma_{\mathrm{S}}^{\mathrm{B}}}\right)^{2}} \tag{5.40}$$

$$K_{\mathrm{IW}}=Y\sigma\sqrt{\pi a}\Big/\sqrt{1-\frac{\pi}{2}\left(\frac{\sigma}{M\sigma_{\mathrm{S}}^{B}}\right)^{2}} \tag{5.41}$$

记 $R=1\Big/\sqrt{1-\frac{\pi}{2}\left(\frac{\sigma}{M\sigma_{\mathrm{s}}^{B}}\right)^{2}}$ 为修正系数，则焊缝区应力强度因子表示为

$$K_{\mathrm{I}}=YR\sigma\sqrt{\pi a} \tag{5.42}$$

根据疲劳裂纹扩展机理，在疲劳裂纹扩展的第 Ⅱ 阶段，裂纹的扩展是裂纹尖端塑性钝化

和再锐化的结果，裂纹尖端塑性钝化和锐化的程度可用裂纹尖端张开位移(CTOD)来表征，疲劳裂纹扩展速率可以用关系式 $da/dN=\alpha(\text{CTOD})$ 来预测，焊缝局部裂纹尖端张开位移为

$$\delta_t^W=\frac{4}{\pi}\cdot\frac{K_{eq}^2}{E'M\sigma_s} \tag{5.43}$$

在高匹配情况下，$M>1$，由式(5.41)可知，$K_{IW}<K_{IB}$，裂纹扩展驱动力小于母材，导致焊缝裂纹尖端的塑性区尺寸和张开位移小于母材，塑性钝化和锐化使裂纹扩展步长减小。因此，同样条件下，此阶段焊缝金属中的疲劳裂纹扩展速率比母材的低。

Ainsworth 等研究了失配比对低合金钢焊接接头疲劳裂纹扩展的影响[134-135]。如图 5.51 所示为强度失配比对结构钢焊缝疲劳裂纹扩展速率的影响。高匹配的焊缝疲劳裂纹扩展速率比母材的低，而低匹配的焊缝疲劳裂纹扩展速率比母材的高。如图 5.52 所示为焊缝强度失配比与疲劳裂纹扩展门槛值和临界应力强度因子幅度的关系。如图 5.53 所示为焊缝强度失配比与疲劳裂纹扩展参数的关系。

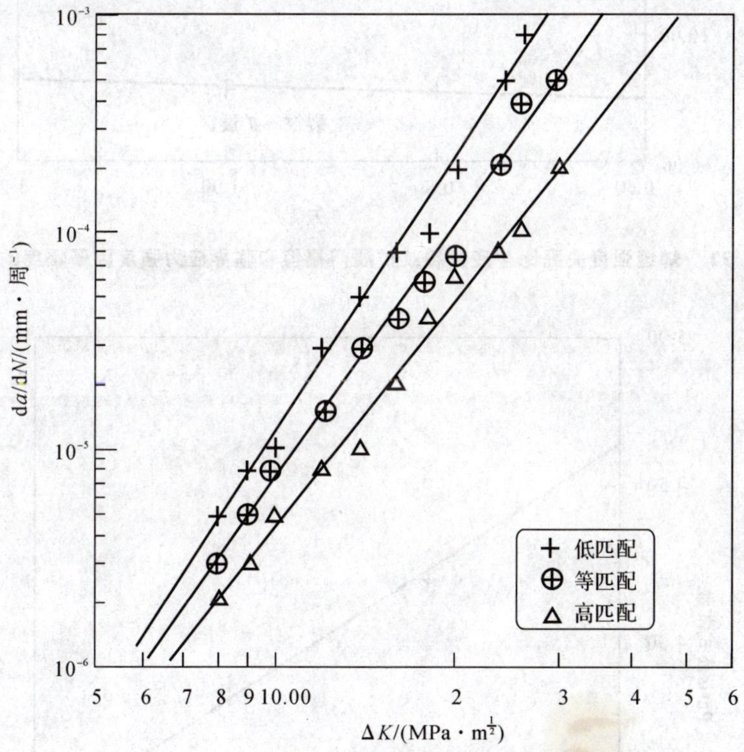

图 5.51　强度失配对结构钢焊缝疲劳裂纹扩展速率的影响

裂纹偏转后，裂尖的应力强度因子就不再是整体试样的应力强度因子 K_1，而在局部上就成为 Ⅰ 型和 Ⅱ 型复合的应力强度因子。设其局部应力强度因子为 K_1 和 K_2，主裂纹整体应力强度因子为 K_{I} 和 K_{II}，根据应变能密度准则，裂纹尖端局部应力强度因子表示为

$$\begin{aligned}K_1&=C_{11}K_{\text{I}}+C_{12}K_{\text{II}}\\K_2&=C_{21}K_{\text{I}}+C_{22}K_{\text{II}}\end{aligned} \tag{5.44}$$

式中，C_{ij} 是关于偏转角 θ 的函数，裂尖有效应力强度因子或有效驱动力为

$$K_{eq}=\sqrt{K_1^2+K_2^2} \tag{5.45}$$

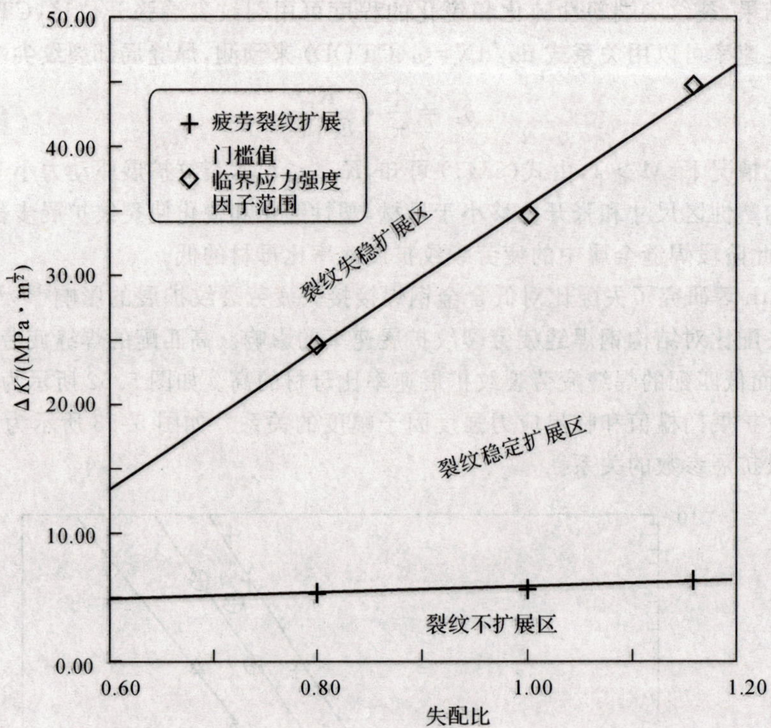

图 5.52 焊缝强度失配比与疲劳裂纹扩展门槛值和临界应力强度因子幅度的关系

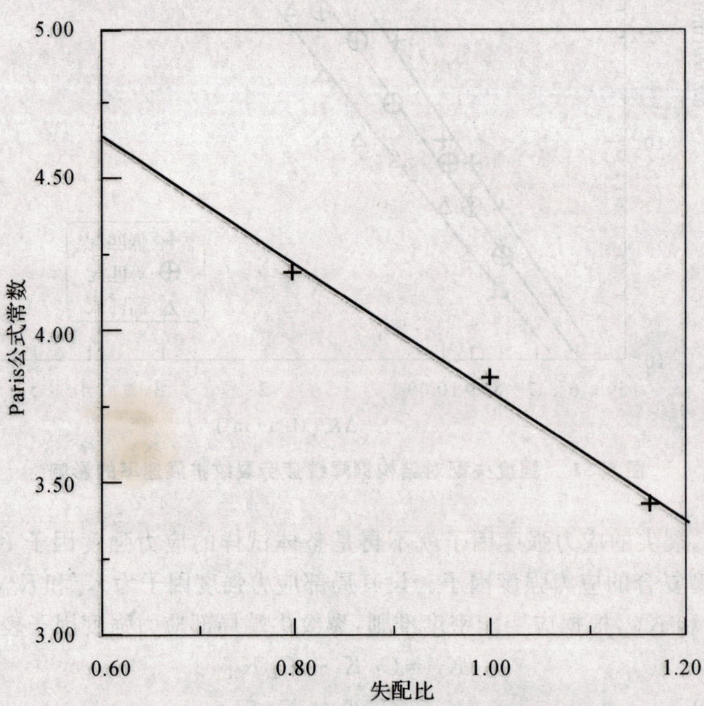

图 5.53 焊缝强度失配比与疲劳裂纹扩展参数的关系

裂纹尖端有效应力强度因子 K_{eq} 随偏转角 θ 的增大而降低，裂纹偏转进入母材后，其有效裂纹扩展驱动力减小，因此，疲劳裂纹扩展变缓。随着裂纹扩展从复合型向 Ⅰ 型扩展转换，Ⅰ 型裂纹扩展驱动力逐渐提高，裂纹扩展速率逐渐接近于母材的裂纹扩展速率。

5.3.3　疲劳裂纹扩展的概率分析

1. 疲劳裂纹扩展速率的随机性

一般而言，影响材料疲劳裂纹扩展的各种因素都具有随机特性。因此，即使在恒幅载荷作用下，疲劳裂纹扩展速率应也具有随机特性[136]。疲劳裂纹扩展试验结果表明，尽管试验条件相同，但每次试验所得到的样本记录是不一样的（见图 5.54），每次试验所得结果仅仅是无限个可能产生的结果中的一个，单个样本记录本身也是不规则的（见图 5.55）。

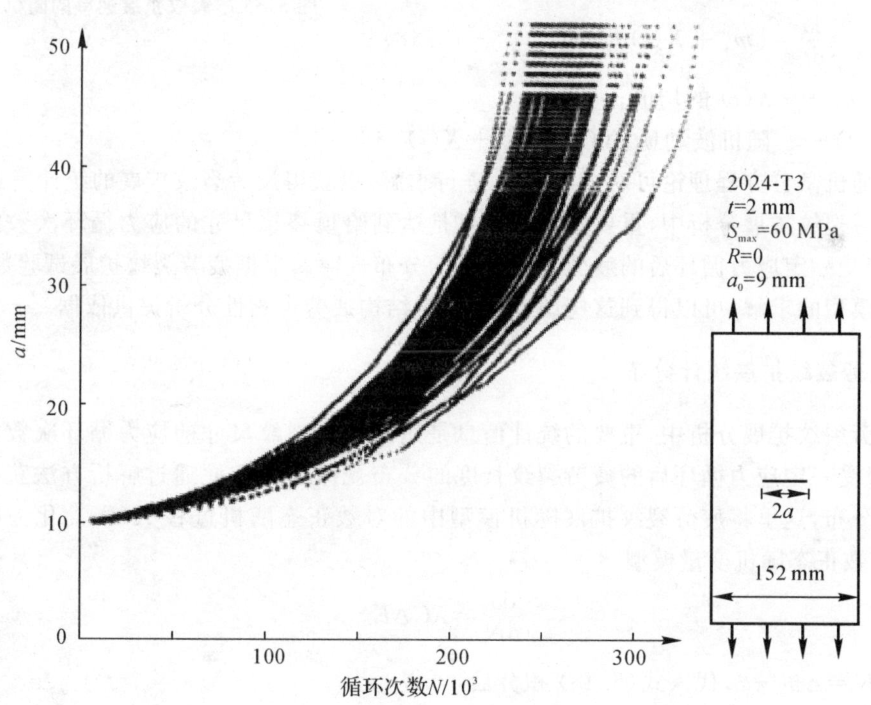

图 5.54　裂纹扩展的分散性

目前，针对疲劳裂纹扩展速率的随机特性，已发展了不同的分析方法。归纳起来有两种：其一是将 Paris 公式中的参数 C,m 作为随机变量，研究疲劳裂纹扩展速率的离散性；其二是将 Paris 公式随机化，称为疲劳裂纹随机扩展过程模型，即

$$\frac{da}{dN}=X(t)C\Delta K^{m},\quad t=N/f \tag{5.46}$$

式中　f—— 疲劳载荷频率；

$X(t)$—— 随机过程，它反映了疲劳裂纹扩展的随机性。

在对 $X(t)$ 的数学处理上，有对数正态随机模型和随机微分方程模型两种分析方法。

对数正态随机模型是将 $X(t)$ 视为对数正态随机过程，即 $Z(t)=\lg X(t)$ 为正态随机过程。对式(5.46) 两边取对数，得

$$\lg \frac{\mathrm{d}a}{\mathrm{d}N}=\lg C+m\lg(\Delta K)+Z(t) \quad (5.47)$$

由此可见，疲劳裂纹扩展速率可由确定性趋势项和随机波动项两部分组成，确定性趋势项是疲劳裂纹扩展速率的平均行为，随机波动部分 $Z(t)=\lg X(t)$ 亦可称为高频分量。Paris 公式给出的 $\mathrm{d}a/\mathrm{d}N$ 与 ΔK 的关系描述的就是裂纹扩展速率的确定性趋势。

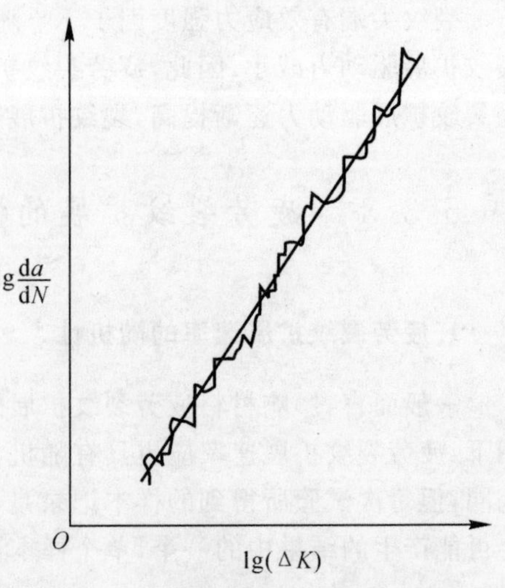

图 5.55 裂纹扩展速率的随机波动

随机微分方程模型是将式(5.46) 中的确定趋势项和随机项分离，写成如下形式

$$\frac{\mathrm{d}a}{\mathrm{d}t}=[m_x+\widetilde{X}(t)]C\Delta K^m \quad (5.48)$$

式中 m_x——$X(t)$ 的均值；

$\widetilde{X}(t)$—— 随机波动项，$X(t)=m_x+\widetilde{X}(t)$。

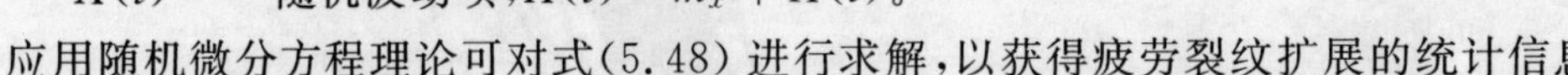

应用随机微分方程理论可对式(5.48) 进行求解，以获得疲劳裂纹扩展的统计信息。

在疲劳裂纹扩展分析中，重要的统计信息是达到给顶裂纹尺寸的应力循环次数的分布规律，以及经受一定应力循环后的疲劳裂纹长度的分布规律。根据疲劳裂纹扩展试验数据，结合上述随机模型的求解，可以得到这些统计信息，为结构疲劳可靠性分析提供依据。

2. 疲劳裂纹扩展统计分布

在疲劳裂纹扩展分析中，重要的统计信息是达到给顶裂纹尺寸的应力循环次数的分布规律，以及经受一定应力循环后的疲劳裂纹长度的分布规律。为方便通过解析方法获得裂纹扩展的统计分布，这里将疲劳裂纹扩展随机模型中的对数正态随机过程 $X(t)$ 简化为随机变量 X，得到对数正态随机变量模型

$$\frac{\mathrm{d}a}{\mathrm{d}N}=XC\Delta K^m \quad (5.49)$$

将 $\Delta K=\Delta\sigma\sqrt{\pi a}$，代入式(5.48) 积分后，可得

$$a=\frac{a_0}{(1-XbQNa_0^b)^{1/b}} \quad (5.50)$$

式中，$Q=C\Delta\sigma^m\pi^{m/2}$；

$$b=\frac{m}{2}-1 \quad (m\neq 2); \quad (5.51)$$

a_0 为初始裂纹尺寸。

令 z_γ 为正态随机变量 $Z=\lg X$ 的 γ 百分位点，可得

$$\gamma\%=P(Z>z_\gamma)=1-\Phi(z_\gamma/\sigma_z)$$

其中，Φ 为标准正态分布函数。用 x_γ 来表示随机变量 X 的 γ 百分位点，$x_\gamma=10^{z_\gamma}$，经受 N 次循环后的裂纹尺寸的 γ 百分位点 $a_\gamma(N)$ 为

$$a_\gamma(N)=\frac{a_0}{(1-x_\gamma bQNa_0^b)^{1/b}} \tag{5.52}$$

如图 5.56 所示为基于正态随机变量模型的裂纹尺寸的 γ 百分位点与循环次数的关系，或者称为概率疲劳裂纹扩展曲线，据此可对疲劳裂纹扩展的统计信息作进一步分析。

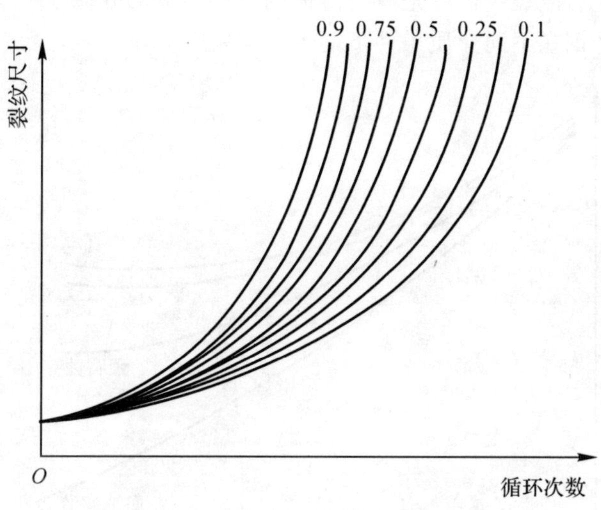

图 5.56　概率疲劳裂纹扩展曲线

5.4　腐蚀疲劳分析

5.4.1　腐蚀疲劳特点

材料或构件在交变应力和腐蚀介质的共同作用下造成的失效叫做腐蚀疲劳。腐蚀疲劳和应力腐蚀不同，虽然两者都是应力和腐蚀介质的联合作用，但作用的应力是不同的。应力腐蚀指的是静应力，而且主要是指拉应力，因此也叫静疲劳；而后者则强调的是交变应力。腐蚀疲劳和应力腐蚀相比，主要有以下特点：

① 应力腐蚀是在特定的材料与介质组合下才发生的，而腐蚀疲劳却没有这个限制，它在任何介质中均会出现。

② 对应力腐蚀来说，当外加应力强度因子 $K_{\mathrm{I}}<K_{\mathrm{ISCC}}$，材料不会发生应力腐蚀裂纹扩展。但对腐蚀疲劳，即使 $K_{\max}<K_{\mathrm{ISCC}}$，疲劳裂纹仍旧会扩展。

③ 当应力腐蚀破坏时，只有一两个主裂纹，主裂纹上有分支小裂纹，而腐蚀疲劳裂纹源有多处，裂纹没有分支。

④ 在一定的介质中，应力腐蚀裂纹尖端的溶液酸度是较高的，总是高于整体环境的平均值。而腐蚀疲劳在交变应力作用下，裂纹不断地张开与闭合，促使介质流动，所以裂纹尖端溶液的酸度与周围环境的平均值差别不大。

对于应力腐蚀疲劳，在低频和高应力比的情况下，其断裂机制与应力腐蚀的机制相似，一般认为是阳极溶解过程，这就是说腐蚀起主导作用。

与材料在空气介质中的疲劳相比，腐蚀疲劳没有明确的疲劳极限，一般用指定周次来作为条件疲劳极限。腐蚀疲劳对加载频率十分敏感，频率越低，疲劳强度与寿命也越低。在腐蚀疲劳条件下裂纹极易萌生，故裂纹扩展是疲劳寿命的主要组成部分。

如图 5.57 所示为钢在不同介质条件下的 $S-N$ 曲线。

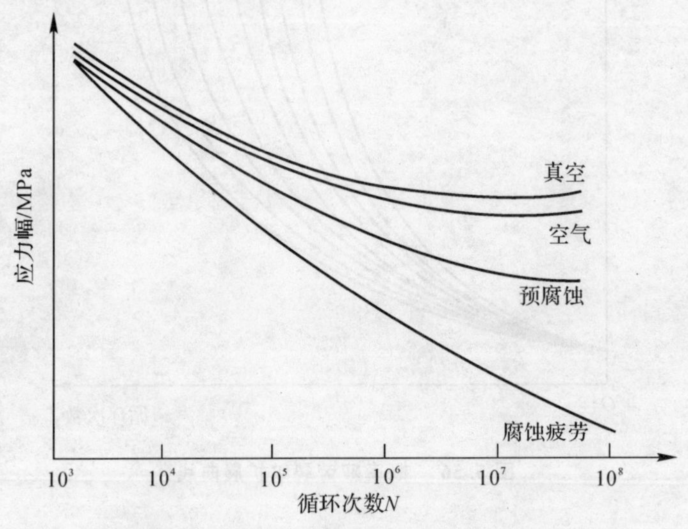

图 5.57 钢在不同介质条件下的 $S-N$ 曲线

焊接接头的腐蚀疲劳强度与焊接工艺、焊接材料和接头形式等因素有关。焊接接头焊趾的应力集中对腐蚀疲劳强度有较大影响，降低焊趾的应力集中程度能够显著提高焊接接头的腐蚀疲劳强度。如果采用打磨焊趾或 TIG 熔修来降低应力集中，同时消除表面缺陷，有利于改善焊接接头的腐蚀疲劳性能。

5.4.2 腐蚀疲劳裂纹扩展特性

研究表明，腐蚀疲劳裂纹扩展速率 $da/dN-\Delta K$ 的关系曲线有 3 种类型，如图 5.58 所示。第一种类型（A 型）是当 $K_I < K_{ISCC}$，或者当 $K_I < K_{IC}$ 时，腐蚀介质中材料的腐蚀疲劳裂纹扩展速率比惰性介质中的大得多。第二种情况（B 型）是当 $K_I < K_{ISCC}$ 时，裂纹扩展差别不大，而当 $K_I > K_{ISCC}$ 时发生应力腐蚀，裂纹扩展速率急剧增加，并显示出与应力腐蚀相类似的现象，即有一水平台或裂纹扩展渐趋平缓。为了区别这两种疲劳裂纹扩展特性，第一种情况常称为真腐蚀疲劳，即没有应力腐蚀的作用；第二种情况则称为应力腐蚀疲劳，在交变应力和应力腐蚀共同引起的裂纹扩展中，应力腐蚀的作用往往是主要的。第三种情况为混合型（C 型），既有应力腐蚀疲劳又有真腐蚀疲劳。

在影响腐蚀疲劳裂纹扩展的诸多因素中，频率的影响可能是最主要的。当分析频率的影响时要区分真腐蚀疲劳和应力腐蚀疲劳。

在应力腐蚀疲劳中，为了估计在实际服役中频率的影响，一般采用 Wei 和 Landes 的线性

叠加模型[137]，即假定腐蚀疲劳裂纹扩展是应力腐蚀开裂和纯机械疲劳（在惰性环境中）两个过程的线性叠加，因而可表达为

$$\left(\frac{da}{dN}\right)_{CF}=\left(\frac{da}{dN}\right)_{SCC}+\int_{\tau}\left(\frac{da}{dt}\right)_{SCC}[K(t)]dt \tag{5.53}$$

式中，下脚标 CF 为腐蚀疲劳，SCC 为应力腐蚀。$K(t)$ 是随时间而变化的应力强度因子。$(da/dt)_{SCC}$ 为静载下应力腐蚀裂纹的扩展速率，τ 为疲劳载荷周期。

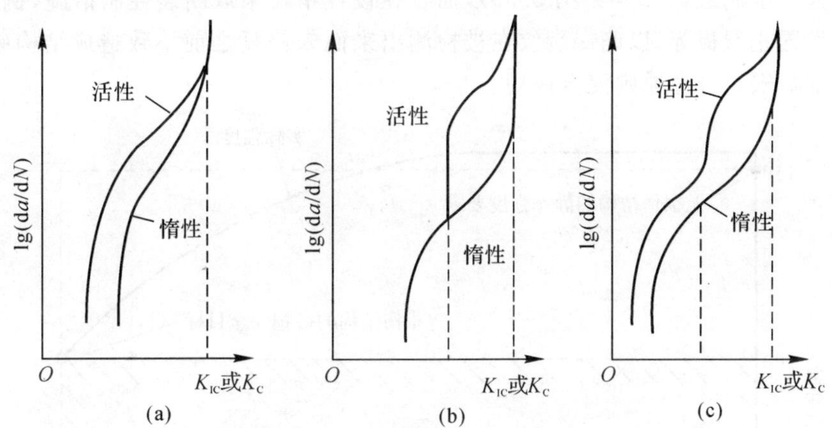

图 5.58　腐蚀疲劳裂纹扩展的 3 种类型

(a)A 型 — 真腐蚀疲劳；(b)B 型 — 应力腐蚀疲劳；(c)C 型 — 混合型

Wei 曾利用上述线性叠加模型估算过高强度钢在干氢、蒸馏水和水蒸气介质，以及钛合金在盐溶液中的疲劳裂纹扩展，当 $K_{max}>K_{ISCC}$ 时其结果还是令人满意的。因为这一模型没有考虑应力和介质的交互作用，随后有人再在式(5.53) 中加以修正项。

5.5　焊接结构的抗疲劳设计与控制

5.5.1　焊接结构的抗疲劳设计

1. 安全寿命设计

安全寿命设计认为结构中是无缺陷的，在整个使用寿命期间，结构不允许出现可见的裂纹。安全寿命设计必须考虑安全系数，以考虑疲劳数据的分散性和其他未知因素的影响。在安全寿命设计中，可以对应力取安全系数，也可以对寿命取安全系数，或者规定两种安全系数都要满足。安全寿命设计可以根据 $S-N$ 曲线进行设计，也可以根据 $\varepsilon-N$ 曲线进行设计，前者称为名义应力有限寿命设计，后者是局部应力应变法。设计准则为

$$使用寿命\leqslant安全寿命=\frac{目标寿命}{分散系数}$$

式中，目标寿命是指试验寿命或计算寿命。分散系数考虑到疲劳寿命的分散性和误差，对整个

结构或部件的疲劳试验,分散系数一般不小于4。

承受变幅载荷的结构安全寿命设计,可用等幅载荷下的试验结果根据累积损伤理论计算寿命。在疲劳试验中也可用累积损伤理论简化载荷谱。

2. 破损安全设计

破损安全设计方法允许结构在规定的使用年限内产生疲劳裂纹,并允许疲劳裂纹扩展,但其剩余强度大于限制载荷[138](见图5.59),而且在设计中要采取断裂控制措施,例如,采用多传力设计和设置止裂板等,以确保裂纹在被检测出来而未修复之前不致造成结构破坏。破损安全原则常常与安全寿命原则混合使用。

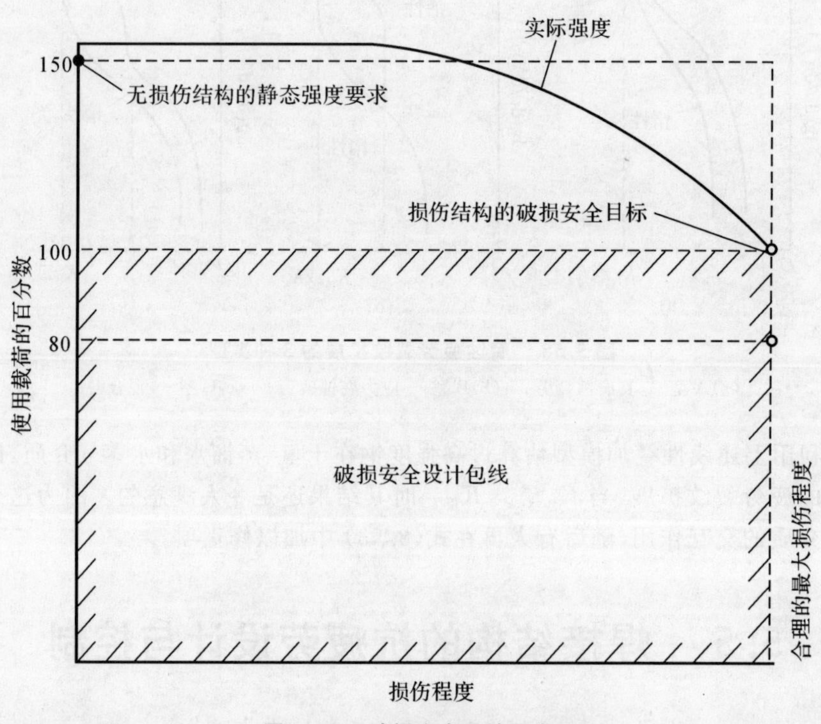

图5.59 破损安全设计要求

结构在长期服役环境下的损伤导致其抗力性能随时间的增长而逐渐衰减(见图5.59),其变化是一个缓慢的能量耗散和不可逆的过程。结构的疲劳失效在理论上可以归结为环境载荷等驱动力超越材料或结构的抗力的情况下发生的后果。失效是结构或构件的极限状态,结构或构件的性能是以极限状态为基础进行衡量的。

3. 损伤容限设计

损伤容限是指结构因环境载荷作用导致损伤后,仍能满足结构的静强度、动强度、稳定性和结构使用功能的要求的最大允许损伤状态。为了防止含损伤役结构的早期失效,必须把损伤在规定的使用期内的增长控制在一定的范围内(见图5.60),使得损伤不发生不稳定(快速)扩展。在此期间,结构应满足规定的剩余强度要求,以满足结构的安全性和可靠性。为了确定损伤容限,首先确定结构性能随损伤的变化规律;确定损伤部位的环境谱及具体部位的应力谱；计算结构损伤后的寿命；评定不同损伤尺寸下的结构静强度、稳定性、结构功能等是否满足要求，最终确定损伤容限。

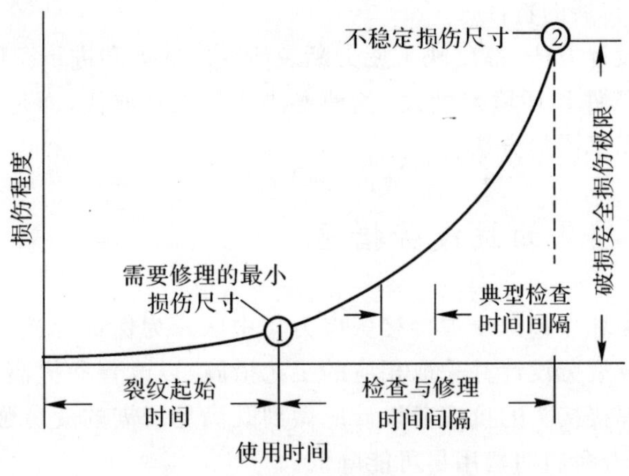

图 5.60　结构的裂纹扩展过程

1970 年，美国空军提出了损伤容限设计原则。它考虑到意外损伤的可能存在，即从飞行安全出发，为了谨慎，假定新的飞机结构存在初始损伤，其尺寸依据制造厂无损检验能力确定，要求达到足够的检出概率，然后对带裂纹结构进行断裂分析或试验，确定裂纹在变幅载荷下扩展到临界尺寸的周期，由此制定飞机检修周期，即

$$\text{检修周期} = \frac{\text{裂纹扩展周期}}{\text{分散系数}}$$

式中，分散系数考虑到裂纹扩展速率的分散性和误差，比安全寿命的分散系数要小得多，一般可取为 2。裂纹的临界尺寸是根据结构的残余强度不小于破损安全载荷的原则确定的。破损安全载荷由强度规范规定，其数值因裂纹部位检测的难易而异。带裂纹结构的残余强度可用断裂力学方法计算或通过静力试验确定。裂纹扩展的速率通常用 Paris 公式计算。

4. 耐久性设计

耐久性是结构固有的一种基本能力，它是指在规定时期内，结构抵抗疲劳开裂（包括应力腐蚀和氢脆引起的开裂）、腐蚀、热退化、剥离和外来物损伤作用的能力。

耐久性设计认为结构在使用前（在制造、加工、装配、运输过程中）就存在着许多微小的初始缺陷，结构在载荷 / 环境谱的作用下，逐渐形成一定长度和一定数量的裂纹和损伤，继续扩展下去将造成结构功能损伤或维修费用剧增，影响结构的使用。耐久性方法首先要定义疲劳破坏严重细节（如孔、槽、圆弧、台阶等）处的初始裂纹质量，描绘与材料、设计、制造质量相关的初始疲劳损伤状态，再用疲劳或疲劳裂纹扩展分析预测在不同使用时刻损伤状态的变化，确定其经济寿命，制订使用、维修方案。

耐久性设计是由原来不考虑裂纹或仅考虑少数最严重的单个裂纹，发展到考虑可能全部出现的裂纹群；是由仅考虑材料的疲劳抗力，发展到考虑细节设计及其制造质量对疲劳抗力以上各种疲劳设计方法，它们都反映了疲劳断裂研究的发展和进步。

耐久性 / 损伤容限定寿设计思想是 20 世纪 70 年代迅速发展起来的，并最具生命力的一种新的设计思想。无论是美国、欧洲还是国内，都先后制定并颁布了有关的设计标准和设计规范。它是用耐久性设计定寿,用损伤容限设计保证安全。耐久性和损伤容限设计要求是相容的、互补的。在实际结构设计中,要求结构既有好的耐久性和延迟开裂的特性,又有好的损伤容限特性,即裂纹缓慢扩展的特性。

以上各种抗疲劳设计方法,都反映了疲劳断裂研究的发展和进步。但是,由于疲劳问题复杂,影响因素多,使用条件和环境差别大,各种方法不是相互取代,而是相互补充的。不同构件,不同情况,应当采用不同的方法。

5.5.2 焊接接头的抗疲劳措施

焊接结构的疲劳破坏多起源于焊接接头应力集中区。为保证焊接结构的疲劳强度要求,必须对焊接接头进行抗疲劳设计并采取相应的工艺措施,以改善和提高焊接接头抗疲劳开裂和裂纹扩展的性能。焊接接头的抗疲劳设计应做到既满足所需的疲劳强度、使用寿命和安全性,又能使焊接结构全寿命周期费用尽可能降低。

1. 降低应力集中

应力集中是降低焊接接头和结构疲劳强度的主要原因,只有当焊接接头和结构的构造合理,焊接工艺完善,焊缝金属质量良好时,才能保证焊接接头和结构具有较高的疲劳强度。焊接结构的抗疲劳设计的重点是减少应力集中的作用,同时选用抗疲劳开裂、抗腐蚀性能好的母材和焊材。

疲劳裂纹源于焊接接头和结构上的应力集中点,消除或降低应力集中的一切手段,都可以提高结构的疲劳强度。通过合理的结构设计可降低应力集中[8-9],主要措施有:

① 优先选用对接接头,尽量不用搭接接头。重要结构最好把T形接头或角接接头改成对接接头,让焊缝避开拐角部位;当必须采用T形接头或角接接头时,最好选用全熔透的对接焊缝。

承受弯曲的细高截面工字梁常用钢板焊接而成(见图5.61(a)),翼缘与腹板通常采用双面角焊缝连接。这种焊接梁的疲劳强度低于相应的轧制梁,疲劳强度降低系数为0.8。如图5.62(c)所示用型钢作为翼缘与腹板连接,由于焊缝处于弯曲应力较低的区域而疲劳强度较高。

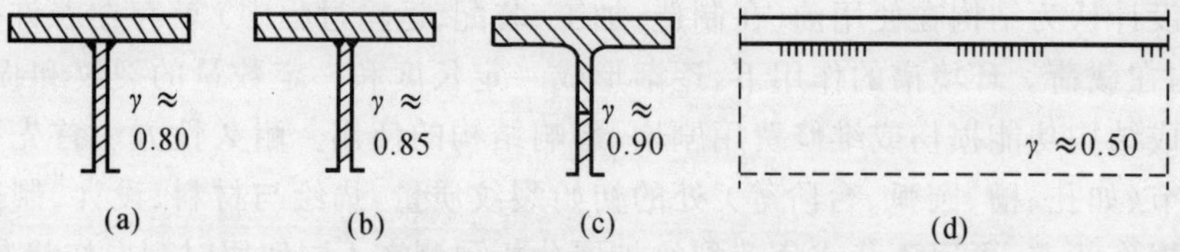

图5.61 工字梁翼缘与腹板的连接形式及疲劳强度降低系数

② 降低名义应力等级。通过增加局部构件尺寸降低名义应力,降低结构节点的热点应力;尽量避免偏心受载的设计,减小构件连接对中的偏差,使构件内力的传递通畅、分布均匀,不引起附加应力。

③ 降低几何应力集中,减小结构断面突变。当板厚或板宽相差悬殊而须对接时,应设计

平缓的过渡区，降低几何非连续性产生的几何应力集中因数。结构上的尖角或拐角处应作成圆弧状，其曲率半径越大越好。

如图5.62所示为各种节点板连接的疲劳强度降低情况。由图可以看出，只有当接头拐角处角隅过渡圆角半径较大并圆滑过渡时才能获得较高的疲劳强度。

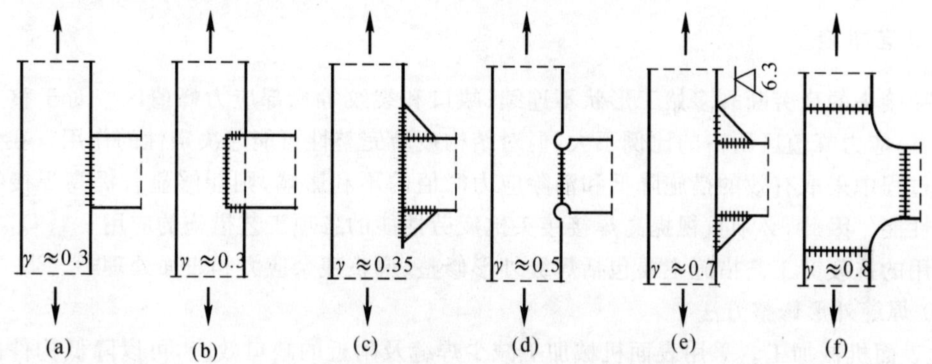

图5.62　节点板不同连接设计的疲劳强度降低系数

④ 避免三向焊缝空间汇交。焊缝尽量不设置在应力集中区，尽量不在主要受拉构件上设置横向焊缝；不可避免时，一定要保证该焊缝的内、外质量，减小焊趾处的应力集中。

如图5.63(a)所示为重型桁架焊接节点，这类节点具有强烈的缺口效应，仅可用于承受静载。如图5.63(b)适用于承受疲劳载荷。如图5.63(c)所示的结构从缺口效应方面考虑特别合理。

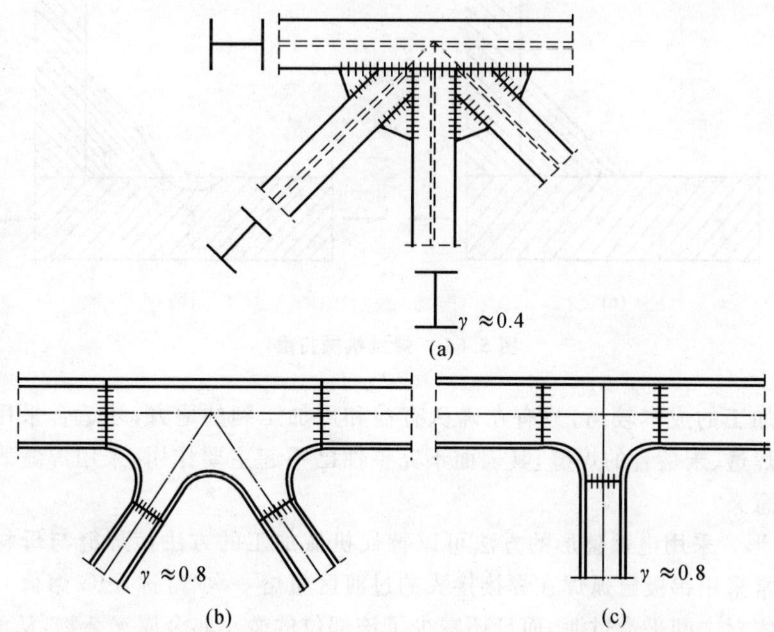

图5.63　重型桁架焊接节点设计形式及疲劳强度降低系数

⑤ 只能单面施焊的对接焊缝，在重要结构上不允许在背面放置永久性垫板。这种结构避免采用断续焊缝(见图5.61(d))，因为每段焊缝的始末端有较高的应力集中，其疲劳强度将大

大降低,但承受横向力的双面角焊缝可以通过对焊缝进行交错布置而得到改善。

焊接接头的抗疲劳设计的重点是减少应力集中、残余拉伸应力、截面或刚度突变、腐蚀环境等因素的作用,同时选用抗疲劳开裂、抗腐蚀性能好的母材和焊材,采用合理的焊接工艺、热处理工艺、表面处理和抗疲劳强化措施。

2. 工艺措施

焊接接头的疲劳断裂多始于形状不连续、缺口和裂纹等局部应力峰值区。对于整个焊接结构而言,应力峰值区所占的比例不大,但对结构疲劳完整性可能起决定性的作用。在焊接结构制造过程中采取有效的措施降低和消除应力峰值的不利影响,则能够显著提高焊接结构的抗疲劳性能。因此,必须重视提高焊接接头抗疲劳性能的各项工艺措施的应用。

常用的抗疲劳工艺措施主要包括焊缝外形修整、调整残余应力和表面处理[139-140]。

(1) 焊缝外形修整方法

① 表面机械加工。采用表面机械加工减少焊缝及附近的缺口效应,可以降低构件的应力集中程度,提高接头的疲劳强度。在对接接头中,可以用机械打磨的方法使母材与焊缝之间平缓过渡,打磨应顺着着力线传递方向,沿垂直力线方向打磨往往产生相反的效果。

角焊缝及焊趾的打磨修整能够明显提高疲劳性能。打磨焊趾时,仅仅打磨出一个与母材板面相切的圆弧是不够的,应如图 5.64 所示那样磨掉焊趾区母材的一部分材料,以消除焊趾过渡区微小的缺陷为限,不得产生新的缺口效应,这种方法对于改善横向焊缝的强度特别有用。

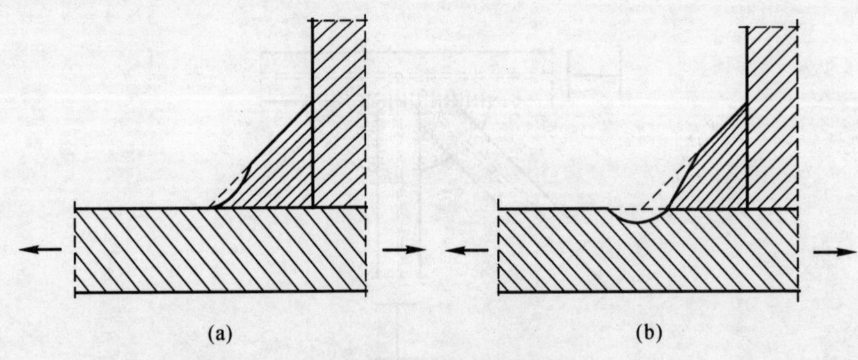

图 5.64　焊趾机械打磨

表面机械加工的成本较高,只有在确认有益和可加工到的地方,才适合采用这种修整方法。对存在未焊透、未熔合的焊缝,其表面不完整性已不起主要作用,采用焊缝表面的机械加工将变得毫无意义。

② 电弧整形。采用电弧整形的方法可以替代机械加工的方法使焊缝与母材之间平滑过渡。这种方法常采用钨极氩弧焊在焊接接头的过渡区重熔一次(常称 TIG 熔修),TIG 熔修不仅可使焊缝与木材之间平滑过渡,而且还减少了该部位的微小非金属夹杂物,从而提高了接头的疲劳强度。

如图 5.65 所示为焊趾局部几何形状及测量示意图。如图 5.66 所示为熔修对焊趾几何形状等的影响。

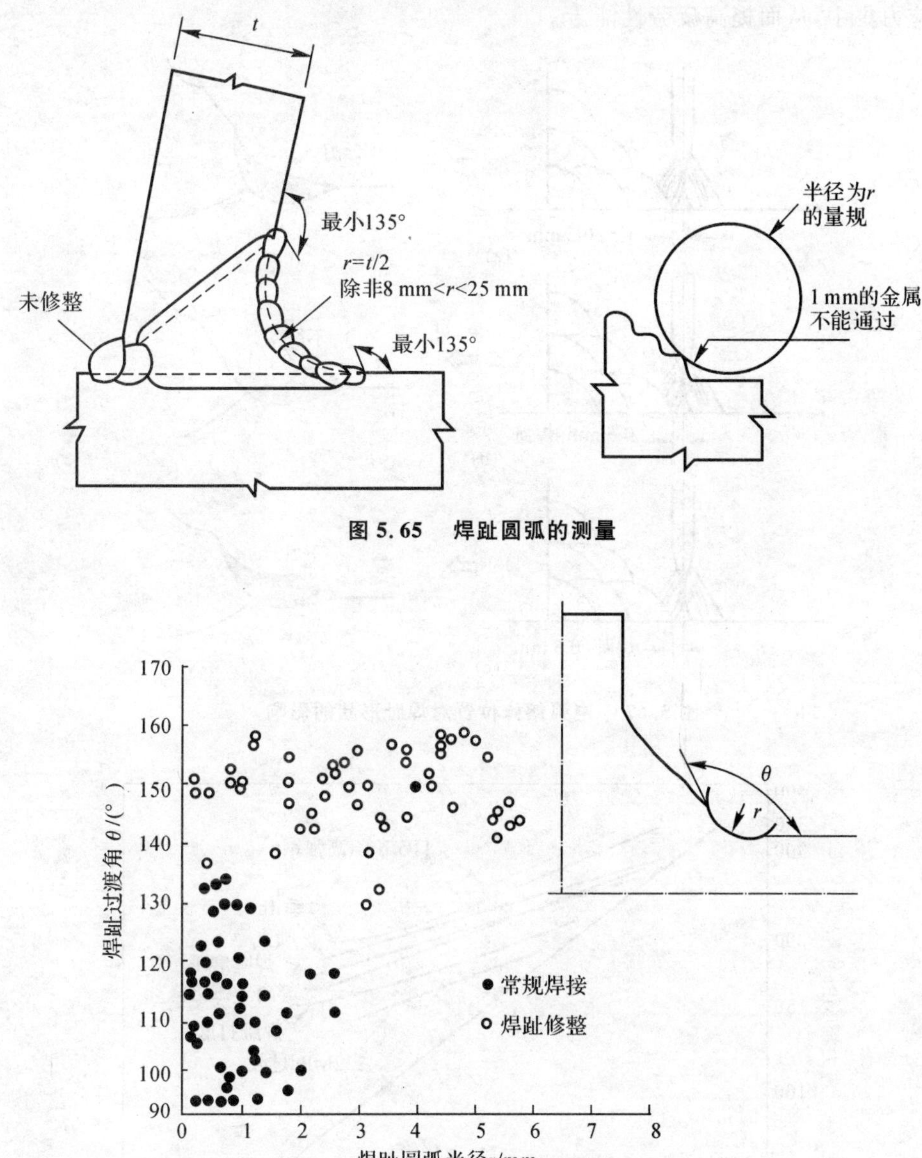

图 5.65　焊趾圆弧的测量

图 5.66　熔修对焊趾局部几何形状的影响

TIG 熔修工艺要求焊枪一般位于距焊趾根部 0.5 ～ 1.5 mm 处(见图 5.67)，距离偏近或偏远的效果都不好。这种工艺适用于与应力垂直的横向焊缝。实验结果表明，焊趾的 TIG 熔修可使承载的横向焊缝接头的疲劳强度平均提高 25％ ～ 75％。非承载焊缝的接头疲劳强度平均提高 95％ ～ 250％(见图 5.68)。

③ 特殊焊接工艺。在焊接过程中采用特殊处理方法来提高焊接接头的疲劳强度，比在焊后修整更为简单和经济，因此越来越受到重视。这种方法主要是在焊接过程中控制焊缝形状，降低应力集中。例如，采用多道焊修饰焊缝表面，可以使焊缝的表面轮廓和焊趾根部过渡更为平缓。焊后使用轮廓样板检验焊趾过渡情况，若不满足要求，则需要进行熔修整形。也可以采用特殊药皮焊条进行焊接，改善熔渣的润湿性和熔融金属的流动性，使焊缝与母材的过渡平

缓，降低应力集中，从而提高疲劳性能。

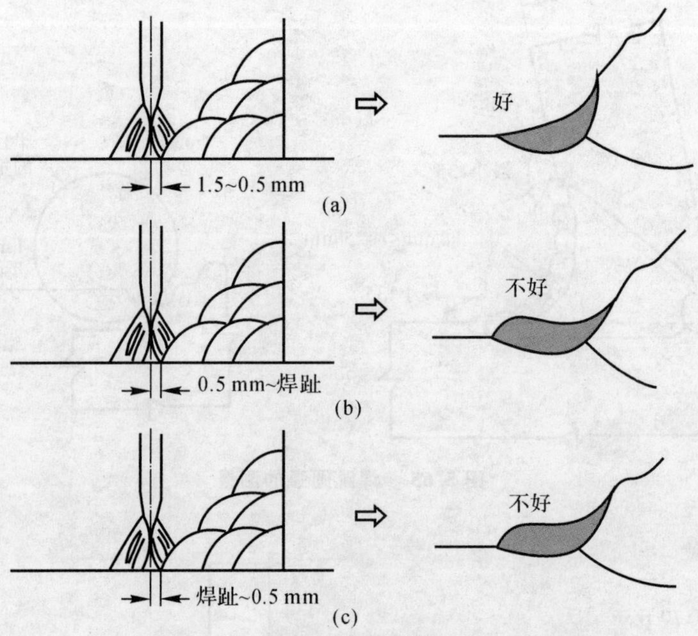

图 5.67　电弧熔修位置对焊趾形状的影响

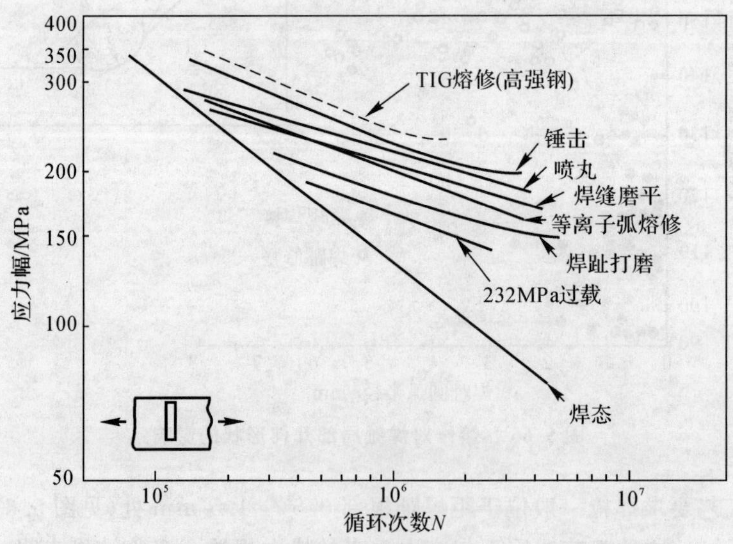

图 5.68　焊缝修整方法对非承力角焊缝接头疲劳强度的影响

(2) 调整残余应力方法

消除接头应力集中区的残余拉应力或使该处产生残余压应力都可以提高接头的疲劳强度。主要方法有以下几种：

① 应力释放。采用整体热处理是消除焊接残余应力的有效方法。但整体消除残余应力热处理后的焊接构件在某些情况下能提高疲劳强度，而在某些情况下反而使疲劳强度有所降低。一般情况下，在循环应力较小或应力比较低、应力集中较高时，残余应力的不利影响增大，

整体消除残余应力的热处理是有利的。

② 超载预拉伸。采用超载预拉伸方法可降低残余应力，甚至在某些条件下可在缺口尖端处产生残余拉伸应力，来提高焊接接头的疲劳强度。

由图 5.68 所示可见，超载预拉伸方法的效果较其他方法差。TIG 熔修对疲劳强度的改善效果最大，因此，该方法在提高焊接接头疲劳抗力方面最具吸引力。

③ 局部处理。因为疲劳裂纹的萌生大多起源于材料或接头表面，采用局部加热、滚压或喷丸工艺时表面的塑性变形受到约束，使表面产生很高的残留压应力[14,18]，在这种情况下表面就不易萌生疲劳裂纹，即使表面有小的微裂纹，裂纹也不易扩展。

如图 5.69 和图 5.70 所示为纵向焊缝端部的加热和加压点位置。如图 5.71 所示比较了局部加热与加压对纵向筋板焊接接头疲劳强度的影响。局部加热与加压作用介于超载预拉伸方法和 TIG 熔修之间。

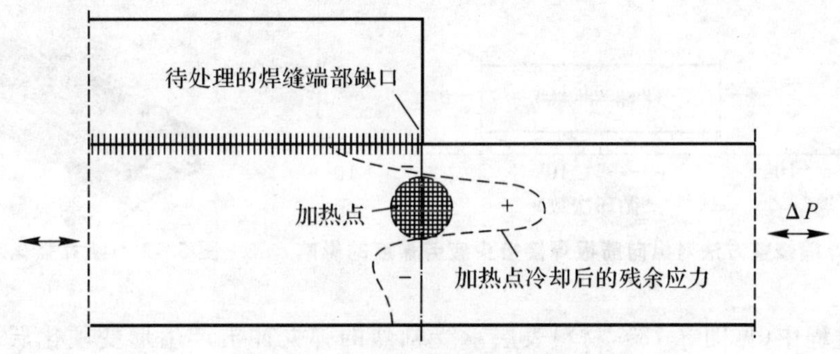

图 5.69　纵向焊缝端部的加热点

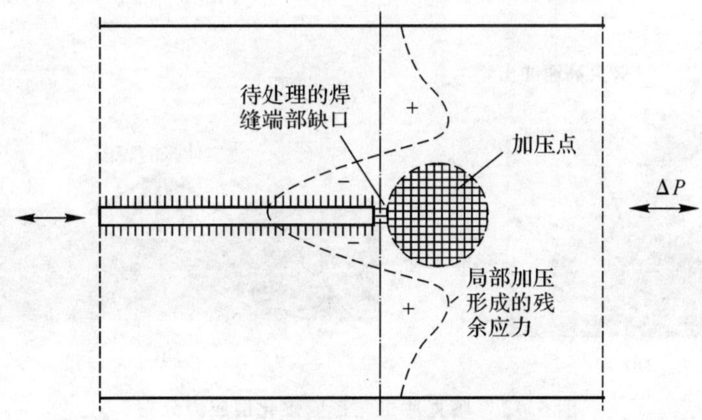

图 5.70　纵向焊缝端部的加压点

(3) 表面强化及防护

采用一定的表面强化及保护技术可提高焊接接头抗大气及介质侵蚀对疲劳强度的影响。

① 表面强化。例如喷丸、滚压强化等工艺方法有利于提高腐蚀疲劳强度。

喷丸强化是当前国内、外广泛应用的一种表面强化方法，即利用高速弹丸强烈冲击工件表面(见图 5.72)，使之产生形变硬化层并引入残余压应力，可显著提高构件的抗疲劳、抗应力腐蚀破裂、抗腐蚀疲劳、抗微动磨损、耐点蚀等的能力。

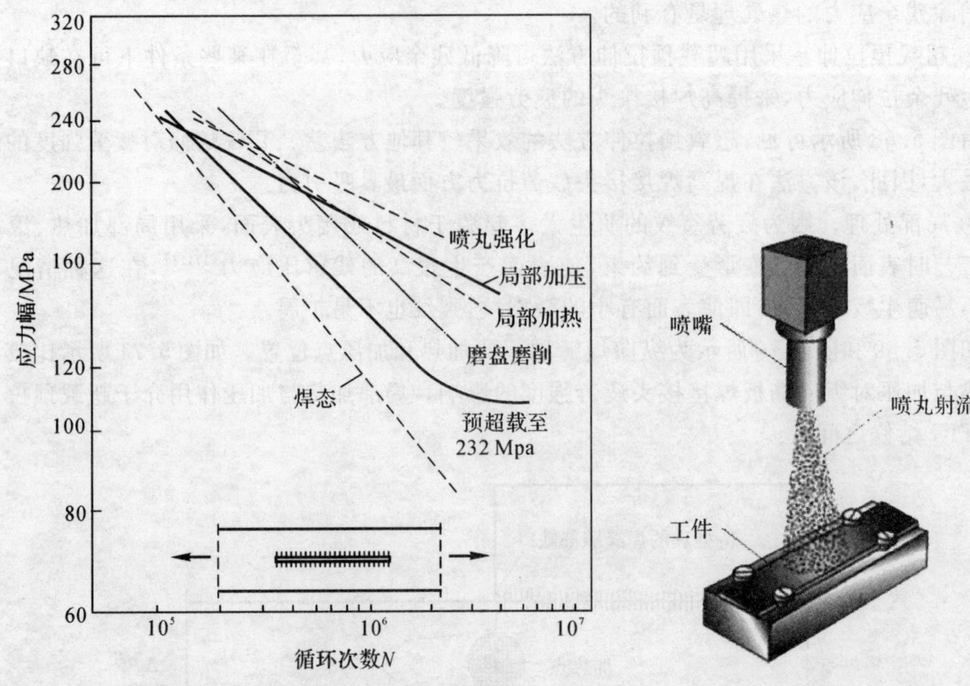

图 5.71　焊缝修整方法对纵向筋板焊接接头疲劳强度的影响　　**图 5.72　喷丸强化示意图**

在喷丸过程中(见图 5.73),材料表层承受剧烈的弹丸冲击产生形变硬化层,在此层内产生两种变化:一是在组织结构上,亚晶粒极大地细化,位错密度增高,晶格畸变增大;二是形成了高的宏观残余压应力。

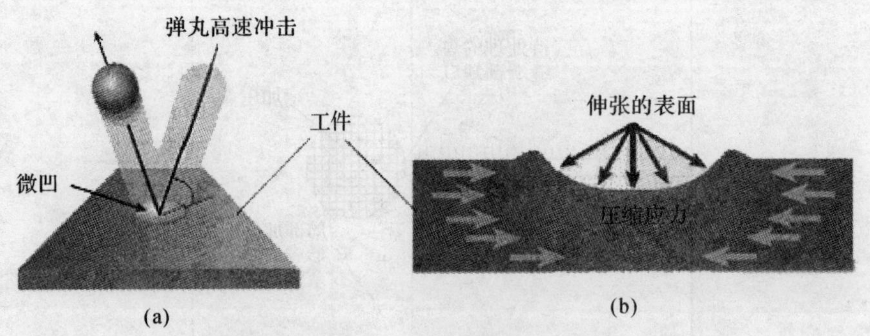

图 5.73　喷丸冲击与形变硬化层应力分布

(a) 喷丸冲击；(b) 硬化层应力分布

滚压强化是利用特殊工具对焊缝或焊趾连续、缓慢、均匀地挤压,形成塑性变形的硬化层(见图 5.74)。塑性变形层内组织结构发生变化,引起形变强化,并产生残余压应力,降低了表面粗糙度,对提高焊接接头疲劳强度和应力腐蚀能力很有效。

热处理工艺与滚压工艺相结合复合处理对提高疲劳极限的效果更加显著,感应加热淬火加滚压、渗氮加滚压、氮碳共渗加滚压都具有良好的强化效果。

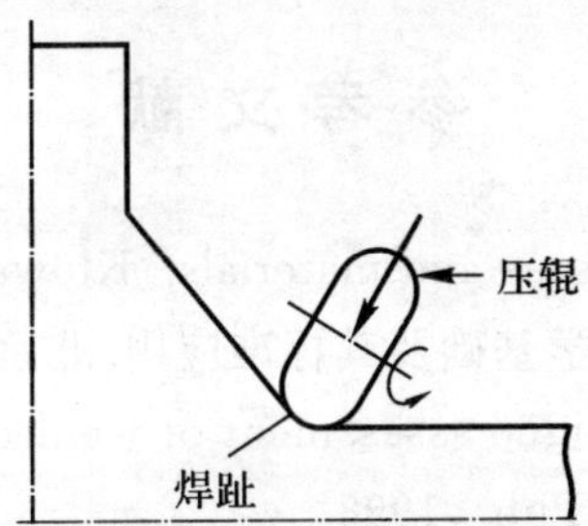

图 5.74　滚压强化示意图

②表面镀层或喷涂。阳极镀层如镀锌、镀镉作为阳极溶解保护了阴极，改善了腐蚀疲劳的抗力。而镀铬、镀镍因电位较高，是阴极镀层，使表面产生了不利的拉应力，出现发状裂纹和氢脆，因此要避免阴极镀层。

③氧化物保护层。该工艺对提高结构的腐蚀疲劳抗力也是有利的，特别是高强度铝合金表面包覆一层纯铝，纯铝表面产生一层致密的 Al_2O_3 薄膜能显著提高腐蚀疲劳抗力。

④塑料涂层。塑料涂层对水分子和氧分子能够起到隔离作用，可提高构件的抗腐蚀能力。塑料涂层具有比金属焊接接头低的弹性模量，覆盖在焊趾区的塑料涂层可降低该区域的缺口效应，从而提高焊接接头的疲劳抗力。

参考文献

[1] Schijve J. Fatigue of structures and materials. Kluwer Academic,2001.

[2] 李建国. 压力容器设计的力学基础及其标准应用.北京:机械工业出版社，2004.

[3] Radaj D, Sonsino C M. Fatigue assessment of welded joint by local approaches. Cambridge(England):Abington Pub. ,1998.

[4] Wooryong Park, Chitoshi Miki. Fatigue assessment of large-size welded joints based on the effective notch stress approach. International Journal of Fatigue, 2008, 30 : 1556 - 1568.

[5] 黄炎.局部应力及其应用.北京:机械工业出版社,1986.

[6] 西田正孝.应力集中.李安定,等,译. 北京:机械工业出版社,1986.

[7] 田锡唐. 焊接结构.北京:机械工业出版社,1982.

[8] Neuber H. Theory of stress concentration for shear strained prismatical bodies with arbitrary nonlinear stressstrain law. Trans. ASME, J. of Appl. Mech. , 1961,24: 544 -550.

[9] Zhi-Gang Xiao, Kentaro Yamada. A method of determining geometric stress for fatigue strength evaluation of steel welded joints. International Journal of Fatigue , 2004, 26: 1277 - 1293.

[10] Kanvinde A M,Fell B V,Gomez I R, Roberts M. Predicting fracture in structural fillet welds using traditional and micromechanical fracture models. Engineering Structures, 2008, 30: 3325 - 3335

[11] Roberto Tovo, Paolo Lazzarin. Relationships between local and structural stress in the evaluation of the weld toe stress distribution, International Journal of Fatigue, 1999, 21 :1063 - 1078.

[12] Dong P. A structural stress definition and numerical implementation for fatigue analysis of welded joints. International Journal of Fatigue , 2001, 23 :865 - 876.

[13] Hobbacher A, et al. Recommendations for fatigue design of welded joints and components. IIW doc. XIII - 1965 - 03/XV - 1127 - 03.

[14] 拉达伊 D. 焊接结构疲劳强度,郑朝云,张式成,译. 北京:机械工业出版社,1994

[15] 李栋才,曹历杰,对接接头应力集中系数的有限元分析. 西安:西安石油学院学报, 1997,12:30 - 34.

[16] Radaj D. Sonsino C M, Fricke W. Recent developments in local concepts of fatigue assessment of welded joints. International Journal of Fatigue, 2009,31: 2 - 11.

[17] Brennan F P, Peleties P, Hellier A K. Predicting weld toe stress concentration factors for T and skewed T-joint plate connections. International Journal of Fatigue, 2000, 22 :573 - 584.

[18] 格尔内 T R. 焊接结构疲劳. 周殿群,译. 北京:机械工业出版社,1988.

[19] Zhi-Gang Xiao, Kentaro Yamada. A method of determining geometric stress for

fatigue strength evaluation of steel welded joints. International Journal of Fatigue , 2004, 26: 1277 - 1293.

[20] Adib H,Gilgert J, Pluvinage G. Fatigue life duration prediction for welded spots by vo lumetric method. International Journal of Fatigue , 2004,26:81 - 94.

[21] 周颜丽，刘涛，张彦华. 铝合金搭接搅拌摩擦焊接头拉伸变形的数值模拟. 焊接学报，2009 ,30:57 - 60.

[22] Dharmavasan S, Dover W D. Stress distribution formulas and comparison of three stress analysis techniques for tubular joints. Journal of Energy Resources Technology, 1985 ,107.

[23] N'Diaye A, Hariri S, Pluvinage G. Azari Z. Stress concentration factor analysis for notched welded tubular T-joints. International Journal of Fatigue, 2007 , 29 : 1554 -1570.

[24] Kuang J G, Potvin A B, Leick R D. Stress Concentration in Tubular Joints. OTC Paper 1975: 2205.

[25] 王宽福. 压力容器焊接结构工程分析. 北京：化学工业出版社，1998.

[26] 孟广喆,贾安东. 焊接结构强度和断裂. 北京:机械工业出版社,1986.

[27] Cerit M, Kokumer O, Genel K. Stress concentration effects of undercut defect and reinforcement metal in butt welded joint. Engineering Failure Analysis, 2010,17:571 - 578.

[28] Lie S T, Lan S. Computer prediction of misaligned welded joints. Advances in Engineering Software, 2000,31: 65 - 74.

[29] Bangcheng Yang, Junhui Yan, Michael A. Sutton, Anthony P. Reynolds, Banded microstructure in AA2024 - T351 and AA2524 - T351 aluminum friction stir welds, Part I. Metallurgical studies, Materials Science and Engineering ,2004, A364 :55 - 65.

[30] Lity nska L, Braun R, Staniek G, et al. TEM study of the microstructure evolution in a friction stir-welded AlCuMgAg alloy, Materials Chemistry and Physics, 2003, 81:293 - 295.

[31] 拉达伊 D. 焊接热效应. 熊第京,等,译. 北京:机械工业出版社,1997.

[32] Burdekin F M, Kocak M, et al. Draft definitive statement on the significanc of mismatch of strength in welds. IIW Doc. , X - 1282 - 1993.

[33] Schwalbe K H, Kocak M. Mismatching of welds, ESIS 17. London: Mechanical Engineering Publications, 1994.

[34] Kocak M. Weld Mis-Match Effect. Proceedings of the Second Intermediate Meeting of the IIW Sub Comm X-F. GKSS Research Center, 1995.

[35] 赵海涛,力学失配焊接接头强度与断裂行为研究[D]. 北京:北京航空航天大学,2004.

[36] Hao S, Schwalbe K H, Cornec A. The effect of yield strength mis-match on the fracture analysis of welded joints: slip-line field solutions for pure bending. International Journal of Solids and Structures, 2000,37:5385 - 5411.

[37] Schwalbe K H, Cornec A. The engineering treatment model and its practical applica-

tion. Fatig Fract Engng Mater Struct, 1991,14 :405 - 412.

[38] 李霄,吉玲康,李鹤林. 低匹配条件下X80管线钢焊接接头的变形能力研究. 热加工技术,2005,10:18 - 50.

[39] Butler L J, Kulak G L. Strength of fillet welds as a function of direction of load. Weld J. Res. Suppl., 1997,36:231s - 234s.

[40] 王庆,张彦华,钢结构角焊缝强度计算与匹配分析. 工业建筑,2005.

[41] 平修二. 金属材料的高温强度理论·设计. 北京:科学出版社,1983.

[42] 穆霞英. 蠕变力学 .西安:西安交通大学出版社,1990.

[43] 涂善东. 高温结构的完整性原理. 北京:科学出版社,2003.

[44] 巩建鸣. 高温下焊接接头结构完整性的研究[D]. 南京:南京化工大学,1999.

[45] ASME Code Case N-47-29, Class I Components in Elevated Temperature Service, Section III, Division 1. New York:ASME, 1987.

[46] 佐藤邦彦,向井喜彦,丰田政南焊接接头的强度与设计. 张伟昌,严鸢飞,等,译. 北京:机械工业出版社,1979.

[47] 结城,岸本,石川,等. 界面の力学. 东京:培风馆,1993.

[48] 许金泉. 界面力学. 北京:科学出版社,2006.

[49] Williams M L. Stress singularities resulting from various boundary conditions in angular corners of plates in extension. J. Appl. Mech., 1952,19:526 - 528.

[50] Dundurs J. Elastic interaction of dislocations with inhomogeneities, Mathematics Theory of Dislocations. New York:ASME, 1968.

[51] Bogy D B. On the plane elastostatic problem of a loaded crack terminating at a material interface. J. Appl. Mech., 1971,10:911 - 918.

[52] Bogy D B. On the Problem of Edge-bonded Elastic Quarter-planes Loaded at the Boundary. Int. J. Solids Structure,1971,6: 1287 - 1313.

[53] Bogy D B. Two edge-bonded elastic wedges of different materials and wedge angles under surface tractions. J. Applied Mechanics,1971,6:377 - 386.

[54] Fett T. A Boundary Collocation Analysis of a Bimaterial Plate with Different Elastic Properties. Engineering Fracture Mechanics, 1998,59:29 - 45.

[55] Delale F, Erdogan F. On the mechanical modeling of the interfacial region in bonded half-Planes. Journal of Applied Mechanics Transaction of the ASME, 1988, 55: 317 - 324.

[56] 陈玳珩,西谷弘信. き裂先端異材のにぁるときの接合界面特異応力場,日本機械学会論文集(A编). 1992,58:32 - 38.

[57] 陈玳珩,西谷弘信. 直线線で接合き裂先端異材されニつのくさびにおける特異応力場,日本機械学会論文集(A编). 1992,58:117 - 124.

[58] 陈玳珩,西谷弘信. 接合角部におけゐ対数形特異応力場,日本機械学会論文集(A编). 1993,59:215 - 220.

[59] 久保司郎,大路清嗣. 自由縁応力特異性を消失させるための異種材料接合端部の幾何学的条件. 日本機械学会論文集(A编). 1991,57:160 - 164.

[60] 井上忠信,古口日出男,矢田敏夫. 表面力を受ける異材接合体の接合端部近傍における応力ぉよび変位場の解析,日本機械学会論文集(A 編). 1993,59:155-161.

[61] 井上忠信,古口日出男,異材接合接合端における応力特異性の消失条件に対すゐ新提案,日本機械学会論文集(A 編). 1996,62:41-48.

[62] 結城良治,許金泉,異材界面端の熱応力・殘留応力の対数型応力特異性,日本機械学会論文集(A 編). 1992,58:162-168.

[63] 周颜丽. 异种材料连接界面力学研究[D]. 北京:北京航空航天大学,2008.

[64] 张彦华. 异种材料固相连接中的热应力缓和设计. 材料工程,1994,(11):31-34.

[65] 张彦华. 异种材料连接设计的界面工程方法. 材料工程,1994,(8-9):81-82.

[66] 刘翠荣. 异种材料扩散连接接头强度与断裂分析[D]. 北京:北京航空航天大学,1994.

[67] Dreier G. Meyer M. Schmauder S, Elssner G. Fracture mechanics studies of thermal mismatch using a four-point bending specimen, Acta. metall. Mater,1992 ,40:S345-S353.

[68] Evans A G, Dalgleish B J, He M, Hutchinson J W. On crack path selection and the interface fracture energy in bimaterial systems. Acta. metall. Mater,1989,37:3249-3254.

[69] Evans A G, Dalgleish B J. The fracture resistance of metal/ceramic interface. Acta. metall. Mater,1992 ,40:s295-s306.

[70] Evans A G, Hutchinson J W. On the mechanics of delamination and spalling in compressed films. Int. J. Solids Structures, 1984,20: 455-466.

[71] England A H. A crack between dissimilar media Journal of Applied Mechanics Transaction of the ASME, 1965,32: 400-402.

[72] Erdogan F. Stress distribution in bonded dissimilar materials with cracks. J. Appl. Mech., 1965 ,32: 403-410.

[73] Rice J R. Elastic fracture mechanics concepts for interface cracks. Journal of Applied Mechanics Transaction of the ASME, 1988,55: 98-103.

[74] Rice J R. Sih G C. Plane problem of cracks in dissimilar media. Journal of Applied Mechanics Transaction of the ASME, 1965,32:418-423.

[75] Hutchinson J W,Meaar M E, Rice J R. Crack paralleling an interface between dissimilar materials. Transactions of the ASME,1987,54:828-832.

[76] He M, Hutchinson J W. Kinking of a crack out of an interface. J. Appl. Mech., 1989, 56:270-278.

[77] Evans A G, Dalgleish B J, He M, Hutchinson J W. On crack path selection and the interface fracture energy in bimaterial system. Acta. Metall., 1989,37: 3249-3254.

[78] Hayashi K, Nemat-Nasser S. Energy-release rate and crack kinking under combined loading. J. Applied Mechanics Transaction of the ASME,1981 ,48: 520-524.

[79] Charalambides P G, Lund J, Evans A G, et al. A test specimen for determining the fracture resistance of bimaterial interface. Journal of Applied Mechanics Transaction of the ASME, 1989 ,56: 77-82.

[80] 李晓红,张海泉,张彦华. 钎焊接头的界面断裂力学实验研究. 航空工艺技术,1999(2):26-28.

[81] Ewalds H L, Wanhill R J H. 断裂力学. 朱永昌,浦素云,等,译. 北京:北京航空航天大学出版社,1988.11.

[82] Parton V Z, Morozov E M. Mechanics of elastic-plastic fracture. Hemisphere Publishing Corporation, 1989.

[83] Rice J R, A path independent integral and the approximate analysis of strain concentration by notches and cracks. Journal of Applied Mechanics, 1968 (35):379-386.

[84] Wells A A. Application of fracture mechanics and beyond general yielding. British Welding Journal,1963, (10):563-570.

[85] Heerens J, Sch del M . On the determination of crack tip opening angle, CTOA, using light microscopy and measurement technique. Engineering Fracture Mechanics, 2003,70: 417-426.

[86] Zerbst U. Pempe A. Scheider I,et al. Proposed extension of the SINTAP/FITNET thin wall option based on a simple method for reference load determination. Engineering Fracture Mechanics, 2009,76:74-87.

[87] Newman J C, Jr. , James M A, Zerbst U. A review of the CTOA/CTOD fracture criterion. Engineering Fracture Mechanics, 2003,70:371-385.

[88] Rudland D L, Wilkowski G M, engZ F,et al. Experimental investigation of CTOA in linepipe steels. Engineering Fracture Mechanics, 2003,70:567-577.

[89] Demofonti G, Buzzichelli G, Venzi S,et al. Step by step procedure for two specimen CTOA test. Pipeline Technology, 1995,2:503-512.

[90] Martinelli A, Venzi S. Tearing modulus, J-integral, CTOA and crack profile shape obtained from the load-displacement curve only. Engineering Fracture Mechanics, 1996,53:263-277.

[91] Dawicke D S, Sutton M A. CTOA and crack tunneeling measurements in thin sheet 2024-T3 alumium alloy. Exp. Mech. ,1994,34:357-368.

[92] 英国中央电力局. 有缺陷结构完整性的评定标准. 华东化工学院极限研究所,译. 北京:化工部设备设计技术中心,1988.

[93] R6. Assessment of the integrity of structures containing defects. British energy generation, report R/H/R6, Revision 4; 2001.

[94] Maddox S J. An analysis of fatigue cracks in fillet welded joints. International Journal of Fracture, 1975 , 11:221-243.

[95] Bowness D, Lee M M M . Prediction of weld toe magnification factors for semi-elliptical cracks in T-butt joints. Int J of Fatigue, 2000,22:389-396.

[96] HOBBACHER A. Stress intensity factors of welded joints. Engineering Fracture Mechanics, 1993 ,46: 173-182.

[97] Radaj D. Stress singularity, notch stress and structural stress at spot-welded joints. Engineering Fracture Mechanics, 1989,34:495-506.

[98] Zhang S. Fracture mechanics solutions to spot welds. International Journal of Fracture, 2001,112:247 - 274.

[99] Lin P C, Wang D A, Pan J. Mode I stress intensity factor solutions for spot welds in lap-shear specimens. International Journal of Solids and Structures, 2007, 44 : 1013 -1037.

[100] Pook L P. Fracture mechanics analysis of the fatigue behavior of spot welds. Iut. J. Fract. 1975,11:173 - 176.

[101] Bueckner H F. A novel principle for the computation of stress intensity factors. Z Angew Math Mech, 1970,50:529 - 546.

[102] Fet T. Evaluation of the bridging relation from crack-opening-displacement measurements by use of the weight function. J. Am. Ceram. Soc. ,1995,78:945 - 948.

[103] Schwalbe K H, Kocak M. Mismatching of Welds, ESIS 17. London: Mechanical Engineering Publications, 1994.

[104] Kocak M. Weld Mis-Match Effect. Proceedings of the second intermediate meeting of the IIW Sub Comm X-F. GKSS Research Center, 1995.

[105] Hao S. Schwalbe K H, Cornec A. The effect of yield strength mis—match on the fracture analysis of welded joints: slip-line field solutions for pure bending, International Journal of Solids and Structures, 2000,37:5385 - 5411.

[106] Schwalbe K H, Zerbst U. The engineering treatment model. International Journal of Pressure Vessels and Piping, 2000, 77(14 - 15):905 - 918.

[107] Yun-Jae Kim, Schwalbe K H, Ainsworth R A. Simplified J-estimations based on the Engineering Treatment Model for homogeneous and mismatched structures. Engineering Fracture Mechanics, 2001, 68(1):9 - 27.

[108] Buddena P J, Sharples J K, Dowling A R. The R6 procedure: recent developments and comparison with alternative approaches. International Journal of Pressure, Vessels and Piping 2000,77:895 - 903.

[109] Kim Y J, Kocak M, Ainsworth R A. SINTAP defect assessment procedure for strength mismatched structures. Engineering Fracture Mechanics, 2000,67: 529 - 546.

[110] Gutierrez-Solana F, Cicero S. FITNET FFS procedure: A unified European procedure for structural integrity assessment. Engineering Failure Analysis,2009, 16:559 - 577.

[111] Yun-Jae Kim, Kocak M, et al. SINTAP defect assessment procedure for strength mismatched structures, Engineering Fracture Mechanics ,2000,67: 529 - 546.

[112] ASME Boiler and Pressure Vessel Code, Section III, 1995.

[113] Burdekin F M, Stone D E W. The crack opening displacement approach to fracture mechanics in Yielding, J. of Strain Analysis, 1966,1:145 - 153.

[114] Roberts D K, Wells A A. The velocity of brittle fracture. Engineering, 1954 ,178: 820 - 821.

[115] Rothwell A B. Fracture propagation control for gas pipeline-past present and future. Pipeline Technology, 2000,1:387 - 405.

[116] 李红克,天然气管道延性断裂参量与临界强度数值模拟研究[D]. 北京:北京航空航天大学,2004.

[117] O'Donoghue P E, Kanninen M F, Leung C P, et al. The development and validation os a dynamic fracture propagation model for gas transmission pipelines. Int. J. Pres. Ves. & Piping, 1997,70:11-25.

[118] 潘家华. 油气管道断裂力学分析. 北京:石油工业出版社,1989.

[119] Radaj D. Review of fatigue strength assessment of nonwelded and welded structures based on local parameters. International Journal of Fatigue 1996),18: 153-170.

[120] Maddox S J. Review of fatigue assessment procedures for welded aluminium structures. International Journal of Fatigue, 2003,25:1359-1378.

[121] Hobbacher A F. The new IIW recommendations for fatigue assessment of welded joints and components - A comprehensive code recently updated. International Journal of Fatigue, 2009,31 : 50-58.

[122] Stephens R I, Fatemi A, Stephens R R, et al. Metal fatigue in engineering. John Wiley & Sons, Inc. 2001.

[123] Schijve J. Fatigue of structures and materials, Kluwer Academic,2001.

[124] Hobbacher A, et al. Recommendations for fatigue design of welded joints and components. IIW doc. XIII-1965-03/XV-1127-03, Update June 2005.

[125] Fricke W. Kahl A. Comparison of different structural stress approachesb for fatigue assessment of welded ship structures. Marine Structures ,2005,18:473-488.

[126] Kyuba H, Dong P. Equilibrium-equivalent structural stress approach to fatigue analysis of a rectangular hollow section joint. International Journal of Fatigue, 2005,27: 85-94.

[127] Doerk O , Fricke W , Weissenborn C. Comparison of different calculation methods for structural stresses at welded joints. International Journal of Fatigue, 2003, 25 : 359-369.

[128] Arno M. Van Wingerde, Jeffrey A. Packer, Jaap Wardenier, Criteria for the Fatigue Assessment of Hollow Structural Section Connections J. Construct. Steel Research, 1995,35:71-115.

[129] Taylor D, Barrett N, Lucano G. Some new methods for predicting fatigue in welded joints. International Journal of Fatigue, 2002,24 :509-518.

[130] Taylor D. A mechanistic approach to critical distance methods in notch fatigue. Fatigue Fract Engng Mater Struct ,2001, 24:215-44.

[131] Zhang H Q , Zhang Y H, Li L H. Influence of weld mis-matching on fatigue crack growth behavior of electron beam welded joints. Material Science and Engineering, 2002,A334:141-146.

[132] 张海泉. 高温合金电子束焊焊接接头的断裂性能研究[D]. 北京:北京航空航天大学,1998.

[133] Rice R. Fatigue Crack Propagation. ASTM Special Technical Publication ,1967,

415：247 - 309.

[134] Ravi S，Balasubramanian V ，Nasser S N. Effect of mis-match ratio（MMR）on fatigue crack growth behaviour of HSLA steel welds. Engineering Failure Analysis ，2004，11：413 - 428.

[135] Ainsworth R A，Bannister A C ，Zerbst U. An overview of the European flaw assessment procedure SINTAP and its validation. International Journal of Pressure Vessels and Piping 2000，77：869 - 876.

[136] Provan J W. 概率断裂力学和可靠性. 航空航天工业部《AFFD》系统工程办公室，译. 北京：航空工业出版社，1989.

[137] Wei R P，Landes J D. Correlation between sustained，load and fatigue crack growth in high strength steels，Materials Research and Standards，ASTM，V9，1969.

[138] 牛春匀. 实用飞机结构工程设计. 程小全，译. 北京：航空工业出版社，2008.

[139] Kirkhope K J. Bel R，Caron L ，et al. Weld detail fatigue life improvement techniques，Part 1：review. Marine Structures ，1999，12：447 - 474.

[140] Kirkhope K J，Bell R，Caron L，et al. Weld detail fatigue life improvement techniques，Part 2：application to ship structures. Marine Structures，1999，12：477 - 496.